U0309423

中国航天技术进展丛书

吴燕生 总主编

高超声速空气动力设计与评估方法

杨云军 龚安龙 白鹏 著

中国宇航出版社
·北京·

图书在版编目(CIP)数据

高超声速空气动力设计与评估方法 / 杨云军，龚安
龙，白鹏著 . —— 北京：中国宇航出版社，2019.11

ISBN 978 - 7 - 5159 - 1724 - 5

Ⅰ．①高… Ⅱ．①杨… ②龚… ③白… Ⅲ．①高超音
速空气动力学 Ⅳ.①V211

中国版本图书馆 CIP 数据核字(2019)第 265359 号

责任编辑	侯丽平	**封面设计**	宇星文化	

**出版
发行** 　**中国宇航出版社**

社　址	北京市阜成路 8 号	**邮　编**	100830
	(010)60286808		(010)68768548
网　址	www.caphbook.com		
发行部	(010)60286888		(010)68371900
	(010)60286887		(010)60286804(传真)
零售店	读者服务部		
	(010)68371105		
承　印	天津画中画印刷有限公司		

版　次	2019 年 11 月第 1 版
	2019 年 11 月第 1 次印刷
规　格	787×1092
开　本	1/16
印　张	26.25
字　数	639 千字
书　号	ISBN 978 - 7 - 5159 - 1724 - 5
定　价	98.00 元

总　序

　　中国航天事业创建 60 年来，走出了一条具有中国特色的发展之路，实现了空间技术、空间应用和空间科学三大领域的快速发展，取得了"两弹一星"、载人航天、月球探测、北斗导航、高分辨率对地观测等辉煌成就。航天科技工业作为我国科技创新的代表，是我国综合实力特别是高科技发展实力的集中体现，在我国经济建设和社会发展中发挥着重要作用。

　　作为我国航天科技工业发展的主导力量，中国航天科技集团公司不仅在航天工程研制方面取得了辉煌成就，也在航天技术研究方面取得了巨大进展，对推进我国由航天大国向航天强国迈进起到了积极作用。在中国航天事业创建 60 周年之际，为了全面展示航天技术研究成果，系统梳理航天技术发展脉络，迎接新形势下在理论、技术和工程方面的严峻挑战，中国航天科技集团公司组织技术专家，编写了《中国航天技术进展丛书》。

　　这套丛书是完整概括中国航天技术进展、具有自主知识产权的精品书系，全面覆盖中国航天科技工业体系所涉及的主体专业，包括总体技术、推进技术、导航制导与控制技术、计算机技术、电子与通信技术、遥感技术、材料与制造技术、环境工程、测试技术、空气动力学、航天医学以及其他航天技术。丛书具有以下作用：总结航天技术成果，形成具有系统性、创新性、前瞻性的航天技术文献体系；优化航天技术架构，强化航天学科融合，促进航天学术交流；引领航天技术发展，为航天型号工程提供技术支撑。

　　雄关漫道真如铁，而今迈步从头越。"十三五"期间，中国航天事业迎来了更多的发展机遇。这套切合航天工程需求、覆盖关键技术领域的丛书，是中国航天人对航天技术发展脉络的总结提炼，对学科前沿发展趋势的探索思考，体现了中国航天人不忘初心、不断前行的执着追求。期望广大航天科技人员积极参与丛书编写、切实推进丛书应用，使之在中国航天事业发展中发挥应有的作用。

雷凡培

2016 年 12 月

序

人类对自由飞行有着无限的向往与憧憬，"更高、更快、更灵动"一直是人类飞行不懈追求的永恒主题。中国先贤发明了风筝和孔明灯，寄托了对升空飞行的梦想与祈盼。1903年莱特兄弟驾驶"飞行者一号"腾空而跃，奏响了人类翱翔天空的精彩华章。1947年贝尔X—1飞机突破"声障"，人类进入超声速飞行的时代。1949年"WAC下士"飞行马赫数达到惊人的6.5，实现了人类历史的第一次高超声速飞行。早在1946年，我国航天事业奠基人、空气动力学家钱学森先生就预见性地提出了"Hypersonic"。

高超声速技术是21世纪对航空航天技术发展具有前瞻性、颠覆性和牵引性作用的战略制高点。高超声速飞行器具有快速到达、全球打击、强突防等显著的军事优势，具备改变"战争游戏规则"的潜力，因而成为世界各国航空航天研究的重点。

我国航天事业起始于1956年，60多年来，在空气动力学、动力、材料、控制等高超声速相关的学科领域，一代又一代科研人员传承创新、接续奋斗，朝着人类自由飞行的目标不懈前进。飞行器设计气动先行，也注定高超声速空气动力学的诞生和发展与高超声速飞行器的发展紧密相连。在世界范围内，高超声速空气动力学也是一个长盛不衰的研究热点。

鉴于风洞试验模拟能力的局限性，高超声速飞行器设计很大程度上依赖准确可靠的空气动力设计与评估技术。气动布局设计、气动特性预测、多体分离与动态特性仿真等成了高超声速飞行器气动设计的关键。本书由一线的气动专业团队编写，集中展现了当前我国高超声速空气动力学研究的最新成果，凝聚了航天气动人智慧的结晶。

本书以高超声速飞行器关键空气动力学问题为主线，系统总结了高超声速飞行器气动设计与评估的相关基础理论、方法及工程应用实效，全面介绍了高效高精度数值模拟方法与物理模型、CFD方法验证与确认、复杂气体物理效应、数据天地相关性、非定常动态与多体分离仿真等气动评估技术的最新成果，突出展示了高超声速飞行器乘波体布局设计、气动布局优化设计等气动设计方法的最新进展，还特别推介了近年来蓬勃发展的数值虚拟飞行模拟技术。

高超声速理论方法与工程问题的有机结合，集中体现了本书系统性、前瞻性、原创性与实用性的特色。本技术专著的出版，将高超声速空气动力学基础研究和工程技术方面取得的阶段成果和宝贵经验总结并固化下来，建立了基础研究和工程应用的桥梁，为广大研究人员和工程技术人员提供了一本科学、系统、全面的高超声速空气动力学技术参考书，借以助力我国高超声速飞行器的创新发展。

当然，人类飞行追求"更高、更快、更灵动"的目标是永不停息的，人类星际探索的梦想与实践势必带动气体动力学研究更广泛的内涵与空间，"气动设计与评估"永远在路上。

前　言

高超声速技术是当今世界大国追逐的战略制高点，由此推动了高超声速相关学科领域的迅猛发展。在我国航天事业经历了 60 余载辉煌发展的历史时期，我国高超声速飞行器发展也进入了全面自主创新的重要阶段，因此对高超声速空气动力设计与评估技术提出了前所未有的高要求。

全世界在高超声速领域的研究呈现如火如荼的态势，高超声速空气动力学无疑是一个高度关注的热点。随着马赫数的增大，某些流动物理现象变得越来越重要，这些现象主要包括高马赫数产生高度非线性的流体动力学特性和高温物理化学特性，航天飞机"高超声速异常"就属于此类问题。高超声速气动设计主要面临三个方面的挑战：一是准确把握上述复杂流动物理现象及其对气动特性的影响；二是在严格约束与苛求目标下的气动布局设计与优化；三是气动与其他学科在非线性流动及交叉耦合条件下的综合评估。

毋庸讳言，高超声速风洞试验能力还有一定的局限性。21 世纪以来，在工程应用需求驱动、计算技术日新月异的大背景下，高超声速数值模拟方法取得了长足的发展。这些对高超声速气动预测、设计与评估起支撑作用的技术突破相对独立而零散，对其体系化的梳理与挖掘就很有必要且具备很高的工程价值。为了系统总结、深化与推广航天气动人在高超声速领域的研究成果，夯实高超声速飞行器创新设计气动先行的基础，特编写《高超声速空气动力设计与评估方法》一书。全书阐述了高超声速飞行器气动设计与评估的基础理论与方法，内容涉及高超声速 CFD 方法及验证与确认、高空高马赫数复杂气体效应与天地相关性方法、非定常动态与多体分离仿真评估技术、气动布局设计与多学科优化技术，以及近些年备受关注的数值虚拟飞行仿真评估技术等，力图对当前高超声速飞行器气动设计中的关键技术进行全面介绍与剖析，以飨读者。

针对前述高超声速气动设计的三方面挑战性问题，遵照气动预测、设计与评估的脉络构思来完成全书策划和撰写。全书分为 11 章，由中国航天空气动力技术研究院相关研究人员编写。第 1 章由周伟江、陈冰雁编写，主要介绍高超声速飞行器的基本特点及关键气动问题；第 2 章由刘周、杨云军编写，主要介绍基本方程与数值技术、网格技术、并行技术以及湍流、转捩、高温真实气体物理模型等；第 3 章由王利、周伟江编写，主要介绍适应高超声速气动设计快速响应需求的 PNS 快速高效数值方法；第 4 章由王利、周伟江编写，主要介绍 CFD 验证与确认方法；第 5 章由龚安龙、王利编写，主要介绍高超声速流动复杂气动效应、气动力数据天地相关性以及气动力数据不确定度量化方法；第 6 章由杨云军、刘周编写，主要介绍飞行器动稳定性导数多层次的计算方法；第 7 章由李盾、何跃龙编写，主要介绍高超声速多体分离数值模拟方法；第 8 章由王荣、白鹏编写，主要介绍高超声速飞行器气动布局优化设计方法；第 9 章由白鹏、陈冰雁编写，主要介绍乘波体布局设计；第 10 章由豆国辉、纪楚群编写，主要介绍飞行器气动性能评估和可控性设计方法；第 11 章由杨云军、刘周编写，主要介绍多学科耦合的数值虚拟飞行方法。

全书由杨云军、龚安龙、白鹏统稿，李锋为本书撰写序言，纪楚群、周伟江负责全书审校工作。刘传振、谢立军、石磊、刘强、李静、徐国武、闫溟等同志在书稿整理过程中给予了许多帮助。感谢相丽艳同志为本书出版策划提供的大力帮助，感谢安复兴研究员提供的有益指导。特别感谢周伟江和纪楚群两位同志在本书出版策划和统筹方面的无私奉献。衷心感谢航天科技图书出版基金和国家自然科学基金（11772317）的资助。

本书适合从事气动设计与评估的相关研究人员和工程技术人员，希冀本书能对其提供一些有益的参考。进一步，如能启迪一些思路，抛砖引玉并推动相关工作的些许进步，则善莫大焉。

限于作者水平和能力，错误和不当之处在所难免，敬请读者批评指正！

目　录

第1章 绪 论

人类怀揣自由飞行的梦想，不懈追求更高的目标，不管未来道路如何坎坷，人类从未停歇脚步。1946年我国航天事业的奠基人钱学森先生在论文[1]中首先采用了高超声速（Hypersonic）的表述，由此开创了高超声速空气动力学的研究领域。毋庸置疑，21世纪正是高超声速飞行器全面发展的时代。

高超声速技术是新世纪航空航天技术领域的制高点，具有前瞻性、战略性和牵引性的鲜明特点。相对于传统的航空飞行器而言，高超声速飞行器在技术上实现了飞跃，存在巨大的军事、政治和经济价值。从国防军事方面考虑，由高超声速技术发展而来的各种飞行器将会最大限度地发挥武器的优势，如突防速度快、飞行时间短、飞行动能高、命中精度高、作战威力大且拦截困难。美国提出"一个小时打遍全球"的概念，使全球的军事思想产生了颠覆性的变革。中国也有很多见诸报道的高超声速飞行器研究，这必然会促使我国的武器装备跨越式发展，对于提高国防能力意义重大。从民用方面考虑，高超声速空天飞机可以使人们到达世界任何地方的飞行时间大大缩短，高效的跨洋飞行为经济发展提供了必要的动力和支持。同时第一代超声速民用运输机因技术水平不足和经济成本的问题而落幕，新一代高超声速民用运输机的研制目前已是如火如荼，各国都在加紧研究，以占据民用运输机市场。高超声速飞行器是未来进入空间、控制空间、保证空间优势的关键支柱，也是对空间进行大规模开发的载体，可以说，谁掌握了高超声速技术，谁就拥有了广阔的天空。

随着近几十年在高科技方面的突飞猛进，涌现出了各具研究特色的高超声速飞行器新概念，为高超声速飞行器从构想到实现奠定了基础。但由于高超声速飞行器的技术复杂性和综合性，必须大力开展基础技术研究，才能推动高超声速技术的整体进步和可持续发展。

1.1 高超声速飞行器气动布局技术发展与面临的挑战

1.1.1 高超声速飞行器概念

从广义上来说，高超声速飞行器是指飞行速度超过五倍声速的飞机、导弹、炮弹等有翼或无翼飞行器。根据这个定义，运载火箭、弹道导弹、大口径火箭弹、再入返回舱等传统意义上的航天飞行器均可归入高超声速飞行器这一类别。这些航天飞行器的研制已经是相对比较成熟的技术，但通常所说的高超声速飞行器是指能够长时间在大气层内以高超声速飞行的飞行器，根据这一狭义定义，此类飞行器一般包括高超声速滑翔飞行器、吸气式高超声速巡航飞行器、空天飞机、高超声速侦察机、高超声速运输机、可重复使用天地往返飞行器等。这些高超声速飞行器的技术成熟度很多还没有达到工程应用的状态，有些甚至还处于初级的概念阶段，如未特别说明，本书中的高超声速飞行器是指这一狭义定义下的高超声速飞行器。高超声速飞行器可在距离地面 $20 \sim 100$ km 的空域执行特定任务，它既有航空飞行器的优势，又有一般航天飞行器不可比拟的优点，既能在大气层内以高超声速进行巡航飞行，又能穿越大气层做再入轨道运行，具有广阔的应用前景。

高超声速飞行器实现远程飞行的典型飞行轨道大致可分为四类：弹道式再入轨道、升力式再入轨道、助推-滑翔式轨道以及动力巡航式轨道，如图 1-1 所示。不同的飞行轨道对高超声速飞行器的设计要求也存在显著的区别。

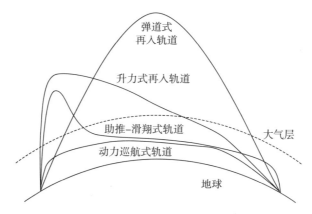

图 1-1　高超声速飞行器典型轨道示意图

采用第一种弹道式再入轨道的还是传统意义上的航天飞行器，狭义定义下的高超声速飞行器主要采用后三种飞行轨道。升力式再入轨道对飞行器的升阻比有一定的设计要求，一般要求高超声速飞行升阻比在 $1 \sim 2$ 之间，因此飞行器的气动布局一般采用带翼的面对称外形。美国的航天飞机轨道器使用了这种高超声速飞行方式[2]。除了航天飞机轨道器之外，美国波音公司设计的 X-37 可重复使用试验轨道飞行器也采用了类似的飞行轨道和气动布局[3]；采用助推-滑翔式轨道的飞行器在助推段通过火箭助推器获得很高的初速度之后与助推器分离，在大气层外靠惯性飞行，进入大气层后利用气动升力做远距离机动滑翔飞行。高超声速滑翔飞行器是采用这种飞行轨道的典型代表，其结合了弹道导弹射程远、速度快和飞航导弹机动性好、命中精度高的特点。以 HTV-2 为例，这种飞行器对高超声速飞行升阻比要求比较高，一般要求升阻比大于 3.0，否则不能满足射程和机动性的需求[4]；动力巡航式飞行器的前提是其吸气式发动机能够在高超声速环境下工作，实现推阻平衡。此类型飞行器设计的一大特点是机体和发动机的高度一体化，这也决定了这类飞行器的气动问题是高超声速飞行器中最为复杂的。

1.1.2　高超声速飞行器气动布局技术发展

高超声速飞行器是一种新型飞行器，从飞行方式上来说，通常具有大空域、宽速域、长距离、高精度的特点。高超声速飞行器的设计和研制远比一般飞行器复杂，其中气动特性的获取和气动性能的分析与评估是高超声速技术研究的重点，研究并掌握气动特性是构建飞行器受力环境的核心任务。因此气动技术是高超声速飞行器发展的重要支撑技术，气动设计是高超声速飞行器设计的基础和重要组成部分。

美国在高超声速飞行器研究领域处于领先地位。从 20 世纪 90 年代开始，美国国防部就已对近空间、高超声速、高升阻比武器概念投入大量的经费进行研究，其中 X-37B 和猎鹰（Falcon）计划是具有代表性的两个研究项目。X-37B 能够在近地轨道飞行，并且在返回地球时能够自主水平着陆，其飞行包线涵盖了整个大气层高度和近地轨道速度以下的整个速度区域，因此 X-37B 的研究经验具有重要的参考价值。猎鹰计划的近期研究对象正是能够进行远程高超声速飞行的概念飞行器——通用航空飞行器（CAV，Common Aero Vehicle），远期目标是发展有动力的高超声速巡航飞行器。从 2010 年 4 月—2015 年 5 月，X-37B 成功地进行了 4 个架次的入轨飞行，在轨飞行时间最长达到了 671 天。猎鹰项目试飞器 HTV-2 在 2010 年 4 月和 2011 年 8 月分别进行了两次飞行试验，但都没有成功，HTV-2 飞行试验的失败说明人们对高升阻比外形飞行器在近空间高超声速飞行时所遭遇的气动问题还没有完全认识清楚。

X-37B 飞行器有以下几个主要特征：

1）可作为太空武器平台，同时又能再入大气层进行高速攻击，具有极高的战略应用价值；

2）飞行速度是当今最先进的喷气式战斗机和导弹无法企及的，最高马赫数可以达到 20 以上；

3）具有很强的机动性能，可以在自主飞行过程中高速变轨；

4）设计方案能够满足快速响应，72 h 内重复使用，其动力系统、控制系统以及热防护系统必然拥有极高的稳定性以及可靠性。

在气动设计方面，X-37B 继承借鉴了航天飞机的成熟技术。X-37B 的气动布局[5]（如图 1-2 所示）基本沿袭了航天飞机轨道器的布局形式，采用了机身＋双三角翼的布局形式，机身和机翼以及前后三角翼之间进行了光滑过渡处理。

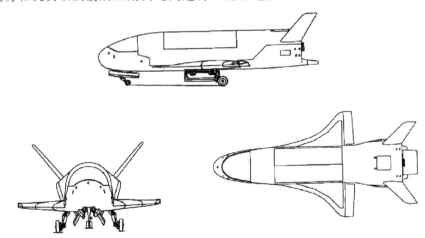

图 1-2　X-37B 的气动布局示意

但在气动控制方面的设计上，X-37B 和航天飞机轨道器相比有两处较大的改动：采用"V"形双立尾布局，替代航天飞机轨道器的中置立尾；三角翼的位置位于机身中部，而不是尾部。

通过分析不难发现这些改动所带来的好处。机翼位置的前移使得"V"形双立尾在大攻角下不会受到机翼屏蔽效应的影响，极大地提高了双立尾的气动控制效率，同时还可以避免位于机身尾部的喷流控制系统（RCS）和机翼发生相互干扰。

由于机翼位置前移，位于机翼后缘的副翼舵面主要提供滚转方向的控制，俯仰方向和偏航方向的控制主要由"V"形双立尾来负责，机身尾部的襟翼主要负责俯仰方向的配平。

通用航空飞行器，"通用"（Common）包含两层意思：1）发射/助推平台的通用性；2）有效载荷/武器的通用性。通用航空飞行器实际上是一种采用无动力滑翔式弹道的远程机动高超声速飞行器。

美国空军在 1996 年便已开始对通用航空飞行器概念进行研究，并且在 2002 年和国防部高级研究计划局（DARPA）联合提出了 FALCON（Force Application and Launch from Continental US）计划，发展通用航空飞行器是该计划的两个任务之一〔另一任务是发展低成本的小型运载火箭（SLV）〕。但在 2004 年，在美国国会的要求下，有关武器的部分从该计划中被移除，计划更名为猎鹰（Falcon，不再是缩写），通用航空飞行器也被更名为 HTV（Hypersonic Technology Vehicle）。

通用航空飞行器和以前的滑翔式高超声速飞行器相比有几个显著的特点：

1）底部投放有效载荷。通用航空飞行器需要具备从底部投放各种不同载荷/武器的能力，如图 1-3 所示。

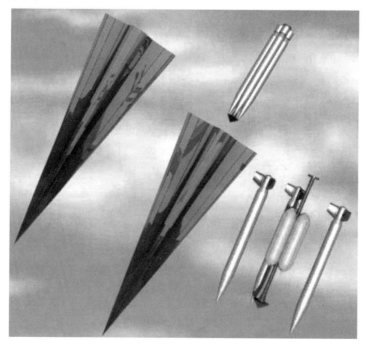

图 1-3　早期通用航空飞行器概念外形

2）长航程。为达到"美国本土发射，全球到达"的目标，通用航空飞行器必须具备 10 000 km 以上的射程。HTV - 2 在大气层内的滑翔距离设计为 16 000 km。

3）高机动性。为实现精确打击的目标，通用航空飞行器需要具有很好的机动能力，一般认为需要 4 000 km 以上的横向机动范围。HTV - 2 的横向机动范围为 4 800 km。

其中后两个特点决定了通用航空飞行器的气动外形必须具有很高的升阻比，从猎鹰计划设计的 HTV 系列气动布局[6] 来看，可以明显地看到向乘波体布局方向发展的趋势，如图 1 - 4 所示。

对比 X - 37B 和 HTV 的气动布局不难发现两者的巨大差别，针对不同的设计要求来选择合适的布局概念和布局形式对于高超声速飞行器气动设计来说是非常重要的。事实上，从 20 世纪 50 年代开始，美国的研究人员就从最简单的外形（如锥体、半锥体、锥体＋翼等）出发，对适用于高超声速飞行的气动布局进行了大量的、系统的理论和试验研究工作[7-14]，为后续高超声速飞行器的研发奠定了坚实的理论和技术基础。

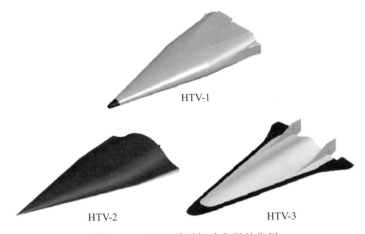

图 1 - 4　HTV 系列气动布局的发展

费特曼（Fetterman）等总结了美国国家航空航天局（NASA）在这一时期的研究工作，对各种基本布局概念的气动性能进行了比较。图 1 - 5 给出了翼身组合体、翼身融合体以及升力体等不同布局概念的升阻比特性的比较，其结论是，在适合于高超声速巡航/滑翔的体积参数（$V^{2/3}/S$，其中 V 为总体积，S 为俯视平面面积）范围内（0.14～0.24），并没有一种布局概念明显优于其他的布局概念。在体积参数较小时（0.14 附近），翼身组合体具有较高升阻比；但在体积参数较大时（0.24 附近），升力体具有一定的升阻比优势。

对于翼身组合体布局外形，Eggers 的研究指出，上置翼布局相对于下置翼和中置翼布局具有较高的升阻比，但是随后大量的试验结果表明，这一升阻比优势只有在马赫数不太高（$Ma < 6$）的条件下存在，在较高的马赫数下（$Ma > 6$），上置翼布局并不具有明显的升阻比优势，甚至比下置翼布局还要低（$Ma = 20$ 时），如图 1 - 6 所示。

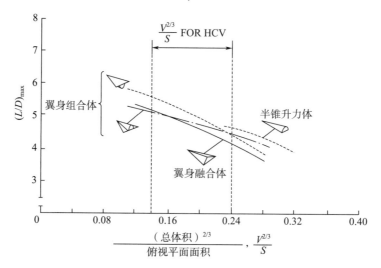

图 1-5　不同布局概念最大升阻比的比较

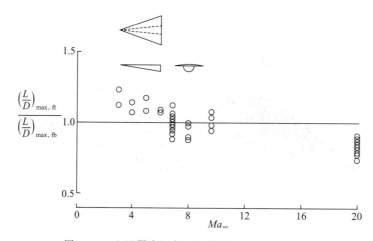

图 1-6　上置翼布局与下置翼布局升阻比的比较

飞行器的稳定性和操纵性需求对其气动布局的设计具有非常重要的影响。NASA 在这一时期针对高超声速飞行器的操稳特性设计进行了大量的基础性研究工作，提出了各种设计概念（如图 1-7 所示），其中包括：

内弧形（negative camber）布局。这种布局概念是指飞行器的头部（或三角翼的前部）上翘，从侧视图看呈内弧形，其好处是可以降低在最大升阻比配平时的阻力。形状合适的下置弹翼＋上翘的后缘舵配平舵偏也能够提供内弧形布局的效应。

前掠配平舵（sweep flaps）布局。后缘配平舵设计在差动舵偏转进行滚转方向控制时，往往会产生一个不利的偏航效应。将配平舵的舵轴线前掠，可以降低这一不利效应。

楔形立尾（wedge vertical tail）布局。和平板形立尾相比，楔形立尾能够提供更好的侧向稳定性和操纵性，从而减小立尾的面积。楔形立尾的不利因素是在亚跨声速时底阻较大，采用可变楔形（variable wedge）立尾能够兼顾低速和高速性能。

内八字翼尖（toed - in fins）布局。这种布局设计利用了和楔形立尾同样的原理，同时上翻的翼尖设计还能够缓解侧向稳定性随攻角增大而减小的问题。

下垂翼尖（drooped wing tips）布局。下垂翼尖设计在增加侧向稳定性的同时减小了升力的损失，但是对滚转方向的稳定性具有不利的影响。

通过对以上这些比较简单的基本气动外形和布局概念的系统研究，美国基本掌握了高超声速飞行器气动设计的基本原理和设计方法，这些基本原理和设计方法在后来的高超声速飞行器的设计中得到了应用，比如平底式（flat - bottom）布局的广泛应用、X - 20 的上翻翼尖、X - 24B 的内弧形布局、X - 38 的前掠配平舵等，航天飞机更是最为成功的案例。

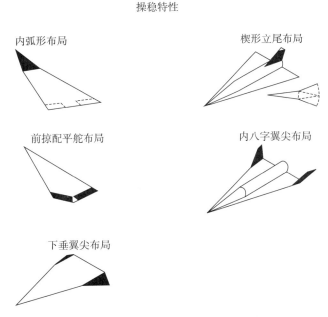

图 1 - 7 操稳特性相关布局概念研究

从公开的文献来看，国内对高超声速的研究多为基础研究，处于预研阶段。中国航天空气动力技术研究院研究了多种高超声速气动布局，包括轴对称旋成体布局、翼身组合体布局、翼身融合体布局、升力体布局和乘波体布局等，建立了改善高超声速条件下静/动稳定性的气动布局设计方法，同时利用理论分析、数值模拟和地面风洞试验，研究了若干种气动布局在高超声速来流条件下的飞行稳定性和操纵性；中国空气动力研究与发展中心对高超声速飞行器开展了大量的研究工作，与清华大学合作对类 X - 37 飞行器进行了优化设计研究[15]；中国科学院力学研究所对乘波体构型的高超声速飞行器进行了大量的研究[16-17]，包括生成方法、宽速域乘波体的生成与气动特性分析等；西北工业大学在高超声速飞行器设计方面进行了长期的研究工作[18-19]，包括类乘波体的参数化建模、气动力计算、发动机一体化布局设计及多目标优化设计等问题，还使用代理模型对高超声速飞行器的前后体进行了优化设计；国防科技大学在优化设计方法及其应用上有深厚的研究基础，使用响应面方法对高超声速巡航飞行器的多学科优化、锥导乘波体优化设计、高超声速飞行器一体化布局的优化设计等方面进行了研究。国内其他很多高校和研究机构也在此方面开展了大量的研究，包括锥型流理论、密切锥理论及密切流场理论生成的不同乘波体外形的研究[20]，同时对单级入轨飞行器优化设计和两侧进气的密切锥乘波体的一体化设计进行了研究。

1.1.3　高超声速飞行器设计面临的挑战

高超声速飞行技术是集航空、航天、材料、气动、控制、优化设计和计算机技术等于一体的多学科交叉研究领域，涉及不同学科的众多技术，是航空航天技术的战略制高点。近 50 年来，随着人类在各高科技领域的技术进步，高超声速飞行器初见端倪。首先是计算机技术的发展带来了设计能力的巨大飞跃，以计算流体动力学、结构动力学为代表的数值模拟方法，一定程度上使得设计手段减少了对风洞试验、结构试验的需求，极大地提高了设计效率，大大降低了研究成本。同时以超燃冲压发动机为代表的高效动力推进技术突飞猛进，其他的推力系统概念比如吸气式预冷发动机、火箭基组合动力发动机等也在不断进步，为高超声速飞行器的发展插上了翅膀。而特种金属、陶瓷、复合材料等新材料的发展，一定程度上满足了高超声速领域对于结构强度和热防护的需求，使高超声速飞行器不再只是停留在纸面上。

高超声速飞行器具有重大的战略意义，引起了世界各军事大国的重视，研究投入不断加大。以美国为例，过去的 20 年中，NASA 每年花费数亿美元进行高超声速技术的研究工作。同时花费数十亿美元进行吸气式高超声速巡航飞行器 X - 51 的多次飞行试验，取得了很大的成功。中国也建立了相应的科技发展计划，推动工程化项目予以跟进，显现了发展高超声速飞行器的国家意志。目前来说，随着技术的快速进步和资金投入的巨大增长，高超声速飞行器研究处于最活跃的时期，面临良好的发展机遇。

但我们也要看到，高超声速流动十分复杂，研究难度很大，在高效推进系统、防热和高性能材料、计算机软硬件能力方面还远不能满足要求，尤其是在气动设计领域也面临很多挑战。1) 高超声速复杂流动极大增加了气动设计的难度。高超声速飞行器需要长时间以极高速度在大气层内飞行，流场的特性几乎涉及了当前计算流体动力学的所有前沿课题，包括流动的转捩、湍流、激波与激波的相互干扰、激波与边界层的相互作用、多组分气体的化学反应等问题。这些特点，使得高超声速气动设计的难度大大增加，因此研究合适的气动设计与评估方法非常重要。计算流体动力学（CFD）已经成为高超声速飞行器气动设计中的重要组成部分，高效的 CFD 分析手段可以缩短飞行器的设计周期，并且节约大量的计算资源。CFD 技术发展的一个重要方面就是 "减少设计时间，提高计算效率"，以便在一个设计周期内快速地完成对飞行器气动特性的 CFD 分析，进而提供可靠的气动数据。2) 高超声速飞行器的稳定性和操纵性也是高超声速气动设计的难点和重点。HTV - 2 的两次飞行试验失败，说明在高超声速飞行阶段对影响飞行稳定性的规律认识不足，极易导致控制技术的失败。3）高超声速飞行器多学科耦合设计要求突出。高超声速远距离滑翔飞行具有强烈的耦合特性，必须进行防热、气动和控制的一体化设计，其难度远远高于一般的再入飞行器，因此考虑多学科的气动布局优化设计非常重要。

1.2　新型高超声速飞行器的气动设计特点和流动特征

1.2.1　新型高超声速飞行器的气动设计特点

与传统飞行器相比，新型高超声速飞行器在气动性能上更加具有强非线性、耦合效应严重、数据的强不确定性等特征，气动设计与研究工作更加复杂。新型高超声速飞行器的气动特点主要体现在大空域飞行和高机动性引起的气动参数强非线性；运动/气动耦合、气动/控制耦合、机体/发动机耦合等强耦合性；气动物理模型不确定、预测方法验证数据稀缺等引起的数据的强不确定性等方面。

（1）强非线性

新型高超声速飞行器多采用面对称高升力、高升阻比气动布局形式，因此飞行器的升力系数、阻力系数、力矩系数，以及发动机推力系数等，都是随马赫数、攻角和侧滑角变化的非线性函数。当在小攻角范围变化时，可以对气动特性采用近似线性化的方法进行处理，当在大攻角范围变化时，常规飞行器线性化的方法已经不能很好地描述气动特性的变化规律，只能通过非线性的方式来描述气动参数与飞行参数的内在联系。当考虑到新型高超声速飞行器大范围的姿态变化所需要的控制舵面改变，以及通道间的耦合影响时，飞行器的气动参数在与飞行参数相关的同时，与控制舵面的位置也存在着很大的关联性，使得飞行器在综合力学特性上表现为多个参数之间相互交叉影响的强非线性关系。

同时由于高超声速飞行器在飞行过程中跨越空域大，飞行器高低空空气动力特性的巨大差异，导致飞行器的气动参数和动力学特征在飞行中随高度变化剧烈，体现了飞行器气动特性随空域变化的非线性特点。

高超声速飞行器在大气层内飞行时，由于高超声速气流引起的局部流场中激波与激波、激波与边界层的强干扰特性，导致飞行器局部表面上的压力分布和热流率分布剧烈变化，进一步加剧了气动力和气动加热的非线性特性。

（2）强耦合性

飞行器所受的作用力（主要包括气动力、发动机推力及飞行器自身的重力）是影响各个方向运动的主要因素，对于气动力而言，飞行器在不同姿态和状态下的气动特性有很大的差异，导致高超声速飞行器一个通道的运动变化及其操纵控制都会影响另外两个通道的气动特性与运动特性。在一些特殊的飞行状态（如小攻角巡航飞行状态）下，把这种影响假定为小扰动而加以忽略有可能是近似成立的，但是当高超声速飞行器在大攻角范围或机动飞行时（如大机动转弯），升降舵和偏航舵的偏转会导致飞行器的俯仰角、攻角、侧滑角、速度发生快速变化，由于飞行器产生的横侧向力矩与这些状态量及控制量相关联，从而最终引起飞行器滚转力矩的变化，影响滚转通道的气动稳定性。另外，当飞行器实现快速滚转机动飞行时，会引起飞行器周围流场的快速变化，进而导致飞行器受到的气动特性的改变，从而对俯仰通道和偏航通道的气动特性和运动特性也产生影响。在进行气动分析时，需要深入研究这些气动耦合和运动耦合作用的影响，并以合理有效的形式反映在气动模型中，才能结合地面研究和试验工作，使得飞行器的控制设计师们更好地了解高超声速飞行器的气动特性，更加有效地进行飞行控制设计。

对于高超声速飞行器气动布局设计而言，布局概念的选择和操纵舵面的设计与控制策略的制定是紧密相关的。比如飞行器的纵向静稳定控制和静不稳定控制策略对于气动外形的纵向稳定特性和配平特性的要求截然不同；横侧向控制策略的不同对于气动操纵舵面的配置数量和舵面效率的要求也截然不同。对布局方案气动性能的评估和分析必须结合控制方案来开展。反之亦然，设计控制系统时，也应根据飞行器气动布局的气动特性来制定相适应的控制策略。传统上气动设计和控制策略的耦合程度不高，气动专业和控制专业之间一般不存在跨专业间的耦合设计。但是对于新型高超声速飞行器而言，由于总体性能指标的设计余量一般都比较低，采用传统的气动布局设计模式往往难以达到理想的性能指标要求，对气动专业和控制专业之间的跨专业耦合设计提出了强烈的需求。

对于以吸气式发动机为动力的高超声速飞行器，为获取足够大的推力、提高升阻比以及减小燃料负载，必须采用机体/发动机耦合气动布局设计策略。机体流动对发动机的影响主要体现在前体上，前体作为发动机进气道的压缩面，气流经过前体初步压缩后由进气道流入发动机，当高超声速飞行器的前体发生变化时，将极大地改变飞行器的俯仰力矩特性，导致飞行器纵向稳定特性和配平特性的变化，而攻角的变化将影响进气道的进气特性，包括进气流量、总压恢复和出口气流的均匀性等，从而影响发动机的燃烧动力学特性，对推进系统的性能产生重要影响，此外推力和进气道的压力分布也会对飞行器的俯仰稳定性产生影响。发动机对机体的影响主要体现在高超声速飞行器的后体上，包括两部分内容：一部分是由于发动机推力不过质心而产生的一定的俯仰力矩，影响飞行器的纵向稳定性；另一部分是机身后体作为发动机尾喷管的一部分，发动机喷流在机身后体尾喷管中形成的高温、高压、高超声速流场，既产生了飞行器所需的推力，同时也改变了飞行器后体产生的升力和俯仰力矩的特性，造成发动机启动与不启动两种状态下纵向稳定性的极大差异，给飞行器的稳定控制带来困难。

（3）强不确定性

高超声速飞行器气动设计的强不确定性主要体现在两个方面：1）气动物理模型的不确定性；2）预测方法验证数据稀缺引起的气动数据不确定性。

气动物理模型的不确定性主要包括高温真实气体效应、稀薄气体效应以及湍流转捩效应等复杂气体效应导致的流动不确定性，以及高空大气模型的不确定性。现有描述复杂气体效应的物理模型并不完备，数值模拟中采用的物理模型往往含有一些可调的工程经验参数，这些模型的普适性并未得到充分的验证，由此得到的气动参数具有较大的不确定性。在高超声速飞行器的实际飞行过程中，由于高空大气环境的复杂多变，导致采用的大气模型并不能很好地反映真实的飞行大气环境，在控制上由于非标准大气和不稳定大气效应，经常将由此产生的不确定性处理为气动参数的不确定性进行描述，从而带来地面预测气动参数与实际飞行状态的不确定性增大。

预测方法验证数据稀缺引起的气动数据不确定性，主要鉴于高超声速飞行器空气动力学现象的复杂性，除了理论分析和数值计算，大型风洞试验也是研究气动特性最为重要的手段之一。但是，由于地面硬件测试设备的局限性，以及其他技术难题未解决，使得无法完全真实地模拟飞行器的飞行试验条件，而由于真实飞行试验的高难度和高成本，飞行试验得到的气动数据更加稀缺，致使空气动力学模型验证试验数据稀缺，利用风洞数据建立的空气动力学数据库或数学模型存在着较大程度的不确定性。

1.2.2　高超声速飞行器的流动特征

从空气动力学现象和理论分析来看，高超声速流动与超声速流动存在显著的差异。根据新型高超声速飞行器的高升阻比面对称复杂外形特点和大速域大空域的典型轨道特点，高超声速飞行器主要包括以下几个流动特征：流动结构复杂；粘性[①]干扰效应突出；真实气体效应影响大；高空低密度效应不可忽略；局部时间、局部空间的流动非定常效应。这些流动特征将会较大程度地影响飞行器的气动特性和操纵性/稳定性。

（1）流动结构复杂

新型高超声速飞行器大量采用高升力/高升阻比面对称气动布局形式，加上为了稳定飞行控制增加的各种控制舵面，几何外形非常复杂，同时高超声速飞行器需要长时间以极高的速度在大气层内飞行，跨越的飞行空域也很大，使得飞行器周围的流动结构非常复杂，包括激波层粘性干扰、激波与激波的相互作用、激波与边界层的相互干扰、流动的转捩与湍流、多组分气体的化学反应等流动现象，几乎涉及了当前计算流体动力学的所有前沿研究课题。这些复杂流动现象的存在，给高超声速飞行器的气动力、热载荷带来极大的影响，而且研究难度很大，比如激波/边界层干扰效应的精确预测和分析一直以来都是困扰高超声速飞行器气动性能预测的一个难题，使得高超声速气动设计的难度大大增加。因此，研究高超声速复杂流动有效的模拟方法，对高超声速飞行器气动设计非常重要。

（2）粘性干扰效应突出

超声速/高超声速气流流经物体时会产生激波，激波与物面之间的流场称为激波层。对于高超声速流动来说，激波层会非常薄。如果考虑高温和化学反应的影响，这一激波层会更薄。相应地，这会导致流动物理特性的复杂性，比如激波和物面粘性边界层之间的融合及相互干扰。

高超声速流动的厚边界层会对边界层外的无粘流动产生一个较大的位移效应，导致给定物体的外形显得比实际外形厚得多。由于边界层厚度很大，边界层外的无粘流动受其影响发生了很大的改变。外部无粘流动的改变反过来又会影响边界层的发展。这种边界层和边界层外无粘流动的相互作用称为粘性干扰。粘性干扰会对物面压力分布产生重要影响，

---

① 此处粘性指力学里的流体运动引起的粘性，根据行业习惯全书统一用"粘性"。——编者注

从而影响高超声速飞行器的升力、阻力和稳定性。

（3）真实气体效应影响大

高温真实气体效应是指高超声速流动在经历高超声速飞行器头部强激波剧烈的压缩和粘性边界层的粘性耗散作用后，动能大量损失而转化为内能使气体加热产生非常高的温度，而高温气体极易产生振动激励、离解、电离、化学反应等现象和过程。高温真实气体效应导致飞行器壁面的压力和粘性力分布受到很大的影响。高温真实气体效应是由于高温加热使气体属性发生改变导致的，通常伴随一定的化学反应过程，这种效应与来流条件、飞行器壁面状态等参数息息相关，因此预测非常困难。高温真实气体效应对近空间高超声速飞行器气动特性的影响比较大，特别是对俯仰稳定性及气动操纵效率会产生较大的改变，从而加大了高超声速飞行器的气动不确定性和气动设计的难度。美国阿波罗计划飞船返回舱研制过程中高温真实气体效应的研究得到了极大的重视，在所建立的高焓试验设备中，获取了大量高温环境下的气体属性，并根据这些结果开展了气体属性理论建模研究。在美国航天飞机第一次和第二次飞行试验之后，飞行试验数据表明，在高马赫数（$Ma >$ 10）高温真实气体效应作用下，机身襟翼的配平偏角达到了 ADDB 报告预测值的 2 倍，数据分析中将"高超声速配平异常"现象最终归结到高温真实气体效应的影响上，使得高超声速高温真实气体效应的研究得到了足够的重视。

（4）高空低密度效应不可忽略

常规飞行器空气动力学都是基于连续介质假设的。对于高超声速飞行器，当飞行高度很高、接近大气层边缘时，此处的空气密度非常低，分子平均自由程和飞行器尺度在相近的量级上。空气不能再视为连续的介质，基于连续介质假设的空气动力学概念、方程、结论开始不再适用，此时必须采用分子运动学理论来对空气动力学进行近似。这种类型的流动在空气动力学中被称为低密度流动或稀薄流动。

区分这些不同流动类型的参数是克努森（Knudsen）数，定义为 $Kn = \lambda/L$，其中 λ 为平均分子自由程，L 为物体特征长度。当 $Kn < 0.03$ 时，认为流动为连续流；当 $0.03 < Kn < 1.0$ 时，认为流动为过渡流；当 $Kn > 1.0$ 时，认为流动为自由分子流。$Kn < 0.2$ 的区域 N-S 方程是成立的，但是当 $Kn > 0.03$ 时，滑移效应的影响必须考虑在内。

（5）局部时间、局部空间的流动非定常效应

高超声速飞行器激波/边界层干扰强烈，诱发局部的分离流动，激波与分离流动相互作用呈现显著的非定常特征。同时，在 70 km 以上大气稀薄空域，往往采用喷流控制系统弥补舵面控制力不足或者进行多体分离控制；在强粘性干扰作用下，喷流诱导大面积分离流动，且高度越高喷流干扰越强烈，呈现出复杂的非定常特征。此外，稀薄高空气动弱阻尼会使得飞行器扰动运动保持很久，相应的绕流流动保持非定常变化。

在高超声速飞行器的气动设计中，这些流动特征往往会对飞行器的飞行气动环境产生重大影响，在进行气动特性预测与评估时必须对其开展详细研究。

1.3 高超声速飞行器气动设计问题

高超声速飞行器的上述流动特点为高超声速飞行器的气动设计带来了极大的困难和挑战，从 20 世纪 50 年代美国提出空天飞机（Aerospace plane）研究计划[22]算起，高超声速飞行器设计与研制的发展历程已经有 60 多年，但是高超声速飞行器设计的技术成熟度还未能达到大规模工程应用的程度。其中气动问题正是高超声速飞行器发展的技术瓶颈之一。高超声速飞行器气动设计的核心问题可归结为两大类，即气动布局设计和气动性能评估与分析。

1.3.1 高超声速飞行器气动布局设计

高超声速飞行器气动设计首先需要解决气动布局设计问题。气动布局是指飞行器与外界空气发生相互作用的整体外形，对飞行器的空气动力学特性和飞行性能起着决定性的作用。高超声速飞行器气动布局设计的最大特点是必须兼顾航空飞行器和航天飞行器的设计要求，在气动效率和容积率及热防护要求之间取得平衡。以再入返回舱和洲际弹道导弹再入弹头为代表的传统航天高超声速飞行器气动布局基本以轴对称体外形为主，具有较高的容积率，外形设计以缓解气动加热为主要目标，因此相对而言气动效率较低，机动性较差。以飞机为代表的航空飞行器气动布局则以面对称为主，外形设计强调气动效率，一般升阻比比较高，但是容积率较低，在高马赫数下无法抵御气动加热，因此飞行速度较低。高超声速飞行器则需要兼顾航天飞行器和航空飞行器的优势，同时克服各自的缺点，既要有较高的容积率，还要有较好的机动性，同时能够抵御高超声速气流作用下的气动加热。因此在气动布局设计上也体现出了这样一种融合的趋势，如航天飞机、HTV‒2、HTV‒3 和云霄塔（Skylon）等，如图 1‒8 所示。

根据新型高超声速飞行器的定义，这种飞行器能够以高超声速在临近空间长时间飞行，具有较高升力和升阻比的气动布局是实现这一性能特征的必要条件之一。在满足高升力和高升阻比这一基本要求的前提下，高超声速飞行器气动布局的形式呈现出多样化的特点。针对高超声速飞行器的任务特征，研究者提出了翼身组合体、翼身融合体、升力体和乘波体等各种不同的气动布局概念，以及这些布局概念之间相互融合的新布局概念。高超声速飞行器气动布局形式的多样性一方面是因为飞行器任务特征的多样性，比如高超声速巡航飞行器、高超声速滑翔飞行器、两级入轨空天飞机等执行不同飞行任务的飞行器对气动布局的要求是不一样的；另一方面则是缺乏针对不同气动布局概念的系统研究，对不同布局概念的优缺点及其对不同飞行任务的适应性还缺乏深入的认识。高超声速飞行器气动布局发展趋势如图 1‒9 所示。

事实上，人们对高超声速飞行器气动布局的认识也在随着飞行器空气动力学研究的发展而逐渐提高。20 世纪 30 年代，德国人 Sanguer 首次提出滑翔式高超声速飞行器概念时，想象中的气动外形和当时的低速飞机是类似的，从现在的认识来看，这样的外形显然是不

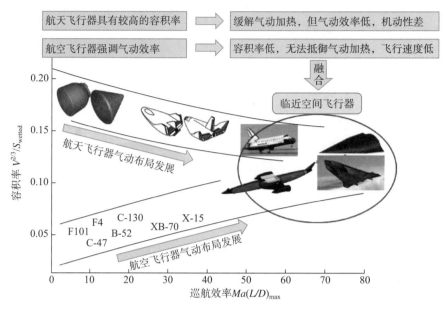

图 1-8　航空航天飞行器气动布局技术发展趋势

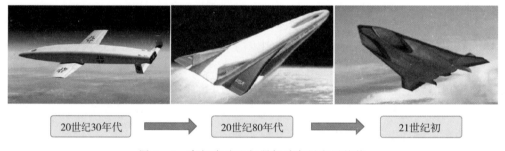

图 1-9　高超声速飞行器气动布局发展趋势

合理的。到了 20 世纪 80 年代，美国 NASP 提出的 X-30 单级入轨空天飞机概念的气动外形已经比较符合高超声速飞行器的气动特征要求了。21 世纪初对高超声速飞行器的研究进入了快速发展的轨道，以 HTV-3X 为代表的吸气式高超声速巡航飞行器代表了现阶段对高超声速飞行器气动布局外形的最新认识，从中可以看到的是，乘波设计元素已经融入飞行器的气动布局设计中。

近年来的研究指出，乘波体布局能够打破传统布局存在的"升阻比屏障"，乘波体在设计状态下飞行时，产生的激波完全附着在飞行器的前缘，就像是飞行器骑乘在激波面上飞行，在飞行器的迎风面一侧形成近似封闭的高压区，从而使得乘波体飞行器具有高升力和高升阻比。

1.3.2　高超声速飞行器气动性能评估与分析

在确定了高超声速飞行器气动布局设计方案之后，还需要对其气动性能进行预测分析与评估，并为飞行器总体设计、轨道设计、结构设计、姿态控制系统设计、载荷计算等多个专业和分系统设计提供原始的输入条件，因此气动专业往往被称为飞行器设计的"先行官"。尤其是针对高超声速飞行器，因其气动外形复杂、飞行空域广、飞行速域宽等特征，加上高超声速流动现象本身所具有的特殊性，因此对气动性能分析与评估能力提出了更高的要求。

1.3.2.1 高超声速飞行器气动特性评估分析

高超声速飞行器气动特性评估分析是气动设计的核心任务之一，气动特性分析涵盖的内容非常广，主要包括升阻力特性、静稳定性、舵面效率和动态特性。

（1）升阻力特性

升力、阻力和升阻比是反映高超声速飞行器气动特性非常重要的参数。从前面章节中高超声速飞行器的轨道介绍可知，升阻比在很大程度上决定了高超声速飞行器能够实现哪一种飞行轨道。对于滑翔式和巡航式高超声速飞行器的气动设计，升力、阻力和升阻比往往是非常重要的技术指标，因为阻力和升阻比直接关系到飞行器能够达到的航程、横向机动能力等关键战技指标。因此，在飞行器设计过程中，需要精确地预估设计方案的升力、阻力和升阻比大小。高超声速飞行器升阻特性的预测主要依靠 CFD 数值计算，地面试验难以完全模拟天上高空高马赫数下的真实飞行状态，但是可作为验证数值模拟方法有效性的重要技术手段。

升阻特性的准确预测受到高超声速流动特征的制约，粘性干扰效应和稀薄气体效应等均会对升阻特性尤其是阻力特性的准确预测带来不可忽视的影响，虽然现有数值计算模型和方法都能够模拟这些复杂物理效应，但是其可靠性和准确性尚未完全得到飞行数据的充分验证。

（2）静稳定性

飞行器的静稳定性包括纵向（俯仰）静稳定性、横向（滚转）静稳定性和侧向（偏航）静稳定性。高超声速飞行器的静稳定性设计和评估是高超声速飞行器气动设计中非常关键的环节。以纵向静稳定性为例，高超声速飞行器的宽速域特点要求飞行器在非常宽的马赫数范围内均保持良好的纵向配平特性，否则飞行器在整个飞行速域中的可控性就很难设计。从空气动力学原理上来说，亚声速、跨声速、超声速和高超声速速域的流动特征和流动现象有非常大的差别，飞行器在这些不同速域中的气动特性自然也会体现出较大的差异，因此高超声速飞行器的静稳定性设计要比常规飞行器困难得多。

正因如此，满足要求的高超声速飞行器气动设计方案往往设计余量不大，从而也对稳定性的预测精度提出了更高的要求。但是高超声速的流动特征同样也为高超声速飞行器的静稳定性预测带来了额外的困难。在高马赫数下，高温真实气体效应会非常显著。高温真实气体效应会对飞行器表面的压力分布特性产生影响，从而影响飞行器的稳定特性。图1-10 给出了美国航天飞机体襟翼配平舵偏角地面常规风洞预测结果与首次飞行试验结果的比较，出现了体襟翼配平舵偏角差别达到 7° 的现象[23]，经过高温真实气体效应、粘性干扰效应和马赫数效应修正的结果与飞行试验结果基本一致。

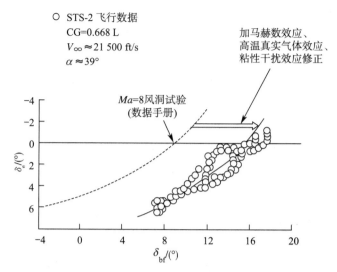

图 1 - 10　航天飞机体襟翼配平舵偏角预测值与飞行数据的比较

（3）舵面效率

和稳定性设计同样的原因，加上舵面铰链力矩的约束，高超声速飞行器的舵面控制能力的设计余量往往也不大，对舵面效率的预测精度同样有很高的要求。舵面效率的精确计算比稳定性的准确模拟更为复杂，其中一个原因是舵面附近的流场结构往往还存在激波边界层干扰等复杂的流动现象，另外，舵面偏转状态下的气动外形还给数值计算的网格生成带来了非常大的困难，而高质量的网格是获取气动特性准确数值模拟结果的前提条件。

美国在 X - 33 单级入轨飞行器设计中通过风洞试验和数值模拟对飞行器的体襟翼舵面效率进行了评估[24-26]，图 1 - 11 给出了 X - 33 体襟翼在 $Ma = 6$，$\alpha = 40°$，$\delta_{bf} = 20°$ 下的流场特征，可以见到明显的边界层流动分离/再附、激波的相互干扰以及激波与边界层分离的相互作用，使得体襟翼附近的流场结构非常复杂，舵面效率也同时下降。

（4）动态特性

飞行器的飞行稳定性和操纵性，即飞行器保持和改变原先飞行状态的能力。飞行器在飞行过程中所受到的气动力和力矩会随着飞行姿态的改变及其速度的变化而改变。一般说来，飞行器姿态变化过程通常表现为振荡形态；如果开环运动的姿态变化在气动阻尼的作用下很快衰减，则飞行器具有良好的动态稳定性；反之，则说明飞行器不具备好的动态稳定性，如果飞行器运动是振荡发散的，则表明飞行器是动不稳定的。

临近空间高超声速高升阻比气动布局体现了航空航天融合的设计理念；但其独特的气动/推进构型和特殊的飞行环境会引起常规飞行器所没有的特殊飞行动力学效应，甚至带来某些颠覆性后果。高马赫数飞行的特性与内在稳定性及控制力不足密切相关，包括动力学不稳定性、特殊的非定常与强耦合特性；这些效应特别关系到横向动力学特性，相关的运动模态间存在可观的耦合特性。从空气动力学的角度来看，临近空间高速飞行时气体流动的高度非线性，低密度环境小展弦比布局横航向弱气动阻尼与弱气动控制力特征显著，此为问题的内在根源。从飞行动力学的角度来看，弱阻尼及较低的气动/惯性比，使得临

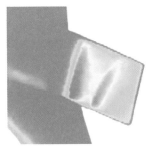

(a) 热流分布

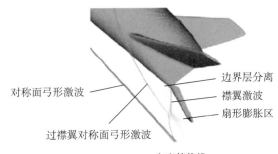

(c) 密度等值线

(b) 油流试验结果

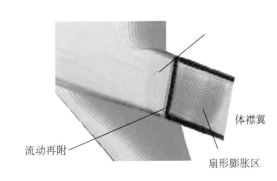

(d) 体襟翼压力等值线

图 1-11 X-33 体襟翼在 20°舵偏角下的流场特征

近空间飞行模态运动的经典特征蜕化,易于发生模态耦合,此为问题的外在表现。在航天飞机再入大气层的高超声速和超声速阶段遇到了滚转-螺旋耦合这类高马赫数飞行特有且难于控制的耦合动力学问题。

　　高超声速飞行器在高超声速飞行环境下,气体流动呈现非线性特征,气动导数(静稳定导数和动稳定导数)也呈现非线性特征,基于线性小扰动理论的传统分析方法已不能适用,因此需要建立高超声速飞行器非线性气动特性分析方法,以获得高超声速飞行器气动特性的典型非线性特征。

1.3.2.2 高超声速飞行器操纵性与可控性分析

　　高超声速飞行器气动特性分析评估的结果可以说明该飞行器在气动特性上的可行性,并为飞行控制设计提供必要的气动特性数据。但是飞行器能否按照设计轨道完成可控飞行,在考虑各种可能偏差的情况下飞行器是否能够稳定飞行,还需要结合控制系统设计来进行操纵性与可控性分析。

　　高超声速飞行器的强耦合特点使得飞行器的操纵性与可控性分析和设计成为高超声速飞行器设计的一个难点。高超声速飞行器通道间的强耦合特点要求在分析建模的过程中,必须深入考虑俯仰、偏航和滚转三个通道之间的耦合作用的影响,将其以合适的形式反映在数学模型中,才能辅助地面试验和研究工作的开展,使得控制系统设计人员更好地了解高超声速飞行器的气动特性。

1.4　高超声速飞行器气动设计支撑技术与本书内容

解决气动设计问题的三种主要手段是：数值模拟、风洞试验和飞行试验。对于高超声速飞行器，飞行试验成本极高，在现阶段不可能作为气动设计的常规手段。风洞试验目前还无法完全模拟高空高马赫数的飞行状态，并且试验周期较长、成本较高，已经越来越无法满足高超声速飞行器的设计需求。目前数值模拟在高超声速飞行器设计中得到了广泛的应用，是解决上述问题的一个重要方法。本书介绍的内容也基本以数值模拟方法和技术为主。

（1）网格技术

随着 CFD 数值模拟方法在高超声速飞行器气动设计中越来越广泛地应用，网格技术的重要性日益凸显。在飞行器布局设计与选型分析的过程中，需要对大量不同外形进行快速而准确的气动特性预测。而传统的几何处理与网格生成在整个 CFD 计算周期中占据超过 80% 以上的工作量，因此自动快速的网格生成技术是实现高效的飞行器气动设计的关键支撑技术。同时在飞行器气动特性评估的数值模拟中，计算网格的质量极大地影响着结果的准确性，以及计算的稳定性和效率，是整个 CFD 流程的关键组成部分。另外，针对物面发生运动的动态问题（如舵面偏转、多体分离等），还需要发展动网格技术。动网格方法有多种，如刚性动网格法、无限插值技术、重叠网格、拼接网格、弹性网格、网格重构技术等。

本书将重点介绍非结构笛卡儿网格生成技术。笛卡儿网格的最大优势就是空间网格生成的自动化程度高，对物面几何外形描述的拓扑结构没有要求，非常容易生成。同时与四面体网格相比，笛卡儿网格的计算花销和存储需求相对较小。大量的工程实践经验表明，对于超声速和高超声速飞行器流动的 CFD 分析，具有粘性边界层网格的笛卡儿网格计算精度能够达到高质量结构网格的水平。本书还将介绍基于非结构重叠网格以及基于弹性网格和网格重构的多种动网格技术，这些动网格技术是实现多体分离数值模拟和数值虚拟飞行仿真等动态数值模拟的技术基础。

（2）高效率、高精度 CFD 技术

随着计算机运算速度和处理能力的快速发展，CFD 技术已经成为飞行器气动设计过程各个阶段中不可或缺的手段，发挥出越来越大的作用。尤其是在高超声速领域，由于地面风洞设备模拟能力的欠缺，CFD 数值模拟发挥了不可替代的作用。在风洞试验模拟马赫数范围内，CFD 计算结果可以与风洞试验结果进行对比校核，同时 CFD 数值模拟还能够顺利地外延给出高超声速飞行器在真实高马赫数环境下的气动性能数据，有效地解决了风洞试验的瓶颈问题。

本书对高超声速航天飞行器外流的数值模拟方法进行了介绍，主要包括基本的数值计算方法、湍流模型、大规模并行技术等方面，同时也介绍了抛物化 N－S（PNS）方程数值计算方法。PNS 方法的计算效率比常规 N－S 方程求解方法提升了一个量级以上，非常适用于飞行器方案设计阶段多轮迭代过程中所需的大规模气动数据的快速计算。同时本书还介绍了针对 CFD 数值模拟的验证与确认方法，完善了对 CFD 计算结果准确性评估工作的系统性和严谨性。

（3）复杂物理效应预测与气动不确定性分析方法

高超声速飞行器长时间经历高空高马赫数飞行环境，受到粘性干扰效应、高温真实气体效应、稀薄气体效应、流态差异效应等多种复杂物理效应的作用，现有的空气动力学理论、地面风洞试验和 CFD 数值模拟三大研究手段都难以准确预测复杂物理效应作用下的气动特性，使得预测的气动特性参数存在较大的不确定性，为气动设计带来了严峻挑战。为了解决高空高超声速复杂气动效应作用下的这一气动设计难题，目前基于工程实践的解决方案是通过理论、试验和数值模拟三大手段的有效结合，发展气动力数据的天地相关性理论和天地换算方法，建立气动力数据的不确定度量化方法和有效的气动力数学模型。

本书具体介绍了马赫数效应、粘性干扰效应、高温真实气体效应、稀薄气体效应以及流态差异效应等复杂物理效应对飞行器气动力、气动热、气动操纵效率和飞行稳定性的影响，梳理了气动力数据天地差异的关键影响因素和天地换算方法，给出了风洞试验气动力数据不确定度量化方法和 CFD 模拟气动力数据不确定度量化方法。

（4）非定常动态气动特性计算方法

高超声速飞行器在某些极限飞行条件下，由于激波与分离旋涡等流动结构相互作用，呈现出强烈的非定常和非线性的气动力特性。高超声速飞行器的精细化设计需要对非定常与动态气动特性进行精确的预示。从国外发展经验看，非定常 CFD 技术是当前高超声速飞行器获得动态气动特性最理想、最现实的方式，且可靠性有望接近飞行试验。

本书在概述飞行器非定常与动态特性数值模拟研究技术发展趋势的基础上，重点介绍包括基于当地活塞理论的快速高效工程方法、完全非定常计算的通用时域方法、高效的时间谱方法等飞行器动稳定性导数多层次的计算方法；并进一步介绍高速旋转弹箭的旋转空气动力学效应的数值预测技术。

（5）多体分离数值计算方法

高超声速飞行器设计中涉及投放（抛撒）分离、级间分离、整流罩分离以及包含多种类型的综合分离等多种形式的多体分离问题，多体分离问题研究是目前航空航天飞行器发展和研制中急需解决的问题之一。美国在实施 Hyper - X 计划的过程中，对 X - 43A 试飞器与其助推火箭之间的级间分离问题极为重视，开展了大量的地面试验和数值模拟分析研究。多体分离问题主要的研究手段有理论分析、数值模拟、地面试验和飞行试验。由于实际工程中考虑的外形往往极为复杂，几乎无法单独从理论分析中获得具有实用价值的信息，通常是通过地面试验和数值模拟的手段开展前期分析，获得大量分析数据并设计出详细的方案，最后通过飞行试验对设计方案进行检验和验证。

本书主要关注数值方法在高超声速飞行器多体分离问题研究中的应用，将分别介绍当前主流的多体分离数值预测方法、多体分离方案设计及评估问题以及不同类型多体分离问题的典型案例等内容。

（6）气动布局设计与优化技术

和传统飞行器设计相比，高超声速飞行器对设计精度要求更高，设计余量更小，因此需要尽可能地接近设计上的最优解，对气动布局的设计和优化提出了更高的要求。传统气动布局设计采用的是"试凑"设计方法，设计人员通过人工修改外形参数，分析其对飞行器气动性能的影响，据此确定参数修改方向，再次修改外形并评估性能，该修正过程不断重复直至达到性能指标要求。然而高超声速飞行器的气动布局外形越来越复杂，各专业学科之间的耦合越来越紧密，即使设计者经验很丰富，也难以同时兼顾很多的性能要求和约束条件，势必会顾此失彼，外形设计不仅效率低，而且很难取得最优解，设计质量难以保证。随着计算方法和计算机技术的快速发展，根据最优化计算理论自动求解的方式进行气动外形设计的方法被广泛关注，这种方法的关键是将设计过程完全自动化，通过数学优化计算理论结合气动评估方法自动求解气动布局设计问题，这种具有智能性的气动布局自动优化设计技术的设计能力相对更强，适用于处理更复杂的气动布局设计问题。

本书对乘波体气动布局设计方法和基于数值模拟技术的气动布局优化设计方法进行了概述性介绍，具体内容包括给定流场乘波体设计方法、拟合流场乘波体设计方法、基于三维流场的乘波体设计方法和乘波体工程化处理方法、优化设计数学算法和数学模型、气动外形参数化建模与网格生成方法，详细介绍了中国航天空气动力技术研究院近年来发展和建立的飞行器气动布局优化设计平台，结合返回舱外形、类 HTV-2 外形、高超声速机动飞行器外形等具体案例介绍了飞行器气动布局优化设计过程。

（7）操纵性/稳定性分析与飞行仿真技术

相比于常规飞行器，高超声速飞行器的飞行高度、马赫数、攻角和动压变化范围更大，飞行器气动参数以及稳定特性和操纵特性变化很大；气动力和力矩以及气动导数随攻角、侧滑角等参数变化呈现出显著的非线性特征；同时高超声速飞行器还需要考虑稀薄气体效应、高温真实气体效应等复杂气动效应，气动数据有很大的不确定度。此外，高超声速飞行器在某些状态下会表现出荷兰滚不稳定以及副翼操纵反效等强耦合特性。这些现象对飞行器的气动和控制特性分析与设计提出了更高的要求，需要保证飞行器在各种速度、高度下都能通过控制系统实现稳定飞行。操纵性/稳定性分析是气动分析的主要内容，也是控制系统设计的基础。对于高度非线性、高度耦合的高超声速飞行器，线性化假设下的操纵特性分析可能是不准确的。基于非线性气动模型的六自由度仿真可以更直接观测飞行器的运动特性，验证控制系统的有效性，是对线性小扰动操纵性/稳定性分析的有力补充。基于非定常 CFD 技术的数值虚拟飞行还可以将气动、飞行、结构、推进、控制等诸多学科耦合在一起，实现对复杂飞行过程的完整预示或逼真复现。通过六自由度飞行仿真和数值虚拟飞行结果的相互比对与验证，能够更为直观地分析飞行器运动规律和控制效果，而且可以预先识别非指令行为和失控飞行模式，分析飞行故障，重现事故特征。

参 考 文 献

［1］ TSIEN H S. Similarity Laws of Hypersonic Flows ［J］. Journal of Mathematics，1946，25：247 –251.

［2］ BORNEMANN W E，SURBER T E. Aerodynamic design of the space shuttle orbiter ［R］. 1979，N79 – 22006

［3］ TURNER S. Flight Demonstration of OSP Technologies – Orbital Flight Test of the X – 37 ［R］. AIAA2003 – 2710.

［4］ WALLKER S，et al. The DARPA/AF Falcon Program：The Hypersonic Technology Vehicle ♯2 (HTV – 2) Flight Demonstration Phase ［R］. AIAA – 2008 – 2539.

［5］ CHAUDHARY A，NGUYENT V，TRAN H，POLADIAN D，FALANGAS E. Dynamics and Stability and Control Characteristics of the X – 37 ［R］. 2001，AIAA 2001 – 4383.

［6］ STEVEN WALLKER H，FREDRICK R. Falcon Hypersonic Technology Overview ［R］. 2005，AIAA 2005 – 3253.

［7］ SYVERTSON C A，GLORIA H R，SARABIA M F. Aerodynamic performance and static stability and control of flat – top hypersonic gliders at Mach numbers from 0.6 to 18 ［R］. 1958，NACA – RM – A58G17.

［8］ EGGERS A J Jr. Some considerations for aircraft configurations suitable for long – range hypersonic flight ［R］. 1959，NASA – TM – 108684.

［9］ PAULSON J W，SHANKS R E. Investigation of low – subsonic flight characteristics of a model of a flat – bottom hypersonic boost – glide configuration having a 78 delta wing ［R］. 1959 NASA – TM – X – 201.

［10］ RADCLIFFE W F. Hypersonic glide vehicle design considerations ［R］. 1960，AR – G – 002.

［11］ SMITH R C. Aerodynamic characteristics of a hypersonic glider configuration at Mach numbers from 0.6 to 3.2 ［R］1964，NASA – TM – X – 973.

［12］ GRAVES E B，CARMEL M M. Aerodynamic characteristics of several hypersonic boost – glide – type configurations at Mach numbers from 2.30 to 4.63 ［R］. 1968，NASA – TM – X – 1601.

［13］ FETTERMAN D E，MCLELLAN C H，JACKSON L R，HENRY B Z J，HENRY J R. A review of hypersonic cruise vehicles ［R］. 1966，NASA – TM – X – 1276.

［14］ DRAPER A C，SIERON T R. Evolution and development of hypersonic configurations，1958 – 1990 ［R］. 1991，WL – TR – 91 – 3607.

［15］ 冯毅，肖光明，唐伟，桂业伟. 类 X – 37 运载器气动布局概念设计 ［J］. 空气动力学学报，2013，31 (01)：94 – 98.

［16］ 王发民，李立伟，姚文秀，雷麦芳. 乘波飞行器构型方法研究 ［J］. 力学学报，2004，36 (05)：513 – 519.

［17］ 王发民，丁海河，雷麦芳. 乘波布局飞行器宽速域气动特性与研究 ［J］. 中国科学（E 辑：技术科学），2009，39 (11)：1828 – 1835.

[18]　车竞. 高超声速飞行器乘波布局优化设计研究 [D]. 西安：西北工业大学，2007.

[19]　车竞，唐硕，何开锋. 高超声速巡航飞行器机身多目标优化设计 [J]. 实验流体力学，2008，22 (01)：
　　　55 - 60.

[20]　王卓，钱翼稷. 乘波体外形设计 [J]. 北京航空航天大学学报，1999，25 (02)：60 - 63.

[21]　LINDLEY C A. Early aerospaceplane propulsion research：Marquardt Corporation：ca 1956 - 1963
　　　[R]. 1992，N92 - 21518.

[22]　ANDERSON J D. Hypersonic and high temperature gas dynamics，Second Edition [M]. AIAA
　　　Inc.，Virginia，2006.

[23]　MAUS J R，GRIFFITH B J，SZEMA K Y，BEST J T. Hypersonic Mach number and real gas effects on
　　　Space Shuttle Orbiter aerodynamics [J]. Journal of Spacecraft and Rockets，1984，21 (2)：136 - 141.

[24]　HORVATH T J，BERRY S A，HOLLIS B R，et al. X - 33 experimental aeroheating at Mach 6
　　　using phosphor thermography [J]. Journal of Spacecraft and Rockets，2001，38 (5)：634 - 645.

[25]　HOLLIS B R，THOMPSON R A，MURPHY K J，et al. X - 33 aerodynamic computations and
　　　comparisons with wind - tunnel data [J]. Journal of Spacecraft and Rockets，2001，38 (5)：684 - 691.

[26]　HOLLIS B R，HORVATH T J，BERRY S A，et al. X - 33 computational aeroheating predictions and
　　　comparisons with experimental data [J]. Journal of Spacecraft and Rockets，2001，38 (5)：658 - 669.

第 2 章 数值方法

随着高性能计算技术的飞速发展，作为空气动力研究中理论、试验和计算三大手段之一的数值模拟技术越来越突显出其多方面的优势：1）有效衔接地面试验与真实飞行环境；2）揭示流动机理；3）缩短研究周期和节约经济成本。计算流体动力学（CFD）数值模拟方法已经成为包括高超声速飞行器在内的航空航天飞行器设计过程各个阶段中不可或缺的手段，发挥出越来越大的作用，并且从根本上改变了航空航天飞行器设计过程，有力地支撑了飞行器设计的前沿创新。

2.1 CFD 技术在飞行器设计中的作用

以 CFD 技术为代表的高精度数值模拟方法已经成为服务于新型号和重大项目研制不可或缺的设计手段与研究工具，同时随着对大飞行空域、宽飞行速域以及多物理、交叉学科耦合的性能预测能力需求的日益旺盛，数值模拟技术在气动研制过程中的作用显得尤为关键。国内外的历史经验表明，数值模拟技术对新型号研制的支撑作用非常突出，先进气动数值技术已经成为飞行器气动设计过程中不可或缺的分析设计手段和研究工具。设计师们已经普遍形成共识，即随着数值模拟工具精度和计算能力的提高，在数值模拟规模扩大的同时可极大地减少风洞试验时间，以更低的费用获得更好的产品。

风洞设备对于模型尺寸、空域、速域、多物理场测试以及复杂流场细节显示和测试有诸多的瓶颈，模拟能力受到一定限制，不能完全满足设计需求。在今天的高超声速飞行器设计中，数值模拟已变成重要的气动数据提供者，它不仅能与风洞试验进行对比校核，而且能够顺利外延给出飞行器真实环境下的气动性能数据，有效地解决了风洞试验存在的瓶颈问题。同时因其对流场信息的有效把握和友好的数据后处理手段，能够很好地对复杂气动问题进行机理分析，有效地衔接了流动机理与气动设计两个重要环节，大大提升了型号研制流程的严谨性。从这个意义上看，数值模拟技术已成为气动设计的重要手段。

新型航空航天飞行器的飞行速度、飞行空域和飞行任务范围不断扩展，带来大量以往没有遇到或尚未解决而又迫切需要开展系统研究的空气动力学以及与之相关的多学科耦合问题。例如，高超声速再入飞行器进入大气层时面临各种极端的气动效应（如图 2-1 所示），在设计过程中需要明确这些气动效应对飞行器整体性能的影响。这些前沿问题的解决取决于理论、试验和计算的共同进步。在当前科技发展的条件下，由于理论分析的复杂性以及试验能力和成本的限制，这些问题在很大程度上依赖数值模拟能力的进步，并指导试验和相关理论创新的发展。而以先进 CFD 技术为核心的多学科数值模拟在作为研究工具完成上述前沿问题的探索、建模工作的同时，也利用相关研究成果，指导实际工程问题解决，推动了航空航天创新型号的研制。

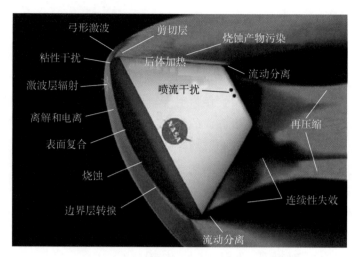

图 2-1　高超声速再入飞行器面临的气动效应

本章将对高超声速航天飞行器外流的数值模拟方法进行介绍，主要包括基本的数值计算方法、网格生成技术、湍流模型、转捩预测技术、大规模并行技术等方面，同时也介绍了当前气动特性数值模拟方法的一些新发展。

2.2　控制方程与数值求解

2.2.1　流动控制方程

CFD 数值求解的对象是 N-S 方程。高超声速航天飞行器流动数值模拟常用的是直角坐标系下三维可压缩非定常 N-S 方程，其积分形式为

$$\frac{\partial}{\partial t}\int_{\Omega} \boldsymbol{Q} \, \mathrm{d}V + \int_{\partial\Omega} (\hat{\boldsymbol{F}} - \hat{\boldsymbol{G}}) \cdot \hat{\boldsymbol{n}} \, \mathrm{d}S = 0 \qquad (2-1)$$

Ω 是任意形状的控制体，$\mathrm{d}S$ 是控制体上的微元面的面积，$\hat{\boldsymbol{n}}$ 是微元面的外法向单位矢量，$\hat{\boldsymbol{n}} = n_x \hat{\boldsymbol{i}} + n_y \hat{\boldsymbol{j}} + n_z \hat{\boldsymbol{k}}$。

$\boldsymbol{Q}$ 为守恒变量，包含密度、动量和总能，$\boldsymbol{F} = \hat{\boldsymbol{F}} \cdot \hat{\boldsymbol{n}}$ 为无粘通量，$\boldsymbol{G} = \hat{\boldsymbol{G}} \cdot \hat{\boldsymbol{n}}$ 为粘性通量，表达式为

$$\boldsymbol{Q} = \begin{pmatrix} \rho \\ \rho u \\ \rho v \\ \rho w \\ \rho E \end{pmatrix}, \boldsymbol{F} = \begin{pmatrix} \rho U \\ \rho U u + n_x p \\ \rho U v + n_y p \\ \rho U w + n_z p \\ \rho U H + U_g p \end{pmatrix}, \boldsymbol{G} = \begin{pmatrix} 0 \\ n_x \tau_{xx} + n_y \tau_{xy} + n_z \tau_{xz} \\ n_x \tau_{yx} + n_y \tau_{yy} + n_z \tau_{yz} \\ n_x \tau_{zx} + n_y \tau_{zy} + n_z \tau_{zz} \\ n_x b_x + n_y b_y + n_z b_z \end{pmatrix} \qquad (2-2)$$

式中，ρ 为密度，u、v 和 w 为笛卡儿坐标系下 3 个方向的速度，p 为压力，E 为总能，H 为总焓。U 为逆变速度，U_g 为微元面的法向运动速度

$$U = u \cdot n_x + v \cdot n_y + w \cdot n_z - U_g$$

$$U_g = u_g \cdot n_x + v_g \cdot n_y + w_g \cdot n_z \qquad (2-3)$$

u_g、v_g 和 w_g 是微元面在直角坐标系内 3 个方向的运动速度。当控制体不动时，运动速度为 0。

τ 为摩尔应力张量。使用 Stokes 假设，τ 的张量形式可以表示为

$$\tau_{ij} = 2\mu \bar{S}_{ij} \qquad (2-4)$$

μ 是层流粘性系数，$\bar{S}_{ij}$ 的表达式为

$$\bar{S}_{ij} = S_{ij} - \frac{1}{3}\frac{\partial u_k}{\partial x_k}\delta_{ij}, \quad S_{ij} = \frac{1}{2}\left(\frac{\partial u_i}{\partial x_j} + \frac{\partial u_j}{\partial x_i}\right) \qquad (2-5)$$

矢量 $\boldsymbol{b}$ 的表达式如下

$$b_j = u_i \tau_{ij} - q_j \qquad (2-6)$$

热通量项 $\boldsymbol{q}$ 的表达式为

$$q_j = -k\frac{\partial T}{\partial x_j} \qquad (2-7)$$

式中　k——层流热传导系数。

为了封闭上述方程，需要气体的热力学特性，当涉及粘性计算时，还需要气体的输运特性。

对于理想气体，有状态方程

$$P = \rho R T \qquad (2-8)$$

对于层流粘性，采用 Sutherland 公式计算。Sutherland 公式表达式为

$$\mu = \mu_{\text{ref}}\left(\frac{T}{T_{\text{ref}}}\right)^{\frac{3}{2}}\left(\frac{T_{\text{ref}} + c}{T + c}\right) \qquad (2-9)$$

对于空气，$\mu_{\text{ref}} = 1.716 \times 10^{-6}$ kg/(m·s)，参考温度 $T_{\text{ref}} = 273.16$ K，$c = 110.4$ K。

热传导系数表达式为

$$k = \frac{\mu}{Pr} \cdot \frac{\partial h}{\partial T}\bigg|_p = \frac{\mu C_p}{Pr} \qquad (2-10)$$

层流状态下，$Pr = 0.72$，C_p 为定压比热。

2.2.2　空间离散与通量计算

有限体积法具有适应性强、守恒性好的优点，是当前离散 CFD 计算域最常用的方法。本书主要以对飞行器复杂几何外形适应性较强的非结构网格为对象介绍计算方法，结构网格上的计算方法是类似的，可参阅相关专著[2]。

对式（2-1）所示控制方程，使用互不相交、每个面一一对应的控制体离散计算域，在每一个网格控制体单元上积分控制方程，可以得到

$$\frac{\Delta \boldsymbol{Q}_i}{\Delta t}V_i + \sum_{k \in nb(i)}(\boldsymbol{F}_{ik} - \boldsymbol{G}_{ik}) \cdot S_{ik} = 0 \qquad (2-11)$$

在式（2-11）中，V_i 代表控制体 i 的体积，单元 i 有 $nb(i)$ 个邻居单元。单元 i 与邻居

单元 k 共享的面为 ik。对每个面，S 是面的面积大小。$\boldsymbol{F}$ 和 $\boldsymbol{G}$ 是流过面的无粘通量和粘性通量。

2.2.2.1　通量计算

CFD 数值模拟最重要的部分就是通量的计算，超声速/高超声速流动中尤以无粘通量的计算最为重要。当前普遍使用的无粘通量计算方法主要包括詹姆森（Jameson）等人发展起来的中心型格式[3]和以 Roe[4]、Van Leer[5]、AUSM 系列[6]为代表的迎风型格式。由于高超声速流动中普遍存在激波等强间断，因此迎风型格式在高超声速飞行器流动数值模拟中得到了广泛的应用，而其中应用最广泛的是 Roe 格式

$$F_f = \frac{1}{2} \left[\boldsymbol{F}(\boldsymbol{Q}_{\mathrm{L}}) + \boldsymbol{F}(\boldsymbol{Q}_{\mathrm{R}}) - |\tilde{\boldsymbol{A}}| \Delta \boldsymbol{Q} \right] \tag{2-12}$$

式中，$\tilde{\boldsymbol{A}}$ 是以 Roe 平均值计算得到的无粘通量 Jacob 矩阵，$|\tilde{\boldsymbol{A}}| = \tilde{\boldsymbol{R}} |\tilde{\boldsymbol{\Lambda}}| \tilde{\boldsymbol{L}}$，$\tilde{\boldsymbol{R}}$ 是 $\tilde{\boldsymbol{A}}$ 的右特征矢量作为列形成的矩阵，$\tilde{\boldsymbol{L}}$ 是 $\tilde{\boldsymbol{A}}$ 的左特征矢量作为行形成的矩阵，对角矩阵 $\tilde{\boldsymbol{\Lambda}}$ 是 $\tilde{\boldsymbol{A}}$ 的特征值矩阵，这些特征值为

$$\lambda(\tilde{\boldsymbol{A}}) = U, U, U, U + a, U - a \tag{2-13}$$

公式中的标志 "～" 表示该项需要通过 Roe 平均值计算，单元面上的 Roe 平均值是单元面左右两侧的值，通过以下 Roe 平均方式获得

$$\tilde{\rho} = \sqrt{\rho_{\mathrm{L}} \rho_{\mathrm{R}}}$$

$$\tilde{u} = \frac{u_{\mathrm{L}} + u_{\mathrm{R}} \sqrt{\rho_{\mathrm{R}}/\rho_{\mathrm{L}}}}{1 + \sqrt{\rho_{\mathrm{R}}/\rho_{\mathrm{L}}}}$$

$$\tilde{v} = \frac{v_{\mathrm{L}} + v_{\mathrm{R}} \sqrt{\rho_{\mathrm{R}}/\rho_{\mathrm{L}}}}{1 + \sqrt{\rho_{\mathrm{R}}/\rho_{\mathrm{L}}}} \tag{2-14}$$

$$\tilde{w} = \frac{w_{\mathrm{L}} + w_{\mathrm{R}} \sqrt{\rho_{\mathrm{R}}/\rho_{\mathrm{L}}}}{1 + \sqrt{\rho_{\mathrm{R}}/\rho_{\mathrm{L}}}}$$

$$\tilde{H} = \frac{H_{\mathrm{L}} + H_{\mathrm{R}} \sqrt{\rho_{\mathrm{R}}/\rho_{\mathrm{L}}}}{1 + \sqrt{\rho_{\mathrm{R}}/\rho_{\mathrm{L}}}}$$

Roe 格式由于其精确、高效的特点在 CFD 数值模拟中得到了广泛的应用，然而由于格式本身的特点，在某些问题中应用 Roe 格式时会失败或导致非物理的解[7]，这些问题包括：强稀疏波导致的近真空状态、声速点穿过稀疏波计算以及由于准确捕获接触波而导致的激波不稳定（carbuncle phenomenon）。Roe 格式在这些问题中的失败在数值上是由于通过式（2-13）获得的特征值太小所造成的，常用的解决办法是限制特征值以避免它们趋近于 0，这种方法称之为熵修正（entropy fix）。

常用的熵修正形式为

$$\lambda_{\mathrm{fix}} = \begin{cases} \lambda & \lambda \geqslant \varepsilon \\ \dfrac{\lambda^2 + \varepsilon^2}{2\varepsilon} & \lambda < \varepsilon \end{cases} \tag{2-15}$$

参考量 $\varepsilon = 2c_{ef}(|\boldsymbol{V}|+a)$ ，$\boldsymbol{V}$ 是采用 Roe 平均值获得的流动速度矢量，a 是声速。系数 c_{ef} 的取值范围为 0～1。

通过以上熵修正方法较好地解决了 Roe 格式的非物理解，然而对高超声速粘性计算，熵修正在边界层内带来额外的耗散，使得摩擦阻力和热流计算精度下降。一些熵修正方法通过当地流动特征或网格方向[8-9]判断是否需要采用熵修正，一种针对非结构网格的自适应熵修正方法的参考量计算公式[9]为

$$\varepsilon = 2[c_{ef}(|\boldsymbol{V}|+a)(1-\Phi)+10^{-4}a] \tag{2-16}$$

其中

$$\Phi = 0.5[1-\cos(\phi\pi)], \phi = \min\left[1, \max\left(0, \frac{\vartheta_{\max}-\vartheta}{\vartheta_{\max}-\vartheta_{\min}}\right)\right], \vartheta = \frac{p_{\max}}{p_{\min}} \tag{2-17}$$

$p_{\max}$ 和 $p_{\min}$ 是局部区域压力的最大值和最小值。参数 $\vartheta_{\max}$ 和 $\vartheta_{\min}$ 的参考值取为 3 和 2。对于粘性通量，通常采用中心差分的方法计算，这里不做赘述。

2.2.2.2　插值重构和限制器

无粘通量采用迎风型格式计算时，需要用到网格面左侧和右侧的变量值 q_L 和 q_R。如果它们直接取面的左右控制体中心处的值，无粘通量的空间精度只有 1 阶，这对于流场细节的捕捉是不够的。为获得空间高阶精度，需要对变量进行插值重构。当前主流的 CFD 软件的空间精度通常为 2 阶，普遍采用 MUSCL 形式[10]的插值方法。为了获得空间 2 阶精度，假设流动变量在单元内是线性分布的，将 MUSCL 形式的插值应用于非结构网格，那么对网格面左侧的任意变量值 q_L，可以得到

$$q_L = q_i + \phi\,\nabla q_i \cdot \hat{\boldsymbol{r}} \tag{2-18}$$

式中，q_i 是单元中心处的值，∇q_i 是变量在单元内的梯度，可以通过 Green-Gauss 定理或最小二乘法得到[11-12]；$\hat{\boldsymbol{r}}$ 是单元中心坐标到单元面心坐标的矢量；ϕ 是梯度限制器，用于满足单调性要求，以避免在激波等强间断处出现振荡或过冲，非结构网格常用的限制器是 Barth 限制器[13]和 Venkatakrishnan 限制器[14]。网格面右侧的变量 q_R 通过相同的方法得到。

2.2.3　边界条件

正确的 CFD 求解需要恰当的边界条件。边界条件不能随意给定，要求在数学上满足适定性，在物理上具有明确的意义，如果处理不当，往往导致数值振荡甚至发散，同时边界条件的处理对流场精度有非常重要的影响。

飞行器外流计算中最常用的边界条件主要有两类：远场边界条件和壁面边界条件。

2.2.3.1　远场边界条件

对于远场边界条件，采用边界内外的局部 1 维黎曼不变量（1-d Riemann invariants）进行构造[15]。

首先得到边界内外的局部 1 维黎曼不变量

$$R^+ = \overline{U}_{\text{in}} + \frac{2a_{\text{in}}}{\gamma - 1}$$

$$R^- = \overline{U}_{\text{out}} - \frac{2a_{\text{out}}}{\gamma - 1}$$

$$(2-19)$$

其中

$$\overline{U} = u \cdot n_x + v \cdot n_y + w \cdot n_z$$

式中　$\overline{U}$ ——不包含网格运动速度的逆变速度；

　　　a ——声速；

　　　下标 in 和 out——边界内外的值，边界内部的值采用实网格单元中心的值，边界外部的值采用自由来流的值。

边界面的外法向速度和声速通过以下方式获得

$$\overline{U}_f = \frac{R^+ + R^-}{2}$$

$$a_f = \frac{\gamma - 1}{4}(R^+ - R^-)$$

$$(2-20)$$

考虑网格运动，则边界面外法线矢量方向的逆变速度和马赫数为

$$U_f = \overline{U}_f - U_g, Ma_f = \frac{U_f}{a_f}$$

$$(2-21)$$

U_g 是边界面网格运动速度，网格固定时 $U_g = 0$。

对于超声速流入边界（$U_f < 0$，$|Ma_f| > 1$），边界面的原始变量值取自由来流值

$$\boldsymbol{q}_f = \boldsymbol{q}_\infty$$

$$(2-22)$$

对于超声速流出边界（$U_f \geqslant 0$，$|Ma_f| > 1$），边界面的原始变量值取实网格单元值

$$\boldsymbol{q}_f = \boldsymbol{q}_c$$

$$(2-23)$$

对于亚声速流入边界（$U_f < 0$，$|Ma_f| \leqslant 1$）或亚声速流出边界（$U_f \geqslant 0$，$|Ma_f| \leqslant 1$），边界虚网格在直角坐标系下 3 个方向的速度分量通过切向和法向速度的分解得到，而密度和压力通过熵条件得到

$$\rho_f = \left[\frac{a_f^2}{\gamma s_{\text{ref}}} \right]^{\frac{1}{\gamma - 1}}$$

$$u_f = u_{\text{ref}} + n_x (\overline{U}_f - \overline{U}_{\text{ref}})$$

$$v_f = v_{\text{ref}} + n_y (\overline{U}_f - \overline{U}_{\text{ref}})$$

$$w_f = w_{\text{ref}} + n_z (\overline{U}_f - \overline{U}_{\text{ref}})$$

$$p_f = \frac{\rho_f a_f^2}{\gamma}$$

$$(2-24)$$

下标 ref 表示用于计算的参考值。对于亚声速流入边界，参考值取边界外部的值，即 ref＝out；对于亚声速流出边界，参考值取边界内部的值，即 ref＝in。熵通过下式计算

$$s = \frac{p}{\rho^\gamma}$$

$$(2-25)$$

2.2.3.2　无滑移壁面边界条件

对于无滑移壁面边界条件，边界面的速度给网格运动速度以保证无滑移条件

$$u_f = u_g,\ v_f = v_g,\ w_f = w_g \tag{2-26}$$

当网格不动时，边界速度为 0。

对于绝热壁面，温度的法向梯度为 0，即 $\dfrac{\mathrm{d}T}{\mathrm{d}n} = 0$。对于等温壁面，温度给定，即 $T_f = T_{\text{wall}}$。

壁面边界条件通常压力梯度设为 0，即 $\dfrac{\mathrm{d}p}{\mathrm{d}n} = 0$。如果网格运动，则需要考虑运动带来的加速度：$\rho \boldsymbol{a} \cdot \hat{\boldsymbol{n}} = -\dfrac{\mathrm{d}p}{\mathrm{d}n}$。

2.2.3.3　滑移壁面边界条件

当气体较稀薄，流动区域出现滑移流区时，连续介质方程仍可使用，但需要考虑物面处和间断处的速度滑移和温度跳跃现象。通过应用滑移壁面边界条件，可以有效地扩展 CFD 数值模拟的应用范围。

采用经典的麦克斯韦（Maxwell）滑移边界条件，边界处流体的切向速度为[27]

$$u_s = \frac{2-\sigma}{\sigma}\Lambda_f \frac{\partial u_t}{\partial n} \tag{2-27}$$

这里 u_s 是边界处流体的速度，$\dfrac{\partial u_t}{\partial n}$ 是切向速度在边界法向的梯度，Λ_f 是边界处分子的平均自由程，σ 是切向动量适应系数，一般取 1。

分子的平均自由程 Λ 由下式定义[27-28]

$$\Lambda = \frac{\mu}{\rho}\sqrt{\frac{\pi}{2RT}} \tag{2-28}$$

对于理想气体，R 为常数；对于平衡空气，$R = \dfrac{p}{\rho T}$。

对于等温壁面的粘性滑移边界，其边界处温度跳跃为[27]

$$T_f - T_{\text{wall}} = \frac{15}{8}\frac{2-\alpha}{\alpha}\Lambda_f \frac{\partial T}{\partial n} \tag{2-29}$$

这里 α 是热适应系数，通常取 1。

2.2.4　时间推进

定常状态的解可以通过时间推进得到。时间推进求解方式可分为显式方法和隐式方法。显式方法以多步 Runge-Kutta 方法为代表，计算量和存储量比较小，程序实现简单，可以构造很高的时间精度；缺点是时间步长受到稳定性要求的限制，计算的 CFL 数过低而效率不高。当前航空航天工程 CFD 应用最常用的是隐式时间推进，其稳定性好、时间步长限制小，计算效率更高。本节将对 CFD 计算中最常用的隐式时间推进方法——SGS

（对称 Gauss - Seidel 迭代）方法进行介绍。

2.2.4.1　基于 SGS 方法的隐式时间推进

使用 Euler 隐式时间积分，半离散形式的 N - S 方程可写为

$$V_i \frac{\Delta \boldsymbol{Q}_i^n}{\Delta t} = -\boldsymbol{R}_i^{n+1} \tag{2-30}$$

将第 $n+1$ 时刻的残差线性化：$\boldsymbol{R}_i^{n+1} = \boldsymbol{R}_i^n + \dfrac{\partial \boldsymbol{R}_i^n}{\partial \boldsymbol{Q}} \Delta \boldsymbol{Q}_i^n$，并作用在所有控制体上，从而得到如下的线性方程组（为简便起见，忽略了时间层面上标 n）

$$\boldsymbol{A} \Delta \boldsymbol{Q} = -\boldsymbol{R} \tag{2-31}$$

根据式（2-11），每个单元 i 的残差 $\boldsymbol{R}_i = \sum\limits_{k \in nb(i)} (\boldsymbol{F}_{ik} - \boldsymbol{G}_{ik}) \cdot \boldsymbol{S}_{ik}$。

矩阵 $\boldsymbol{A} = \dfrac{V}{\Delta t} \boldsymbol{I} + \dfrac{\partial \boldsymbol{R}}{\partial \boldsymbol{Q}}$ 严格意义上是一个大型稠密矩阵，但直接对其存储和求解是十分困难的。因此仅考虑一阶近似，则矩阵 $\boldsymbol{A}$ 的第 i 行仅在第 i 列和单元 i 的邻居 $k \in nb(i)$ 的列上有值，从而使得 $\boldsymbol{A}$ 成为一个大型稀疏矩阵。将矩阵 $\boldsymbol{A}$ 分裂得到 $\boldsymbol{A} = \boldsymbol{L} + \boldsymbol{D} + \boldsymbol{U}$，则对每个单元 i 所代表的第 i 行

$$\boldsymbol{D}_{i,i} = \frac{V_i}{\Delta t} \boldsymbol{I} + \sum_{k \in nb(i)} \frac{\partial (\boldsymbol{F}_{ik} - \boldsymbol{G}_{ik})}{\partial \boldsymbol{Q}_i} \boldsymbol{S}_{ik} \tag{2-32}$$

$$\begin{aligned} \boldsymbol{L}_{i,k} &= \frac{\partial (\boldsymbol{F}_{ik} - \boldsymbol{G}_{ik})}{\partial \boldsymbol{Q}_k} \boldsymbol{S}_{ik} \quad k \in L(i) \\ \boldsymbol{U}_{i,k} &= \frac{\partial (\boldsymbol{F}_{ik} - \boldsymbol{G}_{ik})}{\partial \boldsymbol{Q}_k} \boldsymbol{S}_{ik} \quad k \in U(i) \end{aligned} \tag{2-33}$$

其中 $k \in L(i)$ 表示比 i 小的邻居单元编号，$k \in U(i)$ 表示比 i 大的邻居单元编号。线性方程组的 SGS 迭代求解可表述为如下的步骤：

1）$\Delta \boldsymbol{Q}^0 = 0$；

2）对 $m < m_{\max}$，先后执行向前扫描和向后扫描

$$\begin{aligned} \Delta \boldsymbol{Q}_i^{m+1/2} &= \boldsymbol{D}_{i,i}^{-1} \Big[\boldsymbol{R}_i - \sum_{k \in L(i)} \boldsymbol{L}_{i,k} \Delta \boldsymbol{Q}_k^{m+1/2} - \sum_{k \in U(i)} \boldsymbol{U}_{i,k} \Delta \boldsymbol{Q}_k^m \Big] \\ \Delta \boldsymbol{Q}_i^{m+1} &= \boldsymbol{D}_{i,i}^{-1} \Big[\boldsymbol{R}_i - \sum_{k \in L(i)} \boldsymbol{L}_{i,k} \Delta \boldsymbol{Q}_k^{m+1/2} - \sum_{k \in U(i)} \boldsymbol{U}_{i,k} \Delta \boldsymbol{Q}_k^{m+1} \Big] \end{aligned} \tag{2-34}$$

当 $m_{\max} = 1$ 时，SGS 方法成为更常用的 LU - SGS 方法[16-17]。

在实际计算中，每个单元的 Δt 可以使用当地时间步长以加快收敛。

2.2.4.2　非定常计算的处理

将隐式时间推进扩展到非定常计算，最常用的方法是 Jameson[18] 提出的双时间步（dual time step）方法。双时间步方法通过在控制方程中引入流通量的伪时间导数项，从而可以充分利用针对定常计算所发展的各类方法，提高非定常计算的效率。

在式（2-30）中引入伪时间导数项，并将物理时间导数项采用二阶向后差分离散可得

$$V_i \frac{\Delta \boldsymbol{Q}_i^{n,m}}{\Delta \tau} + V_i \frac{3\boldsymbol{Q}_i^{n,m} - 4\boldsymbol{Q}_i^n + \boldsymbol{Q}_i^{n-1}}{2\Delta t} = -\boldsymbol{R}_i^{n,m+1} \qquad (2-35)$$

采用与定常计算相同的技术，可以获得如下的线性方程组（为简便起见，对伪时间层面忽略了物理时间层面上标 n）

$$\boldsymbol{A}\Delta \boldsymbol{Q}^m = -\boldsymbol{R}^* \qquad (2-36)$$

其中

$$\boldsymbol{A} = \left(\frac{V}{\Delta \tau} + \frac{3V}{2\Delta t} \right) \boldsymbol{I} + \frac{\partial \boldsymbol{R}^m}{\partial \boldsymbol{Q}} \qquad (2-37)$$

$$\boldsymbol{R}^* = -\boldsymbol{R}^m - V \frac{3\boldsymbol{Q}^m - 4\boldsymbol{Q}^n + \boldsymbol{Q}^{n-1}}{2\Delta t}$$

方程组（2-36）可以采用定常计算所用的 SGS 迭代方法求解，伪时间层面的收敛值即为下一物理时间步的值，即

$$\Delta \boldsymbol{Q}^n = \Delta \boldsymbol{Q}^{n,m \to \infty} \qquad (2-38)$$

2.3 网格生成技术

2.3.1 网格生成技术概览

在飞行器气动特性 CFD 数值模拟求解中，计算网格的质量极大地影响着计算的准确性、稳定性和效率，是整个 CFD 流程的关键组成。根据 CFD 解算器的数据结构，计算网格可以分为结构网格和非结构网格两大类。采用结构网格的解算器计算精度和效率高、占用内存少、适合模拟粘性流动，但复杂外形的结构网格生成困难，需要大量的人工干预，自动化程度较低。随着模拟硬件能力的提高，传统认为非结构网格内存占用大、计算效率低的缺点也不再突出，而其适用于复杂外形、人工干预少的优点越来越受到重视，非结构网格生成技术和求解技术在最近的二十年里得到了极大的完善，并获得普遍应用[19-21]。

随着 CFD 技术在飞行器前期设计阶段得到越来越广泛的应用，快速、可靠的气动力计算对飞行器的选型工作起到重要的作用，这对网格生成和流场求解提出了新的要求。实践经验表明，传统几何处理与网格生成的时间总和约占整个 CFD 计算周期的 80%，甚至更多，而在选型设计阶段，在网格生成上的大量时间消耗已经成为现代快速设计迭代流程的突出瓶颈，自动、快速的网格生成技术将成为飞行器选型设计流程中 CFD 模拟预测的关键。

2.3.2 粘性自适应笛卡儿网格生成技术

本节介绍适用于粘性计算的自适应笛卡儿网格生成方法。该网格生成方法的生成速度快、鲁棒性好，特别适合于复杂外形飞行器设计过程中外形变化多、迭代流程快的选型阶段对 CFD 数值模拟的需求。但笛卡儿网格是从"空间到边界"的方法，故它的一个重大缺陷是不能生成贴体网格，因此对边界的精确表示是一个成功的笛卡儿网格方法最重要的部分。常用的边界处理方法有浸入边界方法（Immersed Boundary）[22]、嵌入边界方法（Embedded Boundary）[23]和投影方法[24-26]。前两种方法很难模拟粘性边界层流动，因此本

书主要介绍基于第三种方法的粘性自适应笛卡儿网格生成技术。

以一个类 CAV 外形为例细述网格生成方法。使用三角形来离散初始的表面模型（如图 2-2 所示）。这种表面描述大量地用在包括 CFD 在内的多个领域内，得到各种 CAD 包的广泛支持。

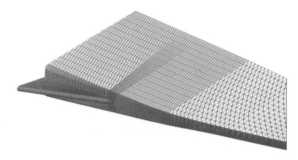

图 2-2　模型表面三角化

采用 1 个或多个矩形单元覆盖整个计算域。将那些与物面相交的单元称为切割单元。通过对切割单元的一分为八加密来得到整个计算网格，如图 2-3 所示。

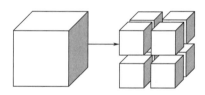

图 2-3　笛卡儿网格加密过程

使用最大加密次数、单元的尺寸、局部曲率自适应三种加密方式对网格进行持续加密。对于第三种加密，是指笛卡儿网格单元包含的表面三角形序列中任意两个三角形法向矢量夹角的余弦小于某个指定值时，该单元应该加密，见下式

$$\min(n_i \cdot n_j) < \cos(\theta_0), \ \forall i, j, \ i \neq j \qquad (2-39)$$

在加密时，除了切割单元需要加密外，与切割单元相邻的几层单元也应该加密，使得网格层次之间的过渡更加光滑。在加密过程中，应避免相邻单元之间的层次差大于 1 的情况出现。计算中仅用到流场单元，切割单元和内部单元应被屏蔽。图 2-4 是标定结束后的流场网格。

在笛卡儿网格生成结束后，将切割单元和内部单元屏蔽，得到和物形相仿的面，称之为待投影面。为了方便后续的网格生成，提高待投影面的质量，下面的单元也应该被屏蔽：

1）过于靠近物面的单元；

2）造成零厚度外形的单元，如图 2-5 所示。

此时的待投影面是阶梯形的，如图 2-6（a）所示。为了生成质量较好的柱形单元，采用拉普拉斯（Laplace）光顺方法[25-26]对待投影面进行光顺，图 2-6（b）是光顺后的待投影面。

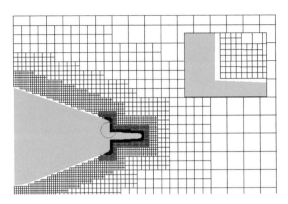

图 2 - 4　标定结束后的流场网格

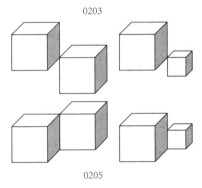

图 2 - 5　零厚度点和零厚度边

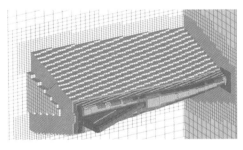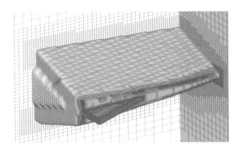

（a）光顺前　　　　　　　　　　　　　　（b）光顺后

图 2 - 6　光顺前后的待投影面

　　将光顺完毕后待投影面上的点向物面投影，使待投影面和物面之间的间隙填充为新的柱形网格，表面网格在投影的过程中同时生成，如图 2 - 7 所示。

　　把新得到的柱形网格沿投影方向划分为多层，自然地得到了可供粘性计算的边界层网格。图 2 - 8 是边界层划分前后的截面网格。

　　本节所介绍的粘性笛卡儿网格生成方法快速、鲁棒，实测结果表明百万量级的网格在主流的个人计算机上生成时间在 10 min 的量级，显示出极高的网格生成效率，满足选型

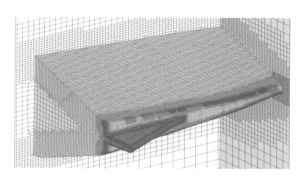

图 2-7　投影得到的表面网格

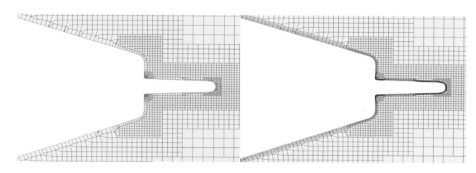

图 2-8　边界层划分前后的截面网格

阶段的快速迭代要求。

　　图 2-9 给出了采用该方法的网格生成例子，可见该方法对复杂外形有良好的适应性。

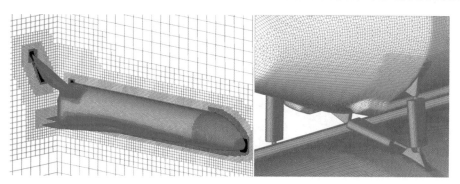

图 2-9　复杂外形粘性笛卡儿网格生成实例

2.4　湍流模型

　　湍流问题不仅是经典物理学的难题，同时广泛存在于自然界和工程技术领域中，一直是制约 CFD 精确计算的瓶颈之一。第二届国际阻力预测会议（DPW）对 DLR - F6 整机阻力的计算进行了系统研究，发现湍流模型、转捩模型以及网格对 CFD 计算结果的影响位居前三，分别占到约 15％、11％ 和 11％，可见湍流模拟的准确与否，极大地影响着 CFD 预测的精度。

对湍流的不同封闭形式形成了雷诺平均法（RANS）、大涡模拟（LES，Large Eddy Simulation）方法和直接数值模拟（DNS，Direct Numerical Simulation）方法等计算方法（如图 2－10 所示）。虽然针对机理研究的湍流高级数值方法（如 DNS）计算量巨大，难以在实际中应用，但介于机理研究和工程应用之间的湍流高级数值方法［如 LES、VLES、ILES、脱体涡模拟方法（DES）、RANS/LES 等］在湍流应用研究中展示了很好的应用和发展前景。本节将介绍工程设计中应用最为广泛的 RANS 方法，以及针对大分离流动的 RANS/LES 混合方法。

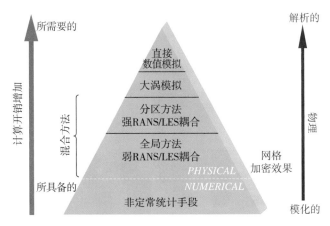

图 2－10　解析湍流的数值技术

2.4.1　RANS 湍流模型

当前航空航天工业领域广泛使用的 RANS 方法可以在不苛刻的网格要求下较好计算附着流和小分离流动。在 2009 年美国的湍流模型基准工作组（TMBWG）的调查中，大部分的受调查者都认为，尽管大涡模拟（LES）和直接数值模拟（DNS）已经得到很大的发展，但 RANS 还将被继续广泛地使用 10～20 年（如图 2－11 所示）；68％ 的受调查者认为 RANS 在研究、开发和设计阶段非常重要。现阶段，LES 和 DNS 的工程化应用是不现实的。

NASA 的湍流模型资源（TMR，Turbulence Modeling Resource）网站上给出了当前多种常用湍流模型，以及对这些模型的验证和确认[29]，感兴趣的读者可以参考。目前被广泛使用的湍流模型几乎全部是线性的涡粘性湍流模型，特别是一方程的 S－A（Spalart－Allmaras）模型[30]和两方程的 Menter SST（Menter Shear Stress Transport）模型[31]，Spalart 认为这两种模型"统治"了航空航天的 CFD 应用。这种观点虽难免过于偏激，但是几乎所有成熟的科研和商业 CFD 代码都集成了 SA 与 SST 模型，并且最受工程人员甚至科研工作者欢迎的也是这两个模型。

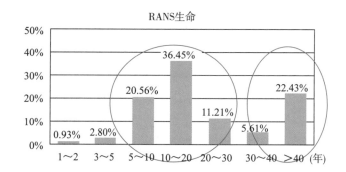

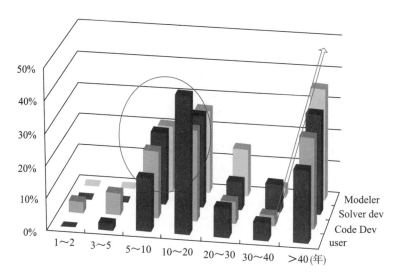

图 2-11　被调查者对 RANS 生命的估计

2.4.1.1　S-A 湍流模型

S-A 一方程湍流模型的控制方程为

$$\frac{\partial \hat{\nu}}{\partial t} + u_j \frac{\partial \hat{\nu}}{\partial x_j} = c_{b1}(1 - f_{t2}) \widetilde{S} \hat{\nu} - \left[c_{w1} f_w - \frac{c_{b1}}{\kappa^2} f_{t2} \right] \left[\frac{\hat{\nu}}{d} \right]^2 + \frac{1}{\sigma} \left\{ \frac{\partial}{\partial x_j} \left[(\nu + \hat{\nu}) \frac{\partial \hat{\nu}}{\partial x_j} \right] + c_{b2} \left(\frac{\partial \hat{\nu}}{\partial x_i} \frac{\partial \hat{\nu}}{\partial x_i} \right) \right\}$$

$$(2 - 40)$$

$\hat{\nu}$ 是等效运动粘性系数。湍流涡粘性由下式定义

$$\mu_t = \rho \hat{\nu} f_{v1} \qquad (2 - 41)$$

以上式子中的各函数形式为

$$f_{v1} = \frac{\chi^3}{\chi^3 + c_{v1}^3}, \ \chi = \frac{\hat{\nu}}{\nu}, \ f_{v2} = 1 - \frac{\chi}{1 + \chi f_{v1}} \qquad (2 - 42)$$

$$\widetilde{S} = \Omega + \frac{\hat{\nu}}{\kappa^2 d^2} f_{v2}, \ \Omega = \sqrt{2 W_{ij} W_{ij}}, \ W_{ij} = \frac{1}{2} \left(\frac{\partial u_i}{\partial x_j} - \frac{\partial u_j}{\partial x_i} \right) \qquad (2 - 43)$$

其他定义为

$$f_w = g \left[\frac{1 + c_{w3}^6}{g^6 + c_{w3}^6} \right]^{1/6} , \quad g = r + c_{w2} (r^6 - r) \tag{2-44}$$

$$r = \min \left(\frac{\hat{\nu}}{\tilde{S} \kappa^2 d^2} , 10 \right) , \quad f_{t2} = c_{t3} \exp(- c_{t4} \chi^2)$$

各常数的值为

$$c_{b1} = 0.135\,5, \ \sigma = 2/3, \ c_{b2} = 0.622, \ \kappa = 0.41, \ c_{v1} = 7.1, \ c_{t3} = 1.2, \ c_{t4} = 0.5$$

$$c_{w1} = \frac{c_{b1}}{\kappa^2} + \frac{1 + c_{b2}}{\sigma} , \ c_{w2} = 0.3, \ c_{w3} = 2.0$$

壁面边界处 $\hat{\nu}_{wall} = 0$，远场边界 $\hat{\nu}_\infty = 3\nu_\infty \sim 5\nu_\infty$。

2.4.1.2　Menter SST 湍流模型

Menter SST 两方程湍流模型的控制方程为

$$\frac{\partial (\rho k)}{\partial t} + \frac{\partial (\rho u_j k)}{\partial x_j} = P - \beta^* \rho \omega k + \frac{\partial}{\partial x_j} \left[(\mu + \sigma_k \mu_t) \frac{\partial k}{\partial x_j} \right]$$

$$\frac{\partial (\rho \omega)}{\partial t} + \frac{\partial (\rho u_j \omega)}{\partial x_j} = \frac{\rho \gamma}{\mu_t} P - \beta \rho \omega^2 + \frac{\partial}{\partial x_j} \left[(\mu + \sigma_\omega \mu_t) \frac{\partial \omega}{\partial x_j} \right] + 2(1 - F_1) \frac{\rho \sigma_{\omega 2}}{\omega} \frac{\partial k}{\partial x_j} \frac{\partial \omega}{\partial x_j} \tag{2-45}$$

k 为湍动能，ω 为比耗散律。其中湍动能方程的生成源项为

$$P = \tau_{ij} \frac{\partial u_i}{\partial x_j}, \ \tau_{ij} = \mu_t \left(2S_{ij} - \frac{2}{3} \frac{\partial u_k}{\partial x_k} \delta_{ij} \right) - \frac{2}{3} \rho k \delta_{ij}, \ S_{ij} = \frac{1}{2} \left(\frac{\partial u_i}{\partial x_j} + \frac{\partial u_j}{\partial x_i} \right) \tag{2-46}$$

湍流涡粘性通过下式计算

$$\mu_t = \frac{\rho a_1 k}{\max(a_1 \omega, \Omega F_2)} \tag{2-47}$$

SST 模型是两层模型，模型中的常数需要将内层（下标 1）和外层（下标 2）的常数通过如下方式混合得到

$$\phi = F_1 \phi_1 + (1 - F_1) \phi_2 \tag{2-48}$$

其他的函数为

$$F_1 = \tanh(\mathrm{arg}_1^4), \ \mathrm{arg}_1 = \min \left[\max \left(\frac{\sqrt{k}}{\beta^* \omega d}, \frac{500\mu}{\rho \omega d^2} \right), \frac{4\rho k \sigma_{\omega 2}}{CD_{k\omega} d^2} \right] \tag{2-49}$$

$$CD_{k\omega} = \max \left(\frac{2\rho \sigma_{\omega 2}}{\omega} \frac{\partial k}{\partial x_i} \frac{\partial \omega}{\partial x_i}, 10^{-20} \right) \tag{2-50}$$

$$F_2 = \tanh(\mathrm{arg}_2^2), \mathrm{arg}_2 = \max \left(2 \frac{\sqrt{k}}{\beta^* \omega d}, \frac{500\mu}{\rho \omega d^2} \right) \tag{2-51}$$

壁面和远场边界条件为

$$k_{wall} = 0, \omega_{wall} = \frac{60\nu}{\beta_1 (\Delta d_1)^2} \tag{2-52}$$

$$\frac{10^{-5} U_\infty^2}{Re_L} < k_\infty < \frac{10^{-1} U_\infty^2}{Re_L}, \frac{U_\infty}{L} < \omega_\infty < \frac{10 U_\infty}{L} \tag{2-53}$$

式中　Δd_1——壁面第一层网格到壁面的距离;

　　　L ——计算域的近似长度。

模型中的常数为

$$\gamma_1 = \frac{\beta_1}{\beta^*} - \frac{\sigma_{\omega1}\kappa^2}{\sqrt{\beta^*}}, \gamma_2 = \frac{\beta_2}{\beta^*} - \frac{\sigma_{\omega2}\kappa^2}{\sqrt{\beta^*}}$$

$\sigma_{k1} = 0.85, \sigma_{\omega1} = 0.5, \sigma_{k2} = 1.0, \sigma_{\omega2} = 0.856, \beta_1 = 0.075, \beta_2 = 0.082\ 8$

$\beta^* = 0.09, \kappa = 0.41, a_1 = 0.31$

2.4.2 RANS/LES 混合方法

随着现代高性能飞行器飞行包线的扩大,非常规飞行状态增加,在飞行器设计中对非定常流动研究和模拟的需求在最近的十年中持续地增长。设计者希望能更准确地分析大分离情况下的非定常脉动对飞行器的静、动态气动特性和表面载荷的影响;更准确地预测飞行器表面空腔和突起诱发的气动噪声;更深刻地理解大攻角失速状态下飞行器全机和控制面的响应等。这种需求使得 CFD 数值模拟软件必须具备大分离流动的尺度解析模拟能力。

大分离流动往往具备复杂的非定常流动特征,例如激波-边界层干扰、剪切层不稳定、涡干扰等,对这些复杂的流动现象的准确模拟到目前为止仍然是 CFD 所面临的一项重要挑战,准确预测非定常分离流动的前提是准确地捕获复杂流动特征的时均量和瞬时量。

前述的 RANS 模型可以在不苛刻的网格要求下较好地计算附着流和小分离流动,但是它对脱体的大尺度分离流的应用一直存在难以克服的困难。其根源在于在远离壁面的空间旋涡流场中 RANS 涡粘性模型假设导致耗散过大,对旋涡非定常流动带来很大的阻尼抑制作用。RANS 方法的这种缺陷促使人们发展了可直接求解大尺度运动而仅模型化小尺度运动的 LES 方法。LES 方法可精确模拟分离流动以及与几何相关的大尺度非定常运动,在雷诺数较低时的计算开销远低于 DNS,而精度与 DNS 方法相当;但是当模拟高雷诺数边界层流动时,LES 方法对网格的苛刻要求使得计算开销急剧增加,同时 LES 方法的近壁模型及可压缩亚格子应力模式尚不成熟,不能完全分辨出高雷诺数边界层的近壁流动结构,所描述边界层的增长和分离不准确,远未实现准确模拟该类流动的目标,尚需进一步发展和完善,这些严重制约了 LES 方法在工程实际中的应用。

近年来兴起的多种 RANS/LES 混合方法[71-78]综合 RANS 方法和 LES 方法各自的优点,这些方法主要包括由 Spalart 等[71-73]提出的 DES;Baurle[74]、Sanchez - Rocha 等[75-76]发展的各类区域混合方法;Menter 等[77-78]提出的尺度自适应模拟 (SAS,Scale - Adaptive Simulation) 方法。这些方法的共同思想是采用 RANS 方法高效可靠地模拟高频小尺度运动占主导地位的近壁区域流动,同时采用 LES 方法准确计算低频大尺度运动占优的非定常分离区域流动。RANS/LES 混合方法是当前有限计算资源条件下处理高雷诺数大分离流动的合理选择,已经在大攻角流动[79]、空腔流动[80]、底部绕流[81]、横向喷流[82]等多种流动类型的模拟中得到广泛的应用,获得了很多有价值的研究成果。而随着计算机资源的增长，针对真实飞行器全机和复杂部件的 RANS/LES 混合方法模拟已经成为现实。

在各类型混合方法中，DES 是最为人熟知、应用最广泛的 RANS/LES 混合方法。本书也仅介绍 DES 类方法，其他混合方法可参阅相关文献。

只需将湍流模型中的 RANS 长度尺度用 DES 长度尺度替换，即可以获得该湍流模型的 DES 版本

$$l_{DES} = \min(l_{RANS}, l_{LES}) \tag{2-54}$$

式中，l_{RANS} 是湍流模型的长度尺度，对常用的一方程 S - A 模型，$l_{RANS} = d$，d 是到壁面的最近距离；对两方程 Menter SST 模型，$l_{RANS} = k^{1/2}/\beta^* \omega$。

LES 长度尺度定义为

$$l_{LES} = C_{DES}\Delta \tag{2-55}$$

式中　Δ ——局部网格间距；

　　C_{DES} ——经过标定后的模型常数。

从 DES 模型的构造过程可见，在 RANS 长度尺度占主导时，模型以传统 RANS 湍流模型的方式计算，在 LES 长度尺度占主导时，湍流模型的行为表现为经典的 Smagorinsky 亚格子模型，从而实现了 RANS/LES 以统一方式进行混合计算。

上述的 DES 方法对 RANS 区域和 LES 区域的划分仅依赖于网格尺度，因此不恰当的网格加密可能会使得 LES 计算在边界层内被激活，但此时网格的密度并不足以提供 LES 计算湍流边界层所需要的网格密度，这使得 LES 产生过小的湍流粘性，产生模化应力损耗（MSD，Modeled Stress Depletion），MSD 的直接后果是导致网格诱导的分离（GIS，Grid Induced Seperation）。为了尽可能避免 MSD 和 GIS，经典的 DES 对网格拓扑和分布提出了很高的要求。DDES 方法通过引入一个延迟函数，重新构造了 DDES 的长度尺度，极大程度上避免了 MSD 问题。

$$l_{DDES} = l_{RANS} - f_d \max\{0, l_{RANS} - l_{LES}\} \tag{2-56}$$

延迟函数 f_d 定义如下

$$f_d = 1 - \tanh[(c_d r_d)^3] \tag{2-57}$$

r_d 的表达式如下

$$r_d = \frac{\nu + \nu_t}{\sqrt{u_{i,j} u_{i,j}} \kappa^2 d^2} \tag{2-58}$$

式中　ν ——摩尔粘性；

　　ν_t ——湍流粘性；

　　$u_{i,j}$ ——速度梯度；

　　d ——到最近壁面的距离；

　　κ ——Karman 常数，取 0.41；

　　c_d ——试验常数。

从 DDES 的构造可见，当 f_d 趋于 0 时，采用 RANS 计算，而当 f_d 趋于 1 时，转化为传统的 DES 方法。通过这个方法保护了在附着流边界层区域的 RANS 计算，而不会影响

在其他区域的 DES 计算。

DDES 方法通过和壁面模化 LES 方法（Wall - modelled LES）结合，进一步形成了 IDDES 方法。IDDES 方法的长度尺度定义为

$$l_{IDDES} = \tilde{f}_d (1 + f_e) l_{RANS} + (1 - \tilde{f}_d) l_{LES} \qquad (2-59)$$

函数 $\tilde{f}_d$ 和 f_e 可参见文献[45]。

总的来说，DES 类方法从 1997 年最早的 DES 方法逐渐演变为 DDES 方法和 IDDES 方法[71,73]，考虑的影响因素更多，模型逐渐完善，对计算网格需求约束也更少，应用范围也越来越广。

2.5　转捩预测技术

大气层内高速飞行器的研制使得人们越来越关注在超声速、高超声速下流动的转捩。高速流动的转捩研究以风洞试验居多，飞行试验为辅。近年来，关于转捩的数值计算也逐步兴起。少量探索转捩机制的研究以 DNS 和 LES 方法为主，但是受工程化应用需求的驱动，相当多的工作集中在转捩准则、转捩-湍流模型化方面。当前转捩计算可大致分成两类：1）首先获得转捩位置，然后再与 CFD 数值方法结合，计算带转捩的流场；2）通过转捩模型同时预测转捩起始位置和转捩区流动发展。第 1 类方法成功的关键是转捩位置的确定，主要包括 e - N 方法，PSE 方法，代数转捩准则法等；第 2 类方法中主要包括低雷诺数湍流模型、考虑间歇性的转捩模型以及最近基于局部变量关系的转捩模型。

本节将介绍两种常用的转捩预测与计算方法，分别是第 1 类方法中的代数转捩准则法和第 2 类方法中基于局部变量关系的 $\gamma - R_e\theta$ 转捩模型。

2.5.1　代数转捩准则法

代数转捩准则法是目前工程上预测高超声速边界层转捩位置最为实用的一种方式，被美国 NASA 研究中心和欧洲各宇航中心广泛应用，是美国研制再入式飞行器以及 Hyper - X 计划中预测转捩的主要手段。

代数转捩准则法是通过比较各种转捩现象，发现规律，从中找出转捩位置取值相近的特征参数，制定转捩判据，之后利用该判据来判断类似流动的转捩位置。目前人们普遍认为高超声速转捩受到外界扰动、飞行器外形、壁面条件、流动状态等多种因素影响，代数转捩准则法是观察多个试验过程，从中提取准则，因而更容易抓住决定转捩位置的主要因素，这也就是该方法被工程上广泛应用的原因。

边界层转捩的计算主要涉及两类问题，一是在给定的流动条件下预估转捩发生的位置，也就是确定转捩的来临；二是基于平均流动特性量来模化转捩的影响，即找出转捩区的长度。计算转捩的方法是建立转捩模型与湍流模型的联系来模拟转捩的影响。通过对大量试验和计算进行分析，可以建立起利用流动参数表示的转捩准则。在通过转捩准则法确定转捩的开始后，实际研究中不得不面临模化转捩区的问题。特别是对于再入飞行器的三

维高超声速流动，由于存在较强的激波与激波以及激波与边界层的干扰，其诱发早期的边界层不稳定性和横向流动。这些因素造成了转捩区模化的复杂性和困难。

对本节采用的代数转捩位置预测方法，其有效粘性系数定义为湍流粘性系数乘以转捩函数与层流粘性系数之和，即 $\mu_{eff} = \mu_L + \gamma\mu_t$，其中 μ_{eff}、μ_L 和 μ_t 分别是有效、层流及湍流粘性系数，γ 为转捩函数。转捩函数通过以下方式确定

$$\chi = \frac{\theta/\theta_{tr} - 1 + 0.005Ma_e^2}{1 + 0.02Ma_e^2} \tag{2-60}$$

式中　θ_{tr}——转捩开始处的动量厚度；

Ma_e——边界层外缘的马赫数。

由于 RANS 方法不易获得沿流线的动量厚度及转捩开始处的动量厚度之比 θ/θ_{tr}，本书用 $(Re_\theta/Ma_e)/(Re_\theta/Ma_e)_{tr}$ 代替 θ/θ_{tr}。

在 χ 确定后，可由下面的经验关系计算转捩函数

$0 < \chi < 0.25$，$\gamma = 1 - \exp\{-4.5 [\chi(1 + 0.02Ma_e^2) - 0.005Ma_e^2]^2\}$

$0.25 < \chi < 0.75$，$\gamma = 18.628\chi^4 - 55.388\chi^3 + 52.369\chi^2 - 16.501\chi + 1.893$

$0.75 < \chi < 3$，$\gamma = 1.25 - 0.25\sin[\pi(0.44\chi - 0.833)]$

$\chi > 3$，$\gamma = 1.0$

层流边界层特性参数的预估对于转捩现象的分析是十分重要的。由于在 N-S 方程的解中无法得到反映边界层特性的参数，如边界层厚度、动量厚度等。因此必须对 N-S 方程的结果做后处理。对于高超声速流动，由于熵层等因素的影响，传统的边界层假设，即边界层条件由无粘速度场来确定，将不再适用。本书通过数值求解 N-S 方程来分析三维边界层中的参数，如熵、温度、速度等，选择边界层外缘处于物面上方的位置，其当地熵与自由流熵的比值为 0.999。

转捩模型需要进行参数标定，参数标定实际上是将已知转捩结果和转捩计算模型中的关键参数关联起来。本书针对自然转捩和 Bypass 转捩两种转捩方式进行了标定。

2.5.1.1　自然转捩的代数方法的参数标定

自然转捩是高超声速流动转捩的一种主要形式，目前人们认为自然转捩的转捩机理是：边界层当中的小的扰动经历增长过程，当幅值增长到一定水平就会猝发转捩。因为要经历扰动的增长过程，自然转捩现象一般出现在飞行器机体靠后的位置。

针对 X-33 的飞行试验进行了对比数值计算，对临界转捩雷诺数准则进行了验证。来流条件为 $Ma_\infty = 6$，$Re_\infty = 8 \times 10^6$。计算结果显示，从 Re_θ/Ma_e 等值线的分布看，临界转捩雷诺数 ($Re_T = 300$) 等值线的表面分布趋势与 Richard 给出的试验转捩线分布是比较吻合的（如图 2-12 所示）。

图 2-13 是不同来流条件下临界转捩雷诺数的比较，从图中可见，在相同的环境中，来流的单位雷诺数不同时，转捩位置的 Re_T 基本保持为同一临界值（约为 300），不同点处的临界转捩雷诺数分布在 $\pm 16\%$ 的误差范围之内。

2.5.1.2　Bypass 转捩预测的准则方法的参数标定

飞行器表面的粗糙、凸起被认为是导致 Bypass 转捩现象的一个重要原因。通常认为

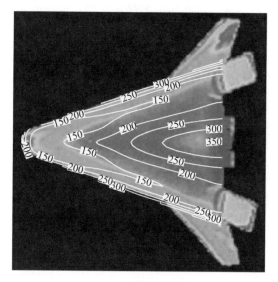 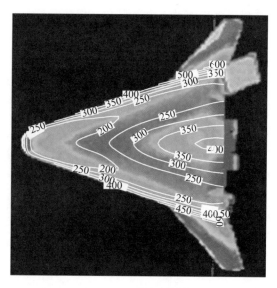

(a) 计算结果　　　　　　　　　　　　　　　(b) 试验结果

图 2 - 12　本书 Re_θ/Ma_e 等值线与壁面热流分布和 Richard 试验的比较

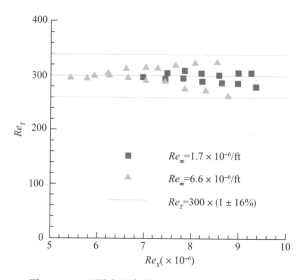

图 2 - 13　不同来流条件下临界转捩雷诺数比较

当粗糙度达到某一临界值，在凸起的后面就会产生旋涡，迅速猝发转捩。Bypass 转捩在高超声速流动中出现的机会较多，这主要是由于高超声速流动中飞行器表面的烧蚀或防热材料本身都会形成一定的粗糙度。大量试验结果表明，对于每个高度的凸起，都存在一个临界雷诺数，当来流条件的雷诺数超过该临界值时就会在凸起后面迅速发生转捩现象。并且凸起高度越高，临界雷诺数越小。凸起越靠前，临界雷诺数越小。通过对各个 Bypass 转捩试验的比较发现，出现转捩时的临界转捩雷诺数 Re_T 与壁面凸起的相对高度 k/δ 存在一定的相关性，可以定义临界粗糙度转捩雷诺数（CRTRC，Critical Roughness Transition

Reynolds Correlation）来判定转捩

$$Re_\theta / Ma_e = C(k/\delta)^{-1} \tag{2-61}$$

本书对 CRTRC 准则进行了验证，并对准则常数 C 进行了标定。共计算了 5 个位置的 4 种粗糙度高度，共计 16 个计算工况，对 16 个工况中试验给出的转捩位置处的流场特征进行了研究。计算结果表明，临界粗糙度转捩雷诺数 Re_θ / Ma_e 与粗糙度的相对高度 k/δ 具有很好的相关性（如图 2-14 所示），这种相关性与 CRTRC 准则符合得非常好。

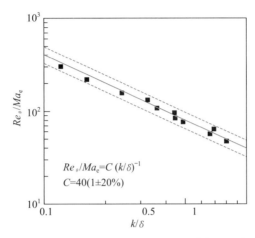

图 2-14 临界粗糙度转捩雷诺数 Re_θ / Ma_e 随粗糙度相对高度 k/δ 的变化

2.5.2 $\gamma - Re_\theta$ 转捩模型

具有实用价值的转捩模式应同时具有转捩起始位置预测和转捩区流动发展模拟的能力。工程中常用的转捩模型包括低雷诺数湍流模型、考虑间歇性的转捩模型以及最近基于局部变量关系的转捩模型。

低雷诺数湍流模型[32-33]修正粘性子层的阻尼函数定义，具有一定的转捩预测能力。但该方法无任何物理背景，仅基于湍流方程的数值特性。其普遍问题是对转捩起始位置的预测靠前且得到的转捩区长度过短。研究者们普遍认为，只应用湍流模型而不考虑间歇性，对转捩过程的模拟是很脆弱且不可靠的。

考虑间歇性的转捩模型[34-35]，通过将间隙因子融合到湍流模型，对转捩过程和湍流脉动进行模型化处理，实现对转捩-湍流过程的工程预测。此类转捩模型通常需要使用全局参数，很难有效地与当前并行化的大型 RANS 方法软件结合。

近年来出现了完全由局部变量构造的新型转捩模型，使得转捩的预测与流场结构直接相关，而且它们只使用局部变量，十分适合于当前流行的并行 RANS 方法计算代码。有代表性的是 Langtry 和 Menter 所发展的 $\gamma - Re_\theta$ 转捩模型[36-37]，Walters 和 Leylek 所发展的 $k_T - k_L$ 转捩模型[38]。这些模型虽然具有一定的物理内涵，但方程中各项的模化工作还是主要依赖于数值试验，模型参数过多，十分复杂。而且主要的应用还仅仅局限在亚声速范围，对超声速和高超声速的转捩模拟有待研究和验证。

$\gamma - Re_\theta$ 转捩模型的控制方程表述如下

$$\frac{\partial (\rho \gamma)}{\partial t} + \frac{\partial (\rho u_j \gamma)}{\partial x_j} = P_\gamma - E_\gamma + \frac{\partial}{\partial x_j}\left[\left(\mu + \frac{\mu_t}{\sigma_f}\right)\frac{\partial \gamma}{\partial x_j}\right]$$

$$\frac{\partial (\rho \widetilde{Re}_{\theta t})}{\partial t} + \frac{\partial (\rho u_j \widetilde{Re}_{\theta t})}{\partial x_j} = P_{\theta t} + \frac{\partial}{\partial x_j}\left[\sigma_{\theta t}(\mu + \mu_t)\frac{\partial \widetilde{Re}_{\theta t}}{\partial x_j}\right] \qquad (2-62)$$

转捩模型和 Menter 的 SST 湍流模型的耦合通过修改 SST 湍流模型湍动能 k 方程的源项形式实现。

式（2 – 45）中 k 方程修改后的生成源项和湮灭源项形式为

$$\widetilde{P}_k = \gamma_{\text{eff}} P_k , \quad \widetilde{D}_k = \min[\max(\gamma_{\text{eff}}, 0.1), 1.0] D_k \qquad (2-63)$$

式中，$P_k = P$ 和 $D_k = \beta^* \rho \omega k$ 分别是 SST 湍流模型产生和湮灭源项的原始形式。

SST 湍流模型的混合函数 F_1 也需要修改

$$F_1 = \max(F_{1\text{orig}}, F_3), \quad F_3 = \text{e}^{-\left(\frac{R_y}{120}\right)^8}, \quad R_y = \frac{\rho y \sqrt{k}}{\mu} \qquad (2-64)$$

其中，$F_{1\text{orig}}$ 是 SST 湍流模型的原始形式。

以上公式中的各个函数的具体形式和常数可参见文献[37]。

2.6　大规模并行技术

并行计算的优势在于求解规模的扩大和求解速度的加快，因此对于当前航空航天飞行器 CFD 数值模拟的计算网格规模越来越大、计算状态越来越多的趋势，并行计算是不可或缺的。在 NASA 的《CFD 的 2030 愿景》研究报告[39]中明确指出，有效利用高性能计算硬件，是未来 CFD 发展的关键因素。

2.6.1　分布式并行计算

工业级的 CFD 解算器普遍采用区域分解的方法实现分布式并行计算，即将大的整体网格剖分为大小基本一致的子网格，子网格在每个进程串行计算，不同子网格之间通过信息传递接口（MPI，Message Passing Interface）传递信息。

具有良好可扩展性的 CFD 分布式并行求解的基础是剖分得到的子网格大小（点、面、单元）基本一致，以实现良好的负载平衡；而且不同子网格之间的信息传递应尽可能少，减少信息在并行网络中的传递时间。METIS——多重嵌套和多层精细度的非结构拓扑图剖分软件[40]，大量地用于非结构网格的分解中。METIS 是一个快速、高效且开源的软件，能够对任意连接边、多种连通类型进行带权重的、区区之间信息交换最小的剖分，因此被多种商业和自研 CFD 软件广泛采用。

2010 年 NASA 利用 FUN3D 代码对 CRM 通用民机外形进行了流场计算[41]，最大网格节点数超过 1 亿，单元数超过 6 亿，在 NASA 的 Pleiades 超级计算机上最多采用 8 192 个核心进行计算，获得了接近线性的加速比（见图 2 – 15）。

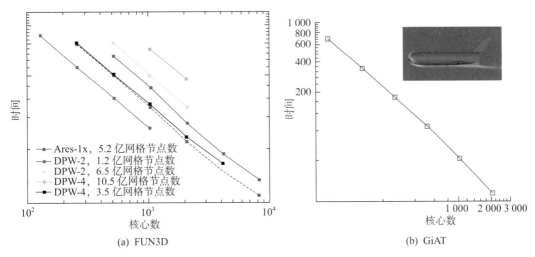

图 2-15 不同 CFD 解算器的并行可扩展性

本书采用自研的 CFD 数值模拟软件 GiAT 针对类航天飞机外形开展了分布式并行计算可扩展性的研究,网格单元总数超过 3 100 万,以 64 核为基准,在 2 048 个核上获得了线性的加速比。

2.6.2 异构平台扩展

当前 HPC 集群的趋势是在计算机硬件、内存结构、甚至网络连接上的异构性变得普遍。对科学和工程计算来说,异构性体现为带有多个处理器和加速器的混合结构计算机正得到广泛使用,其中加速器的代表是 NVIDIA 的图形处理单元 GPU 和 Intel 的协处理器 MIC,而 GPU 由于出现较早,获得了更广泛的应用。GPU 架构由大量相同的计算单元组成,设计目的是尽可能地提高计算吞吐量,通过线程之间的切换来隐藏对存储器访问的延迟。现代用于高性能计算的 GPU 由固定渲染流水线演变为统一架构,适合通用计算。与专用 CPU 和大型专用向量机相比,GPU 供货量巨大,易于摊薄成本。

为了适应硬件异构趋势,部分 CFD 代码和软件已经开始进行向异构集群平台的移植工作。而 CUDA、OpenCL 等新型开发工具的出现,大大降低了 GPU 等异构体系下开发的难度。在产品级代码方面,Duffy 等将非结构网格 FUN3D 代码进行了多CPU-多GPU 混合移植,获得了 2 倍的加速[42]。Ansys 公司的 Fluent 软件从 2014 年起也推出了可利用 GPU 加速的版本。

总的来说,将 CFD 软件在包含 GPU、MIC 等硬件的异构集群上进行移植与扩展是 CFD 软件的发展趋势之一,不仅仅是简单地适应 HPC 硬件发展的趋势,而且也是满足先进飞行器研制对 CFD 数值模拟更高要求的关键因素。

2.7 高温真实气体效应模拟

高超声速飞行时,气流通过强激波后温度急剧升高。气体分子加热后发生离解和电离，气体成为多组分化学反应物（多种分子、原子、离子和电子）的混合；而被激发的混合气体能量被视为平动能、转动能、振动能和自由电子能的混合。这使得量热完全气体模型失效，数值模拟必须考虑所谓的真实气体效应。

计及真实气体效应的 CFD 数值模拟通常采用两类方法：1）平衡气体模型；2）考虑组分输运、能量转换和化学反应的热化学非平衡数值模拟。其中平衡气体模型计算更为方便，而采用热化学非平衡数值模拟需要求解额外的控制方程，计算开销更大，但具有更广泛的适用性。

2.7.1　平衡气体模型

假定气体是热化学平衡的，则多组分混合气体的热力学性质和输运性质可以通过统计理论得到。这些热力学和输运性质可以被不同的状态变量分段拟合，形成可以快速计算的拟合曲线，将这些拟合曲线引入 CFD 解算器中代替量热完全气体相应的关系式，则可求解气体处于热化学平衡态时的流场。

文献[43,44]给出了 9 组分平衡空气的热力学属性拟合曲线和输运属性拟合曲线

$$p = p(\rho, e),\ a = a(\rho, e),\ T = T(\rho, p),\ h = h(\rho, p),\ \mu = \mu(\rho, T),\ k = k(\rho, e) \quad (2-65)$$

其中热力学属性拟合曲线的温度上限是 25 000 K，密度范围是标准大气压下密度的 $10^{-7} \sim 10^3$ 倍。输运属性拟合曲线的温度上限是 15 000 K，密度范围是标准大气压下密度的 $10^{-5} \sim 10^1$ 倍。

文献[45]给出了 11 组分平衡空气的热力学属性拟合曲线和输运属性拟合曲线

$$h = h(p, T),\ C_p = C_p(p, T),\ \rho = \rho(p, T),\ \mu = \mu(p, T),\ k = k(p, T) \quad (2-66)$$

这些拟合曲线的温度范围是 500~30 000 K，压力范围是 $10^{-4} \sim 10^2$ 倍标准大气压。

2.7.2　热化学非平衡数值模拟

2.7.2.1　控制方程

与量热完全气体的控制方程相比，多组分带化学反应的控制方程需要增加额外的组分输运方程

$$\frac{\partial(\rho Y_s)}{\partial t} + \frac{\partial(\rho u_j Y_s)}{\partial x_j} = \frac{\partial}{\partial x_j}\left(\rho D_s \frac{\partial Y_s}{\partial x_j}\right) + \dot{\omega}_s \quad (2-67)$$

式中　Y_s——第 s 个组分的质量分数；

$\quad\quad D_s$——组分 s 的扩散系数；

$\quad\quad \omega_s$——组分 s 的化学反应源项。

D_s 和 ω_s 的具体形式可参阅相关文献[46-47]。

组分输运使得能量方程中的热通量项发生变化，需要引入额外项

$$q_j = -k\frac{\partial T}{\partial x_j} - \rho \sum_s h_s D_s \frac{\partial Y_s}{\partial x_j} \quad (2-68)$$

如果气体是热非平衡的，气体分子内能的每一种（平动能、转动能、振动能、自由电子能）都有各自对应的温度。在实际的数值模拟中，通常采用双温模型，即气体分子拥有

两个温度：平动-转动温度和振动-电子温度。对双温模型，还需要增加额外的振动能守恒
方程

$$\frac{\partial(\rho e_V)}{\partial t} + \frac{\partial(\rho u_j e_V)}{\partial x_j} = \frac{\partial}{\partial x_j}(-q_j^V) + \omega_V \qquad (2-69)$$

式中　e_V ——振动能；

　　　q_j^V ——振动热通量；

　　　ω_V ——振动能量源项。

　　具体形式可参阅相关文献[46-47]。

2.7.2.2　化学反应模型

　　依据气体混合物的成分，可以分为不同组分的化学反应模型。常用的空气模型有 5 组
分、7 组分、11 组分模型等[48-50]，常用的火星大气模型有 5 组分和 8 组分模型等[51-53]。化
学反应模型的反应速率需要通过试验确定。表 2-1 给出了常用的 Gupta 地球大气化学反
应模型[50]，表 2-2 给出了 Park 火星大气化学反应模型[53]。

表 2-1　Gupta 地球大气化学反应模型

序号	化学反应	A_f	B_f	C_f
1	$O_2 + M_1 \leftrightarrow 2O + M_1$	0.361×10^{19}	-1.00	59 400
2	$N_2 + M_2 \leftrightarrow 2N + M_2$	0.192×10^{18}	-0.50	113 100
3	$N_2 + N \leftrightarrow 2N + N$	0.415×10^{23}	-1.50	113 100
4	$NO + M_3 \leftrightarrow N + O + M_3$	0.397×10^{21}	-1.50	75 600
5	$NO + O \leftrightarrow O_2 + N$	0.318×10^{10}	1.00	19 700
6	$N_2 + O \leftrightarrow NO + N$	0.675×10^{14}	0.00	37 500
7	$N + O \leftrightarrow NO^+ + e$	0.903×10^{10}	0.50	32 400
8	$O + e \leftrightarrow O^+ + e + e$	0.360×10^{32}	-2.91	158 000
9	$N + e \leftrightarrow N^+ + e + e$	0.110×10^{33}	-3.14	169 000
10	$O + O \leftrightarrow O_2^+ + e$	0.160×10^{18}	-0.98	80 800
11	$O + O_2^+ \leftrightarrow O_2 + O^+$	0.292×10^{19}	-1.11	28 000
12	$N_2 + N^+ \leftrightarrow N + N_2^+$	0.202×10^{12}	0.81	13 000
13	$N + N \leftrightarrow N_2^+ + e$	0.140×10^{14}	0.00	67 800
14	$O_2 + N_2 \leftrightarrow NO + NO^+ + e$	0.138×10^{21}	-1.84	141 000
15	$NO + M_4 \leftrightarrow NO^+ + e + M_4$	0.220×10^{16}	-0.35	108 000
16	$O + NO^+ \leftrightarrow NO + O^+$	0.363×10^{16}	-0.60	50 800
17	$N_2 + O^+ \leftrightarrow O + N_2^+$	0.340×10^{20}	-2.00	23 000
18	$N + NO^+ \leftrightarrow NO + N^+$	1.000×10^{19}	-0.93	61 000
19	$O_2 + NO^+ \leftrightarrow NO + O_2^+$	0.180×10^{16}	0.17	33 000
20	$O + NO^+ \leftrightarrow O_2 + N^+$	0.134×10^{14}	0.31	77 270

注：$M_1 = O, N, O_2, N_2, NO$；$M_2 = O, O_2, N_2, NO$；$M_3 = O, N, O_2, N_2, NO$；$M_4 = O_2, N_2$

表 2-2　**Park 火星大气化学反应模型**

序号	化学反应	A_f	B_f	C_f
1	$CO_2 + M_1 \leftrightarrow CO + O + M_1$	6.9×10^{21}	-1.50	63 275
2	$CO_2 + M_2 \leftrightarrow CO + O + M_2$	1.4×10^{22}	-1.50	63 275
3	$CO + M_1 \leftrightarrow C + O + M_1$	2.3×10^{20}	-1.00	129 000
4	$CO + M_2 \leftrightarrow C + O + M_2$	3.4×10^{20}	-1.00	129 000
5	$N_2 + M_1 \leftrightarrow N + N + M_1$	7.0×10^{21}	-1.60	113 200
6	$N_2 + M_2 \leftrightarrow N + N + M_2$	3.0×10^{22}	-1.60	113 200
7	$O_2 + M_1 \leftrightarrow O + O + M_1$	2.0×10^{21}	-1.50	59 750
8	$O_2 + M_2 \leftrightarrow O + O + M_2$	1.0×10^{22}	-1.50	59 750
9	$NO + M_1 \leftrightarrow N + O + M_3$	1.1×10^{17}	0.00	75 500
10	$NO + M_2 \leftrightarrow N + O + M_4$	5.0×10^{15}	0.00	75 500
11	$NO + O \leftrightarrow N + O_2$	8.4×10^{12}	0.00	19 450
12	$N_2 + O \leftrightarrow NO + N$	6.4×10^{17}	-1.00	38 370
13	$CO + O \leftrightarrow O_2 + C$	3.9×10^{13}	-0.18	69 200
14	$CO_2 + O \leftrightarrow O_2 + CO$	2.1×10^{13}	0.00	27 800

注:$M_1 = CO_2$,CO,N_2,O_2,NO;$M_2 = C$,N,O;$M_3 = C$,N,O,NO,CO_2;$M_4 = N_2$,O_2,CO

在表 2-1 和表 2-2 中,A_f,B_f 和 C_f 是正向化学反应速率 Arrhenius 公式的参数

$$K_f = A_f T^{B_f} \exp(-C_f / T) \qquad (2-70)$$

逆向化学反应速率可以通过正向化学反应速率和平衡常数获得,平衡常数通过反应气体的热力学性质得到。

2.8　计算方法的新发展

新型航空航天飞行器对 CFD 模拟能力的要求越来越高,需要更精确的气动特性预测,更详细的流动细节刻画。在复杂流动物理模型发展的同时,计算方法也需要得到进一步发展以适应这种需求。本节将介绍两种得到广泛关注的计算技术:高阶格式和网格自适应技术。

对计算精度的追求一直是 CFD 高阶格式发展的动力。然而到目前为止,航空航天工业中实际使用 CFD 高阶方法仍然十分少见,广泛使用的基于有限体积法的 CFD 软件普遍为二阶精度。由于在前后处理以及求解技术上的限制,高阶格式的研究重点相当程度上仍局限于方法的本身。欧洲国家持续 4 年(2010—2014 年)的"高阶方法工业化"(IDIHOM,Industrialization of High-Order Methods)联合研究项目针对飞行器外流计算、推进系统内流计算、气动噪声、气动弹性等多个方向评估了高阶 CFD 方法在工业应用中的可能性,研究结果表明,尽管离实际的工业应用仍然有很长的路要走,高阶 CFD 方法在给定开销、降低误差或给定精度、降低开销上展现了很大的潜力[54]。

网格自适应技术是提高分辨率、降低计算误差的另一类方法。通常的自适应方法有 3

种，分别是 r-自适应、h-自适应和 p-自适应。r-自适应通过移动网格点实现流动解析分辨率的改善[55]；h-自适应是在需要的区域内对网格进行加密或稀疏[56]；p-自适应则是对计算的精度进行升高或降低[57]，主要见于高阶格式。因此，网格自适应通常指的是 r-自适应和 h-自适应，在 CFD 实际工业应用中，以对局部网格进行加密的 h-自适应应用更为广泛。

2.8.1　高阶间断伽辽金方法

在对复杂外形适应能力更强的非结构网格上发展高阶格式始终是 CFD 计算方法的一个主要方向，基于非结构网格的 CFD 高阶方法也被普遍认为是高阶方法工业设计应用最可能的趋势。从 20 世纪 90 年代开始，研究者就开始研究非结构有限体积法的高阶格式，代表性的方法是 k-exact 方法[58]。该方法通过扩展模板实现高阶精度。该方法需要大量的计算模板，效率较低，且边界条件处理复杂，不利于并行计算。

间断伽辽金（DG，Discontinuous Galerkin）方法[59-60]的出现，最早可以追溯到 1973 年 Reed 和 Hill 关于中子输运方程问题的论文。特别是在 20 世纪 80 年代以来，出现了多种 DG 方法。由于众多学者的不断努力，DG 方法的发展尤其引人注目，在许多方面的应用上显示了前所未有的效能，在解决含有间断现象的问题中发挥着巨大的作用，它在气动力学、水动力学、波传播、MHD 等问题中的模拟都是卓有成效的。

从总体上讲，DG 方法既保持了 FEM 和 FVM 的优点，又克服了其不足，特别是易于处理复杂边界和边值问题；同时 DG 具有灵活处理间断的能力，克服了一般 FEM 不适于间断问题的缺点；DG 方法精度的提高可以通过适当选取基函数，即提高单元插值多项式的次数来实现，这克服了 FVM 中通过扩大节点模板计算单元交界面处的流通量的方法来提高精度的不足；由于近似解的间断性假设，对网格正则性要求不高，不需要考虑像一般有限元方法中连续性的限制条件就可以对网格进行加密或稀疏处理，而且不同的剖分单元可以采用不同形式、不同次数的逼近多项式，有利于自适应网格的形成；为了求解给定单元内部的自由度，只需要相邻单元的自由度，从而使处理器之间的信息传递保持最小，有利于并行算法的实现。

对于三维双曲守恒型方程

$$\frac{\partial \boldsymbol{Q}}{\partial t} + \nabla \cdot \boldsymbol{F}(\boldsymbol{Q}) = 0 \tag{2-71}$$

其初始值为 $\boldsymbol{Q}(\boldsymbol{x}, 0) = \boldsymbol{U}_0(x, y, z)$，为形成间断伽辽金格式，引进上述方程的弱解形式，即在方程两端乘以权函数 W，对控制体 Ω_i 积分，并使用分部积分得到

$$\int_{\Omega_i} \frac{\partial \boldsymbol{Q}}{\partial t} W \mathrm{d}\Omega + \oint_{\partial \Omega_i} \hat{\boldsymbol{F}} \cdot \boldsymbol{n} W \mathrm{d}s - \int_{\Omega_i} \boldsymbol{F} \cdot \nabla W \mathrm{d}\Omega = 0 \tag{2-72}$$

式中　$\partial \Omega_i$——Ω_i 的边界；

　　$\boldsymbol{n}$——$\partial \Omega_i$ 的外法线矢量。

假设 k 阶多项式分布 $\boldsymbol{Q}^h(\boldsymbol{x}, t)$ 是方程精确解 $\boldsymbol{Q}(\boldsymbol{x}, t)$ 的一个近似，则有

$$\int_{\Omega_i} \frac{\partial \boldsymbol{Q}^h}{\partial t} W \mathrm{d}\Omega + \oint_{\partial \Omega_i} \hat{\boldsymbol{F}} \cdot \boldsymbol{n} W \mathrm{d}s - \int_{\Omega_i} \boldsymbol{F}(\boldsymbol{Q}^h) \cdot \nabla W \mathrm{d}\Omega = 0 \tag{2-73}$$

其中近似解 $Q^h(x)$ 可以展开成

$$Q^h(x,t) = \sum_{l=0}^{K} Q_i^l(t)\varphi_{l,i}(x) \tag{2-74}$$

$\varphi_{l,i}$ 为定义在 Ω_i 上的自由度为 K 的一组多项式正交基，$K = (k+1)(k+2)/2 - 1$。同时取权函数为基函数，将近似解代入原弱解形式方程可得求解系数 $Q_i^l(t)$ 的方程

$$\frac{\partial Q_i^l}{\partial t}\int_{\Omega_i}(\varphi_{l,i})^2\mathrm{d}\Omega + \oint_{\partial\Omega_i}\hat{F}\cdot n\varphi_{l,i}\mathrm{d}s - \int_{\Omega_i}F(Q^h)\cdot\nabla\varphi_{l,i}\mathrm{d}\Omega = 0, l=0,\cdots,K \tag{2-75}$$

上式中的第二项可以通过 Riemann 解算器获得数值通量。半离散方程可通过高阶 TVD Runge - Kutta 方法求解。在获得求解系数后，通过已定义的正交基即可重构单元内的解分布。

在 DG 方法中，基函数的选择是十分重要的，首先基函数必须是正交的，从而保证对角矩阵为对角阵，既减小存储量也降低方程的刚性；其次基函数的选取要保证格式具有良好的数学性质，如具有守恒性和稳定性，良好的色散和耗散误差等；同时高阶精度的面积分和体积分计算量很大，若格式的自由度代表积分点上的物理量值，能相当程度地减少计算量。

间断伽辽金谱元法是能满足上面要求的一个很好选择，并已经得到广泛的研究和应用，但该方法一般应用在张量积网格即四边形和六面体网格中；对于其他简单体单元如三角形/四面体，仍然利用一维高斯积分点的张量积分布，如将四面体看成是收缩的六面体单元。这种收缩单元大大增加了积分的刚性以及计算误差，对强非线性方程的格式稳定性也有影响。文献[61，62]采用球包对称积分点，获得了多种简单体单元的求解点和面/体积分点分布。在获得控制点后，利用 Lagrange 插值，即可得到每个控制点的基函数。

对于 N - S 方程

$$\frac{\partial Q}{\partial t} + \nabla\cdot F(Q) - \nabla\cdot F_v(Q,\nabla U) = 0 \tag{2-76}$$

其中，$F_v(Q，\nabla U)$ 为粘性通量。可引入辅助变量 $W = \nabla Q$，并在守恒变量空间上展开

$$W(x) = \sum_{l=0}^{k}W_i^l\varphi_{l,i}(x) \tag{2-77}$$

利用常规的 DG 格式将上面方程离散可得

$$\begin{cases}\dfrac{\partial Q_i^l}{\partial t}\int_{\Omega_i}(\varphi_{l,i})^2\mathrm{d}\Omega + \oint_{\partial\Omega_i}(\hat{F}-\hat{F}_v)\cdot n\varphi_{l,i}\mathrm{d}s - \int_{\Omega_i}(F-F_v)\cdot\nabla\varphi_{l,i}\mathrm{d}\Omega = 0 \\[2mm] W_i^l\int_{\Omega_i}(\varphi_{l,i})^2\mathrm{d}\Omega = \oint_{\partial\Omega_i}\hat{Q}\cdot n\varphi_{l,i}\mathrm{d}s - \int_{\Omega_i}Q\cdot\nabla\varphi_{l,i}\mathrm{d}\Omega\end{cases} \tag{2-78}$$

粘性项计算可以通过 BR2、LDG、SIP 等格式[63-64]计算得到。

对包含激波等间断的流场，需要使用高阶限制器[65]或加入人工粘性[66]以抑制间断附近的数值振荡。

2.8.2　非结构网格自适应技术

非结构网格由于其灵活的数据结构而具备天然的自适应性。自适应的判断准则是网格自

适应的先决条件和重要核心，它决定了哪些区域的网格应该进行改变。在 CFD 数值模拟中，最常用的自适应判据准则是基于流场特征的自适应[67-68]和基于输出目标导向的自适应[69]。

对基于流场特征的自适应，流动特征表达为带权重的流动变量差分

$$e_i = \mathrm{vol}_i^r \cdot \max |\Delta \boldsymbol{q}_{ij}| \tag{2-79}$$

式中　e_i ——单元 i 的流动特征标识；

　　　j ——与单元 i 相邻的单元；

　　　q ——任意指定的流动变量，如速度矢量、压力或者涡量等；

　　　vol ——单元的体积；

　　　r ——权重控制参数，通常取计算问题维度的倒数。

当单元的特征标识大于以下设定的阈值时，该单元需要被进一步加密

$$e_i \geqslant m + \xi \cdot \sigma \tag{2-80}$$

其中

$$m = \frac{1}{n} \sum_{i=1}^n e_i \quad \sigma = \sqrt{\frac{\sum\limits_{i=1}^n (e_i - m)^2}{n}} \tag{2-81}$$

式中　m ——所有单元特征标识的平均值；

　　　σ ——误差的标准方差；

　　　ξ ——调整因子，取值范围在 0 至 1 之间；

　　　n ——网格包含的单元总数。

式（2-79）的流动特征标识十分适合于标记激波、滑移线以及驻点区域，广泛地应用于基于流动特征的网格自适应中。网格尺度权重[70]的引入可以较好地控制自适应过程中的加密区域，避免不必要的额外加密。

在航空航天飞行器设计中，工程师有时会更关心一些全局的气动特性而不是局部流动细节。伴随方法能够评估这些输出函数的离散误差，因此以这些输出函数误差为准则进行网格自适应也逐步受到研究者的关注。

在密网格尺度 h 上输出函数 J 采用泰勒展开

$$J_h(\boldsymbol{U}_h) \approx J_h(\boldsymbol{U}_h^H) + \left.\frac{\partial J_h}{\partial \boldsymbol{U}_h}\right|_{\boldsymbol{U}_h^H} (\boldsymbol{U}_h - \boldsymbol{U}_h^H) \tag{2-82}$$

式中　$\boldsymbol{U}_h$ ——网格尺度 h 上的解矢量；

　　　$\boldsymbol{U}_h^H$ ——稀网格尺度 H 上的解矢量在密网格尺度 h 上的近似。

对控制方程的残差做同样的线性化

$$\boldsymbol{R}_h(\boldsymbol{U}_h) \approx \boldsymbol{R}_h(\boldsymbol{U}_h^H) + \left.\frac{\partial \boldsymbol{R}_h}{\partial \boldsymbol{U}_h}\right|_{\boldsymbol{U}_h^H} (\boldsymbol{U}_h - \boldsymbol{U}_h^H) \tag{2-83}$$

注意到 $\boldsymbol{R}_h(\boldsymbol{U}_h) = 0$，有

$$(\boldsymbol{U}_h - \boldsymbol{U}_h^H) \approx -\left[\left.\frac{\partial \boldsymbol{R}_h}{\partial \boldsymbol{U}_h}\right|_{\boldsymbol{U}_h^H}\right]^{-1} \boldsymbol{R}_h(\boldsymbol{U}_h^H) \tag{2-84}$$

从而得到

$$J_h(U_h) \approx J_h(U_h^H) - \psi_h^T R_h(U_h^H) \tag{2-85}$$

上式中引入了伴随解 ψ_h，满足如下的离散伴随方程

$$\left[\frac{\partial R_h}{\partial U_h}\bigg|_{U_h^H}\right]^T \psi_h = -\left[\frac{\partial J_h}{\partial U_h}\bigg|_{U_h^H}\right]^T \tag{2-86}$$

相对离散误差为

$$J_h(U_h) - J_h(U_h^H) \approx -(\psi_h^H)^T R_h(U_h^H) + (\delta\psi_h)^T R_h(U_h^H) \tag{2-87}$$

其中，$\delta\psi_h = \psi_h^H - \psi_h$，$\psi_h^H$ 可通过稀网格上的伴随解 ψ_H 插值得到

$$\left[\frac{\partial R_H}{\partial U_H}\right]^T \psi_H = -\left[\frac{\partial J_H}{\partial U_H}\right]^T \tag{2-88}$$

在式（2-87）中，右端第 1 项称为计算修正项，右端第 2 项称为剩余误差项，代表了稀网格向密网格重构所带来的误差。在基于输出目标导向的自适应中，一般实际使用计算修正项作为误差标识。

在实际计算中需要在稀网格和密网格之间进行插值

$$U_h^H = I_h^H U_H$$

$$\psi_h^H = \hat{I}_h^H \psi_H \tag{2-89}$$

$$e_H^h = P_H^h e_h$$

采用带权重的最小二乘法计算插值函数，上式中 e 为误差标识。

直接求解伴随方程是十分困难的，为此引入伪时间项从而通过迭代方法高效地求解

$$\frac{\partial \psi}{\partial t} + \left[\frac{\partial R}{\partial U}\right]^T \psi + \left[\frac{\partial J}{\partial U}\right]^T = 0 \tag{2-90}$$

总的来说，基于流动特征的自适应流程较简单，而基于输出目标导向的自适应需要更多的操作，如需要进行伴随分析，不同层级之间流动矢量、伴随矢量和误差标识需要插值，这些额外的操作增加了问题的难度，需要更多的计算资源和存储空间，过多的流程使得鲁棒性也有所降低，在实际工程应用中受到的限制更多。另一方面，基于流动特征的自适应则需要更多的经验和试验调整自适应参数以获得较好的结果。

2.9　应用实例

本节给出了几个典型高超声速流动数值模拟的应用例子，包括激波-边界层干扰、真实气体效应、激波与湍流边界层的相互作用。

2.9.1　高超声速双锥分离流动

高超声速双锥分离流动是一类典型的边界层与激波干扰流动。该类复杂流动现象广泛存在于高超声速飞行器气动控制面、局部凸起物等与飞行器本体形成的气流压缩区域，可能带来极其严重的气动力、热问题。高超声速双锥流动已经得到了广泛的试验和数值模拟研究，并成为 CFD 代码确认的重要算例。双锥模型来源于 Holden 等人的高超声速试

验[83]，这里选用了尖头的前锥 25 度和后锥 55 度模型。双锥高超声速流动包含了前锥上激波与粘性分离流动的相互干扰、两个锥面上激波的相互干扰以及由此形成的输运激波侵入第二锥底层流动等复杂的流动结构。两锥之间形成的分离区大小、输运激波侵入位置及当地的压力与热流分布等对来流的条件非常敏感。

本书选用了两个典型来流状态（Run 28 和 Run 35）进行研究，来源于 Holden 等人的试验，见表 2 - 3。

表 2 - 3　双锥流动的风洞试验来流条件

Run	Ma_∞	Re_m	T_∞, K	T_w, K	$U_\infty, m/s$
28	9.59	1.441E+05	185.6	293.33	2 663
35	11.30	1.599E+05	138.9	296.11	2 713

对于 Run 28 试验状态，采用三套不同密度的网格进行了计算，分别是 300×100、600×200 和 1 200×400。图 2 - 16 给出了不同密度网格下计算获得的激波边界线的分布情况比较，可以看到：网格过稀会导致计算的分离区减小；中等网格与密网格计算结果已经非常吻合。图 2 - 17 进一步比较了压力系数和反映热流的斯坦顿（Stanton）数沿流向的分布情况，不难发现：稀网格计算的流动分离区小，而压力和热流峰值高；中等网格已经非常接近密网格计算结果，即已经满足网格收敛性。

图 2 - 18 给出了 Run 35 计算结果和试验结果的比较，同时也给出了文献[84]的结果。从图中可见，计算结果给出的流动分离区范围、压力系数 C_p 及表征热流的斯坦顿数与国外同类 CFD 数值模拟结果相当类似，而且与试验结果吻合较好。

对高超声速双锥分离流动的研究表明：

1）分离流动特性及物理参数对计算网格比较敏感，过稀的网格将导致分离区减小，压力和热流峰值增大，准确模拟高超声速复杂干扰流动需要满足网格收敛性要求。

2）当前的 CFD 技术已经能够较好地模拟层流高超声速复杂干扰流动。

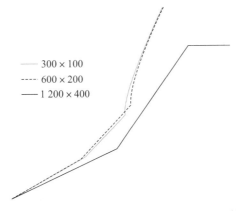

图 2 - 16　不同网格密度下的激波边界线的分布情况比较（Run 28）

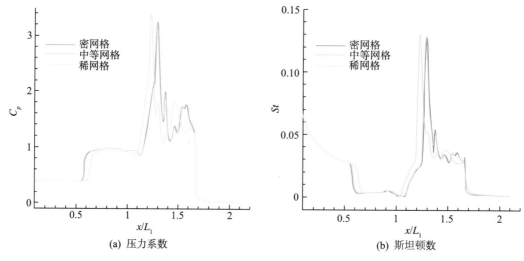

图 2-17　不同网格密度下压力系数和斯坦顿数计算结果（Run 28）

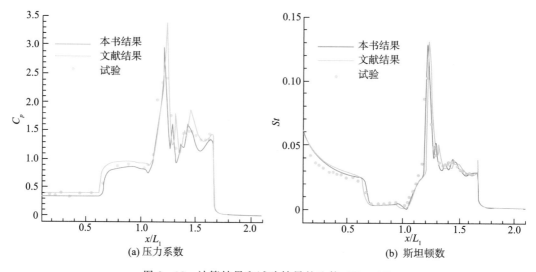

图 2-18　计算结果和试验结果的比较（Run 35）

2.9.2　凤凰号火星探测器高超声速气动特性计算

火星探测器在以高超声速进入火星大气层时，剧烈的气动加热使得绕流的气体发生化学反应，显著影响探测器的气动特性。组成火星大气的主要成分是 CO_2，CO_2 在较低的温度下就发生离解，因此相比于地球大气，火星探测器高超声速进入火星时的绕流模拟更需要考虑气体可能的化学反应。

计算外形采用的是凤凰号火星探测器（Phoenix），其外形[85]和局部计算网格如图 2-19 所示。探测器的质心在对称轴上，距离头部顶点 0.670 45 m。气动特性的参考面积为探测器大底面积，参考长度为大底直径。

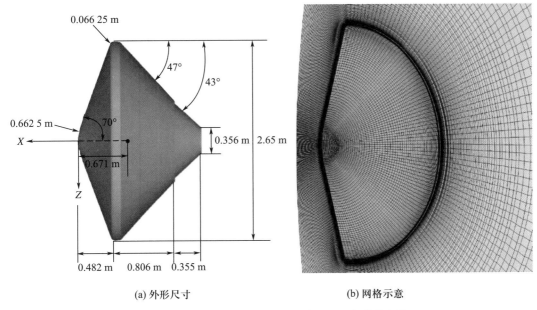

(a) 外形尺寸　　　　　　　　　　　　　(b) 网格示意

图 2 - 19　凤凰号火星探测器的外形和局部计算网格

图 2 - 20 给出了 $H = 47$ km，$Ma = 25.3$，$\alpha = 0°$ 时采用多组分化学非平衡模型和理想气体模型计算所得的前体对称面的压力分布。其中多组分化学非平衡模型采用 2.7.2.2 节给出的 8 组分火星大气化学反应模型（CO_2，CO，O_2，O，C，N_2，N，NO）。从图中可见，采用化学非平衡模型获得的脱体激波更靠近壁面。

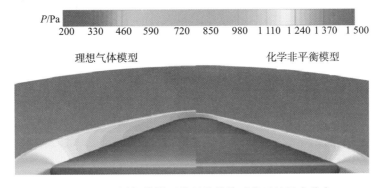

图 2 - 20　不同气体模型获得的前体对称面的压力分布

图 2 - 21 给出了 $H = 47$ km，$Ma = 25.3$ 时采用不同气体模型获得的法向力系数 C_N 和轴向力系数 C_A 随攻角的变化曲线。从图中可见，不同气体模型获得的气动特性有明显的差异。这表明正确地模拟探测器在火星大气环境下的气动特性需要选择合适的气体模型。

图 2 - 22 给出了采用化学非平衡模型凤凰号火星探测器气动特性本书计算结果和 LAURA 软件计算结果[85]的比较。LAURA 软件是 NASA 开发的 CFD 数值模拟软件，可用于化学非平衡流动的模拟，在美国的多个火星探测项目中都得到了广泛的应用。从图中可见，本书通过化学非平衡模型计算得到的凤凰号探测器气动特性曲线与文献中 LAURA

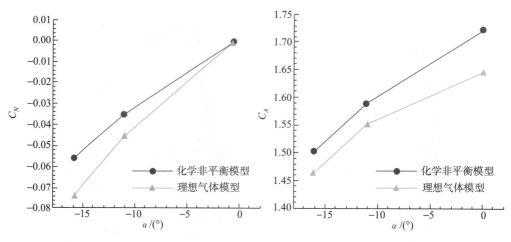

图 2-21　不同气体模型获得的法向力和轴向力系数

软件给出的数据吻合得很好，表明本书所采用的化学非平衡数值模拟方法是准确与可靠的，且与国际同类先进计算水平相当。

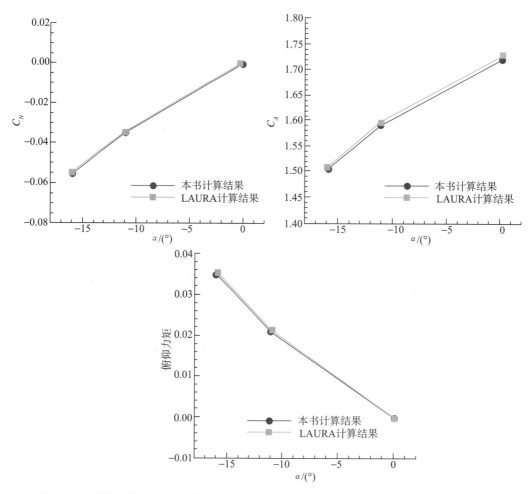

图 2-22　采用化学非平衡模型计算得到的凤凰号火星探测器气动特性与文献数据的比较

2.9.3　三维非对称双楔超声速流动

交叉激波与湍流边界层的相互作用是高超声速进气道发展的关键问题。这种复杂的三维问题常常降低了很有前途的超燃冲压发动机的流场品质，导致进气道效率的损失和进气道壁面局部区域很高的热传导通量，引起严重的问题。这种相互作用足够强烈时还可能导致进气道的不启动。三维非对称双楔超声速流动是激波和湍流边界层干扰的典型算例。通过本算例可以考查 CFD 软件对于壁面压强、热传导、绝热壁面温度和壁面摩擦力线分布的计算能力和精度。

本算例模型是 Zheltovodov 的 $7°\times11°$ 非对称鳍[86]，模型的示意图如图 2-23 所示，图中标号 1 的虚线代表沿流向的中心线，标号为 2、3 和 4 的虚线是试验测量的 3 个横截面的位置，两个在斜激波交叉前，一个在斜激波交叉后。

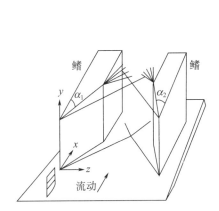 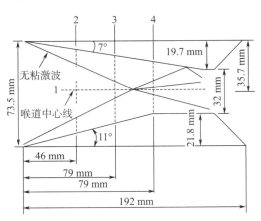

图 2-23　模型示意图

来流马赫数为 3.95，静压为 10 460 Pa，静温为 63.1 K，壁温为 270 K，单位雷诺数 $Re=6.75\times10^{6}/m$，在鳍前缘 14 mm 处的边界层厚度为 3.5 mm。计算选用 S-A 湍流模型。

图 2-24 给出了 3 个截面位置底板壁面压力分布与试验结果的对比，从图中可以看出二者吻合良好，在前两个截面位置计算结果与试验结果重合得非常好，在第 3 个截面位置，计算结果与试验结果也基本吻合，只是在两个压力峰值的位置比试验结果稍高。

图 2-25 给出了底板流线图与试验结果的对比，试验结果表明该流动的结构非常复杂，底板上明显存在四条分离线和三条再附线，对照计算结果，也可以找到相应的分离曲线和再附曲线，而且曲线的形状与位置也比较接近。

对三维非对称双楔超声速湍流流动的计算结果表明，CFD 数值模拟可以从定性和定量两个方面较好地模拟这种复杂的分离流动。

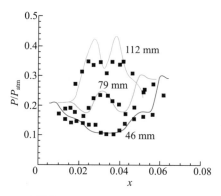

图 2 - 24　3 个横截面底板壁面压力分布与试验结果的对比

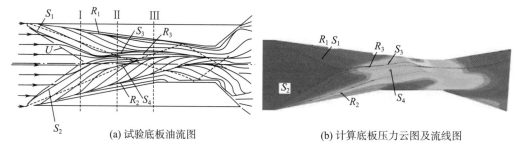

(a) 试验底板油流图　　　　　　　　(b) 计算底板压力云图及流线图

图 2 - 25　底板流线图与试验结果的对比

参 考 文 献

［1］ LUCKRING J M，PARK M A，HITZEL S M，et al. A Synthesis of Hybrid RANS/LES CFD Results for F – 16XL Aircraft Aerodynamics ［R］. 2015，AIAA 2015 – 2876.

［2］ 傅德薰. 流体力学数值模拟 ［M］. 北京：国防工业出版社，1993.

［3］ JAMESON A，SCHMIDT W，TURKEL E. Numerical solutions of the Euler equations by finite volume methods using Runge – Kutta time – stepping schemes ［R］. 1981，AIAA 1981 – 1259.

［4］ ROE P. Approximate Riemann solvers，parameter vectors，and difference schemes ［J］. Journal of Computational Physics，1997，135（2）：250 – 258.

［5］ VAN LEER B. Flux vector splitting for Euler equations. In：Eighth International Conference on Numerical Methods in Fluid Dynamics ［J］. Lecture Notes in Physics，Vol. 170，1982. Berlin.

［6］ LIOU M S. A sequel to AUSM，Part II：AUSM + – up for all speeds ［J］. Journal of Computational Physics，2006，214：137 – 170.

［7］ KITAMURA K，ROE P，ISMAIL F. Evaluation of Euler Fluxes for Hypersonic Flow Computations ［J］. AIAA Journal，2009，47（1）：44 – 53.

［8］ KERMANI M J，PLETT E G. Modified Entropy Correction Formula for the Roe Scheme ［R］. 2001，AIAA 2001 – 0083.

［9］ GNOFFO P A. Updates to Multi – Dimensional Flux Reconstruction for Hypersonic Simulations on Tetrahedral Grids ［R］. 2010，AIAA 2010 – 1271.

［10］ VAN LEER B. Towards the ultimate conservation difference scheme V：a second – order sequel to Godunov's method ［J］. Journal of Computational Physics，1979，32：101 – 136.

［11］ MAVRIPLIS D J. Revisiting the Least – squares Procedure for Gradient Reconstruction on Unstructured Meshes ［R］. 2003，NASA/CR – 2003 – 212683.

［12］ SHIMA E，KITAMURA K，FUJIMOTO K. New Gradient Calculation Method for MUSCL Type CFD Schemes in Arbitrary Polyhedra ［R］. 2010，AIAA 2010 – 1081.

［13］ BARTH T J，JESPERSEN D C. The Design and Application of Upwind Schemes on Unstructured Meshes ［R］. 1989，AIAA 1989 – 0366.

［14］ VENKATAKRISHNAN V. On the Accuracy of Limiters and Convergence to Steady State Solutions ［R］. 1993，AIAA 1993 – 0880.

［15］ KRIST S L，BIEDRON R T，RUMSEY C L. CFL3D User's Manual（Version 5.0）［R］. 1998，NASA TM – 1998 – 208444.

［16］ SHAROV D，NAKAHASHI K. Reordering of 3 – D Hybrid Unstructured Grids for Vectorized LU – SGS Navier – Stokes Computations ［R］. 1997，AIAA 1997 – 2102.

［17］ YOON S，JAMESON A. Lower – upper symmetric Gauss – Sediel method for the Euler and Navier – Stokers equation ［J］，AIAA Journal，1988，26（9）：174 – 182.

［18］ JAMESON A. Time Dependent Calculations Using Multigrid with Application to Unsteady Flows past Airfoil and Wings [R]. 1991，AIAA 1991 – 1596.

[19]　MAVRIPLIS D J. An Advancing front Delaunay Triangulation algorithm designed for rubustness [R]. 1993，AIAA 1993 – 0671.

[20]　ITO Y，NAKAHAAHI K. Unstructured Hybrid Grid Generation Baseds on Isotropic Tetrahedral Grids [R]. 2002，AIAA 2002 – 0861.

[21]　KALLINDERIS Y，WARD S. Prismatic Grid Generation with an Efficient Algebraic Method for Aircraft configuration [R]. 1992，AIAA 1992 – 2721.

[22]　LAI M C，PESKIN C S. An immersed boundary method with formal second order accuracy and reduced numerical viscosity [J]. Journal of Computational Physics，2000，160 (2)：705 – 719.

[23]　AFTOSMIS M J. Solution Adaptive Cartesian Grid Methods for Aerodynamic Flows with Complex Geometries [R]. Lecture Series 1997 – 02，Belgium.

[24]　WANG Z J，CHEN R F. Anisotropic Cartesian Grid Method for Viscous Turbulent flow [R]. 2000，AIAA 2000 – 0395.

[25]　LAHUR P R. Automatic Hexahedra Grid Generation Method for Component – based Surface Geometry [R]. 2005，AIAA 2005 – 5242.

[26]　WANG Z J，CHEN R F. Anisotropic Solution – Adaptive Viscous Cartesian Grid Method for Turbulent Flow Simulation [J]. AIAA Journal，2002，40 (10)：1969 – 1978.

[27]　瞿章华，刘伟，曾明，柳军. 高超声速空气动力学 [M]. 长沙：国防科技大学出版社，2001.

[28]　LOFTHOUSE A J，Scalabrin L C，Boyd I D. Velocity Slip and Temperature Jump in Hypersonic Aerothermodynamics [R]. 2007，AIAA 2007 – 0208.

[29]　RUMSEY C L. "Turbulence Modeling Resource"，http：//turbmodels. larc. nasa. gov.

[30]　SPALART P R. Trends in Turbulence Treatments [R]. 2000，AIAA 2000 – 2306.

[31]　MENTER F R. Two – Equation Eddy – Viscosity Turbulence Models for Engineering Applications [J]. AIAA Journal，1994，32 (8)：1598 – 1605.

[32]　WILCOX D C. Turbulence and Transition Modeling for High – Speed Flows [R]. 1993，NASA CR 191473.

[33]　NAGANO Y，HISHIDA M. Improved Form of the k – ε Model for Wall Turbulent Shear Flows [J]. Journal of Fluid Engineering，1987，109 (2)：156 – 160.

[34]　SUZEN Y B，HUANG P G. An Intermittency Transport Equation for Modeling Flow Transition [R]. 2000，AIAA 2000 – 0287.

[35]　LODEFIER K，MERCI B，DE LANGHE C，et al. Intermittency Based RANS Bypass Transition Modeling [J]. Progress in Computational Fluid Dynamics，2006，6 (1 – 3)：68 – 78.

[36]　LANGTRY R B. A Correlation – Based Transition Model using Local Variables for Unstructured Parallelized CFD codes [D]. Ph. D. thesis，Universität Stuttgart，2006.

[37]　LANGTRY R B，MENTER F R. Correlation – Based Transition Modeling for Unstructured Parallelized Computational Fluid Dynamics Codes [J]. AIAA Journal，2009，47 (12)：2894 – 2906.

[38]　WALTERS D K，LEYLEK J H. A New Model for Boundary Layer Transition Using a Single – Point RANS Approach [J]. Journal of Turbomachinery，2004，126 (1)：193 – 202.

[39]　SLOTNICK J，KHODADOUST A，ALONSO J，et al. CFD Vision 2030 Study：A Path to Revolutionary Computational Aerosciences [R]. 2014，NASA/CR – 2014 – 218178.

[40] KARYPIS G，KUMAR V. MeTis：Unstructured Graph Partitioning and Sparse Matrix Ordering System. http：//www. cs. umn. edu/～metis.

[41] LEE - RAUSCH E M，HAMMOND D P，NIELSEN E J，et al. Application of the FUN3D Unstructured - Grid Navier - Stokes Solver to the 4th AIAA Drag Prediction Workshop Cases [R]. 2010，AIAA 2010 - 4551.

[42] DUFFY A C，HAMMOND D P，NIELSEN E J. Production Level CFD Code Acceleration for Hybrid Many - Core Architectures [R]. 2012，NASA/TM - 2012 - 217770.

[43] SRINIVASAN S，TANNEHILL J C，WEILMUENSTER K J. Simplified Curve Fits for the Thermodynamic Properties of Equilibrium Air [R]. 1987，NASA RP - 1181.

[44] SRINIVASAN S，TANNEHILL J C. Simplified Curve Fits for the Transport Properties of Equilibrium Air [R]. 1987，NASA CR - 178411.

[45] GUPTA R N，LEE K P，ThOMPSON R A，et al. Calculations and curve fits of thermodynamic and transport properties for equilibrium air to 30000 K [R]. 1991，NASA RP 1260.

[46] GNOFFO P A，GUPTA R N，SHINN J L. Conservation equations and physical models for hypersonic air flows in thermal and chemical nonequilibrium [R]. 1989，NASA TP - 2867.

[47] 李桦，潘沙，田正雨. 高超声速滑移流气动热并行计算数值模拟 [M]. 北京：国防工业出版社，pp. 74 - 89，2013.

[48] PARK C，JAFFE R L，PARTRIDGE H. Chemical - kinetic parameters of hyperbolic Earth entry [R]，2000，AIAA 2000 - 0210.

[49] DUNN M G，KANG S W. Theoretical and Experimental Studies of Reentry Plasmas [R]，1973，NASA CR - 2232.

[50] GUPTA R N，YOS J M，THOMPSON R A，et al. A Review of Reaction Rates and Thermodynamic and Transport Properties for an 11 - Species Air Model for Chemical and Thermal Nonequilibrium Calculations to 30 000 K [R]. 1990，NASA RP - 1232.

[51] VIVIANI A，PEZZELLA G. Aerodynamic Analysis of a Capsule Vehicle For a Manned Exploration Mission to Mars [R]. 2009，AIAA 2009 - 7386.

[52] GUPTA R N，LEE K P. An Aerothermal Study of MESUR Pathfinder Aeroshell [R]. 1994，AIAA 1994 - 2025.

[53] PARK C，HOWE J T，JAFFE L，et al. Review of Chemical - Kinetic Problems of Future NASA Missions，II：Mars Entries [J]. Journal of Thermophysics and Heat Transfer，1994，8 (1)：9 - 23.

[54] KROLL N，LEICHT T，HIRSCH Ch，er al. Results and Conclusions of the European Project IDIHOM on High - Order Methods for Industrial Aerodynamic Applications [R]. 2015，AIAA 2015 - 0293.

[55] LOSEILLE A，DERVIEUX A，FREY P，et al. Achievement of global second order mesh convergence for discontinuous flows with adapted unstructured meshes [R]. 2007，AIAA - 2007 - 4186.

[56] SENGUTTUVAN V，CHALASANI S，LUKE E A，et al. Adaptive mesh refinement using general elements [R]. 2005，AIAA - 2005 - 0927.

[57] BALAN A，WOOPEN M，MAY G. Adjoint - Based Hp - Adaptation for a Class of High - Order Hybridized Finite Element Schemes for Compressible Flows [R]. 2013，AIAA 2013 - 2938.

[58] BARTH T J. Recent developments in high order K - exact reconstruction on unstructured meshes

　　　　　[R] . 1993，AIAA 1993 - 0668.

[59]　WOOPEN M，BALAN A，MAY，G. A Unifying Computational Framework for Adaptive High - Order Finite Element Methods [R] . 2015，AIAA 2015 - 2601.

[60]　BRAZELL M J，MAVRIPLIS D J. High - Order Discontinuous Galerkin Mesh Resolved Turbulent Flow Simulations of a NACA 0012 Airfoil [R] . 2015，AIAA 2015 - 1529.

[61]　SHUNN L，HAM F. Symmetric quadrature rules for tetrahedra based on a cubic close - packed lattice arrangement [J] . Journal of Computational and Applied Mathematics，2012，236：4348 - 4364.

[62]　WILLIAMS D M，SHUNN L，JAMESON A. Symmetric quadrature rules for simplexes based on sphere close packed lattice arrangements [J] . Journal of Computational and Applied Mathematics，2014，266：18 - 38.

[63]　HARTMANN R，HOUSTON P. An optimal order interior penalty discontinuous Galerkin discretization of the compressible Navier - Stokes equations [J] . Journal of Computational Physics，2008，227（22）：9670 - 9685.

[64]　SHAHBAZI K，MAVRIPLIS D，BURGESS N. Multigrid algorithms for high - order discontinuous Galerkin discretizations of the compressible Navier - Stokes equations [J] . Journal of Computational Physics，2009，228（21）：7917 - 7940.

[65]　PARK J S，KIM C. Higher - Order Discontinuous Galerkin - MLP Methods on Triangular and Tetrahedral Grids [R] . 2011，AIAA 2011 - 3059.

[66]　BARTER G，DARMOFAL D. Shock capturing with PDE - based artificial viscosity for DGFEM：Part I. Formulation [J] . Journal of Computational Physics，2010，229（5）：1810 - 1827.

[67]　SCHWING A M，NOMPELIS I，CANDLER G V. Parallelization of unsteady adaptive mesh refinement for unstructured Navier - Stokes solvers [R] . 2014，AIAA - 2014 - 3080.

[68]　FIDKOWSKI K J，DARMOFAL D L. Review of output - based error estimation and mesh adaptation in computational fluid dynamics [J] . AIAA Journal，2011，49（4）：673 - 694.

[69]　COPELAND S R，LONKAR A K，PALACIOS F，et al. Adjoint - based goal - oriented mesh adaptation for nonequilibrium hypersonic flows [R] . 2013，AIAA - 2013 - 0552.

[70]　WARREN G P，ANDERSON W K，THOMAS J L，et al. Grid convergence for adaptive methods [R] . 1991，AIAA - 1991 - 1592.

[71]　SPALART P R. Detached - Eddy Simulation [J] . Annual Review of Fluid Mechanics，2009，41：181 - 202.

[72]　STRELETS M K. Detached eddy simulation of massively separated flows [R] . AIAA 2001 - 0879，2001.

[73]　SHUR M L，SPALART P R，STRELETS M K，et al. A hybrid RANS - LES approach with delayed - DES and wall - modelled LES capabilities [J] . International Journal of Heat and Fluid Flow，2008，29（6）：1638 - 1649.

[74]　BAURLE R A，TAM C J，EDWARDS J R，et al. Hybrid simulation approach for cavity flows：blending，algorithm，and boundary treatment Issues [J] . AIAA Journal，2003，41（8）：1463 - 1480.

[75]　SANCHEZ - ROCHA M，KIRTAS M，MENON S. Zonal hybrid RANS - LES Method for static and oscillating airfoils and wings [R] . AIAA 2006 - 1256，2006.

[76]　LYNCH C E，SMITH M J. Hybrid RANS - LES turbulence models on unstructured grids [R] .

AIAA 2008 – 3854，2008.

[77] MENTER F R，EGOROV Y. A scale – adaptive simulation model using two – Equation models [R]. AIAA 2005 – 1095，2005.

[78] MENTER F R，KUNTZ M，BENDER R. A scale – adaptive si – mulation model for turbulent flow predictions [R]. AIAA 2003 – 0767，2003.

[79] DECK S. Detached – Eddy Simulation of transonic buffet over a supercritical airfoil [R]. AIAA 2004 – 5378，2004.

[80] 袁先旭，邓小兵，谢昱飞，等. 超声速湍流流场的 RANS/LES 混合计算方法研究 [J]. 空气动力学学报，2009，27（6）：723 – 728.

[81] WEISS P E，DECK S. On the control of turbulent axisym – metric separating/reattaching flows using zonal detached eddy simulation [R]. AIAA 2010 – 5087，2010.

[82] BAURLE R A，EDWARDS J R. Hybrid Reynolds – Averaged/Large – Eddy simulations of a coaxial super – sonic freejet experiment [J]. AIAA Journal，2010，48（3）：551 – 571.

[83] HOLDEN M S，WADHAMS T P，HARVEY J K，et al. Comparisons Between DSMC and Navier – Stokes Solutions on Measurements in Regions of Laminar Shock Wave/Boundary Layer Interactions in Hypersonic Flows [R]. AIAA 2002 – 0435，2002.

[84] CANDLER G V，NOMPELIS I. CFD Validation for Hypersonic Flight：Real Gas Flows [R]. AIAA 2002 – 0434，2002.

[85] EDQUIST K T，DESAI P N，SCHOENENBERGER M. Aerodynamics for the Mars Phoenix Entry Capsule [R]. AIAA 2008 – 7219，2008.

[86] ZHELTOVODOV A A，MAKSINOV A I，SCHULEIN E，et al. Experimental and computational studies of crossing – shock – wave/turbulence boundary – layer interaction [C]. Proccedings of International Conference RDAMM – 2001，2001.

第 3 章　高超声速流动快速高效数值方法

飞行器初步设计阶段要求对飞行器气动特性开展快速评估，并调整外形、改进设计方案，满足设计指标的飞行器气动设计方案是很多次迭代设计的结果。在此过程中，气动特性预测工具的高效性对缩短设计周期至关重要。抛物化 N-S（PNS）方程是 20 世纪六七十年代提出的简化 N-S 方程，用于模拟定常的超声速/高超声速粘性流动。飞行器表面流动一般有一个近似主流方向，在满足一定条件的前提下，PNS 方程在主流方向满足双曲-抛物型性质，可沿主流方向采用空间推进方法高效求解，在求解效率方面与时间相关法相比具有明显优势。PNS 方程空间推进求解方法适用的流动需要满足主流方向的速度分量处处为正，且边界层外流动为超声速的条件。主流方向速度分量处处为正意味着在主流方向流动不能有分离，但在法向和周向可以有分离。因为 PNS 方程保留了 N-S 方程的全部无粘项和主要的粘性项，因此可以自动模拟壁面附近粘性流动与外部超声速/高超声速无粘流动之间的相互作用，是超声速/高超声速、高雷诺数条件下 N-S 方程的良好近似，在复杂外形流动计算中得到了广泛的应用[1-3]。

PNS 方程中保留了流向压力梯度项，该项的存在给 PNS 方程的空间推进求解带来了巨大的困难，处理不当将直接导致计算发散。在边界层内亚声速区域，流向压力梯度允许下游流场信息向前传播，PNS 方程不再具有双曲-抛物型性质，而是具有椭圆型性质，此时采用空间推进方法求解 PNS 方程是不适定的。在 PNS 方程空间推进求解方法发展的早期，流向压力梯度的处理是主要的关注点，出现了压力后向差分法[4]、底层近似法[5]、全局迭代法[6]、分区迭代法[6]和压力梯度分裂法[7]等不同的方法，其中 Vigneron 等人提出的压力梯度分裂法在后来的 PNS 方程空间推进求解中获得了广泛的应用。

PNS 方程空间推进求解方法有几个问题需要考虑。首先是计算坐标系的选择。PNS 方程空间推进求解应保证主流方向的流动是超声速的，如果选择物理坐标系的 x 方向为主流方向，即使来流是超声速的，在飞行器表面坡度较大的情况下，也有可能发生主流方向速度为亚声速的情况，使 PNS 方程空间推进方法失效。除了空间推进方向的限制，在物理坐标系中求解 PNS 方程也会在边界条件设定和复杂外形描述方面遇到困难，因此，目前几乎所有的 PNS 方程空间推进求解方法均是在一般曲线坐标系下求解方程。第二个问题是采用何种形式的 PNS 方程。PNS 方程可以写成定常形式，也可以写成非定常形式。定常形式的 PNS 方程是最常采用的形式，在单次扫描方法中，定常 PNS 方程的求解没有迭代过程，计算十分高效。但是，定常 PNS 方程给 Roe 格式的构造带来很大困难，特别是在亚声速区域进行流向压力梯度分裂后，使得 PNS 方程空间推进算法分析异常复杂。这些困难主要是由线化 PNS 方程的系数矩阵的复杂性导致的，这也给湍流模型或者真实气体效应等模型的添加带来了挑战。非定常形式的 PNS 方程也可以采用空间推进方法进行求解，但在流向的每一站位上需要进行伪时间迭代，直到该层流场收敛，使算法的高效性受到一定影响。因为非定常项的存在，增强了隐式求解形成的矩阵的对角占优特性，可以在一定程度上增加计算稳定性。非定常 PNS 方程在算法构造上也简便许多。第三个问题是流向积分问题。早期的 PNS 方程空间推进求解多数采用显式格式，计算稳定性较差，且需要从流向通量中解耦流场变量。自从 Vigneron 和 Schiff 等人引进非迭代的 ADI 隐式求解方法后，大多数 PNS 方程空间推进解算器都采用了隐式求解方法。第四个问题是横向通量的计算。早期采用的中心差分方法需要给定人工粘性系数，在激波捕捉上效果不是十分理想。Lawrence 将 Roe 迎风格式引进到 PNS 方程空间推进求解中，构造了迎风格式有限体积 PNS 方程空间推进求解方法，在计算效果上体现了巨大的优势。此后，一系列迎风格式应用到 PNS 方程空间推进求解中，取得了较好的计算效果。

3.1　PNS 方程

在超声速/高超声速、高雷诺数条件下，主流方向的耗散项与法向和周向的耗散项相比是小量，可以忽略。在一般曲线坐标系下，假定 ξ 方向为主流方向，则守恒形式的定常 PNS 方程可写为

$$\frac{\partial \hat{E}}{\partial \xi} + \frac{\partial (\hat{F} - \hat{F}_v^*)}{\partial \eta} + \frac{\partial (\hat{G} - \hat{G}_v^*)}{\partial \zeta} = 0 \tag{3-1}$$

定义守恒变量 $Q = [\rho,\ \rho u,\ \rho v,\ \rho w,\ \rho E]^T$，其中 ρ，u，v，w 分别为密度和 x，y，z 三个方向的速度。E 为单位质量的总能量

$$E = e + \frac{1}{2}(u^2 + v^2 + w^2) \tag{3-2}$$

内能 e 由完全气体状态方程给出

$$p = \rho(\gamma - 1)e \tag{3-3}$$

γ 为气体比热比，对于空气为 1.4。式（3-1）中的通量函数有如下形式

$$\hat{E} = \frac{1}{J}\begin{bmatrix} \rho U \\ \rho u U + \xi_x p \\ \rho v U + \xi_y p \\ \rho w U + \xi_z p \\ \rho H U \end{bmatrix} \quad \hat{F} = \frac{1}{J}\begin{bmatrix} \rho V \\ \rho u V + \eta_x p \\ \rho v V + \eta_y p \\ \rho w V + \eta_z p \\ \rho H V \end{bmatrix} \quad \hat{G} = \frac{1}{J}\begin{bmatrix} \rho W \\ \rho u W + \zeta_x p \\ \rho v W + \zeta_y p \\ \rho w W + \zeta_z p \\ \rho H W \end{bmatrix}$$

$$\hat{F}_v^* = \frac{1}{J}\begin{bmatrix} 0 \\ \eta_x \tau_{xx} + \eta_y \tau_{xy} + \eta_z \tau_{xz} \\ \eta_x \tau_{xy} + \eta_y \tau_{yy} + \eta_z \tau_{yz} \\ \eta_x \tau_{xz} + \eta_y \tau_{yz} + \eta_z \tau_{zz} \\ \eta_x f_x + \eta_y f_y + \eta_z f_z \end{bmatrix} \quad \hat{G}_v^* = \frac{1}{J}\begin{bmatrix} 0 \\ \zeta_x \tau_{xx} + \zeta_y \tau_{xy} + \zeta_z \tau_{xz} \\ \zeta_x \tau_{xy} + \zeta_y \tau_{yy} + \zeta_z \tau_{yz} \\ \zeta_x \tau_{xz} + \zeta_y \tau_{yz} + \zeta_z \tau_{zz} \\ \zeta_x f_x + \zeta_y f_y + \zeta_z f_z \end{bmatrix}$$

U，V，W 为逆变速度

$$U = \xi_x u + \xi_y v + \xi_z w$$
$$V = \eta_x u + \eta_y v + \eta_z w \quad\quad (3-4)$$
$$W = \zeta_x u + \zeta_y v + \zeta_z w$$

H 为总焓

$$H = E + \frac{p}{\rho}$$

粘性应力项

$$
\begin{cases}
\tau_{xx} = \dfrac{2}{3} \mu \left(2u_x - v_y - w_z \right) \\[2mm]
\tau_{yy} = \dfrac{2}{3} \mu \left(2v_y - u_x - w_z \right) \\[2mm]
\tau_{zz} = \dfrac{2}{3} \mu \left(2w_z - u_x - v_y \right) \\[2mm]
\tau_{xy} = \mu \left(u_y + v_x \right) \\[2mm]
\tau_{yz} = \mu \left(w_y + v_z \right) \\[2mm]
\tau_{xz} = \mu \left(u_z + w_x \right)
\end{cases}
\quad\quad (3-5)
$$

这里, $u_x = \partial u / \partial x$, μ 为粘性系数。其他变量定义为

$$f_x = u\tau_{xx} + v\tau_{xy} + w\tau_{xz} - q_x$$
$$f_y = u\tau_{xy} + v\tau_{yy} + w\tau_{yz} - q_y \quad\quad (3-6)$$
$$f_z = u\tau_{xz} + v\tau_{yz} + w\tau_{zz} - q_z$$

热流计算公式

$$q_{x_i} = -k \frac{\partial T}{\partial x_i} \quad\quad (3-7)$$

粘性系数 μ 采用 Sutherland 公式计算,对于空气有

$$\mu = 1.716 \times 10^{-5} \left(\frac{T}{273.15} \right)^{3/2} \left(\frac{273.15 + 110.4}{T + 110.4} \right) \quad\quad (3-8)$$

热传导系数由下式计算

$$k = \frac{\mu C_p}{Pr} \quad\quad (3-9)$$

式中　Pr ——普朗特数,层流可取 $Pr = 0.72$;

　　C_p ——定压热容。

粘性项的定义中,速度和温度的梯度需要进行抛物化处理,即舍弃各变量对流向的偏导数,以 u_x 的计算为例

$$u_x = u_\eta \eta_x + u_\zeta \zeta_x \quad\quad (3-10)$$

3.2　空间推进求解适定性

式(3-1)给出的 PNS 方程保留了 ξ 方向,即流向的压力梯度 $\partial p/\partial \xi$,使 PNS 方程

在亚声速区域失去了双曲-抛物化性质，造成空间推进求解发散。数值发散是求解不适定的数学问题的直接反映，只要方程中保留了流向压力梯度中向上游传播信息的部分，则用空间推进方法求解 PNS 方程就是不适定的，将遇到数值解的指数增长问题，出现数值发散现象[8]。当 $Ma < 1$ 时，PNS 方程为椭圆型。正是因为亚声速时 PNS 方程中的流向压力梯度含有椭圆型信息部分，才造成 PNS 方程空间推进求解的数学问题不适定。边界层方程求解时若不事先给定流向动量方程的压力梯度，也会遇到计算发散问题。不同的是在 PNS 方程中，还存在有边界层内粘性流动与边界层外部无粘流动之间的压力干扰，使得问题更加复杂[6]。

为了摸清数值发散问题的数学根源，考虑下面的二维 PNS 方程，此处假定 x 方向为主流方向

$$\frac{\partial \boldsymbol{E}}{\partial x} + \frac{\partial \boldsymbol{F}}{\partial y} = \frac{\partial \boldsymbol{F}_v}{\partial y} \tag{3-11}$$

其中

$$\boldsymbol{E} = \begin{bmatrix} \rho u \\ \rho u^2 + \omega p \\ \rho uv \\ \rho uH \end{bmatrix} \quad \boldsymbol{F} = \begin{bmatrix} \rho v \\ \rho uv \\ \rho v^2 + p \\ \rho vH \end{bmatrix} \quad \boldsymbol{F}_v = \mu \begin{bmatrix} 0 \\ u_y \\ \frac{4}{3} v_y \\ uu_y + \frac{4}{3} vv_y + \frac{k}{\mu} T_y \end{bmatrix}$$

注意到流向通量压力梯度乘了系数 ω，此系数称为流向压力梯度分裂系数。为了考察式(3-11)中的压力梯度分裂系数 ω 对方程数学性质的影响，分别考虑无粘方程与粘性方程两种情况。

首先考虑无粘方程，即 Euler 方程

$$\frac{\partial \boldsymbol{E}}{\partial x} + \frac{\partial \boldsymbol{F}}{\partial y} = 0 \tag{3-12}$$

Euler 方程也可以写为非守恒形式

$$\boldsymbol{A}_1 \frac{\partial \boldsymbol{Q}}{\partial x} + \boldsymbol{B}_1 \frac{\partial \boldsymbol{Q}}{\partial y} = 0 \tag{3-13}$$

其中

$$\boldsymbol{Q} = [\rho, u, v, p]^{\mathrm{T}}$$

$$\boldsymbol{A}_1 = \begin{bmatrix} u & \rho & 0 & 0 \\ 0 & \rho u & 0 & \omega \\ 0 & 0 & \rho u & 0 \\ 0 & \rho u^2 + \dfrac{\gamma p}{\gamma - 1} & \rho uv & \dfrac{\gamma u}{\gamma - 1} \end{bmatrix}$$

$$\boldsymbol{B}_1 = \begin{bmatrix} v & 0 & \rho & 0 \\ 0 & \rho v & 0 & 0 \\ 0 & 0 & \rho v & 1 \\ 0 & \rho u v & \rho v^2 + \dfrac{\gamma p}{\gamma - 1} & \dfrac{\gamma v}{\gamma - 1} \end{bmatrix}$$

若矩阵 $\boldsymbol{A}_1^{-1}\boldsymbol{B}_1$ 的特征值为实数，则方程（3-13）在 x 方向具有双曲型性质，矩阵的特征值为

$$\lambda_{1,2} = \frac{v}{u}, \quad \lambda_{3,4} = \frac{-a_2 \pm \sqrt{a_2^2 - 4a_1 a_3}}{2a_1}$$

其中

$$a_1 = [\gamma - \omega(\gamma - 1)]u^2 - \omega c^2$$
$$a_2 = -uv[1 + \gamma - \omega(\gamma - 1)]$$
$$a_3 = u^2 - c^2$$

式中 c ——声速。

如果在式（3-12）中保留全部压力项，即 $\omega = 1$，则只要 $u^2 + v^2 > c^2$，或者说流动是超声速的，就可以保证所有特征值为实数。如果在式（3-12）中保留部分压力项（$0 \leqslant \omega \leqslant 1$），则只要满足

$$\omega \leqslant \frac{\gamma Ma_x^2}{1 + (\gamma - 1)Ma_x^2} \tag{3-14}$$

就能保证即使在亚声速区方程特征值仍为实数，这里 $Ma_x = u/a$ 为流向马赫数。式（3-14）是在假定 $v \ll u$ 的条件下得出的，这在贴体流动中一般都能够满足。

下面考虑粘性方程，忽略无粘项，粘性方程的非守恒形式为

$$\boldsymbol{A}_2 \frac{\partial \boldsymbol{Q}}{\partial x} = \boldsymbol{B}_2 \frac{\partial^2 \boldsymbol{Q}}{\partial y^2} \tag{3-15}$$

其中

$$\boldsymbol{A}_2 = \begin{bmatrix} u & \rho & 0 & 0 \\ u^2 & 2\rho u & 0 & \omega \\ uv & \rho v & \rho u & 0 \\ \dfrac{u(u^2 + v^2)}{2} & \dfrac{\gamma p}{\gamma - 1} + \dfrac{\rho(3u^2 + v^2)}{2} & \rho uv & \dfrac{\gamma u}{\gamma - 1} \end{bmatrix}$$

$$\boldsymbol{B}_2 = \mu \begin{bmatrix} 0 & 0 & 0 & 0 \\ 0 & 1 & 0 & 0 \\ 0 & 0 & \dfrac{4}{3} & 0 \\ \dfrac{-\gamma p}{(\gamma - 1)\rho^2 Pr} & u & \dfrac{4}{3}v & \dfrac{\gamma}{(\gamma - 1)\rho Pr} \end{bmatrix}$$

只要 $\boldsymbol{A}_2^{-1}\boldsymbol{B}_2$ 的特征值为正实数就可以保证方程（3-15）在 x 的正向具有抛物性质，

这里特征值为正的要求是为了保证粘性项具有耗散性质。$A_2^{-1}B_2$ 的特征值可以从下式求得

$$\lambda \left(\frac{\rho u}{\mu} \lambda - \frac{4}{3} \right) \left\{ \left(\frac{\rho u}{\mu} \lambda \right)^2 \left[Ma_x^2 \left(\gamma - \omega \left(\gamma - 1 \right) \right) - \omega \right] + \right.$$
$$\left. \left(\frac{\rho u}{\mu} \lambda \right) \left\{ \left[\omega \left(\gamma - 1 \right) - \gamma \left(\frac{1 + Pr}{Pr} \right) \right] Ma_x^2 + \frac{\omega}{Pr} \right\} + \frac{\gamma Ma_x^2}{Pr} \right\} = 0 \tag{3-16}$$

在满足下面的关系式时，方程（3-15）的特征值为正实数

$$u > 0 \tag{3-17}$$

$$\omega < \frac{\gamma Ma_x^2}{1 + (\gamma - 1) Ma_x^2} \tag{3-18}$$

式（3-18）与式（3-14）具有相同的形式，边界层外的超声速流动区域 ω 取 1，流向压力梯度全部保留，边界层内亚声速区域若要保证特征值为正实数，则应保留部分流向压力梯度。从上面的分析可知，只要边界层外无粘流动是超声速的，流向速度分量处处为正，且在亚声速区域保留部分流向压力梯度，就能够保证 PNS 方程在全场具有双曲-抛物型性质，从而保证空间推进求解的稳定性。若在亚声速区域内保留全部流向压力梯度，就会导致 PNS 方程空间推进求解的计算发散问题。流向压力梯度的处理是进行 PNS 方程空间推进稳定求解的关键技术，在 PNS 方程空间推进方法发展过程中出现了压力后向差分法、底层近似法、全局迭代法、分区迭代法等多种处理方法[4-6]。这些处理方法的思路与边界层方程求解类似，在求解过程中显式地给出近似的流向压力梯度。若流向压力梯度已知，则其存在将不影响 PNS 方程的数学性质，但是必须指出的是，粘性流动与无粘流动相互干扰问题中的压力场不能事先给定，只能通过方程求解得到。

压力后向差分法是用前一步的流向压力梯度近似替代当前步的流向压力梯度，也就是 $\partial p / \partial x = (p_i - p_{i-1}) / \Delta x$。Lubard 等人[4]采用傅里叶分析方法对使用压力后向差分法的 PNS 方程隐式空间推进算法进行了稳定性分析，发现在推进步长 $\Delta x < \Delta x_{min}$ 时会导致计算不稳定，这个条件与通常的稳定性限制条件正好相反。对式（3-15）进行稳定性分析发现

$$\Delta x_{min} = \frac{\rho u \left(1 - Ma_x^2 \right) \left(\Delta y \right)^2}{4 \mu \gamma Ma_x^2 \sin^2 \left(\beta / 2 \right)} \tag{3-19}$$

若流向压力梯度不采用后向差分法而是采用前向差分法，则 Δx_{min} 会加倍。Rubin[9]认为，Δx_{min} 代表的可能是向上游椭圆型干扰区的尺度，如果推进步长大于该尺度则跨过了干扰区，采用空间推进方法就是稳定的，如果小于该尺度，则试图使用空间推进方法模拟椭圆型干扰效应，就会导致计算发散。采用前向差分离散流向压力梯度时 Δx_{min} 加倍，表示此时椭圆型干扰区增大，为了保证计算稳定必须要采用更大的推进步长。推进步长过大会损失计算精度，可能不能满足特定应用的模拟要求。

底层近似法假定边界层内法向压力梯度可以忽略，这样边界层内的流向压力梯度可以用边界层外缘超声速流的流向压力梯度近似。因为法向的动量和能量方程仍然提供了无粘流动与粘性流动之间的压力干扰机制，该方法并不能完全避免计算发散问题。

全局迭代法是为处理逆流效应强的流动而提出的，此类流动不能采用单次空间推进方法进行模拟。全局迭代法的基本思路是使用给定的压力场来计算椭圆型效应区的压力梯

度，初始压力场可以由通常的空间推进方法得到，如设置流向压力梯度为 0，采用较大的推进步长等。初始压力场已知后，就可以采用多次迭代空间推进方法进行流场计算，每一次空间推进迭代均使用上一次迭代获得的压力场进行流向压力梯度离散，直到计算收敛。全局迭代法中流向压力梯度已知，可解决计算稳定性问题。为了在分离区等逆流效应大的区域考虑下游流动的影响，流向压力梯度离散时可采用 $(\partial p/\partial x)_{i+1} = (p_{i+2} - p_{i+1})/\Delta x$。

　　全局迭代法尽管可以考虑逆流效应，但全场多次迭代计算极大降低了空间推进方法的优势。为此，傅德薰[6]提出了分区求解法。分区求解法将计算流场分为两个区域，采用两套网格两种方法计算。一个区域是靠近物面的亚声速区，采用细网格时间相关法计算，另一个区域为整个流场，采用粗网格空间推进法计算。

　　压力梯度分裂法[7]将流向压力梯度分为两部分，分别是 $\omega\partial p/\partial\xi$ 和 $(1-\omega)\partial p/\partial\xi$，$\omega$ 由下式给出

$$\omega = \min\left(1, \frac{\sigma_0\gamma Ma_\xi^2}{1 + (\gamma - 1)Ma_\xi^2}\right) \qquad (3-20)$$

其中，$\sigma_0 \in [0,1]$ 为安全因子。在超声速区流向压力梯度全部保留，在亚声速区 $\omega\partial p/\partial\xi$ 被保留，而 $(1-\omega)\partial p/\partial\xi$ 直接舍弃或采用后向差分法计算。如果边界层很薄，则略去第二部分对计算结果影响很小，但是对较厚的边界层单次空间推进方法是不适定的，需要采用全局迭代法。应用压力梯度分裂法，式（3-1）可以重新写为

$$\frac{\partial\hat{\boldsymbol{E}}^*}{\partial\xi} + \frac{\partial\boldsymbol{P}}{\partial\xi} + \frac{\partial(\hat{\boldsymbol{F}} - \hat{\boldsymbol{F}}_v^*)}{\partial\eta} + \frac{\partial(\hat{\boldsymbol{G}} - \hat{\boldsymbol{G}}_v^*)}{\partial\zeta} = 0 \qquad (3-21)$$

其中，$\hat{\boldsymbol{E}}^*$ 和 $\boldsymbol{P}$ 有如下形式

$$\hat{\boldsymbol{E}}_i^* = [\rho U, \rho u U + \omega\xi_x p, \rho v U + \omega\xi_y p, \rho w U + \omega\xi_z p, \rho H U]^{\mathrm{T}}/J$$

$$\boldsymbol{P} = (1-\omega)p[0, \xi_x, \xi_y, \xi_z, 0]^{\mathrm{T}}/J$$

3.3　数值求解方法

　　本节介绍定常 PNS 方程单次空间推进求解方法，忽略式（3-21）中的 $\partial\boldsymbol{P}/\partial\xi$，可得待求解的流动控制方程

$$\frac{\partial\hat{\boldsymbol{E}}^*}{\partial\xi} + \frac{\partial(\hat{\boldsymbol{F}} - \hat{\boldsymbol{F}}_v^*)}{\partial\eta} + \frac{\partial(\hat{\boldsymbol{G}} - \hat{\boldsymbol{G}}_v^*)}{\partial\zeta} = 0 \qquad (3-22)$$

　　采用空间推进方法求解方程（3-22）时，求解域是由在 ξ 方向具有一定厚度的横截面构成的，这个厚度就是流向的推进步长，与时间相关法时间步长类似。图 3-1 给出了求解域中的一个单元，后文数值方法将在此单元上描述。

　　本文采用有限体积方法对 PNS 方程进行离散，在图 3-1 所示离散单元上，PNS 方程的离散形式可以写为

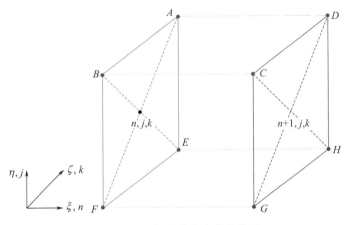

图 3-1　空间推进方法离散单元

$$(\hat{E}_{j,k}^{*,n+1} - \hat{E}_{j,k}^{*,n}) + (\hat{F} - \hat{F}_v^*)_{j+1/2,k}^{n+1/2} - (\hat{F} - \hat{F}_v^*)_{j-1/2,k}^{n+1/2} + \qquad (3-23)$$

$$(\hat{G} - \hat{G}_v^*)_{j,k+1/2}^{n+1/2} - (\hat{G} - \hat{G}_v^*)_{j,k-1/2}^{n+1/2} = 0$$

式中　$\hat{E}_{j,k}^{*,n}$，$\hat{E}_{j,k}^{*,n+1}$——分别为 ξ 方向 n 层和 $n+1$ 层的流向通量，一般 n 层为当前层，流场变量已知，$n+1$ 层流场变量未知，为待求解层；

$\hat{F}_{j+1/2,k}^{n+1/2}$，$\hat{F}_{v,j+1/2,k}^{*,n+1/2}$——（$j+1/2$，$k$）面上的无粘通量和粘性通量，其他通量采用类似的表示方式。

3.3.1　流向无粘通量离散方法

为了避免从流向无粘通量中解耦计算守恒变量，对流向无粘通量进行线性化处理

$$\hat{E}^*(Q^n, S^n) = \hat{A}^{*,n-1}Q^n \qquad (3-24)$$

式中　S^n——离散单元 ξ 方向第 n 层面积。

$\hat{A}^{*,n-1}$ 定义为

$$\hat{A}^{*,n-1} = \frac{\partial \hat{E}^*(Q^{n-1}, S^n)}{\partial Q^{n-1}} \qquad (3-25)$$

对流向无粘通量进行线性化处理后，式（3-23）变为

$$\hat{A}_{j,k}^{*,n}\Delta Q_{j,k}^n = -(\hat{A}_{j,k}^{*,n} - \hat{A}_{j,k}^{*,n-1})Q_{j,k}^n -$$

$$[(\hat{F} - \hat{F}_v^*)_{j+1/2,k}^{n+1/2} - (\hat{F} - \hat{F}_v^*)_{j-1/2,k}^{n+1/2} + (\hat{G} - \hat{G}_v^*)_{j,k+1/2}^{n+1/2} - (\hat{G} - \hat{G}_v^*)_{j,k-1/2}^{n+1/2}] \qquad (3-26)$$

其中

$$\Delta Q_{j,k}^n = Q_{j,k}^{n+1} - Q_{j,k}^n$$

3.3.2　横向无粘通量离散方法

横向无粘通量即 η 和 ζ 方向的数值通量，其计算有两种方法，一种是求解定常

Riemann 问题 Roe 格式，另外一种是 Kim 等人[11]在 AUSM 格式基础上发展的 AUSMPW 格式。

3.3.2.1　Roe 格式

在超声速条件下，PNS 方程的无粘部分与定常 Euler 方程完全相同，理论上可以应用于定常 Euler 方程求解的格式也可以在 PNS 方程求解中应用，但是 PNS 方程在亚声速边界层内进行了压力梯度分裂，必须进行特殊处理。Lawrence[10]在超声速部分采用 Roe 迎风格式，亚声速部分采用中心差分格式。这里仅讨论超声速条件下，定常 Euler 方程的 Roe 格式构造。超声速条件下的定常 Euler 方程具有双曲型性质，但其特征值和特征向量比非定常形式的方程要复杂得多，通常使用的 Roe 格式是针对非定常形式 Euler 方程建立的，不能直接应用于定常 PNS 方程求解。Roe 格式构造基于定常近似 Reimann 问题求解，把 η 和 ζ 方向二维问题分解为两个一维问题，以 η 方向为例，可以形成下面的定常 Reimann 问题

$$\frac{\partial \hat{\boldsymbol{E}}}{\partial \xi} + \boldsymbol{D}_{j+1/2}\,\frac{\partial \hat{\boldsymbol{E}}}{\partial \eta} = 0 \qquad\qquad (3-27)$$

初始状态为

$$\hat{\boldsymbol{E}}(0,\eta) = \begin{cases} \hat{\boldsymbol{E}}_j & \eta < j+1/2 \\ \hat{\boldsymbol{E}}_{j+1} & \eta > j+1/2 \end{cases}$$

其中，系数矩阵 $\boldsymbol{D}_{j+1/2}$ 定义为

$$\boldsymbol{D}_{j+1/2} = \left(\frac{\eta_x}{J}\right)_{j+1/2}\left(\frac{\partial \boldsymbol{E}}{\partial \hat{\boldsymbol{E}}}\right)_{j+1/2} + \left(\frac{\eta_y}{J}\right)_{j+1/2}\left(\frac{\partial \boldsymbol{F}}{\partial \hat{\boldsymbol{E}}}\right)_{j+1/2} + \left(\frac{\eta_z}{J}\right)_{j+1/2}\left(\frac{\partial \boldsymbol{G}}{\partial \hat{\boldsymbol{E}}}\right)_{j+1/2}$$

式中　$\boldsymbol{E}$，$\boldsymbol{F}$，$\boldsymbol{G}$ —— x，y，z 三个方向的无粘通量。

若 $\boldsymbol{D}_{j+1/2}$ 中变量 ρ，u，v，w，H 取 $j+1/2$ 界面两侧变量的 Roe 平均，则下式成立，使格式满足守恒性，具备激波捕捉能力

$$\boldsymbol{D}_{j+1/2}(\hat{\boldsymbol{E}}_{j+1} - \hat{\boldsymbol{E}}_j) = \left(\frac{\eta_x}{J}\right)_{j+1/2}\Delta \boldsymbol{E} + \left(\frac{\eta_y}{J}\right)_{j+1/2}\Delta \boldsymbol{F} + \left(\frac{\eta_z}{J}\right)_{j+1/2}\Delta \boldsymbol{G}$$

定常近似 Reimann 问题的解包含 $\hat{\boldsymbol{E}}$ 的 4 种常数状态，由 3 个发源于 $j+1/2$ 界面的间断分隔（见图 3-2）。$j+1/2$ 界面的数值通量通过下式给出

$$\hat{\boldsymbol{F}}_{j+1/2} = \frac{1}{2}(\hat{\boldsymbol{F}}_j + \hat{\boldsymbol{F}}_{j+1}) - \frac{1}{2}(\mathrm{sgn}\boldsymbol{D})_{j+1/2}\Delta \hat{\boldsymbol{F}} \qquad\qquad (3-28)$$

其中

$$\Delta \hat{\boldsymbol{F}} = \left(\frac{\eta_x}{J}\right)_{j+1/2}\Delta \boldsymbol{E} + \left(\frac{\eta_y}{J}\right)_{j+1/2}\Delta \boldsymbol{F} + \left(\frac{\eta_z}{J}\right)_{j+1/2}\Delta \boldsymbol{G}$$

$$\mathrm{sgn}\boldsymbol{D} = \boldsymbol{R}\,(\mathrm{sgn}\boldsymbol{\Lambda})\,\boldsymbol{R}^{-1}$$

这里 $\boldsymbol{R}$ 为 $\boldsymbol{D}_{j+1/2}$ 的右特征向量组成的矩阵，$\mathrm{sgn}\boldsymbol{\Lambda}$ 是由 $\mathrm{sgn}\lambda^i = \lambda^i/|\lambda^i|$ 组成的对角阵，λ^i 为 $\boldsymbol{D}_{j+1/2}$ 的特征值。Lawrence[10]给出了在旋转的 x，y，z 坐标系上表达的特征值和特

征向量，这里不再给出。

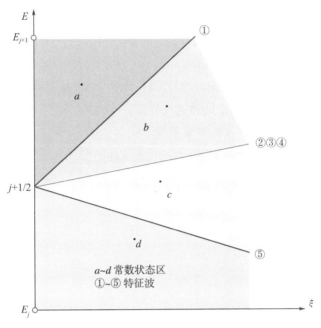

图 3 - 2　定常 Reimann 问题解的结构

　　必须指出的是，上面推导出的横向无粘通量 Roe 格式只能在超声速区使用，若在全场使用则会引起稳定性问题。这是由于边界层亚声速区域内引进的流向压力梯度分裂系数改变了通量的性质，使得严格的 Roe 平均不能达到。为解决这个问题，在亚声速区域仍采用中心差分格式。Korte[12] 在构造定常 PNS 方程适用的 Roe 格式时，考虑了流向压力梯度分裂系数的影响，使 Roe 迎风格式可以在包括亚声速区在内的全流场应用。但是，Korte 选择的一般曲线坐标系对 ξ 方向有限制，要求 ξ 是与 x 对齐的，即 $\xi = \xi(x)$，这就意味着所有流向推进面都是与 x 轴垂直的，这在复杂外形计算中可能会给网格生成带来很大困难。

3.3.2.2　AUSMPW 格式

　　由于定常 PNS 方程的特征值和特征向量异常复杂，特别是采用 Vigneron 的流向压力梯度分裂技术后，给严格的数学分析带来了更大的挑战，使得 Roe 格式在 PNS 方程空间推进求解中的应用面临一些问题。Roe 格式构造的困难在于需要对定常 Reimann 问题进行完全的特征分解，需要获得系统的特征值和特征向量，如果在格式构造中能够不用显式地给出特征值和特征向量，将给 PNS 方程无粘通量的计算带来极大的便利。

　　AUSM＋格式是 M‐S Liou 于 1995 年提出的，该格式分别分裂对流通量和压力项，兼具 Roe 格式的间断高分辨率和 Vanleer 格式的计算效率，并且克服了二者的缺点。AUSM＋格式的构造并不需要显式地给出系统的特征值和特征向量，且易于添加湍流、非平衡流等物理化学效应，比较适合定常 PNS 方程横向无粘通量的计算。然而，AUSM＋格式存在激波后过冲和壁面处的数值振荡等问题，为此 Kim 提出 AUSMPW 格式，通过在壁面附近和强激波处引入基于压力的权函数，抑制了格式在壁面附近的数值振荡和强激波处的"红玉"现象，保留了 AUSM＋格式的其他优点。

AUSMPW 格式定义数值通量为

$$\hat{\boldsymbol{F}}_{1/2} = \overline{Ma}_{\mathrm{L}}^{+} c_{1/2} \boldsymbol{\varphi}_{\mathrm{L}} + \overline{Ma}_{\mathrm{R}}^{-} c_{1/2} \boldsymbol{\varphi}_{\mathrm{R}} + P_{\mathrm{L}}^{+} \boldsymbol{P}_{\mathrm{L}} + P_{\mathrm{R}}^{-} \boldsymbol{P}_{\mathrm{R}} \qquad (3-29)$$

其中，$\boldsymbol{\varphi} = [\rho, \rho u, \rho v, \rho w, \rho H]^{\mathrm{T}}$，$\boldsymbol{P} = [0, p n_x, p n_y, p n_z, 0]^{\mathrm{T}}$，这里 n_x, n_y, n_z 为界面单位法向量，下标"1/2"表示界面平均值，"L"和"R"分别表示界面左右两侧的值，上标"＋"和"－"表示变量分裂后的迎风和逆风分量。

界面平均声速定义为左右声速的算术平均

$$c_{1/2} = (c_{\mathrm{L}} + c_{\mathrm{R}})/2 \qquad (3-30)$$

左右声速和马赫数定义为

$$c_{\mathrm{L/R}} = \sqrt{\gamma \frac{p_{\mathrm{L/R}}}{\rho_{\mathrm{L/R}}}}$$

$$Ma_{\mathrm{L/R}} = \frac{U_{\mathrm{L/R}}}{c_{1/2}} \qquad (3-31)$$

马赫数与压力分裂函数为

$$Ma^{\pm}|_{\beta} = \begin{cases} \pm \dfrac{1}{4}(Ma \pm 1)^2 \pm \beta (Ma^2 - 1)^2, & |Ma| \leqslant 1 \\[2mm] \dfrac{1}{2}(Ma \pm |Ma|), & |Ma| > 1 \end{cases} \qquad (3-32)$$

$$P^{\pm}|_{\alpha} = \begin{cases} \dfrac{1}{4}(Ma \pm 1)^2 (2 \mp Ma) \pm \alpha Ma (Ma^2 - 1)^2, & |Ma| \leqslant 1 \\[2mm] \dfrac{1}{2}[1 \pm \mathrm{sgn}(Ma)], & |Ma| > 1 \end{cases} \qquad (3-33)$$

式中　α, β ——马赫数与压力分裂函数的系数。

式 (3-29) 中的 $\overline{Ma}_{\mathrm{L}}^{+}$ 和 $\overline{Ma}_{\mathrm{R}}^{-}$ 定义为

若 $Ma_{1/2} \geqslant 0$

$$\overline{Ma}_{\mathrm{L}}^{+} = Ma_{\mathrm{L}}^{+}|_{\beta=1/8} + Ma_{\mathrm{R}}^{-}|_{\beta=1/8} - Ma_{\mathrm{R}}^{-}|_{\beta=1/8} \times \bar{\omega} \cdot (1 + f_{\mathrm{R}}) + (f_{\mathrm{L}} Ma_{\mathrm{L}}^{+}|_{\beta=1/8} + f_{\mathrm{R}} Ma_{\mathrm{R}}^{-}|_{\beta=1/8})$$

$$\overline{Ma}_{\mathrm{R}}^{-} = Ma_{\mathrm{R}}^{-}|_{\beta=1/8} \times \bar{\omega}(1 + f_{\mathrm{R}})$$

若 $Ma_{1/2} < 0$

$$\overline{Ma}_{\mathrm{L}}^{+} = Ma_{\mathrm{L}}^{+}|_{\beta=1/8} \times \bar{\omega}(1 + f_{\mathrm{L}})$$

$$\overline{Ma}_{\mathrm{R}}^{-} = Ma_{\mathrm{L}}^{+}|_{\beta=1/8} + Ma_{\mathrm{R}}^{-}|_{\beta=1/8} - Ma_{\mathrm{L}}^{+}|_{\beta=1/8} \times \bar{\omega} \cdot (1 + f_{\mathrm{L}}) + (f_{\mathrm{L}} Ma_{\mathrm{L}}^{+}|_{\beta=1/8} + f_{\mathrm{R}} Ma_{\mathrm{R}}^{-}|_{\beta=1/8})$$

（3-34）

式中，$\bar{\omega}$ 为压力权函数，其在均匀流区取值接近 0，强激波处取值接近 1，主要作用是抑制强激波处数值振荡，具体定义为

$$\bar{\omega}(p_L, p_R) = 1 - \min\left(\frac{p_L}{p_R}, \frac{p_R}{p_L}\right)^3 \tag{3-35}$$

f 为壁面处压力权函数，其作用类似于限制器，可对 $p_{L/R}/p_{1/2} - 1$ 的值进行限制，避免该项在压力梯度过大的区域发挥作用，并减小亚声速区内的耗散，具体定义为

$$f_{L/R} = \begin{cases} \left(\dfrac{p_{L/R}}{p_{1/2}} - 1\right) pl(p_{L,R}, p_{R,L}) \left|Ma_{L,R}^{\pm}\right|_{\beta=0} \times \min\left[1, \left(\dfrac{|\boldsymbol{V}_{L,R}|}{c_{1/2}}\right)^{0.25}\right] & |Ma_{L,R}| \leqslant 1 \\ 0 & |Ma_{L,R}| > 1 \end{cases} \tag{3-36}$$

其中，$\boldsymbol{V} = (u, v, w)$ 为速度矢量

$$pl(x, y) = \begin{cases} 4\min\left(\dfrac{x}{y}, \dfrac{y}{x}\right) - 3 & \dfrac{3}{4} \leqslant \min\left(\dfrac{x}{y}, \dfrac{y}{x}\right) < 1 \\ 0 & 0 \leqslant \min\left(\dfrac{x}{y}, \dfrac{y}{x}\right) < \dfrac{3}{4} \end{cases}$$

$$p_{1/2} = P_L^+\big|_{\alpha=3/16} p_L + P_R^-\big|_{\alpha=3/16} p_R$$

3.3.2.3　二阶精度格式

前述 Roe 格式与 AUSMPW 格式若界面左右两侧值直接取单元中心处的值，则格式精度只有一阶，为使横向无粘通量计算格式达到 2 阶精度，本文采用 MUSCL 插值并使用 van Albada 限制器抑制振荡，插值变量为原始变量。以变量 p 的重构为例，界面左右两侧的高阶重构值 $p_{j+1/2, L}$ 和 $p_{j+1/2, R}$ 由下式给出

$$p_{j+1/2, L} = p_j + \left\{\frac{\psi}{4}\left[(1 - K\psi)\Delta_- + (1 + K\psi)\Delta_+\right]\right\}_j$$

$$p_{j+1/2, R} = p_{j+1} - \left\{\frac{\psi}{4}\left[(1 - K\psi)\Delta_+ + (1 + K\psi)\Delta_-\right]\right\}_{j+1} \tag{3-37}$$

Δ_+ 和 Δ_- 分别为前差和后差算子，参数 K 决定了格式精度

$$K = \begin{cases} -1 & \text{上风格式} \\ 0 & \text{Fromm 格式} \\ 1/3 & \text{三阶偏上风格式} \\ 1 & \text{三点中心差分格式} \end{cases}$$

ψ 为限制器，van Albada 限制器的形式为

$$\psi_j = \frac{2\Delta_+ \Delta_- + \varepsilon}{(\Delta_+)^2 + (\Delta_-)^2 + \varepsilon}$$

3.3.3　粘性通量离散方法

PNS 方程不包含 ξ 方向的粘性通量，求解时只需计算 η 和 ζ 方向的粘性通量。粘性通量离散会用到单元界面中心点处的 u，v，w，T 等变量的梯度，这里采用 Gauss 定理计算。首先构造包围界面的控制单元，可从界面两侧单元各取一半构造。这样，界面中心相当于是新构造的控制体的体中心，体中心处的变量 φ 的梯度可由下式计算

$$\nabla \varphi \approx \frac{1}{\mathrm{Vol}} \int_{\Omega} \nabla \varphi \, \mathrm{d}v = \frac{1}{\mathrm{Vol}} \int_{\partial \Omega} \varphi \boldsymbol{n} \, \mathrm{d}s \approx \frac{1}{\mathrm{Vol}} \sum_{i=\xi,\eta,\zeta} \varphi_i S_i \boldsymbol{n}_i \tag{3-38}$$

式中　S_i，$\boldsymbol{n}_i$——控制体第 i 个面的面积和外法矢量；

　　　φ_i——变量 φ 在界面中心处的值。

PNS 方程对粘性通量进行了抛物化处理，变量梯度计算时不能直接采用式（3-38），需忽略 ξ 方向两个面的贡献

$$\nabla \varphi \approx \frac{1}{\mathrm{Vol}} \int_{\Omega} \nabla \varphi \, \mathrm{d}v = \frac{1}{\mathrm{Vol}} \int_{\partial \Omega} \varphi \boldsymbol{n} \, \mathrm{d}s \approx \frac{1}{\mathrm{Vol}} \sum_{i=\eta,\zeta} \varphi_i S_i \boldsymbol{n}_i \tag{3-39}$$

界面处的粘性系数和热传导系数由左右单元的加权平均得到，其他需在界面处取值的变量采用类似的方法处理。

3.3.4　流向积分方法

目前大部分 PNS 方程空间推进求解方法均采用隐式推进流向积分方法，也有一些程序出于并行计算方面的考虑采用显式方法，但从空间推进求解的稳定性方面考虑，隐式方法明显优于显式方法。本书实现的 PNS 方程空间推进求解程序采用 LU-SGS 隐式方法进行流向积分，在给出 LU-SGS 隐式方法之前首先介绍 Vigneron 等人提出的 ADI 方法。

隐式流向积分方法中横向通量（无粘通量或粘性通量）在 $n+1$ 层计算，该层变量是未知的，需要进行线性化处理，假设 $\boldsymbol{H}_{m+1/2}^{n+1}$ 代表 η 或 ζ 方向单元界面上的通量，这里为简便起见在下标中略去了第三个方向的标记。在隐式方法推导中横向无粘通量采用一阶精度方法计算，这样无粘通量仅与界面左右两侧的单元变量有关，若粘性通量计算采用薄层近似，也仅与界面左右两侧变量有关。因此，无论对粘性通量还是无粘通量，$\boldsymbol{H}_{m+1/2}^{n+1}$ 均可写为 $\boldsymbol{H}_{m+1/2}^{n+1} = \boldsymbol{H}_{m+1/2}^{n+1}(\boldsymbol{Q}_m, \boldsymbol{Q}_{m+1})$。将 $\boldsymbol{H}_{m+1/2}^{n+1}$ 在 n 层展开，有

$$\boldsymbol{H}_{m+1/2}^{n+1} = \boldsymbol{H}_{m+1/2}^{n} + \frac{\partial \boldsymbol{H}_{m+1/2}^{n}}{\partial \boldsymbol{Q}_m} \Delta \boldsymbol{Q}_m^n + \frac{\partial \boldsymbol{H}_{m+1/2}^{n}}{\partial \boldsymbol{Q}_{m+1}} \Delta \boldsymbol{Q}_{m+1}^n \tag{3-40}$$

利用式（3-40）对所有横向通量进行线性化处理后，可得如下线性系统

$$\left\{ \hat{\boldsymbol{A}}_{j,k}^{*,n} + \delta_\eta \left[\frac{\partial (\hat{\boldsymbol{F}} - \hat{\boldsymbol{F}}_v^*)}{\partial \boldsymbol{Q}} \right] + \delta_\zeta \left(\frac{\partial (\hat{\boldsymbol{G}} - \hat{\boldsymbol{G}}_v^*)}{\partial \boldsymbol{Q}} \right) \right\} \Delta \boldsymbol{Q}^n = \boldsymbol{RHS} \tag{3-41}$$

其中

$$\boldsymbol{RHS} = -(\hat{\boldsymbol{A}}_{j,k}^{*,n} - \hat{\boldsymbol{A}}_{j,k}^{*,n-1}) \boldsymbol{Q}_{j,k}^n -$$

$$[(\hat{\boldsymbol{F}} - \hat{\boldsymbol{F}}_v^*)_{j+1/2,k}^n - (\hat{\boldsymbol{F}} - \hat{\boldsymbol{F}}_v^*)_{j-1/2,k}^n + (\hat{\boldsymbol{G}} - \hat{\boldsymbol{G}}_v^*)_{j,k+1/2}^n - (\hat{\boldsymbol{G}} - \hat{\boldsymbol{G}}_v^*)_{j,k-1/2}^n]$$

$$\delta_\kappa \frac{\partial \boldsymbol{H}}{\partial \boldsymbol{Q}} = \frac{\partial \boldsymbol{H}_{m+1/2}}{\partial \boldsymbol{Q}} - \frac{\partial \boldsymbol{H}_{m-1/2}}{\partial \boldsymbol{Q}}$$

$$\frac{\partial \boldsymbol{H}_{m+1/2}}{\partial \boldsymbol{Q}} \Delta \boldsymbol{Q}^n = \frac{\partial \boldsymbol{H}_{m+1/2}^n}{\partial \boldsymbol{Q}_m} \Delta \boldsymbol{Q}_m^n + \frac{\partial \boldsymbol{H}_{m+1/2}^n}{\partial \boldsymbol{Q}_{m+1}} \Delta \boldsymbol{Q}_{m+1}^n$$

3.3.4.1　ADI 方法

对式（3-41）的左端项进行近似因子分解，可在 η 和 ζ 方向获得两个三对角方程系

统，ADI 方法求解的方程为

$$\left[\hat{\boldsymbol{A}}_{j,k}^{*,n} + \delta_\eta\left(\frac{\partial(\hat{\boldsymbol{F}} - \hat{\boldsymbol{F}}_v^*)}{\partial \boldsymbol{Q}}\right)\right][\hat{\boldsymbol{A}}_{j,k}^{*,n}]^{-1}\left[\hat{\boldsymbol{A}}_{j,k}^{*,n} + \delta_\zeta\left(\frac{\partial(\hat{\boldsymbol{G}} - \hat{\boldsymbol{G}}_v^*)}{\partial \boldsymbol{Q}}\right)\right]\Delta\boldsymbol{Q}^n = \boldsymbol{RHS}$$

$$(3-42)$$

式（3-42）求解过程为

$$\left[\hat{\boldsymbol{A}}_{j,k}^{*,n} + \delta_\eta\left(\frac{\partial(\hat{\boldsymbol{F}} - \hat{\boldsymbol{F}}_v^*)}{\partial \boldsymbol{Q}}\right)\right]\Delta\boldsymbol{Q}^{*n} = \boldsymbol{RHS} \qquad (3-43)$$

$$\left[\hat{\boldsymbol{A}}_{j,k}^{*,n} + \delta_\zeta\left(\frac{\partial(\hat{\boldsymbol{G}} - \hat{\boldsymbol{G}}_v^*)}{\partial \boldsymbol{Q}}\right)\right]\Delta\boldsymbol{Q}^n = [\hat{\boldsymbol{A}}_{j,k}^{*,n}]\Delta\boldsymbol{Q}^{*n} \qquad (3-44)$$

3.3.4.2　LU-SGS 方法

Yoon 和 Jameson 提出的 LU-SGS 方法具有良好的稳定性，在时间相关法 CFD 方法中获得广泛应用。目前，该方法也已经扩展到 PNS 方程空间推进求解中[13-14]，并取得了令人满意的计算效果，下面详细介绍用于 PNS 方程空间推进求解的 LU-SGS 方法。

以 η 方向通量的线性化为例进行说明，定义无粘通量 Jacobian 矩阵

$$\frac{\partial\hat{\boldsymbol{F}}_{j+1/2,k}^n}{\partial\boldsymbol{Q}_{j,k}} = \hat{\boldsymbol{B}}_{j,k}^+ \qquad \frac{\partial\hat{\boldsymbol{F}}_{j+1/2,k}^n}{\partial\boldsymbol{Q}_{j+1,k}} = \hat{\boldsymbol{B}}_{j+1,k}^-$$

精确计算 $\hat{\boldsymbol{B}}^+$ 和 $\hat{\boldsymbol{B}}^-$ 较为烦琐，一般不采用。为保证矩阵都是对角占优的，且 $\hat{\boldsymbol{B}}^+$ 特征值非负，$\hat{\boldsymbol{B}}^-$ 的特征值非正，构造如下的近似 Jacobian 矩阵

$$\hat{\boldsymbol{B}}_{j,k}^\pm = \frac{1}{2}[\hat{\boldsymbol{B}}_{j,k} \pm (r_{\hat{\boldsymbol{B}}})_{j,k}\boldsymbol{I}]$$

其中，无粘通量 Jacobian 矩阵谱半径为

$$(r_{\hat{\boldsymbol{B}}})_{j,k} = \kappa\max(|\lambda(\hat{\boldsymbol{B}}_{j,k})|)$$

此处 $\lambda(\hat{\boldsymbol{B}})$ 表示 $\hat{\boldsymbol{B}}$ 的特征值，κ 为增进稳定性的参数。为减小计算量，粘性通量 Jacobian 矩阵采用近似隐式处理，对无粘通量 Jacobian 矩阵谱半径进行修正

$$(r_{\hat{\boldsymbol{B}}})_{j,k} = \kappa\max(|\lambda(\hat{\boldsymbol{B}}_{j,k})|) + \frac{2\mu S^2}{\rho\,\mathrm{Vol}Re_\infty}$$

式中　S——界面面积；

Vol——界面包围的单元体积。

对于 ζ 方向的通量线性化可采用类似的方法处理。引入上述记号后，式（3-41）可以展开为

$$\{\hat{\boldsymbol{A}}_{j,k}^{*,n} + [(r_{\hat{\boldsymbol{B}}})_{j,k} + (r_{\hat{\boldsymbol{C}}})_{j,k}]\boldsymbol{I} + \hat{\boldsymbol{B}}_{j+1,k}^- - \hat{\boldsymbol{B}}_{j-1,k}^+ + \hat{\boldsymbol{C}}_{j,k+1}^- - \hat{\boldsymbol{C}}_{j,k-1}^+\}\Delta\boldsymbol{Q}^n = \boldsymbol{RHS} \quad (3-45)$$

式（3-45）可进一步整理为

$$(\boldsymbol{D} + \boldsymbol{L})\boldsymbol{D}^{-1}(\boldsymbol{D} + \boldsymbol{U})\Delta\boldsymbol{Q}^n = \boldsymbol{RHS} \qquad (3-46)$$

其中

$$D = \hat{A}_{j,k}^{*,n} + [(r_{\hat{B}})_{j,k} + (r_{\hat{C}})_{j,k}] I$$

$$L = -\hat{B}_{j-1,k}^{+} - \hat{C}_{j,k-1}^{+}$$

$$U = \hat{B}_{j+1,k}^{-} + \hat{C}_{j,k+1}^{-}$$

式（3-46）可通过两步求解，具体过程为

$$(D + L) \Delta Q^{*n} = RHS$$

$$(D + U) \Delta Q^{n} = D \Delta Q^{*n}$$

因 D 矩阵并不是对角阵，需要对其求逆，这是与时间相关法 LU-SGS 算法不同的地方。

3.4　PNS 方程方法准确性及高效性验证

为了对 PNS 方程空间推进求解算法的准确性和高效性进行验证，计算了超声速平板流动、不同攻角的尖锥流动、类航天飞机和类 HTV-2 外形的绕流问题。如无特别说明，算例中横向无粘通量计算采用 AUSMPW 格式，隐式方法为 LU-SGS 方法。

3.4.1　超声速平板流动

计算状态：来流马赫数 $Ma_\infty = 2$，来流温度 $T_\infty = 221.6$ K，壁温 $T_w = 221.6$ K，单位雷诺数 $Re = 1.65 \times 10^6 /\mathrm{m}$。平板长度为 1 m，使用的网格数为 265×121，壁面网格距离为 0.01 mm（如图 3-3 所示）。

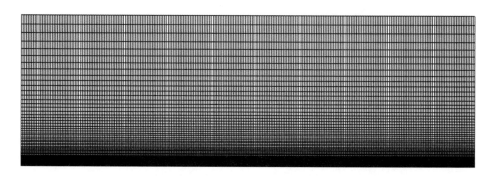

图 3-3　平板计算网格

平板算例较为简单，通过边界层内温度型、速度型、摩擦系数分布和热流系数分布等流动特征的对比分析，可以对程序实现进行初步的验证。计算初场采用来流条件，初始计算步长取较小值并在一定距离内保持不变，然后逐步增大计算步长到最大允许步长，直到计算结束。同时，计算结果与 NASA UPS 结果和 N-S 方程结果进行了详细的比对。本算例 PNS 方程空间推进方法计算用时约为 23 s，计算效率远远高于时间相关法程序。

图 3-4 和图 3-5 分别给出的是 $x = 0.9144$ m 处的边界层内温度型与速度型不同计算方法结果的对比，当前的 PNS 方程结果与 NASA UPS 结果和 N-S 方程结果几乎完全一致。

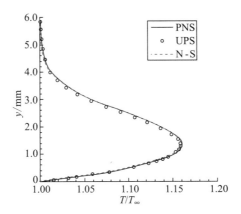

图 3 - 4　$x = 0.914\ 4$ m 温度型不同计算方法结果对比

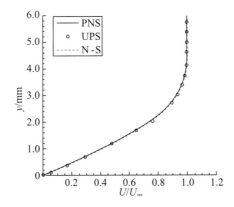

图 3 - 5　$x = 0.914\ 4$ m 速度型不同计算方法结果对比

图 3 - 6 和图 3 - 7 分别给出的是壁面摩擦阻力系数分布和壁面热流系数分布不同计算方法结果的对比，可以看到，两种流向积分方法差别很小。壁面摩擦阻力系数和热流系数分别按下式计算

$$C_f = \frac{\mu_w}{Re_\infty} \frac{\partial u}{\partial n}$$

$$C_h = \frac{\mu_w}{PrRe_\infty} \frac{1}{\frac{1}{2}(\gamma - 1)Ma_\infty^2 + 1 - T_w} \frac{\partial T}{\partial n}$$

图 3 - 8～图 3 - 11 给出了网格尺度和壁面第一层网格间距对摩擦阻力系数和热流系数的影响。可以看到，流向网格数对 PNS 方程空间推进程序的计算精度没有影响，影响精度的是空间推进步长，因此在网格收敛性研究中未对流向网格加密。随法向网格加密，计算结果逐渐收敛，法向网格数达到 121 时热流系数与摩擦阻力系数随网格再加密已经保持不变。

从图 3 - 10 和图 3 - 11 中可以发现，热流系数的计算比摩擦阻力系数计算要求更密的壁面网格。

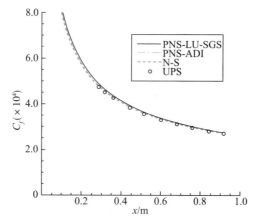

图 3-6　壁面摩擦阻力系数分布不同计算方法结果对比

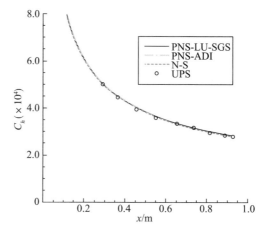

图 3-7　壁面热流系数分布不同计算方法结果对比

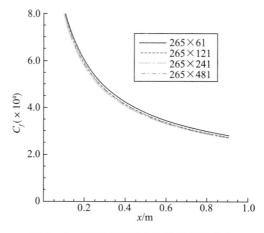

图 3-8　壁面摩擦阻力系数网格无关性

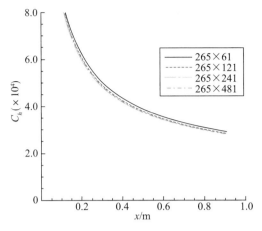

图 3 - 9　壁面热流系数网格无关性

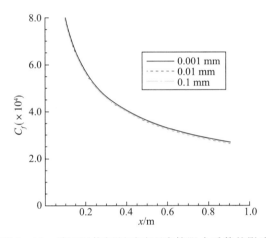

图 3 - 10　壁面网格间距对壁面摩擦阻力系数的影响

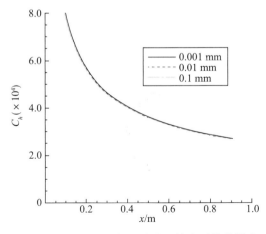

图 3 - 11　壁面网格间距对壁面热流系数的影响

3.4.2　尖锥流动

尖锥半锥角为 10°，总长 $L = 0.101\ 6\ \text{m}$。尖锥绕流在攻角增大到一定角度时会在横截面内发生流动分离，形成横向分离区，若攻角进一步增大流动分离将会产生内嵌激波。因此可见，大攻角尖锥绕流的横截面内流场结构十分复杂，可以充分检验 PNS 方程空间推进程序对横向流动分离和无粘/粘性流相互干扰效应的模拟能力。

来流条件：$Ma_\infty = 7.95$，$T_\infty = 55.39\ \text{K}$，$Re_\infty = 4.101 \times 10^6/\text{m}$，$T_w = 309.8\ \text{K}$。计算攻角有 0°、8°、12°、16°、20°和 24°，为了与时间相关法程序计算结果进行对比，攻角 8°、16°和 24°状态同时采用 N-S 方程程序进行了计算。主要对比数据为 Tracy 试验结果和 UPS[10] 程序计算结果。压力系数和热流系数定义为

$$C_p = \frac{p - p_\infty}{\dfrac{1}{2}\rho_\infty u_\infty^2}$$

$$C_h = \frac{q_w}{q_{w0}}$$

式中　　q_w ——相应攻角下的壁面热流值；

　　　　q_{w0} ——0°攻角下对应点处的壁面热流值。

PNS 方程空间推进程序计算网格在周向布置了 61 个点，壁面法向布置了 81 个点，网格总数为 $61 \times 81 \times 61$。

图 3-12 给出了 24°攻角的横截面计算网格。初始计算条件给定为来流参数，PNS 方程程序从圆锥顶点开始计算，到 $x = L$ 截面终止，为了较好地发展出边界层和激波层，PNS 方程程序初始计算步长较小，推进一定步数后，步长开始逐步增大到指定值，并保持不变直到计算完成。

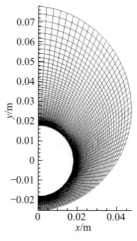

图 3-12　攻角 24°工况横截面计算网格

　　图 3 - 13～图 3 - 15 分别对比了 PNS 方程程序和 N - S 方程程序在 8°、16°和 24°攻角时 $x = L$ 截面的马赫数分布，迎风面 PNS 方程程序计算的激波位置与 N - S 方程程序符合得很好，背风面马赫数分布与 N - S 方程程序结果略有差别，反映了 PNS 方程对粘性项计算的不足，但这个差别很小。尤其值得注意的是，PNS 方程程序成功捕获了大攻角流动情形下的横向流动分离，准确预测了大攻角情形下的复杂流动结构。

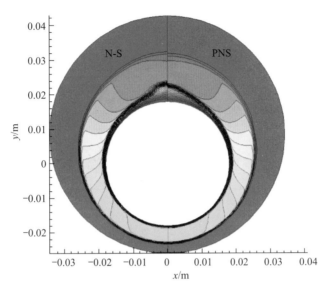

图 3 - 13　攻角 8° $x = L$ 截面马赫数分布云图

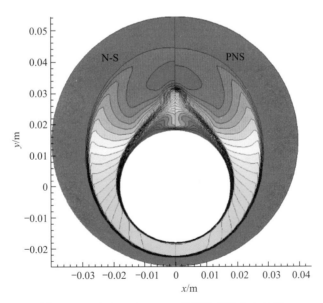

图 3 - 14　攻角 16° $x = L$ 截面马赫数分布云图

　　图 3 - 16～图 3 - 20 分别给出了 8°、12°、16°、20°和 24°攻角，$x = L$ 截面的压力系数分布，周向角度从圆锥迎风面开始计算。所有攻角下，PNS 方程程序计算得到的压力系数

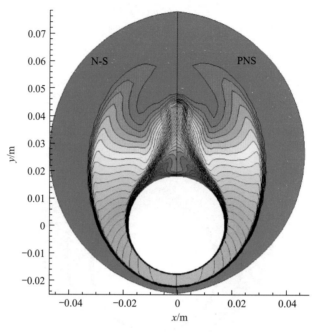

图 3-15　攻角 24° $x = L$ 截面马赫数分布云图

与 N-S 方程结果或 UPS 结果以及试验数据都符合得很好，只是在迎风面所有计算结果（包括本书的 PNS 程序、UPS 程序和 N-S 程序）都比试验值略低，文献 [10] 认为这个差异可能是由试验测量不够准确造成的。图 3-21～图 3-23 给出了不同来流攻角下的 $x = L$ 截面的壁面热流系数分布，PNS 方程结果与 N-S 方程结果和试验数据整体符合较好，但是 PNS 方程预测的迎风面峰值热流比其他两种结果偏低。

本算例网格总数约为 30 万，横截面网格数约为 5 000，PNS 方程空间推进程序计算单个工况用时约 1 min 17 s，与 N-S 方程程序计算相比相差约两个量级。

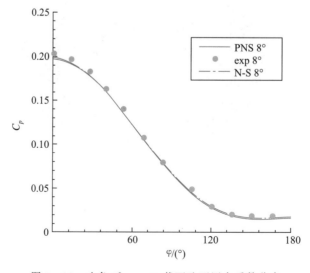

图 3-16　攻角 8° $x = L$ 截面壁面压力系数分布

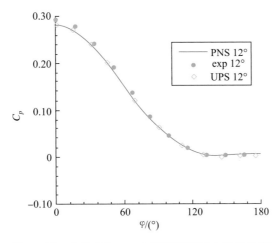

图 3 - 17　攻角 $12°$ $x = L$ 截面壁面压力系数分布

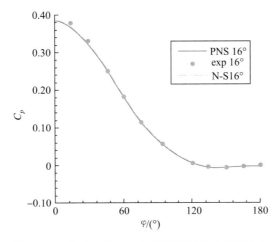

图 3 - 18　攻角 $16°$ $x = L$ 截面壁面压力系数分布

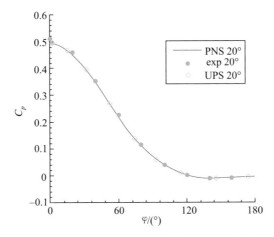

图 3 - 19　攻角 $20°$ $x = L$ 截面壁面压力系数分布

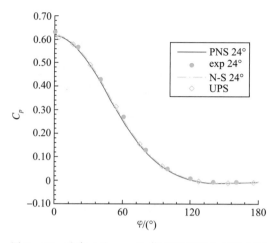

图 3 - 20　攻角 $24°$ $x = L$ 截面壁面压力系数分布

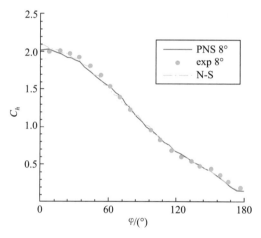

图 3 - 21　攻角 $8°$ $x = L$ 截面壁面热流系数分布

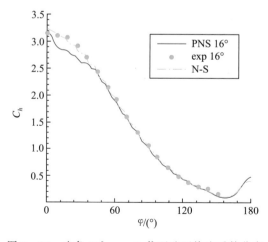

图 3 - 22　攻角 $16°$ $x = L$ 截面壁面热流系数分布

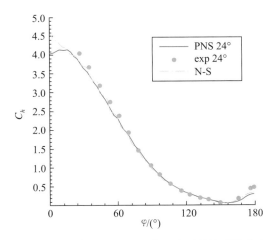

图 3 - 23　攻角 $24°$ $x = L$ 截面壁面热流系数分布

3.4.3　类航天飞机绕流

类航天飞机构型几何外形如图 3 - 24 所示。计算来流条件如下：$Ma_\infty = 4.96$，$T_\infty =$ 63.5 K，$Re_\infty = 3.1 \times 10^7 / m$，$T_w = 300$ K。侧滑角 $\beta = 0$，参考面积 $S_r = 0.012\,816\,28$ m^2，参考长度 $L_r = 0.29$ m，质心系数为 $x_{cg} = 0.62$，$y_{cg} = 0$，$z_{cg} = 0$。试验数据取自文献[15]，试验工况为：$Ma_\infty = 4.97$，$Re_\infty = 0.9 \times 10^7 / m$。

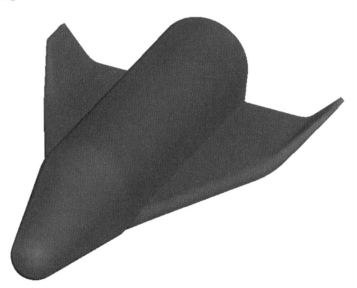

图 3 - 24　类航天飞机构型几何外形

计算网格如图 3 - 25 所示，头部网格数为 $16 \times 101 \times 91$，身部网格数为 $84 \times 101 \times 91$。空间推进程序不能模拟钝头体头部大面积亚声速区，因此将整个计算区域在 $x =$ 0.015 m 处分成头部和身部两个部分，头部流场采用 N - S 方程时间相关法程序计算。PNS 方程空间推进方法程序从 $x = 0.015$ m 处开始计算，初始截面流场参数由 N - S 方程

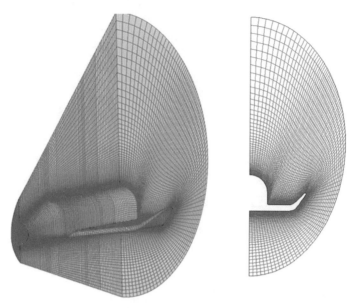

图 3 - 25　计算网格

程序提供。

　　图 3 - 26 给出了 N - S 方程计算向 PNS 方程计算传递的 5°攻角下计算初始截面流场结果。

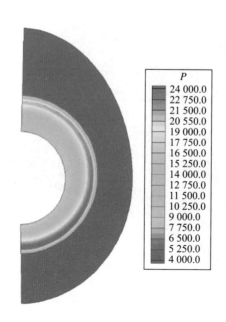

图 3 - 26　PNS 方程计算初始截面压力分布

　　图 3 - 27～图 3 - 29 分别给出了 5°、15°和 20°攻角的马赫数分布云图，图 3 - 30 给出了 20°攻角下，$x = 0.29$ m 横截面马赫数分布云图和流线分布。可以看到，翼尖激波干扰、

机翼和机身交汇处以及机身背风面流动分离等复杂的流动结构，PNS 方程程序均能够很好地捕获和分辨，再次证明了 PNS 方程程序对大攻角下的横向流动分离的良好模拟能力。

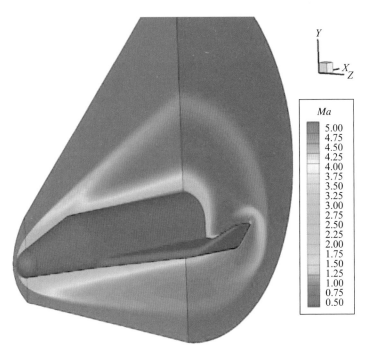

图 3 - 27　攻角 5°马赫数分布云图

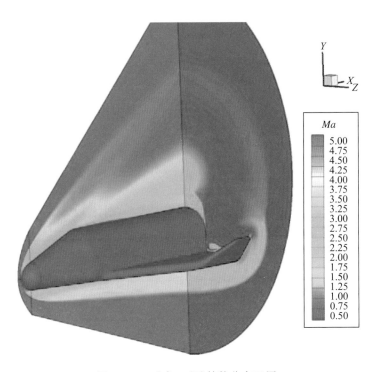

图 3 - 28　攻角 15°马赫数分布云图

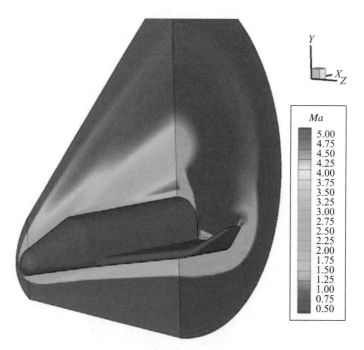

图 3 - 29　攻角 20°马赫数分布云图

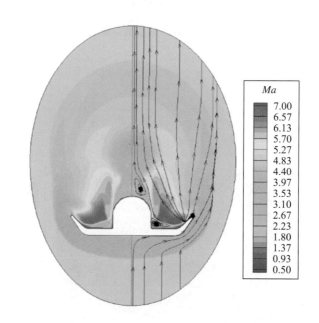

图 3 - 30　$x = 0.29$ m 横截面马赫数分布云图及流线分布（$\alpha = 20°$）

图 3 - 31～图 3 - 34 分别给出了轴向力系数、法向力系数、相对于质心的俯仰力矩系数和纵向压力中心与 N - S 方程计算结果和试验数据的对比情况，其中 N - S 方程计算数据由软件 CACFD 获得。轴向力系数、法向力系数、俯仰力矩系数和纵向压力中心位置

PNS 方程计算结果与 N-S 方程计算结果符合得很好。负攻角时 PNS 方程计算质心俯仰力矩系数略微低于 N-S 方程和试验结果，绝对值略微偏大，也就是预测了略微偏大的低头力矩。此外，随着攻角增大，PNS 方程计算结果与 N-S 方程计算结果一致，与试验结果相差略有增大，但总体上差异较小。

本算例总网格数约为 77 万，横截面网格数约为 9 000，单个状态 PNS 方程空间推进程序计算用时约 11 min，与 N-S 方程程序计算相比相差约两个量级。

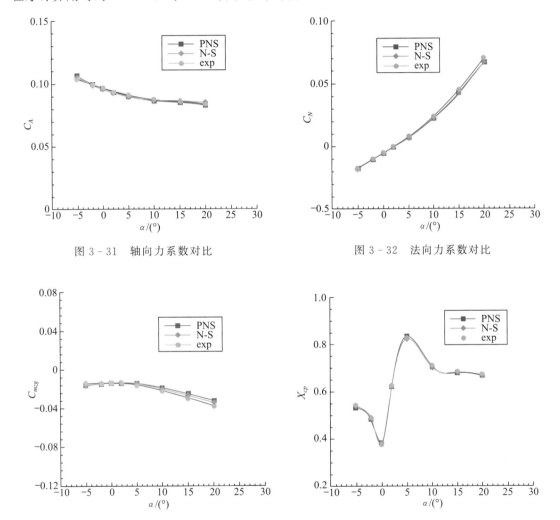

图 3-31　轴向力系数对比　　　　　　　　　　　图 3-32　法向力系数对比

图 3-33　相对于质心的俯仰力矩系数对比　　　　图 3-34　纵向压力中心系数对比

3.4.4　类 HTV-2 飞行器流动

HTV-2 是典型的临近空间飞行器，其扁平的外形特征也十分适合 PNS 方程方法的应用。考虑到前面算例计算工况未涵盖高空、高马赫数段的模拟，本节对类 HTV-2 飞行器外形进行了 60 km 高度，马赫数为 20 工况的 PNS 方程空间推进方法的模拟研究。

这里计算的类 HTV-2 飞行器外形如图 3-35 所示，长度为 3.6 m，参考面积为飞行器底部面积，力矩参考点为原点。计算工况为 $Ma_\infty = 20$，$H = 60\ \text{km}$，壁面绝热。该飞行工况下，以飞行器长度为参考量的雷诺数约为 4×10^5，飞行器表面边界层较厚，需要在较大区域内进行流向压力梯度分裂处理，可能会对 PNS 方程的模拟精度造成不利影响。这里采用的对比数据为 N-S 方程 CFD 软件计算结果。

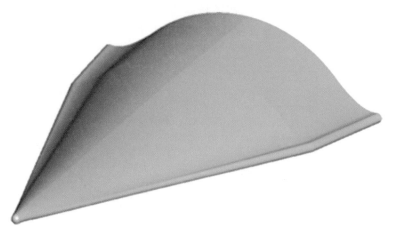

图 3-35　类 HTV-2 外形

该飞行器外形是钝头体外形，头部流场采用 N-S 方程方法计算，为 PNS 方程空间推进方法提供初始流场数据。计算网格如图 3-36 所示，其中头部计算网格数为 $21 \times 61 \times 76$，身部网格为 $71 \times 61 \times 76$。PNS 方程程序初始计算步长取较小值，然后逐步增大到 $3.6 \times 10^{-3}\ \text{m}$，并保持到计算结束。该算例横截面网格数为 4 636，单个状态计算用时约 4 min。

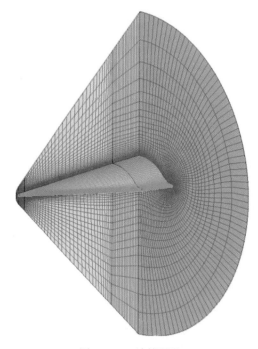

图 3-36　计算网格

　　图 3-37 给出的是 10°攻角下马赫数与压力分布云图。此类飞行器最大的特征是上下表面压差大、升力高，同时其扁平的外形也极大地减小了波阻，具备较高的升阻比。从图中可以看到，下表面强激波与飞行器前缘相距较近，很大程度上减小了下表面高压区向上表面低压区的气流泄漏，保持了上下表面间较高的压力差。马赫数分布云图显示飞行器背风面的亚声速区较厚，与较低雷诺数的特征相符。图 3-38 给出的是 $x = 3.5$ m 处不同计算方法的马赫数分布云图对比情况，N-S 方程结果与 PNS 方程结果差异很小。

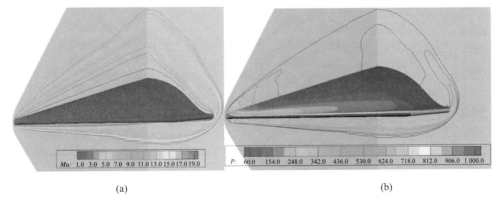

(a)　　　　　　　　　　　　　　　　　　　　(b)

图 3-37　攻角 10°马赫数与压力分布云图

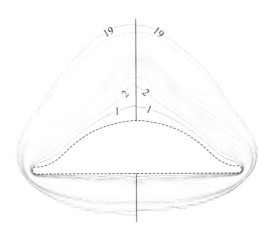

图 3-38　$x = 3.5$ m 横截面马赫数分布云图对比（左：N-S 方程，右：PNS 方程）

　　图 3-39 给出的是 $Ma_\infty = 20$，高度 60 km 的气动力系数对比情况，可以看到，PNS 方程的轴向力系数比 N-S 方程结果偏高，二者相差稍大，最大差值出现在 30°攻角上，相差约 6%。其他气动力系数，PNS 方程结果与 N-S 方程结果差异较小，符合较好。具体地说，法向力系数与俯仰力矩系数 PNS 方程结果稍高于 N-S 方程结果，且随着攻角增大，差值略有增大的趋势；纵向压力中心系数 PNS 方程结果与 N-S 方程结果除零攻角外符合较好，随着攻角增大，二者差值在减小。我们认为，该算例轴向力系数 PNS 方程结果与 N-S 方程结果的差异主要是由高空低雷诺数效应引起的。低雷诺数下，飞行器表面边界层较厚，数值模拟结果对数值方法特别是粘性项处理方法更加敏感。图 3-40 给出了

轴向力系数无粘与粘性分量不同计算方法的对比情况，PNS 方程与 N - S 方程的无粘轴向力系数符合很好，轴向力系数的差异主要体现在粘性分量上。

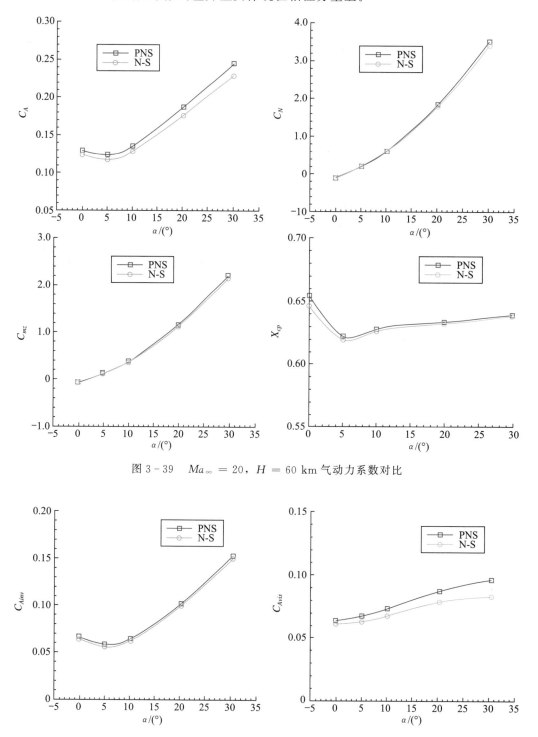

图 3 - 39　$Ma_\infty = 20$，$H = 60$ km 气动力系数对比

图 3 - 40　轴向力系数无粘与粘性分量对比

　　为了考察高度的影响，计算了 $Ma_\infty = 20$，高度 20 km 的工况，此时以飞行器长度为参考量的雷诺数在 10^8 左右。PNS 方程与 N-S 方程的计算结果在图 3-41 中给出，可以看到，两种方法的轴向力系数差异大大减小。从 60 km 高度和 20 km 高度的计算结果可以发现，高空低雷诺数的轴向力系数不同计算方法的差异较大，这种差异不仅仅是 PNS 方程粘性项简化引起的，它还与数值处理方法相关。

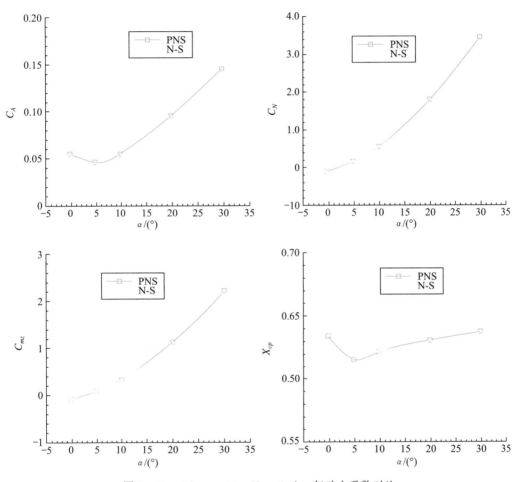

图 3-41　$Ma_\infty = 20$，$H = 20$ km 气动力系数对比

参 考 文 献

［1］ WADAWADIGI G, TANNEHILL J C. Three – dimensional computation of the integrated aerodynamic and propulsive flowfields of a generic hypersonic space plane ［R］. 1994, AIAA 94 – 0633.

［2］ WAGNER B, BENNETT J, MIFSUD M, SHAW S. Verification and validation of the IMPNS flow solver using the X – 15 flight vehicle ［R］. 2006, AIAA 2006 – 3870.

［3］ COCKRELL Jr C E, ENGELUND W C, FRENDI A. Integrated aeropropulsive computational fluid dynamics methodology for the Hyper – X flight experiment ［J］. Journal of spacecraft and rockets, 2001, 38 (6): 836 – 843.

［4］ LUBARD S C, HELLIWELL W S, Calculation of the flow on a cone at high angle of attack ［R］. 1973, R&D Associates Technical Report, RDA – TR – 150.

［5］ RUBIN S G, LIN T C. Numerical methods for two – and three – dimensional viscous flow problems: application to hypersonic leading edge equations ［R］. 1971, Polytechnic Institute of Brooklyn, PIBAL Report 71 – 8.

［6］ 傅德薰, 等. 流体力学数值模拟 ［M］. 北京: 国防工业出版社, 1993.

［7］ VIGNERON Y C, RAKICH J V, TANNEHILL J C. Calculation of supersonic viscous flow over delta wings with sharp subsonic leading edges ［R］. 1978, AIAA 78 – 1137.

［8］ THOMPSON D S, NOACK R W. Theoretical and numerical study of departure behavior in PNS solutions ［R］. 1987, AIAA 87 – 1122.

［9］ TANNEHILL J C, ANDERSON D A, PLETCHER R H. Computational fluid mechanics and heat transfer, second edition ［M］. Taylor & Francis, 1997.

［10］ LAWRENCE S L. Application of an upwind algorithm to the parabolized Navier – Stokes equations ［D］. Iowa State University, 1987.

［11］ KIM K H, LEE J H, RHO O H. An improvement of AUSM schemes by introducing the pressure – based weight functions ［J］. Computers & Fluids, 1998, 27 (3): 311 – 348.

［12］ KORTE J J, An explicit upwind algorithm for solving the parabolized Navier – Stokes equations ［R］. 1991, NASA Technical Paper, 3050.

［13］ 陈兵. 空间推进算法及超燃冲压发动机部件优化设计研究 ［D］. 北京: 北京航空航天大学, 2005.

［14］ CHEN B, WANG L, XU X. An implicit upwind parabolized Navier – Stokes code for chemically nonequilibrium flows, Acta Mechanica Sinica, 2013, 29 (1): 36 – 47.

［15］ 李素循. 典型外形高超声速流动特性 ［M］. 北京: 国防工业出版社, 2007.

第 4 章　CFD 程序验证与确认方法

目前，CFD 方法已经成为飞行器设计中气动力、气动热环境预测的主要手段，许多重要的设计决策正是基于 CFD 模拟的结果。随着对飞行器性能的要求越来越高，设计中对 CFD 模拟的准确性要求也越来越严格，在此情况下，如何科学地评估 CFD 模拟的准确性日益引起飞行器设计人员和 CFD 开发人员的关注。CFD 模拟准确性受网格、数值算法、边界条件等多种因素影响，特别是在高超声速流动模拟中，还需要在基本流动控制方程的基础上添加其他的物理化学模型，进一步增加了流动模拟过程的复杂性。CFD 自发展之初就从来没有忽视对计算结果准确性的评估，但这些评估工作缺乏系统性和严谨性，不能充分建立起对 CFD 模拟结果的信心。CFD 领域和其他数值模拟学科对如何评估数值模拟结果的可信度的思考和讨论从未间断，逐步形成了一套系统建立模拟结果可信度的科学的方法论，这就是数值模拟方法的验证与确认。

4.1　基本概念

数值模拟系统的验证与确认需要处理理论、模型和模拟之间的关系，包含的内容十分广泛，与之相关的一些基本概念经历了长期的发展过程。不同的研究领域和研究机构对验证与确认的理解不尽相同，但目前有逐渐统一的趋势。这里给出验证与确认的几种不同的定义以供参考，加深对验证与确认基本内涵和方法原理的认识。

计算流体动力学并不是最先对验证与确认相关概念和方法进行研究的学科，建模与模拟领域很早就对验证与确认的相关问题展开了探讨，并在 1979 年由计算机模拟协会（SCS）给出了验证与确认的首个定义。模型验证是证明计算模型在指定精度范围内可以代表概念模型的过程，模型确认是证明计算模型在其可应用范围内具有与预期应用相匹配的令人满意的精度的过程。

计算机模拟协会同时给出了验证与确认在整个建模与模拟过程中的作用（如图 4 - 1 所示），形象说明了验证与确认的整体思想框架。图中给出了两种模型，分别是概念模型和计算模型。概念模型通过对物理现实的分析和抽象而获得，包含了与物理现实相关的信息、建模假设和数学方程。计算模型是概念模型在计算机上的实现，即可运行的计算机程序。模型验证处理的是概念模型和计算模型间的关系，而模型确认处理的是计算模型与物理现实间的关系。更明确地说，验证关心的是计算模型是否忠实于概念模型，而确认关心的是计算模型是否忠实于物理现实。这种验证与确认的职能区分被 AIAA 和 ASME 等机构广泛采纳，构成了科学计算领域验证与确认理论的基础。图中还涉及模型认证的概念，它处理概念模型与物理现实间的关系，确定概念模型在预期应用范围内能否提供足够的与物理现实的一致性。概念模型的认证与计算模型的确认具有一定的相似性，不同的是计算模型的确认不仅与概念模型的准确性有关，而且与概念模型求解的准确性有关。

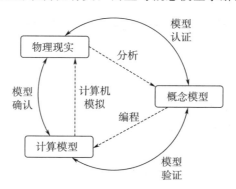

图 4 - 1　验证与确认在建模和模拟中的作用[1]

目前在计算流体动力学领域普遍使用的关于验证与确认的定义是 AIAA 在 1998 年发布的《CFD 模拟验证与确认指南》[2]中给出的，这个定义借鉴了美国国防部对验证与确认的定义，并符合图 4 - 1 描述的整体框架。AIAA 对验证与确认是这样定义的：

验证：确定模型的实现能够准确代表模型的概念描述并正确求解的过程。

确认：在模型的预期应用范围内，确定模型代表物理现实的准确程度的过程。

AIAA 在指南中指出，上述定义强调了"准确性"和"过程性"。验证与确认应该给出模拟结果准确性的定量的描述，而不能笼统地回答模拟结果好或不好。在验证中，模拟结果准确性的衡量是通过与标准结果对比进行的，这里的标准结果可以是数学方程的精确解或高度可靠的数值解。在确认中，计算结果的准确性通过与试验数据的对比获得。如何在验证与确认中进行数据对比是验证与确认研究的重要内容，同时也是验证与确认研究的难点，目前没有形成关于验证与确认的统一标准，很重要的原因也是在验证与确认的方法上尚未达成完全的共识。

验证与确认的过程性意味着计算软件的验证与确认活动没有明确的终止节点，而是不断迭代演进持续进行的过程。计算软件在不断地添加新功能、修正错误、改变算法或进行其他修改，为保证程序变动的正确性，每次代码修改都应该进行验证与确认。此外，计算软件的应用环境和领域十分宽泛，不可能在有限的验证与确认实例中证明软件具有一致的准确性。事实上，验证与确认活动是通过科学的手段不断搜集和整理实证数据，表明计算软件应用到与确认算例类似的实际问题中的正确性，对极大偏离确认工况的模拟准确性不会做出保证。因此，在计算软件应用到新领域之前，应该启动验证与确认过程，评估模拟结果的准确性。

关于验证与确认，Oberkampf[3]曾给出过两个直观的问题以反映其含义。验证回答的问题是："是否正确求解了数学方程？"；确认回答的问题是："是否求解了正确的数学方程？"。不过 Oberkampf 同时指出，关于确认的提问其实并不严谨，对于复杂的物理问题而言，很难用正确与不正确来评价相应的数学方程也就是物理模型，在一定精度范围内物理模型可以给出令人满意的结果，但是如果提高精度要求，可能物理模型就不再适用。另一方面，在一定领域内物理模型是有效的，但在其他领域，物理模型可能会失效。

模拟结果准确性的评估与误差和不确定度紧密相关。AIAA 对误差定义为在建模和模拟过程的任何阶段或活动中，不是由知识缺乏引起的、可辨识的缺陷。误差定义的关键词是可辨识，这意味着存在公知的更准确的方法获得数据且该方法可执行。不确定度定义为在建模过程的任何阶段或活动中由知识缺乏引起的潜在的缺陷。不确定度产生的原因是"知识缺乏"，由于测量手段和理论发展的局限，现阶段对某些物理特性或参数不能准确把握，或者某些物理化学过程过于复杂很难确定其作用机理，这些都是造成知识缺乏的原因。不确定度的直观印象是"潜在"，模型的缺陷可能会对最终结果产生影响，也可能在最终结果中得不到体现。这个定义与测量和试验中广泛使用的概念是明显不同的，国际标准化组织给出的误差的定义是被测变量的测量值与真值之差，不确定度是与测量值相关的一个参数，它表征了被测变量可能值的散布。ASME V&V 10-2006[4] 采用了与 AIAA 类似的误差和不确定度定义，但 ASME V&V 20-2009[5] 认为，AIAA 和 ASME 指南虽然给出了误差和不确定度的定义，但并没有展示如何定量地进行计算及与试验数据的对比。因此，在 ASME V&V 20-2009 中采用了试验中使用的对误差和不确定度的定义，并给出了一套完整的验证与确认的实施标准。我们认为，AIAA 的定义对理解误差和不确定度产生的原因和特性有帮助，但难以指导具体量化方法的发展，而试验科学对误差和不确定度的定义更容易在实际操作中采用。

在验证活动中，需要发现并量化数值解中的误差。数值解误差有 5 类主要的来源，分别是空间离散误差、时间离散误差、迭代误差、舍入误差和编程错误。在确认活动中，需要发现并量化概念模型和计算模型中的误差和不确定度。概念模型中的误差和不确定度是由建模过程中施加的各种假设和简化引起的，而计算模型是概念模型在计算机上的实现，不仅包含概念模型中的误差和不确定度，还包含数学模型求解时引入的误差。因此，普遍认为确认中应该包括数值解误差的估计，并且验证应该先于确认开展。

Roache[6] 将验证进一步分为代码验证和解的验证。代码验证是确定计算机程序正确实现了数值算法并找出软件错误的过程。代码验证的主要活动是进行数值解与数学模型的标准解的对比，通过对比，查找并解决计算机程序中的问题，确保数值解的准确性和精度。解的验证，是在没有可供对比的数学模型的标准解的情况下，对数值解的误差进行估计的过程。代码验证面向的是代码，解的验证面向的是具体算例的数值解。对于是否将解的验证归入验证的范畴也存在一些争论，因为解的验证并不符合验证的基本逻辑。

因为验证与确认工作的高度复杂性，尽管对验证与确认的定义有逐渐统一的趋势，但就如何开展验证与确认仍没有取得共识。下面讨论的验证与确认的指导思想与方法是以我们对验证与确认的理解，对散见于各种文献资料的内容进行整理而得，希望对 CFD 程序的验证与确认活动的开展有一定的启发意义。

4.2　验证方法

将验证分为代码验证与解的验证分别讨论，鉴于解的验证的主要活动是进行数值解误差的估计，这里将解的验证也称为误差估计。

4.2.1 代码验证

代码验证是纯粹的数学问题，不涉及物理实际，它主要回答是否正确求解数学方程的问题。代码验证涉及两个主要的科学问题，一个是如何产生待求的数学方程的标准解，第二个是如何进行模拟结果与标准解的对比，以便更好地定位算法实现中的问题。首先讨论第二个问题，也就是验证标准制定的问题。

4.2.1.1 验证标准

最简单的代码验证是利用数值解的一些特征进行测试，如对称性测试、守恒性测试等，此类测试在精确解不存在的条件下也可进行，是进行代码初步验证的有力手段。

代码验证的另一种方法是利用数学方程的标准解与数值解的对比来验证代码的正确性。数学方程标准解可以是精确解、构造解和经过验证的数值解，其中构造解可以认为是一类特殊的精确解，满足经过修改的数学方程。通过数值解进行对比验证是传统的验证方法，但由于数值解并不是数学方程的精确解，一般只能进行初步的误差估计，发现一些严重影响计算结果精度的算法缺陷或代码错误，对于更隐蔽的问题难以发现。利用数学方程的精确解可以开展一些更严格的代码验证测试，如精度测试。

精度测试是最严格的代码验证测试，不仅要求估计出数值解的离散误差，而且要求离散误差随离散尺度减小而趋向于 0 的速度与理论分析一致，这里称离散误差实际收敛速度为观测精度，离散误差的理论收敛速度为理论精度。对比观测精度与理论精度的一致性是精度测试的主要内容。

在 CFD 数值模拟中，数值格式的理论精度是通过离散方程的截断误差分析获得的。对于相容的差分格式，当空间离散尺度 h 和时间离散尺度 τ 趋向于 0 时，截断误差也相应地趋向于 0，数值格式的理论精度代表了截断误差随离散尺度减小而趋向于 0 的速度。如果离散方程的解是收敛的，在一些简化假设条件下（线性，均匀网格），离散方程的解的误差与截断误差是成比例的，通常就以截断误差分析获得的理论精度指代数值解的理论精度。在 h 小到一定程度之后，我们称离散尺度达到了渐近收敛域，此时数值解 u_h

$$\| u - u_h \| \propto O(h^p, \tau^q) \tag{4-1}$$

式中 p，q ——理论空间离散精度和理论时间离散精度。

精度测试中的观测精度一般是通过系统地加密离散尺度获得的，下面以空间离散精度的计算为例说明观测精度如何计算。在已知精确解的前提下，观测精度计算要求至少 2 套系统加密的网格上的数值解。系统加密要求网格在整个计算域内各方向上以相同的细化尺度统一加密，同时，随着网格加密网格质量应该保持不变或得到改善。网格细化尺度定义为相邻两套网格上粗网格尺度与细网格尺度的比，即 $r = h_2/h_1$，其中 $h_2 > h_1$。这里再次强调，精度测试要求计算采用的两套网格应该充分密，能够达到解的渐近收敛域。定义离散误差为

$$\varepsilon_h = u_h - \tilde{u} \tag{4-2}$$

其中，$\tilde{u}$ 为精确解。数值解 u_h 在 $h \to 0$ 处展开为关于 h 的函数

$$u_h = u \big|_{h=0} + \frac{\partial u}{\partial h}\bigg|_{h=0} h + \frac{\partial^2 u}{\partial h^2}\bigg|_{h=0} \frac{h^2}{2} + \frac{\partial^3 u}{\partial h^3}\bigg|_{h=0} \frac{h^3}{6} + O(h^4) \qquad (4-3)$$

对于收敛的数值格式，$u \big|_{h=0} = \tilde{u}$。若数值方法具有 p 阶精度，按照格式精度的定义，则 u 关于 h 的前 $p-1$ 阶偏导数均为 0。这样对 p 阶精度的格式，两套网格上的空间离散误差可以写成

$$\varepsilon_h = g_p h^p + O(h^{p+1}) \qquad (4-4)$$

$$\varepsilon_{rh} = g_p (rh)^p + O[(rh)^{p+1}] \qquad (4-5)$$

其中，$g_p = g_p(x, y, z, t)$，与网格尺度无关。忽略高阶小量，由式（4-4）和式（4-5）可得观测精度计算式

$$\hat{p} = \frac{\ln\left(\dfrac{\varepsilon_{rh}}{\varepsilon_h}\right)}{\ln r} \qquad (4-6)$$

观测精度能否达到理论精度取决于多种条件。首先，数值格式必须是收敛的，利用截断误差近似估计数值解离散误差隐含了收敛性的要求，若数值格式不具备收敛性，则式（4-3）没有意义。第二，只有在达到渐近收敛域后才可能获得稳定的离散精度，未达到渐近收敛域时离散误差不由首项决定，也就不能达到理论收敛速度。第三，理论分析是在均匀网格上做出的，非均匀网格上的理论精度会低于均匀网格的理论精度。第四，方程的解必须是光滑的，间断解的理论精度难以分析。这些要求在精度测试中应该注意，若违反了这些要求就会不同程度地影响理论精度值，使观测精度失去确定的对比标准，不能获得具有说服力的验证结论。

实际开展精度测试时往往会在多于 2 套网格上计算，以获得多个观测精度，考察观测精度随网格加密的改变。精度测试能够探测到影响解的精度的代码错误，但不能探测到影响解的求解效率或稳定性的代码缺陷。最后需要说明，精度测试检查的是解的总体行为，并不能检测数学方程单独某一项的离散精度如何，比如，当对流通量具有 1 阶精度，而粘性通量具有 2 阶精度时，解只能呈现 1 阶观测精度，此时在粘性通量离散中如果存在错误使粘性通量的精度降低到 1 阶，通过精度测试并不能探测到这种错误。

4.2.1.2　标准解的产生

标准解依据其产生方法不同可以分为精确解和经过验证的数值解，精确解完全满足或在可控的很高的精度范围内满足数学方程，而数值解是其他经过验证的代码产生的标准算例的模拟结果，能够以较高的可信度满足数学方程，但对其误差不能准确把握。下面我们讨论三种标准解的产生和在代码验证中应用时的一些注意事项，其中解析解和构造解均可以认为是数学方程的精确解，可以在精度测试中采用。

（1）解析解

一般情况下，N-S 方程或 Euler 方程的解是未知的，只有极少数问题在一维或二维空间、几何或物理特征简化的情形下才存在精确解。验证的目的是检查数值求解数学模型

的正确性，并不要求解具有实际物理意义。事实上，在代码验证中常常刻意避免具有实际意义的精确解，因为这一类解中存在的奇点或间断会影响精度评估，难以检查观测精度和理论精度是否一致。但是必须指出，具有物理意义的精确解在代码验证中也是需要的，并且具有重要意义，它能够反映代码求解真实问题的准确性，特别是具有激波等间断的精确解，能够充分测试代码激波分辨率，这对超声速流动的气动力、热准确预测是至关重要的。精确解应具有一定的复杂性，以测试到数学模型中的所有项。库埃特流动是一种比较简单的二维粘性流动，在两平板之间的速度型是线性的，这样粘性项中的二阶速度梯度项为 0，并且在平板延展方向流动没有变化，所以库埃特流动并不能测试到 N - S 方程的所有项。

具有实际意义的 Euler 方程或 N - S 方程流动精确解较少，其中 Lax 或 Sod 激波管问题、平板流动是比较著名的两个例子。Lax 或 Sod 激波管问题常用来检验空间格式的激波分辨率，而平板流动用来检验程序的边界层模拟能力。由于解析解存在较多的局限性，在代码验证中采用时应充分了解其能够检验哪一部分代码，对于未能检验到的代码再安排其他算例进行测试。

（2）构造解

一种通用的精确解产生方法是构造解方法。具有实际意义的精确解都是 Euler 方程或 N - S 方程在各种简化条件下得到的，用于代码验证时有两点不足：1）存在间断时难以开展严格的精度验证；2）不能充分检查控制方程的所有项。构造解方法克服了前述的两点不足，能够产生足够复杂和光滑的解。利用构造解产生精确解的思想早在 1976 年 Zadunaisky 就有所应用，但 Roache 和 Steinberg[7] 应该是第一个利用构造解来进行代码验证的。Oberkampf[8] 等人在 1995 年首次使用"构造解"这一名词，指出了这样一个事实，该方法是针对给定的解析解产生一组相关的控制方程。

构造解方法不是在给定初始条件和边界条件下寻找数学方程的解，而是首先人为"构造"一组解，并将其代入原数学方程，应用原数学方程中的偏微分算子获得源项，形成新的数学方程。新的数学方程是在原数学方程上添加了源项获得的，事先构造的"构造解"满足新的数学方程，这样就获得了一组数学方程的精确解。在求解原数学方程的代码上添加源项计算，求解新的数学方程获得数值解，就可以开展代码验证了。

构造解的产生过程可以概括如下：1）选定偏微分方程 $Du = 0$，其中 D 为偏微分算子，u 为独立变量，选择独立变量 u 的解析形式，即产生构造解 $\hat{u}$；2）将构造解 $\hat{u}$ 代入原偏微分方程，应用偏微分算子 D 产生源项 $s = D\hat{u}$；3）将源项添加到原偏微分方程获得一组新的数学方程 $Du = s$；4）适当修改原代码，数值求解新的控制方程 $Du = s$，获得数值解 U，边界条件由选择的构造解 $\hat{u}$ 在边界处的值给定；5）对比数值解 U 和构造解 $\hat{u}$，查找代码中的问题，直到通过验证。第 5）步的数值解与构造解的对比方法可灵活选择，建议的策略是首先进行相容性对比，仅检查 U 和 $\hat{u}$ 是否在可接受的误差范围内相等，通过相容性对比后开展精度测试，直到观测精度与理论精度一致。

构造解方法的第 1）步是选择合适的独立变量的解析形式，针对如何给出构造解，Salari 和 Knupp[9]给出了一些建议，这里对其比较重要的部分进行说明。构造解应由光滑的解析函数组成，比如多项式函数、三角函数和指数函数。光滑解析函数的各阶导数可方便求解，而且解的光滑性也使数值方法的理论精度得以保持，不因间断解而损失精度。构造解应充分一般化，从而可以测试偏微分方程中的所有项。比如，不要将速度仅限定为 x 的函数，这样速度对 y 的偏导数就不能被测试到。构造解随空间和时间的变化不应过于强烈，如果这条原则不能满足，在可用的网格规模内可能不能达到渐近收敛域，从而不能进行可靠的精度分析。构造解不应导致程序运行失败，运行稳定性不是代码验证的目标。比如，PNS 方程程序要求流动为超声速流动，那么不要给它提供亚声速构造解，导致程序运行失败。

此外，构造解不应使偏微分方程的某一项远远大于其他项，比如在 N - S 方程程序验证中应保证对流项和扩散项的大小相当。尽管构造解不要求具有物理意义，但是某些物理限制还是应该遵守，比如密度的保正性。

下面给出一个简单的产生构造解、形成新的偏微分方程的实例，以帮助读者理解前述构造解产生过程。偏微分方程选择流体力学中的守恒型连续方程

$$\frac{\partial \rho}{\partial t} + \frac{\partial \rho u}{\partial x} + \frac{\partial \rho v}{\partial y} = 0 \tag{4-7}$$

选择密度 ρ，速度 u，v 建立构造解，这里仅关注定常部分，遵循前述的构造解构造原则，给出如下的变量分布的解析表达式，L 为特征长度

$$\rho = \sin\left(\frac{x+y}{L}\pi\right), u = \cos\left(\frac{2x-y}{L}\pi\right), v = \cos\left(\frac{x-y}{L}\pi\right) \tag{4-8}$$

将式（4-8）代入式（4-7），可得如下的构造解源项

$$s = \frac{\pi}{L}\sin\left(\frac{x+y}{L}\pi\right)\left[\sin\left(\frac{x-y}{L}\pi\right) - 2\sin\left(\frac{2x-y}{L}\pi\right)\right] +$$
$$\frac{\pi}{L}\cos\left(\frac{x+y}{L}\pi\right)\left[\cos\left(\frac{x-y}{L}\pi\right) + \cos\left(\frac{2x-y}{L}\pi\right)\right] \tag{4-9}$$

这样就可以得到新的偏微分方程

$$\frac{\partial \rho}{\partial t} + \frac{\partial \rho u}{\partial x} + \frac{\partial \rho v}{\partial y} = s \tag{4-10}$$

构造解方法边界条件和初始条件的设定十分关键。由于构造解并不满足原偏微分方程，按原偏微分方程设置的边界条件不再适用。一种简单给定构造解边界条件的方法是不考虑数学方程的性质，按照构造解直接在边界处设置 Dirichlet 或 Neumann 边界条件，这可能引起边界条件的过定位。若初始条件偏离构造解过大，可能会引起计算稳定性问题。这种边界条件设置方法尽管在数学上是不恰当的，但并不会影响精度测试的进行。

若在构造解方法中采用前述的边界条件设置方法，除了要在代码中添加构造解源项计算外，还要对边界条件设定部分进行修改，这样就不能在代码验证中检验边界条件实现部分的代码的正确性。为了解决这一问题，提出一种通用的方法来对构造解进行修改，使之

在边界处满足某种物理边界条件。

　　边界条件可分为两类，一类为物理边界条件，对应流动信息从计算域外部向内部传播的情形，另一类为数值边界条件，对应流动信息从计算域内部向外部传播的情形。对于双曲型方程来说，特征值的方向决定了信息的传播方向，需要设置的物理边界条件个数与负特征值的个数是相等的，比如对于超声速出口边界，不需要施加物理边界条件，对于亚声速出口则需要施加 1 个物理边界条件。从数学角度来说，数值边界并不是真正的边界条件，因为它并未对最终的解形成任何限制，它只是控制方程成立时对边界的要求，换句话说，在给定内部流场的条件下，控制方程要成立必须对边界设定的值就是数值边界。数值边界尽管不会对流动的形成造成限制，但是如果设置不合适的数值边界，因为不能使控制方程在边界处成立，必然造成解在边界处不能收敛的情况出现。物理边界对流动的形成才具有决定意义，正是在物理边界的影响限制下，才会形成具有一定流动结构的流场。

　　构造解方法中，源项的添加消除了构造解对原控制方程的违背，无论是在计算域内部还是边界处，源项的添加都使得修改后的控制方程成立。从边界条件的角度思考，如果不添加源项，那么在边界处是不满足数值边界的（因为此时控制方程并不成立），而添加源项后，则使数值边界满足。然而对物理边界来说，源项的添加并不能平衡任何违反物理边界的解。如果构造解在边界处满足物理边界（比如构造解在某个设置为无滑移条件的边界上满足速度为 0），则源项的添加足以使控制方程平衡。如果构造解不满足物理边界，则需要添加额外的边界源项。对 CFD 代码来说，边界源项的添加是困难的，一种自然的想法是，在建立构造解时就使其满足特定的物理边界条件。

　　Dirichlet 边界相对容易修改，如等温壁边界温度的设定、无滑移边界速度的设定。此时只需对构造解乘以适当的与边界外形相关的函数即可，保证在边界处满足指定的条件。对其他边界类型，如无粘壁面、绝热壁面等边界的指定要相对复杂一些，下面仅给出满足无粘壁面和等温壁面条件的构造解建立方法，其他边界类型可参考文献[10，11]。

　　变量 ϕ 的稳态构造解的一般形式可以写为

$$\phi = \phi_0 [1 + f(Ax) f(By) f(Cz)] \tag{4-11}$$

这种形式的构造解便于修改，以便满足特定的边界条件。对于壁面边界，首先定义物面表达式：$F(x,y,z) = C$，其外法向单位矢量为 $\boldsymbol{n}$。

　　对于无粘壁面，边界要求 $\boldsymbol{v} \cdot \boldsymbol{n} = 0$，即 $\nabla F \cdot \boldsymbol{v} = F_x u + F_y v + F_z w = 0$，其中 ∇F 为物面的梯度。如果在构造解中已经定义了速度 u，v 的表达式，则速度 w 可以从上式中得出

$$w = -\frac{F_x u + F_y v}{F_z} \tag{4-12}$$

这要求 F_z 不为 0，简单定义 $F(x,y,z) = \tilde{f}(x,y) - z$ 就能满足这个要求。

　　对于等温壁面，满足常壁温边界的构造解表达式为

$$T = T_c + (C - F) T_0 [1 + f(Ax) f(By) f(Cz)] \tag{4-13}$$

（3）数值解

代码–代码对比尽管不是一种严格的验证方法，但是却是最经济的一种初步验证方法。用来做对比的代码应该经过一定程度的验证与确认，否则代码–代码对比起不到验证的作用。数值解要想成为可供对比的标准解，必须对问题描述、数值格式和数值解的准确性建档说明。标准解的准确性是很难量化说明的一个指标，但是至少应包含：1）标准问题的求解已经达到渐近收敛域；2）用来产生标准解的代码应该通过了精度验证的测试，通过测试的代码选项与产生标准解时所用选项应一致。

代码–代码对比只在下述情形下有意义：1）两个代码实现的是相同的数学模型；2）作为参照的代码应该通过了严格的代码验证。

数值解对比方法永远不可能证明模型和模型实现的代码是正确的，但是它可以证明对比的两个代码中至少有一个是错误的。在进行代码–代码对比时应该明确，由于编程错误引起的误差相互抵消或不同模型间的差异的相互抵消，有可能获得一致的输出结果，这种虚假的"一致"有可能通过多算例对比或多代码对比进行探测，发现隐藏的问题。不同模型间的差异的相互抵消可能是算例相关的偶然事件，应该可以通过多算例对比暴露问题，而由于编程错误引起的误差的抵消是代码相关的偶然事件，应该能够通过多代码对比暴露问题。进行代码–代码对比常犯的错误是，认为在相同网格、相同时间步长但算法不同的条件下，两个代码应该对同一问题输出相同结果，事实上，算法的微小差异也可能导致不同的输出结果。

代码–代码对比在以下几个方面具有优势：1）弥补有些试验由于经费、条件或安全等因素而无法开展的不足。2）与历史遗留数据做对比很关键，但是不具备令人满意的说服力，因为对于某个特定系统来说，试验数据点较少，缺乏详细数据。事实上，任何试验都不可能获得特别详细的数据，测量点越多，对测量结果的干扰就越大，数据精度就越低。3）代码–代码对比尽管会冒相互依赖的风险，但是却可以在几乎任何精细水平上对任何关心的变量进行对比。4）在计算耗费降低而试验耗费增加的时期，代码–代码对比可以提高验证效率。

4.2.2　误差估计

代码验证是对程序实现是否正确所做的基本验证，通过代码验证的程序可认为算法和实现基本没有问题了。但是，程序实现没有问题并不意味着所有后续流动模拟均没有问题，CFD 结果的准确度是受多种因素影响的，网格、边界条件设置、迭代收敛准则等都会影响结果。解的验证是在不能获得精确解的前提下对 CFD 结果的误差进行估计的过程。解的验证涉及的面很广，有两个问题必须明确，一是必须确保求解的问题与预期一致，二是解的验证应该评估各种输入条件对计算结果的影响。

确保求解问题与预期一致。不能单纯地将数学模型理解为控制方程，数学模型应包含控制方程、边界条件、初始条件及其他附加条件。解的验证面向的是实际问题的求解，这时的数学模型应包括控制方程及所有与待求解的特定问题相关的必要信息，比如几何构型、来流条件等。验证是评估数学模型求解是否正确的过程，其前提是必须确保我们求解的是预期求解的数学模型，也即必须确保求解问题与预期一致。为了确保求解问题与预期一致，应对输入条件进行有效性验证，这项工作可采用表格化管理进行。

评估各种输入条件对计算结果的影响。这里的输入条件可理解为程序中所有人为设定的参数和条件，比如网格、某些可调的模型参数、计算参数等。评估这类参数对计算结果的影响是最基本的结果不确定性分析，遗憾的是目前还没有一种广泛接受的、全面的解的验证操作规程。

在解的验证中最常见的工作是进行系统的网格加密和时间步长加密操作，估计离散误差。下面给出一些常用的离散误差估计方法。

4.2.2.1　RE方法和GCI方法

Richardson 外插（RE）方法是许多离散误差估计方法的基础，使用十分广泛。在网格加密达到渐近收敛域后，理论上离散误差随着网格加密而减小的速率是恒定的，如果该速率是已知的，并且可以得到在两套经过系统加密的网格上的数值解，那么我们就可以采用外插方法来获得数学模型的精确解的一个估计值。根据这种估计的可靠水平，我们可以拿这个估计值来更正细网格上的解，或者提供细网格解的误差大小的估计。实际应用中网格的渐近收敛域可能很难达到，由此带来的问题是离散误差的减小并不是单调的，给 RE 方法带来很大问题，这也正是其他的误差估计方法力求解决的问题。

与式（4-2）类似，系统反应量的空间离散误差可以用式（4-14）来表示

$$\varepsilon_h = f_h - \tilde{f} \tag{4-14}$$

其中，f 代表某种局部或全局的系统反应量，$f_h = f_h(u_h)$，$\tilde{f} = \tilde{f}(\tilde{u})$，$u_h$ 表示在间距为 h 的网格上得到的离散方程的精确解，$\tilde{u}$ 表示原偏微分方程的精确解。假定离散方法具有 p 阶精度，将 f_h 进行 Taylor 展开后，可得到离散误差的展开式

$$\varepsilon_h = f_h - \tilde{f} = g_p h^p + g_{p+1} h^{p+1} + g_{p+2} h^{p+2} + \cdots \tag{4-15}$$

定义网格细化因子

$$r = \frac{h_{\text{coarse}}}{h_{\text{fine}}} \tag{4-16}$$

这样 $h_{\text{coarse}} = r h_{\text{fine}}$，为了表示的简单化，令 $h_{\text{fine}} = h$，在两套网格上展开误差

$$f_h = \tilde{f} + g_p h^p + g_{p+1} h^{p+1} + O(h^{p+2})$$
$$f_{rh} = \tilde{f} + g_p (rh)^p + g_{p+1} (rh)^{p+1} + O(h^{p+2}) \tag{4-17}$$

消去未知参数 g_p，则偏微分方程的精确解可表示为

$$\tilde{f} = f_h + \frac{f_h - f_{rh}}{r^p - 1} + g_{p+1} h^{p+1} \frac{r^p(r-1)}{r^p - 1} + O(h^{p+2}) \tag{4-18}$$

将 h^{p+1} 阶及更高阶的项与偏微分方程精确解都放在方程右边，将产生一个新的量

$$\bar{f} = \tilde{f} - g_{p+1} h^{p+1} \frac{r^p(r-1)}{r^p - 1} + O(h^{p+2}) \tag{4-19}$$

将此式代入式（4-18），有

$$\bar{f} = f_h + \frac{f_h - f_{rh}}{r^p - 1} \qquad (4-20)$$

这个量是比 f_h 更准确的量，它的精度是 $p+1$ 阶，可以用 $\bar{f}$ 来近似代表精确解或进行 f_h 的误差估计，RE 方法给出的误差为

$$\delta_{RE} = f_h - \bar{f} = \frac{f_h - f_{rh}}{r^p - 1} \qquad (4-21)$$

RE 方法在应用时要特别注意下面几个问题：1）所有网格上的离散解都应处于渐近收敛域；2）网格应是等间距的；3）网格必须经过系统加密；4）解应该是连续的；5）其他来源的误差应该较小。这 5 个假设在实际应用中可能并不能完全满足，尤其是第 2）和第 4）个假设，实际应用中的网格不可能是等间距的，尤其是粘性流动计算，解的连续性假定在超声速流动中也不可能满足，流动中必然会产生激波间断。第 1）、3）、5）个假定应该尽量满足，以获得比较可靠的误差估计。

在空间离散误差估计方法中，网格收敛指数（GCI）方法是应用较多的一种方法。GCI 方法在已知离散精度时最少需要两套网格的结果，在离散精度未知时，需要三套网格结果，之所以多出一套网格是为了进行离散精度的计算。以 h_3，h_2，h_1 表示粗、中、细三套网格的间距，以 f_3，f_2，f_1 分别表示对应的系统反应量，并定义

$$\varepsilon_{32} = f_3 - f_2, \varepsilon_{21} = f_2 - f_1 \qquad (4-22)$$

则观测精度可用式（4-23）计算

$$\hat{p} = \frac{\ln\left(\frac{\varepsilon_{32}}{\varepsilon_{21}}\right)}{\ln(r)} \qquad (4-23)$$

GCI 的定义如下

$$GCI = F_s \frac{|\varepsilon_{21}|}{r^{\hat{p}} - 1} \qquad (4-24)$$

其中，F_s 为安全因子，在采用三套网格时一般取 1.25，当采用理论精度时取 3。可见，GCI 就是增加了安全因子的 RE 误差。GCI 还有一种相对误差的表示形式

$$GCI = \frac{F_s}{r^{\hat{p}} - 1} \left| \frac{f_2 - f_1}{f_1} \right| \qquad (4-25)$$

GCI 返回的是细网格上解的相对误差，比如，如果 GCI 值为 0.15，表示因空间离散，细网格的解的不确定度约为 15%。

4.2.2.2　LSGCI 方法

GCI 方法应用中，计算观测精度时经常观察到对理论精度的极大偏离，当采用三套以上网格计算时，选择不同网格计算的观测精度也常常不同。引起这种现象的原因可能是未达到渐近收敛域、其他区域产生的误差的输运、迭代或舍入误差的污染、各套网格向选定的网格上的插值（网格细化比不为 2 时会发生这种情况）等。LSGCI（Least Squares

Version of the GCI）是采用最小二乘法对解的收敛行为进行光顺，能够在三套以上网格上获得统一的收敛阶数。LSGCI 方法要求至少在四套网格上计算，在三套网格上计算时，LSGCI 方法退化为 Richardson 外插方法。

采用 RE 方法获得的离散误差估计为

$$\delta_{RE} = f_k - \bar{f} = \alpha h_k^p \tag{4-26}$$

式中　f_k，$\bar{f}$——在第 k 套网格上获得的数值解和外插得到的精确解的估计值；

　　　α——常数；

　　　h_k——第 k 套网格的尺度；

　　　p——观测精度。

如果计算网格达到三套以上，则可以采用 LSGCI 方法［并不是说三套网格就不能应用，而是此时求解式（4-27）的结果与求解式（4-26）的结果是相同的］。如果把 $\bar{f}$，α，p 看成是未知数，对它们的求解可以看成是数值拟合问题，即寻找一个函数 $f = \bar{f} + \alpha h_k^p$ 作为数值解 f_k 的拟合函数。当采用最小二乘法时，这等价于求解使 $S(\bar{f}, \alpha, p)$ 值最小时 3 个未知数的值

$$S(\bar{f}, \alpha, p) = \sqrt{\sum_{k=1}^{n_g} \left[f_k - (\bar{f} + \alpha h_k^p) \right]^2} \tag{4-27}$$

根据多元函数极值理论，极小值点处 $S(\bar{f}, \alpha, p)$ 对三个自变量的偏导数为 0，也就是

$$\sum_{k=1}^{n_g} (f_k - \bar{f} - \alpha h_k^p) = 0 \tag{4-28}$$

$$\sum_{k=1}^{n_g} (f_k - \bar{f} - \alpha h_k^p) h_k^p = 0 \tag{4-29}$$

$$\sum_{k=1}^{n_g} (f_k - \bar{f} - \alpha h_k^p) \ln(h_k) h_k^p = 0 \tag{4-30}$$

这是一组非线性方程，可以进行迭代求解。

基于 RE 方法的误差估计方法只能在单调收敛的情形下应用，在其他情形下，Eca 等[12]选择任意两套网格的差值中的最大者作为不确定度估计

$$\Delta_M = \max(|f_i - f_j|) \quad 1 \leqslant i \leqslant n_g, 1 \leqslant j \leqslant n_g \tag{4-31}$$

Eca 采用的不确定度估计策略是：如果通过 LSGCI 得到的观测精度在 1 和 2 之间（对于理论二阶方法），则采用 GCI 计算公式，安全因子选 1.25，如果观测精度小于 1，则 RE 方法给出的不确定度过于保守，选取 δ_{RE} 和 Δ_M 中的最小值作为最终的不确定度。对于二阶方法，如果观测精度高于 2，则所呈现的超级收敛并不真实，是数值方法本身的缺陷导致观测精度计算失常，此时误差估计不再采用观测精度而是采用理论精度 2，并且引入下面的 RE 误差

$$\delta_{RE}^* = f_k - \bar{f} = \alpha h_i^2 \tag{4-32}$$

对 $\bar{f}$，α 同样采用最小二乘法获得

$$S^*(\bar{f},\alpha) = \sqrt{\sum_{k=1}^{n_g} [f_k - (\bar{f} + \alpha h_k^2)]^2} \tag{4-33}$$

最终的不确定度选取 δ_{RE}^* 和 Δ_M 中的最大者。

对以上估计策略总结为：

1）采用最小二乘法计算观测精度 p，可能的情形是：

a）$p > 0$，单调收敛；

b）$p < 0$，单调发散；

c）$p^* < 0$，振荡发散；这时 p^* 的计算是这样的：首先定义新的函数 $f_k^* = |f_{k+1} - f_k|$，这样在 4 套网格上可以得到 3 个 f_k^* 值，采用最小二乘法得到 p^* 值。

d）其他情形，振荡收敛。

2）对单调收敛情形：

a）如果 $0.95 \leqslant p \leqslant 2.05$

$$U_f = 1.25\delta_{RE} + U_S$$

U_S 是最小二乘法拟合的标准差，定义为

$$U_S = \sqrt{\frac{\sum_{k=1}^{n_g} [f_k - (\bar{f} + \alpha h_k^p)]^2}{n_g - 3}}$$

b）如果 $0 < p < 0.95$

$$U_f = \min(1.25\delta_{RE} + U_S, 1.25\Delta_M)$$

c）如果 $p \geqslant 2.05$

$$U_f = \max(1.25\delta_{RE}^* + U_S, 1.25\Delta_M)$$

3）如果非单调收敛情形出现：

$$U_f = 3\Delta_M$$

4.2.2.3　安全因子方法

网格加密研究中很容易出现随网格细化出现解的发散、振荡收敛等问题，且观测精度也很难达到理论精度，当观测精度大于理论精度时，所获得的误差估计值相应减小。但是，观测精度大于或小于理论精度都表示解远离渐近收敛区，没有理由认为观测精度大于理论精度时离散误差更小。基于这种认识，提出安全因子方法估计离散误差，其主要优势有两个：一是避免了观测精度大于理论精度时过小的离散误差，二是通过统计分析表明安全因子方法获得的离散误差具有 95% 的置信度。

计算结果随网格加密的收敛情况可以通过 $R = \varepsilon_{21}/\varepsilon_{32}$ 的值来分析，ε_{32} 和 ε_{21} 的定义见式（4-22），收敛情况可分为 3 类：1）$0 < R < 1$，单调收敛；2）$R < 0$ 振荡收敛；3）$R > 1$ 发散，此时不能估计离散误差。根据这三种情况，分别采用不同的误差估计方法。

振荡收敛时，采用下式计算离散不确定度，f_U 和 f_L 分别表示计算结果的上限值和下限值

$$U_{\text{num}} = \frac{1}{2}(f_U - f_L) \tag{4-34}$$

单调收敛时采用安全因子方法计算离散不确定度。首先定义观测精度与理论精度之比，作为衡量离开渐近收敛域的尺度

$$P = \frac{p_{\text{RE}}}{p_{\text{th}}} \tag{4-35}$$

其中，p_{RE} 和 p_{th} 分别为观测精度和理论精度。离散不确定度根据 P 值采用下式计算

$$U_{\text{num}} = FS(P)|\delta_{\text{RE}}| = \begin{cases} (2.45 - 0.85P)|\delta_{\text{RE}}| & 0 < P \leqslant 1 \\ (16.4P - 14.8)|\delta_{\text{RE}}| & P > 1 \end{cases} \tag{4-36}$$

δ_{RE} 为采用 Richardson 外插方法得到的误差估计。

4.2.2.4 其他误差估计方法

前面介绍的误差估计方法几乎可以应用于任何涉及空间离散的数值模拟，且不需介入代码。CFD 模拟中，复杂外形的结构网格系统加密操作可能会面临巨大困难，甚至不能做到严格的系统加密。另外，当网格规模很大时，网格加密研究的计算量可能也是难以承受的。除了前述的多套网格误差估计方法，还存在一些单套网格上的误差估计方法，如误差输运方程（ETE）方法、伴随方法等。

ETE 方法需要求解误差的输运方程

$$L_h(\varepsilon) = -T_h \tag{4-37}$$

其中，L_h 是离散差分算子，$\varepsilon = u_h - \tilde{u}$ 表示基本变量的误差，T_h 为截断误差。ETE 方法认为，数值解的误差不仅与当地条件有关，还会受到其他区域传播过来的误差的影响。误差输运方程的源项代表了当地产生的误差，CFD 中复杂格式的截断误差很难直接导出，如何估计截断误差是误差输运方程方法的关键。另外，误差输运方程方法直接得到的是基本变量的误差分布，而不是工程应用所关心的系统反应量的误差分布，但已有研究涉及相关问题。

伴随方法可直接得到系统反应量的误差估计，其导出过程如下。

将密网格上的目标函数在 u_H^h 上展开，u_H^h 为粗网格解在密网格上的插值

$$f_h(u_h) = f_h(u_H^h) + \frac{\partial f_h}{\partial u_h}\bigg|_{u_H^h}(u_h - u_H^h) + \cdots \tag{4-38}$$

注意，f_h 代表在密网格上计算目标函数。为了消去式（4-38）上的密网格解，将离散方程右端项在 u_H^h 上展开

$$R_h(u_h) = R_h(u_H^h) + \frac{\partial R_h}{\partial u_h}\bigg|_{u_H^h}(u_h - u_H^h) + \cdots \tag{4-39}$$

密网格上的残差约为 0，则式（4-39）可重写为

$$u_h - u_H^h = -\left[\frac{\partial R_h}{\partial u_h}\right]_{u_H^h}^{-1} R_h(u_H^h) \tag{4-40}$$

将式（4-40）代入式（4-38）后，有

$$f_h(u_h) - f_h(u_H^h) \approx -(\lambda_h)^{\text{T}} R_h(u_H^h) \tag{4-41}$$

$R_h(u_H^h)$ 因是粗网格插值，其值不为 0。λ_h 为密网格上的伴随变量，可通过求解下式

获得

$$\left[\frac{\partial R_h}{\partial u_h}\right]_{u_H^h}^{\mathrm{T}} \lambda_h = \left(\frac{\partial f_h}{\partial u_h}\right)^{\mathrm{T}} \tag{4-42}$$

这样，目标函数误差可通过伴随变量估计

$$\varepsilon_h \approx -(\lambda_h)^{\mathrm{T}} R_h(u_H^h) \tag{4-43}$$

伴随方法尽管足够吸引人，但目前仍没有得到大规模的应用。在高超声速流动模拟中，伴随方程的求解可能会遇到稳定性问题。伴随变量代表的是目标函数对残差波动的线性敏感性，在高度非线性的湍流问题中的适用性还需要深入研究。

4.3　模型确认

验证与确认活动中，验证是确认的前提，工程应用真正关心的是确认结果，只有在确认中才能结合工程应用实际评估计算模型的可用性。确认的主要工作内容是通过计算数据与试验数据的对比，发现并量化计算模型及概念模型中的误差和不确定度，建立计算模型的可信度。

模型可信度的建立不仅是一个模型准确性问题，也是确认过程本身的完整性和严格性的问题。确认活动的一个重要方面是应该将软件和确认算例置于版本控制之下。版本控制是计算模型或软件兼容性的建立过程，对计算模型的任何改变都应该记录，从而在发现问题时可以回溯。对确认算例进行版本控制，应该在试验数据有更新或增减算例时进行记录，并对进出版本库的数据进行严格审核。计算模型是否处于版本控制管理下，取决于当模型发生改变时，是否运行全部测试算例。运行全部测试算例是有必要的，某些模型改变可能改善了部分算例的模拟结果，但对其他算例的模拟准确性有损害。计算软件和算例的版本控制是一种确认活动的管理机制，这里不做重点讨论，下面主要关注计算模型准确性的评估问题。

AIAA 指南认为评价计算模型准确性只能使用试验数据，但这并不意味着试验数据比计算数据更加准确，只是承认试验数据才是物理现实的真实反映。试验数据中含有系统偏差和随机偏差，这些误差会直接影响试验数据的准确性，进而影响到确认中对计算模型准确性的评估。试验数据不确定度估计在确认中必须体现，并在计算数据与试验数据的对比中得到反映。由于确认对试验数据具有较高的要求，并不是所有的试验都能作为确认试验，用于评估计算模型准确性。确认试验的设计和执行是确认活动的一个重要方面。

正如 Oberkampf 在参考文献 [3] 中指出的那样，很难用正确与错误来评价计算模型或概念模型，脱离了预期应用环境和范围这个大前提来讨论模型的准确性在工程应用中是没有意义的。因此，确认活动的首要工作是明确计算模型的预期应用环境和范围，后续的确认工作都应该在确定的应用范围内开展。工程应用问题所涉及的系统的几何外形和发生的物理化学过程都异常复杂，直接在工程系统上进行确认活动既不现实也不科学，更好的办法是对复杂工程系统进行分解，构建逐步简化的层次性的确认图谱，进行模型的确认。

此外，如何进行计算数据与试验数据的对比也是确认的重要研究内容。简单的图形对比是传统的计算数据与试验数据对比方法，不能定量地给出计算数据与试验数据的符合程度。确认中更关注的是计算数据与试验数据的定量对比，这种定量的对比方法一般称为确认尺度。确认尺度是一种数学算子，通过对计算数据与试验数据进行操作，定量地测量计算数据与试验数据的差异。较为普遍的看法是，确认尺度给出的结果能够反映计算数据与试验数据的差异，但不会对计算模型是否通过确认做出判断。计算模型是否通过确认应该结合具体应用时的精度要求与确认尺度来决定。图 4 - 2 反映了确认尺度在模型的验证与校准中的地位和作用。

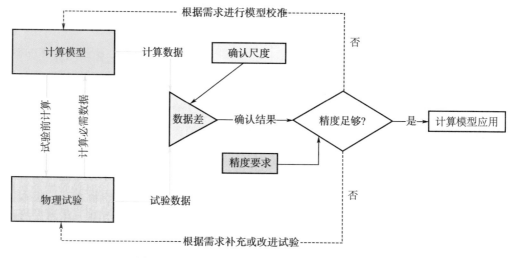

图 4 - 2　计算模型的确认，校准与预测过程[13]

　　这里需要特别指出的是，关于确认的开展目前没有统一的标准，只是存在一些取得一定共识的指导原则，下面就前述的与确认有关的三个问题展开探讨，这三个问题是：确认试验的设计与执行、确认活动组织和确认尺度的构建。

4.3.1　确认试验的设计与执行

　　作为评估计算模型准确性的试验数据应该做好严格的质量把控，从这一点来说并不是所有的试验数据都能作为确认数据。传统试验不以计算模型的确认为目的，重点关注的是如何获得试验数据，而对计算需要的输入条件关注不够，如试验模型几何参数、试验初边值条件等数据。传统试验数据不适合作为确认数据的第二个原因是不能为计算模型提供丰富的对比数据。传统试验是从其他需求出发确定需要测量的物理量和数据测量点，模型确认需要对比的重要物理量和重要位置的数据往往并不在传统试验的考虑之内，这就使确认的效果大打折扣。传统试验在试验数据不确定度的评估上所做工作较少，往往不给出不确定度或仅给出重复性试验的数据分散性，使准确性评估缺少了重要的参考尺度，不能满足确认对试验数据不确定度的要求。

　　以进行模型确认为目的而开展的试验称为确认试验，确认试验从设计到执行需要满足一定的条件，以便适应确认的需求。这里简要总结给出了开展确认试验应该遵循的一些原则。

　　第一，确认试验应该由试验人员、模型开发人员、软件开发人员和软件用户共同设计，各方应在项目实施过程中（从初始到归档）紧密合作，并坦诚对待各自的优势和不足。这个原则从确认的要求来说很容易理解，但是真正实现却并不容易。主要的困难在于缺乏上层组织机构来进行相关活动的资助和管理，联合的确认试验需要耗费巨大的人力、物力，在未充分认识到确认的重要性时，工程主管部门进行联合确认试验的驱动力很小。开展联合的确认试验的另外一个问题是试验人员与软件开发人员难以进行有效的协调沟通。试验人员与软件开发人员往往分属不同的组织机构，较难形成良好的工作关系，不能相互坦诚对待各自的优势与不足。

　　第二，确认试验应能捕获关心的关键物理现象，并测量所有模型必需的物理建模参数、初边值条件和系统激发信息。确认试验的双方人员应充分理解物理模型的适用条件，软件开发人员应该向试验人员明确开展确认试验应该满足的条件，而试验人员应该了解试验设施能否满足模型确认的需求。物理建模参数、初边值条件和系统激发信息是计算模型必需的输入条件，如果重要的输入参数未在确认试验中测量，将极大削弱确认的价值。

　　第三，确认试验应该尽量强调试验方法和计算方法内在的协作性。在联合的确认试验中，计算模拟和试验两个方面可以借助对方的优势，提高自身对流动问题的模拟能力、认识水平和模拟精度。比如，CFD 在超声速完全气体层流流动模拟方面能够达到很高的精度，并具有较高的可信度，这样可以用 CFD 模拟结果来与试验数据对比发现试验技术和设备上的缺陷。复杂外形分离流动的试验结果可信度更高，可以用来改进计算模型的精度。

　　第四，尽管确认试验存在合作，但是在获得计算和试验数据方面必须保持独立性。背靠背的数据对比可能会得到并不理想的对比结果，但后续的分析和探讨将加深试验与计算双方对相关物理问题和物理模型的理解。如果在背靠背数据对比中获得理想结果，可极大增强对 CFD 模拟的信心。

　　第五，系统反应量的试验测量应具有层次性，如从全局积分数据到当地数据。试验数据的层次性主要指模拟的难度的差异，众所周知，CFD 中压力比热数据更容易预测。不同层次的测量数据可更加全面地评估计算模型的准确性。计算数据可能在某些量的对比中与试验数据符合良好，但这种结果可能具有误导性，良好的对比结果可能来自误差的相互抵消，或者供对比的量对某些算法缺陷或编程错误不敏感。多层次的数据对比有更大的可能会排除这种误导性的确认结论。另外，多层次试验数据也可以为模型缺陷的发现提供帮助。

　　第六，确认试验应该分析和估计随机和系统不确定度。不确定度的估计在所有试验中都应该进行，但对确认试验却尤其重要。确认试验的核心问题是不确定度的估计，而不是如何基于现有数据推测真值是多少。确认试验不确定度估计应该包括由试验提供的计算模型所需的输入参数和最终的试验结果。

4.3.2　确认活动组织

　　确认必须是面向工程应用需求的，如何组织确认活动或者确认算例来评价计算模型在预期应用中的准确性是确认的重要研究内容。AIAA 指南建议应该从完整系统出发，逐层简化构造层次分明的确认结构，分为完整系统、子系统、基准问题和单元问题四级（如图4-3所示）。

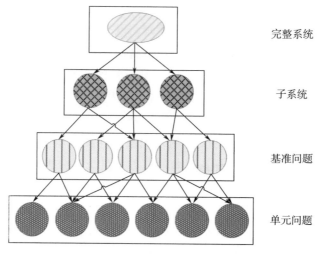

图 4-3   确认层次结构

完整系统，是真实的工程系统，具备完备的设计功能，在几何外形、材料及其他生产装配特征上与实际工程系统一致。初边值条件应与系统的实际工作环境相匹配。在这一层次上，由于经费和测量的原因，试验数据的获得也十分有限，多集中于工程设计所关注的一些工程参数，计算模型所需的输入参数绝大多数情况都不完整。

子系统，完整系统的首次分解，是完整系统中具有实际功能的部件。子系统中一般呈现三种或更多的耦合物理现象。与完整系统相比，子系统物理现象间的耦合程度有所降低。子系统试验件的几何特征、材料、功能和其他特征与实际子系统部件一致。子系统层可能获得的试验数据大大增加，并有可能获得某些输出数据的不确定度，但一般不会获得输入参数的不确定度。

基准问题，这一层的试验件设计为仅代表子系统的主要特征，一般不具有子系统的功能，材料、属性和其他特征也经过了简化，并不要求采用与子系统相同的材料。基准问题一般考虑2~3种耦合的物理现象，仅保留与耦合物理现象密切相关的几何特征。在基准问题层关注的核心已经从工程转移到物理现象的研究。计算模型的多数输入参数或主要输入参数都可获得，输出参数数据也大大丰富，同时对大多数测量数据都提供了不确定度。

单元问题，是完整系统的彻底分解。在单元问题层，特别制造的高精度的试验件用来进行确认试验。试验件仅在某些特征上与子系统或基准问题层的部件相似，外形特别简单，一般是二维或十分简单的三维外形。单元问题只研究复杂物理过程中的一个元素，将复杂物理过程分解为各种单元问题，可以对数学模型和子模型进行更严格的评估。这一层上，所有重要的模型输入参数都应测量并刻画良好。一种可达到这个目标的试验实施步骤：1）开展校准试验，目的是校准模型中的某些不能直接测量得到的参数；2）改变一些确定性参数（准确测量并具有较小的随机和认知不确定度），开展新的试验，重新测量系统反应量；3）采用计算模型计算那些改变确定性参数的试验；4）采用某种确认尺度对比试验和计算结果。

这种确认层次结构是从工程应用的角度出发构建的，而不是科学研究角度。确认层次结构的提出是帮助确定工程系统相关的一系列的试验、可能的耦合物理现象的分离和复杂度水平，这样不同学科的计算机程序可以分别得到评估。确认层次结构是应用驱动的，而不是代码驱动的，它所具有的也是工程意义。换言之，不是因为代码实现了某个新的模型而驱动进行确认层次结构的建立，而是因为某个复杂系统模拟分析需求而促使建立确认层次结构。当构建更低层次的确认等级时，工作重心从不同类型物理现象的模拟的多个耦合代码转移到模拟某一类物理现象的单个代码。在对复杂系统分层简化时，不应丢失完整系统的实际操作环境。确认层次的构建应该强调希望确认的计算机代码的模拟能力。

一种好的层次结构划分应该完成这样两个任务。首先，应该对完整系统小心分解，形成不同确认等级，确认等级每低一层，物理复杂性降低一个水平。需要降低的物理复杂性包括：空间维度、非定常性、几何和物理过程耦合。所有这些物理复杂性中，最需要逐层降低的是物理过程耦合复杂性。在确认层次构造中，非线性特征的识别非常重要。因为确认层次构造的底层哲学是一种线性思维，即复杂系统模拟的信心可以从部件模拟的评估中建立，如果两个层次间的非线性作用较强，则这种确认的分层方法的可用性就降低了。第二个任务是，在每个确认层次中的试验都应该能够提供可用于确认的数据。确认层次越高级，开展确认试验的难度也越大。确认中的前两个层次，完整系统级和子系统级都和实际的系统具有关联，要求具有实际的外形和功能，根据确认目的不同，有时甚至要求材料也是相同的。到基准问题层，关注焦点从硬件相似或相同向物理过程相似或相同转移，这可能是确认分级中最复杂的一个部分。图 4 - 4 给出了吸气式动力飞行器的模拟确认分级示意图。

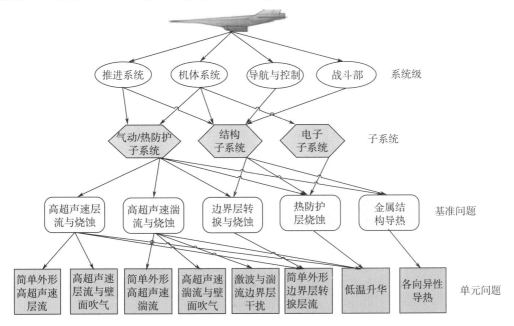

图 4 - 4　吸气式动力飞行器的模拟确认分级示意图

4.3.3 确认尺度的构建

确认试验如何开展，确认活动如何组织，是 CFD 准确性评估的方法论，而确认尺度的构建则更多地涉及试验数据和计算数据的误差的数学结构。确认尺度应该具有下面几个特征：1) 包含数值误差的影响；2) 包含对模型物理假设的评估；3) 包含试验数据后处理的影响；4) 包含试验不确定度估计；5) 包含随机和认知不确定性；6) 排除任何形式的充分性要求。

应用确认尺度进行计算数据与试验数据的对比，得到的是确认活动的最终结果。科研人员通过对确认结果的解读和分析来决定计算模型是否能够满足预期的应用需求。实际工作中，一般还需要向其他科研人员或决策人员解释确认结果，因此确认尺度最好还要具备直观明了的特点，方便交流。

由于确认中所涉及的计算数据、试验数据的误差和不确定度相互缠绕，错综复杂，很难构建出完全满足以上要求的确认尺度。下面介绍几种常见的确认尺度。

4.3.3.1 Stern 方法

Stern 等人[14]针对 CFD 提出一种规范的验证与确认方法，采纳试验中误差与不确定度的概念和定义，构建了包含试验与数值不确定度的确认尺度，以此来进行 CFD 模拟准确性的评估。该方法提出以来得到了较广泛的应用，并被 ASME V&V 20[5]接受，成为 CFD 和计算传热学验证与确认的标准。

首先明确误差与不确定度的含义。误差定义为试验数据或计算数据与真值之间的差异，由于真值极少知道，所以只能对误差进行估计。不确定度 U 是对误差的估计，通常要求区间 $\pm U$ 包含真值的概率是 95%。不确定度只是表示了误差的可能大小，而对误差的正负没有任何指示。

分别以 S 和 D 表示模拟结果和试验数据，以 T 表示真值，则模拟结果与试验数据差可以写成

$$E = S - D = (S - T) - (D - T) = \delta_S - \delta_D \qquad (4-44)$$

式中 δ_S，δ_D——模拟误差与试验误差。

模拟结果的误差来源主要有 3 个，分别是模型误差 δ_{model}、数值误差 δ_{num} 和输入参数导致的误差 δ_{input}。模型误差来自建模时所做的假设与近似，数值误差来自模型的数学方程的数值求解，输入参数导致的误差是模拟时需要提供的初边值条件或物性参数等输入参数误差在模拟结果中的反映。这样可以将模拟结果误差表示为

$$\delta_S = \delta_{model} + \delta_{num} + \delta_{input} \qquad (4-45)$$

因此可以将数据差 E 写为

$$E = \delta_{model} + \delta_{num} + \delta_{input} - \delta_D \qquad (4-46)$$

确认的主要目标是量化模型误差 δ_{model}。重写式（4-46）有

$$\delta_{model} = E - (\delta_{num} + \delta_{input} - \delta_D) \qquad (4-47)$$

ASME 将 δ_{num}，δ_{input} 和 δ_D 均看作是系统误差，与这些误差对应的不确定度分别以

U_{num}，U_{input} 和 U_D 表示，误差组合项 $\delta_{num} + \delta_{input} - \delta_D$ 的不确定度以 U_V 表示，称这一项为确认尺度。如果 3 个误差项近似看作是相互独立的，则确认尺度可写为

$$U_V = \sqrt{U_{num}^2 + U_{input}^2 + U_D^2} \qquad (4-48)$$

数值误差中最重要的误差是空间离散误差，即由网格引起的误差。为了估计空间离散误差需要保证迭代误差足够小，对定常问题应确保解的收敛性，对非定常问题，在每一个时间步内都应检查迭代计算的收敛性。一般来说，若能够保证迭代误差引起的不确定度 U_I 足够小，则在数值不确定度估计中可忽略 U_I 的计算，若确有必要需要考虑 U_I 的，最好通过更保守的方式与空间离散不确定度 U_h 进行整合，以获得最终的总的数值不确定度，即

$$U_{num} = U_h + U_I \qquad (4-49)$$

空间离散不确定度 U_h 可以采用 4.2.2 节介绍的 GCI、LSGCI 或安全因子法等方法进行估计。

U_{input} 不确定度的估计具有很大的灵活性。输入参数指的是为了启动数值计算而必须提供给模拟软件的参数，对 CFD 来说，初边值条件、物理化学过程的特性参数及模拟物体的几何参数等都可以看作输入参数。这些输入参数有些是试验测量得到的，有些则是建模时引入的经验或半经验参数，在估计 U_{input} 时选择哪些输入参数具有一定的随意性。一些参数既可以看作是输入参数，放到 U_{input} 中进行估计，也可以认为是模型的固连参数，在模型误差中考虑。另外，并不是所有的输入参数都会对计算结果产生重大影响，在 U_{input} 的估计中应该选择那些对计算结果敏感的参数。

有两种方法可以估计 U_{input}，即敏感性分析方法和蒙特卡洛方法。敏感性分析方法用于估计输入参数在名义值附近的小波动引起的不确定度，而蒙特卡洛方法可以估计输入参数在名义值附近更大的波动引起的不确定度。敏感性分析方法的优势在于计算量较小，但所获得的输出结果不确定度不如蒙特卡洛方法准确。蒙特卡洛方法计算量大，但可以获得输出结果的概率分布，采用统计方法对输出结果不确定度进行估计。

模拟结果 S 的 U_{input} 不确定度传递公式可以写为

$$U_{input}^2 = \sum_{i=1}^{n} \left(\frac{\partial S}{\partial X_i} U_{X_i} \right)^2 \qquad (4-50)$$

式中　X_i——选定的输入参数；

　　　U_{X_i}——对应的不确定度；

　　　$\partial S / \partial X_i$——敏感性系数。

可见，为了估计 U_{input} 必须取得输入参数不确定度 U_{X_i} 和敏感性系数。

输入参数不确定度一般是由试验测量得到的，如果试验人员不能提供这个不确定度就要求助于相关领域的专家。

敏感性系数的计算有多种方法，如解析法、伴随方法和有限差分法等，其中有限差分法不需修改代码，能够适用于任意复杂系统，是应用最为广泛的方法。输入参数 X_i 的敏感性系数的有限差分法的计算公式为

$$\frac{\partial S}{\partial X_i} = \frac{S(X_1, X_2, \cdots, X_i + \Delta X_i, \cdots, X_n) - S(X_1, X_2, \cdots, X_i, \cdots, X_n)}{\Delta X_i} \quad (4-51)$$

有限差分法实施的关键是指定参数值扰动量 ΔX_i 的大小，过小的扰动量会使舍入误差占主导地位，过大的扰动量引入较大的截断误差，都会影响有限差分法的效果。

蒙特卡洛方法需要给出输入参数的概率分布。输入参数概率分布比输入参数不确定度更难以给出，它要求提供更多的信息，在许多情况下，试验测量并不能给出这些信息，这种情况下只能根据经验或专家意见给出输入参数概率分布。如果输入参数不只一个，还要考虑输入参数间的相关性，若输入参数是相关的，则输入参数概率分布应以联合分布函数的形式给出。

确定输入参数的概率分布后，对输入参数进行随机采样，将获得的输入参数样本作为输入参数启动计算，获得计算结果。不断进行输入参数的采样计算，直到获得足够数量的计算结果。最后对计算结果开展统计分析，估计结果均值和输入参数导致的不确定度 U_{input}

$$\bar{S} = \frac{1}{n} \sum_{i=1}^{n} S_i \quad (4-52)$$

$$U_{\text{input}}^2 = \frac{1}{n-1} \sum_{i=1}^{n} (S_i - \bar{S})^2 \quad (4-53)$$

上述蒙特卡洛模拟过程是完全蒙特卡洛模拟，要获得有意义的结果，需要进行海量的采样计算。McKay[15]等人提出的拉丁超立方抽样（LHS）方法是一种更加高效的采样方法，可以极大减小蒙特卡洛模拟的计算量。LHS方法的采样过程是这样的：假设输入参数向量为 $(X_1, X_2, \cdots, X_k)$，任取输入参数 X_i，首先把 X_i 的取值范围分成概率相等的 n 个区间，在每个区间依概率抽取1个样本；然后，把变量 X_1 的 n 个样本随机地与变量 X_2 的 n 个样本进行组合，形成一组样本对，接着把得到的样本对与变量 X_3 的 n 个样本进行随机组合，如此反复，直到把所有 k 个变量都进行了随机组合，最后得到一个 $n \times k$ 的输入向量矩阵，矩阵的每一列是相应变量的 n 个样本，每一行是一个随机的 k 维输入参数向量。按照输入向量矩阵开展计算，并对计算结果按前述方法进行统计分析，可获得 U_{input}。

U_D 由试验人员提供，这样就得到了 U_V 相关的所有不确定度分量，按式（4-48）可计算得到 U_V。U_V 是确认活动中的一个关键尺度，它代表了确认中的"噪声"水平，是由试验数据和CFD模拟结果的不确定度引起的。如果 $|E| < U_V$，那么此误差就是不可分辨的，就认为模拟结果得到确认，换句话说，此时对模型任何改进的有效性都不能得到评估。此时可认为模型误差的量级与 U_V 相当或小于 U_V。否则，若 $|E| > U_V$，则说明模型仍有改进余地，模拟结果未得到确认。

4.3.3.2 假设检验方法

假设检验方法是传统的统计学方法，该方法对统计量的分布做出某种假设，然后对统计量进行抽样以检验所做假设是否正确。假设检验方法在确认中的应用，也是把计算结果和试验数据看成是随机变量，首先对模型计算值和试验数据的符合程度做出假设，比如假设计算值与试验均值相等。然后，用实际的计算值和试验数据对该假设的真假做出判断。

Urbina[16] 提出一种基于概率区间的数据定量对比方法，他们首先假定模型计算值和试验值的差 Δ 的概率分布，然后对于任何给定的概率 p，计算累积概率分布函数上对应于 $(1-p)/2$ 和 $(1+p)/2$ 两个概率的 Δ 值，记为 Δ_1，Δ_2，这样 Δ 落在区间（Δ_1，Δ_2）上的概率为 p，如果这个区间包含 0 点，那么就认为模型计算值是可接受的。这个方法的一个主要难点在于如何确定 Δ 的概率分布。

Hills 和 Trucano[17] 提出一个基于 Mahalanobis 距离的确认尺度，属于经典统计学中的假设检验方法。这个方法假定计算结果向量和试验数据向量遵循 Gauss 过程，也即多变量正态分布，因此并不能应用于所有问题，除非计算数据和试验数据都转化到正态空间。

假设检验方法没有在模型确认中得到重要应用，理由有两个，一是计算模型不能简单以真假判断之，我们不能简单地说"计算机程序×××被证明错误"，换句话说，确认是一个基本的评估过程而不是真假问题。二是如果假设检验方法中证明模型是正确的，那么就应该可以将计算模型代替试验模型，这显然是不合适的，确认算例的结果可以作为模型对新算例预测可信度的推测，但预测精度依赖于诸多其他因素，不能简单将确认结论推而广之。这两个观点是基于假设检验的一般原理在确认中引申得出的。但是应该指出，假设检验方法在确认中的应用可以更加灵活，假设检验方法中证明模型是可接受的，没有必要认为该模型可以适用于所有算例。假设检验方法也可以是只针对算例而不是软件，也就是与确认的枚举性特征相适应。

4.3.3.3　累积不确定度与中值不确定度尺度

Norman[18] 提出两种确认尺度，分别是累积不确定度尺度（Cumulative Uncertainty Metrics）和中值不确定度尺度（Median Uncertainty Metrics），能够满足不同的确认目标。累积不确定度尺度用于评价计算模型对所有测试算例的整体模拟精度，而中值不确定度尺度可以用来为模型改进提供指导，比如，指示哪些假定是正确的，哪些物理效应是重要的。

（1）累积不确定度尺度

累积不确定度使用单一的尺度衡量模型计算结果与所有可获得的试验结果的符合程度，评估模型对所有试验数据的整体准确度。这个尺度区分了试验不确定度和模型不确定度。

设有一系列试验点 x_i 和试验点上的试验值 $E(x_i)$ 和计算值 $M(x_i)$，试验值的不确定度为 $\varepsilon(x_i)$，定义试验点上计算值和试验值的差

$$D^+(x_i)=M(x_i)-[E(x_i)+\varepsilon(x_i)] \tag{4-54}$$

$$D^-(x_i)=M(x_i)-[E(x_i)-\varepsilon(x_i)] \tag{4-55}$$

D^+，D^- 分别定义了计算值与最大试验值和最小试验值之间的差（如图 4-5 所示）。

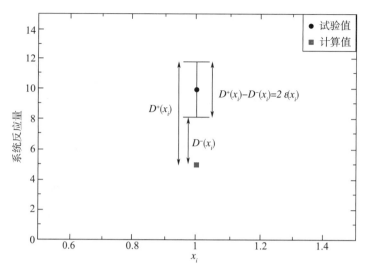

图 4-5　计算和试验数据偏差示意

定义试验点上最大的绝对模型不确定度

$$U(x_i) \equiv \max(|D^+(x_i)|, |D^-(x_i)|) \tag{4-56}$$

U 是绝对不确定度，因为它的值恒为正且单位与试验值和计算值相同。式（4-56）之所以取最大值而不是最小值，是因为如果采用最小值，那么当试验不确定度增加的时候，可能显示模型更准确，这并不是我们希望的。取最小值对应着检查计算数据与试验数据的一致性，而取最大值对应着评估模型准确性，可以估计模型的不确定度。

因为试验测量不确定度在所有试验点上都是可获得的，定义一个尺度来量化试验不确定度，又因为试验数据被当作是一个区间，定义这个尺度为

$$U^e(x_i) = |D^+(x_i) - D^-(x_i)| = 2\varepsilon(x_i) \tag{4-57}$$

将试验不确定度从模型不确定度中分离出来是很有必要的，这样可以在确认中分析试验所固有的不确定度而不会因试验不确定度对模型准确性造成损害，同时试验不确定度的分离也有助于决定更准确的试验是不是对确认有好处。需要指出的是，在式（4-56）和式（4-57）的定义下，若计算数据落在试验不确定度范围内，则有 $U(x_i) < U^e(x_i)$，此时计算数据不确定度主要是由试验数据引起的。

累积不确定度分布是基于累积分布函数的思想发展的。累积分布函数 $D(x)$ 给出了随机变量的值小于或等于 x 的概率。定义累积不确定度分布为

$$D(x) = \frac{1}{n}\sum_{U=0}^{U_{\max}} P(U \leqslant x) \tag{4-58}$$

其中，n 是所有试验点的个数，U 是式（4-56）定义的绝对不确定度，$U_{\max}$ 是最大的绝对不确定度，并且有

$$P(U \leqslant x) = \begin{cases} 1 & U \leqslant x \\ 0 & U > x \end{cases} \tag{4-59}$$

图 4-6 是累积不确定度分布的一个示意，NUCFRG2 和 QMSFRG 是两种不同的计

算模型。如果我们希望使用一个数值表示模型不确定度，可以从图中选择某个累积分布函数值，将该值对应的不确定度数值作为模型不确定度，比如，在累积分布函数值为 0.5 时，NUCFRG2 的不确定度为 15 mb。从图中可以看到，对所有算例，两种模型的不确定度都大于试验数据不确定度，这说明所有计算数据均未落在试验不确定度内。在累积分布函数值为 0.5 时，NUCFRG2 的绝对不确定度是 15 mb，而 QMSFRG 为 12 mb，试验数据不确定度为 6 mb，试验数据不确定度大于两个模型不确定度间的差异，这样我们并不能得出两个模型孰优孰劣的结论。尽管从直观上可能会认为 QMSFRG 模型更准确，但是若考虑下面这种情况，试验数据及其不确定度为 60 ± 3 mb，QMSFRG 计算数据为 69 mb，NUCFRG2 计算数据为 48 mb，此时若真值为 57 mb，则 NUCFRG2 与真值相差 9 mb，但 QMSFRG 与真值相差 12 mb，这种情况下，反而是 NUCFRG2 更准确。

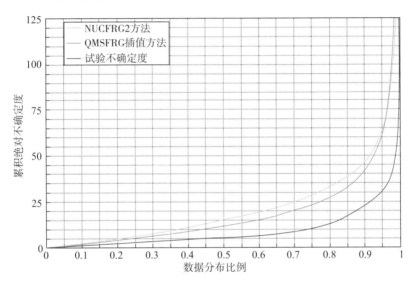

图 4-6　累积不确定度分布示意

（2）中值不确定度尺度

为了更细致地分析模型并发现模型预测值与试验值相差较大的区域，为模型改进指引方向，需要采用新的确认尺度。为改进模型而进行的确认活动与为评估模型准确性而进行的确认活动有很大不同，这种不同直接反映在确认尺度上。评估模型准确性时宜采用保守的方式量化计算数据与试验数据间的差异，正如式（4-56）的定义，改进模型时应该基于计算数据与试验数据的相容性，衡量相容性时宜采用乐观的方式量化计算数据与试验数据间的差异，也就是，只要试验数据与计算数据有重叠，我们就认为计算数据是准确的。

为了改进模型，需要根据一定准则对掌握的确认算例进行分区，这个准则应该结合计算模型与模拟的具体问题提出，比如为检查某一物理效应是否应该在计算模型中考虑，可根据该物理效应强弱将算例分区，并应用计算模型进行计算，根据计算模型在不同分区中的模拟准确性可以回答计算模型是否应包含该物理效应。因为对算例进行了区域划分，每个区域内包含的算例数可能会很少，此时不宜采用累积不确定度尺度。另外，在数据稀少时，异常值将会很快污染分析结果，此时构建确认尺度时需要着重考虑异常值的处理。对异常值的处理可以采用平均、修正或去除等方法，但是采用平均值时，异常值会极大影响最终的结果，而无论采用什么样的修正或去除方法都很容易引起质疑。

解决这个问题的方法是不采用平均值而是采用中值来构造确认尺度。设有一排好序的数据列 Y_i，数据个数为 n，则数据列的中值定义为

$$\widetilde{Y} = \begin{cases} Y_{(n+1)/2} & \text{如果 } n \text{ 为奇数} \\ \dfrac{1}{2}(Y_{n/2} + Y_{n/2+1}) & \text{如果 } n \text{ 为偶数} \end{cases} \tag{4-60}$$

对数据稀少的数据集而言，中值是比平均值更稳定的反映数据中间集中性的数值。采用中值定义一个确认尺度，称为中值不确定度（Median Uncertainty）

$$MU = \widetilde{U} - \widetilde{U}^e \tag{4-61}$$

其中，$\widetilde{U}$ 是稀少数据集上绝对不确定度 $U(x_i)$ 的中值，$\widetilde{U}^e$ 是数据集上试验不确定度 $U^e(x_i)$ 的中值，$U(x_i)$ 和 $U^e(x_i)$ 分别按式（4-56）和式（4-57）计算。中值不确定度衡量的是模型结果与试验数据间的相容性，这个尺度提出的目的是进行模型的改进和发展。式（4-61）给出的结果与式（4-56）是相对的，可以近似认为 MU 取的是 $|D^+|$ 与 $|D^-|$ 中的较小值。单独使用 MU 可能会带来一些困惑，按这个定义，当计算数据落在试验数据不确定度范围内时 MU 并不为 0，只有当计算数据落在试验不确定度边界时 MU 才是 0。就检查计算数据与试验数据相容性来说，只要计算数据落在试验不确定度范围内，那么计算数据与试验数据就是相容的。因此，MU 应该结合试验不确定度一起使用，当 MU 小于试验不确定度时，其数值大小意义不大，此时需要提高试验精度才能为改进模型提供帮助，当 MU 大于试验不确定度时，说明模型不够准确，MU 越大则偏离试验值也越大，此时需要将资源和精力放在改进模型上。

4.3.3.4　均值对比

该确认尺度的计算是对比计算均值与试验均值。确认中最常见的情况是计算值只有一个，对应的试验值是一组重复试验数据，均值对比正是针对这样一种情况而提出。

假设 X 为一个随机变量，该随机变量的分布具有平均值 μ 和标准差 σ。令 $\overline{X}$ 为随机样本的均值，如果 n 值很大，由中心极限定理，$\overline{X}$ 可近似为一个正态分布变量，而不用理会 X 的分布特性。这样，形成一个标准正态分布变量

$$Z = \frac{\overline{X} - \mu}{S/\sqrt{n}} \tag{4-62}$$

它近似遵守标准正态分布，S 为样本标准差。当 n 很大时，标准变量 Z 的概率区间可

以写为

$$P\left(z_{-a/2} < Z < z_{a/2}\right) = 1 - \alpha \tag{4-63}$$

$z_{a/2}$ 是随机变量 Z 的一个值，对 Z 从 $z_{a/2}$ 到 $+\infty$ 积分，其值为 $\alpha/2$。对式（4-63）重新整理，可以得到关于随机变量 X 的分布的均值的一个区间

$$P\left(\overline{X} - z_{a/2} \cdot \frac{S}{\sqrt{n}} < \mu < \overline{X} + z_{a/2} \cdot \frac{S}{\sqrt{n}}\right) = 1 - \alpha \tag{4-64}$$

对充分大的 n 值来说，可以将式（4-64）中的随机变量 $\overline{X}$，S 替换为样本的均值和标准差

$$\mu \sim \left(\bar{x} - z_{a/2} \cdot \frac{s}{\sqrt{n}} < \mu < \bar{x} + z_{a/2} \cdot \frac{s}{\sqrt{n}}\right) \tag{4-65}$$

$\bar{x}$ 和 s 是从随机样本 X_1，X_2，$\cdots$，X_n 的一个实现 $X_1 = x_1$，$X_2 = x_2$，$\cdots$，$X_n = x_n$ 中计算得到的。$\frac{s}{\sqrt{n}}$ 是样本均值的标准差，它给出了样本均值和随机变量 X 的总体均值之间的距离。随机变量的均值 μ 落在式（4-65）给定区间的概率是 $100(1 - \alpha)\%$。

如果试验样本很小，比如 n 仅为 2，这时，如果假定样本是从正态总体中抽出的，则可以得到与式（4-65）类似的式子

$$\mu \sim \left(\bar{x} - t_{a/2, v} \cdot \frac{s}{\sqrt{n}} < \mu < \bar{x} + t_{a/2, v} \cdot \frac{s}{\sqrt{n}}\right) \tag{4-66}$$

其中，$t_{a/2, v}$ 是自由度为 $v = n - 1$ 的 t 分布的 $1 - \alpha/2$ 分位数。当 n 值大于 16 时，累积 t 分布与累积标准正态分布的任一分位数差异小于 0.01，当 $n \to \infty$ 时，t 分布趋于标准正态分布。

现在构造确认尺度。我们关心两个量，一个是通过计算值和试验样本均值的差来近似估计模型计算得到的系统反应量的误差。令 y_m 代表模型计算值，改变前述样本均值符号 $\bar{x}$ 为 $\bar{y}_e$，代表试验样本均值。定义模型近似误差为

$$\widetilde{E} = y_m - \bar{y}_e \tag{4-67}$$

$\bar{y}_e$ 定义为

$$\bar{y}_e = \frac{1}{n} \sum_{i=1}^{n} y_e^i \tag{4-68}$$

其中，y_e^1，y_e^2，$\cdots$，y_e^n 是系统反应量 n 次试验测量值。

我们关心的第二个量是模型的真实误差，真实误差定义为计算值与系统反应量总体均值的差

$$E = y_m - \mu \tag{4-69}$$

其中，μ 是真实的总体均值，这个值我们是不知道的，只能通过前述的方法得到一个区间估计，从式（4-66）有

$$\bar{y}_e - t_{a/2, v} \cdot \frac{s}{\sqrt{n}} < \mu < \bar{y}_e + t_{a/2, v} \cdot \frac{s}{\sqrt{n}} \tag{4-70}$$

s 为样本标准差

$$s = \left[\frac{1}{n-1} \sum_{i=1}^{n} (y_e^i - y_e)^2 \right]^{1/2} \tag{4-71}$$

对式（4-70）取负并加 y_m

$$y_m - \bar{y}_e + t_{\alpha/2,v} \cdot \frac{s}{\sqrt{n}} > y_m - \mu > y_m - \bar{y}_e - t_{\alpha/2,v} \cdot \frac{s}{\sqrt{n}} \tag{4-72}$$

将模型真实误差的定义（4-69）代入式（4-72）并整理有

$$y_m - \bar{y}_e - t_{\alpha/2,v} \cdot \frac{s}{\sqrt{n}} < E < y_m - \bar{y}_e + t_{\alpha/2,v} \cdot \frac{s}{\sqrt{n}} \tag{4-73}$$

将模型近似误差的定义式（4-67）代入式（4-73），可以得到模型真实误差所处的一个区间

$$\left(\tilde{E} - t_{\alpha/2,v} \cdot \frac{s}{\sqrt{n}}, \tilde{E} + t_{\alpha/2,v} \cdot \frac{s}{\sqrt{n}} \right) \tag{4-74}$$

模型真实误差落在这个区间的可能性是 $100(1-\alpha)\%$。

4.4　验证与确认实例

下面给出一个 S-A 湍流模型二维雷诺平均 N-S 方程解算器系统的验证与确认实例，整个验证与确认工作分为代码验证与确认两部分。首先开展代码验证，采用构造解方法产生数学方程的精确解，通过精度测试完成代码验证。确认工作选择普林斯顿大学气体动力学试验室开展的 24°压缩拐角试验[19] 作为确认算例，采用 Stern 方法进行确认，考察 S-A 湍流模型模拟激波/湍流边界层干扰问题的准确程度。

4.4.1　验证过程

4.4.1.1　构造解方法

流动控制方程如下，S-A 湍流模型有关的系数定义可参考相关文献，这里不再给出。

$$\frac{\partial \rho}{\partial t} + \frac{\partial \rho u_i}{\partial x_i} = 0$$

$$\frac{\partial \rho u_i}{\partial t} + \frac{\partial \rho u_i u_j}{\partial x_j} = \frac{\partial \tau_{ij}}{\partial x_j} - \frac{\partial p}{\partial x_i}$$

$$\frac{\partial \rho E}{\partial t} + \frac{\partial \rho u_j H}{\partial x_j} = \frac{\partial}{\partial x_j} \left(u_i \tau_{ij} + k \frac{\partial T}{\partial x_j} \right) \tag{4-75}$$

$$\frac{\partial \rho \hat{\nu}}{\partial t} + \frac{\partial \rho u_j \hat{\nu}}{\partial x_j} = c_{b1} \Omega \rho \hat{\nu} - c_{\omega 1} f_\omega \rho \left(\frac{\hat{\nu}}{d} \right)^2 + \frac{c_{b2}}{\sigma} \frac{\partial \sqrt{\rho} \hat{\nu}}{\partial x_j} \frac{\partial \sqrt{\rho} \hat{\nu}}{\partial x_j}$$

$$+ \frac{1}{\sigma} \frac{\partial}{\partial x_j} \left[\mu \frac{\partial \hat{\nu}}{\partial x_j} + \sqrt{\rho} \hat{\nu} \frac{\partial \sqrt{\rho} \hat{\nu}}{\partial x_j} \right]$$

构造解方法首先必须根据控制方程的形式，选择合适的独立变量，给出各独立变量的解析表达式，本书选取密度 ρ，速度 u 和 v，压力 p，运动粘性系数 $\hat{\nu}$ 作为独立变量，构造

解的形式如式（4 - 76），式中常数见表 4 - 1。这种形式的构造解完全满足 4.2.1 节关于构造解表达式的选择原则。

$$\rho(x,y) = \rho_0 + \rho_x \sin\left(\frac{a_{\rho x} \pi x}{L}\right) + \rho_y \cos\left(\frac{a_{\rho y} \pi y}{L}\right)$$

$$u(x,y) = u_0 + u_x \sin\left(\frac{a_{ux} \pi x}{L}\right) + u_y \cos\left(\frac{a_{uy} \pi y}{L}\right)$$

$$v(x,y) = v_0 + v_x \cos\left(\frac{a_{vx} \pi x}{L}\right) + v_y \sin\left(\frac{a_{vy} \pi y}{L}\right) \qquad (4-76)$$

$$p(x,y) = p_0 + p_x \cos\left(\frac{a_{px} \pi x}{L}\right) + p_y \sin\left(\frac{a_{py} \pi y}{L}\right)$$

$$\hat{\nu}(x,y) = \hat{\nu}_0 + \hat{\nu}_x \cos\left(\frac{a_{\hat{\nu} x} \pi x}{L}\right) + \hat{\nu}_y \sin\left(\frac{a_{\hat{\nu} y} \pi y}{L}\right)$$

表 4 - 1　构造解表达式常数

方程式, ϕ	ϕ_0	ϕ_x	ϕ_y	$a_{\phi x}$	$a_{\phi y}$
$\rho/(\mathrm{kg/m^3})$	1.0	0.15	−0.1	1.0	0.5
$u/(\mathrm{m/s})$	800	50	−30	1.5	0.6
$v/(\mathrm{m/s})$	800	−75	40	0.5	1.5
$p/(\mathrm{N/m^2})$	1.e5	0.2e5	0.5e5	2/3	1.0
$\hat{\nu}/(\mathrm{N \cdot s \cdot m/kg})$	10	−2.0	4.0	0.5	0.8

确定构造解形式之后将其代入流动控制方程得到各方程的构造解源项，这步操作可以借助 Matlab 符号操作函数完成，直接产生源项的 Fortran 代码。数值求解添加构造解源项的控制方程，开展相关验证工作。

观测精度的计算基于数值解的空间离散误差。本书采用守恒变量误差的 L_2 范数和 L_∞ 范数来监测误差的全局表现，守恒变量误差定义为守恒变量的数值解与构造解之间的差

$$\varepsilon_Q = Q_{\mathrm{num}} - Q_{\mathrm{mms}} \qquad (4-77)$$

守恒变量误差的 L_2 范数

$$\varepsilon_{L_2} = \left\{ \frac{\sum\limits_{i=1}^{N} (Q_{\mathrm{num},i} - Q_{\mathrm{mms},i})^2}{N} \right\}^{1/2} \qquad (4-78)$$

守恒变量误差的 L_∞ 范数

$$\varepsilon_{L_\infty} = \max\{Q_{\mathrm{num},i} - Q_{\mathrm{mms},i}\} \qquad (4-79)$$

4.4.1.2　验证结果

二维雷诺平均 N - S 方程解算器湍流模型采用经过可压缩性修正的一方程 S - A 模型，无粘通量计算采用 AUSMPW 格式，通过 MUSCL 插值和 Vanalbada 限制器达到空间二阶

精度，粘性通量计算采用标准的中心差分方法，时间格式为 LU - SGS 格式。

精度验证过程中采用了两组网格，网格 1 为完全正交的结构化网格，网格 2 保持假想的壁面平直，其他边界特意扭曲，以进一步验证程序在非正交网格上的计算精度。每组网格都由 6 套逐步细化的网格组成，网格数分别为 9×9，17×17，33×33，65×65，129×129，257×257，也就是说相邻两套网格间的细化因子为 2。图 4 - 7 给出了网格数为 65×65 的网格 1 和网格 2。

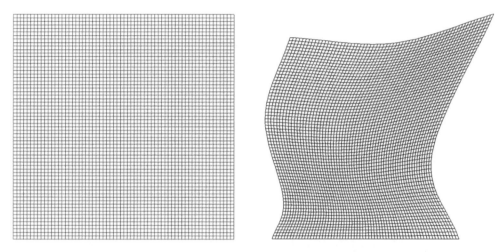

图 4 - 7 　正交网格（网格 1）和非正交网格（网格 2）

程序中边界条件以虚网格的方法实现，边界处的值直接设置为构造解在虚网格内的值。这种边界给定方法意味着在程序迭代计算中边界处的值不会根据内场计算值做调整，所以当前所采用的构造解方法不能用来验证程序边界条件的实现是否正确。S - A 湍流模型需要计算壁面距离，为此，假定图 4 - 7 中网格底部的边为壁面，但由于构造解表达式已经给定，这个假定的壁面处速度并不为 0。

为了保证解的收敛性，排除迭代误差对空间离散精度评估的影响，所有网格上的计算都保证方程的残差收敛到机器精度内（约 10^{-17}）。

最初开展的精度测试中层流粘性系数和湍流粘性系数分别设置为 $\mu_l = 20 \text{ N} \cdot \text{s/m}^2$，$\mu_t = 10 \text{ N} \cdot \text{s/m}^2$。湍流方程的计算采用了基本流场量，但基本流场计算中未采用湍流方程导出的湍流粘性系数。这种非耦合的初步验证便于查找问题，以便进一步开展完全耦合的验证工作。

图 4 - 8 和图 4 - 9 分别对比了密度和运动粘性系数的分布，可以看到，数值解与构造解几乎完全一致。这种验证方法在 CFD 程序的验证中非常常见，程序验证是否通过仅凭人眼对图形的观察、对比和判断。这种验证方法方便简单，能够探测到程序中的比较严重的问题，但是并不能感知到一些较精细的问题。

图 4 - 10 给出的是各守恒变量离散误差 L_2 范数随网格细化的收敛情况，虚线和实线分别代表了理论 1 阶收敛曲线和 2 阶收敛曲线，从图中可以看到，ρ，ρu，ρv，ρe 的收敛曲

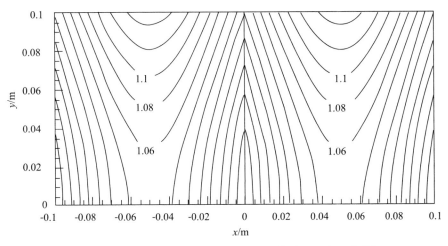

图 4 - 8　密度构造解与数值解对比（左：构造解，右：数值解）

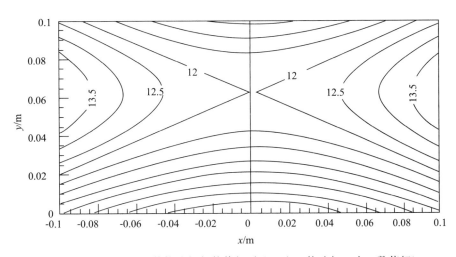

图 4 - 9　运动粘性系数构造解与数值解对比（左：构造解，右：数值解）

线斜率与 2 阶精度理论收敛曲线一致，表明连续方程、动量方程和能量方程求解都达到了空间二阶精度。但是，$\widetilde{\rho\nu}$ 的收敛曲线甚至远未达到 1 阶精度，这表明 S - A 湍流模型方程求解中仍然存在问题。对程序代码进行仔细检查后发现，造成湍流方程求解精度降低的原因是壁面距离计算与构造解中壁面距离计算不相匹配。构造解中壁面距离定义为单元中心到壁面的最短长度，程序中壁面距离定义为网格单元左下角点到所有壁面网格点的最短长度，采用这种计算方式主要出于节省计算量的考虑。两种壁面距离的定义并不相容，造成了湍流方程求解的精度大大降低。图 4 - 11 是修正壁面距离计算不相容后的误差收敛曲线，所有方程的求解都达到了 2 阶精度。在精度测试过程中也发现了其他一些代码编制错误，这些错误既不影响程序的执行，从单一网格的结果对比中也很难发现，比如限制器函数中双精度数错误地声明为整型数，直接导致空间精度降为 1 阶。

　　湍流方程和基本方程非完全耦合验证通过后，进行了所有方程完全耦合的验证。完全

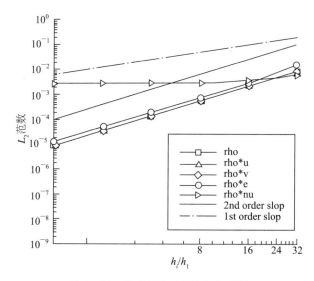

图 4 - 10　误差的 L_2 范数收敛情况

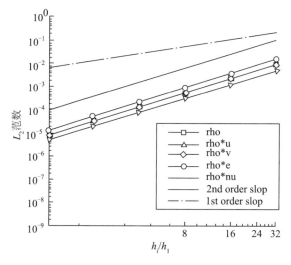

图 4 - 11　错误修正后误差的 L_2 范数收敛情况

耦合方式下，层流粘性系数采用 Sutherland 公式计算，运动粘性系数的构造解表达式保持不变，湍流粘性系数由运动粘性系数采用 S - A 湍流模型定义的标准方法计算。

　　图 4 - 12 和图 4 - 13 分别给出了构造解层流和湍流粘性系数的分布，二者分布空间变化均较为平缓，便于数值方法在较粗的网格上捕获其梯度。

　　图 4 - 14～图 4 - 17 分别给出了网格 1 和网格 2 上得到的观测精度随网格细化的分布，随着网格细化，两组网格上的空间离散精度都趋向于 2。注意到网格 2 的能量方程 L_∞ 范数精度较其他方程的精度低，在最密网格上为 1.82，但能量方程的 L_2 范数精度极为接近 2。考虑到 L_2 范数衡量的是误差的全局表现，而 L_∞ 范数体现的是误差的局部表现，说明能量方程的最大残差收敛情况受网格扭曲影响较大，但在构造解验证中认为达到这种精度

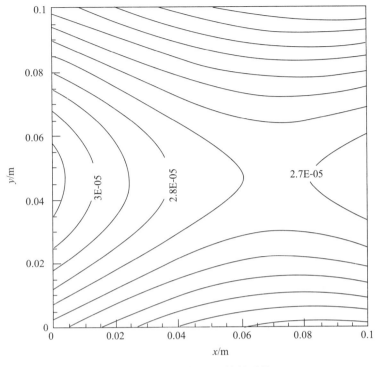

图 4 - 12　构造解层流粘性系数

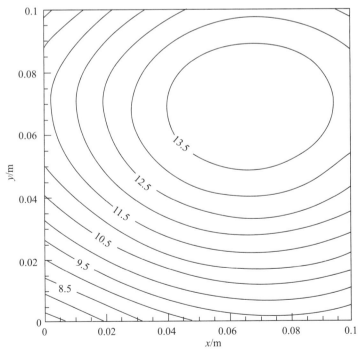

图 4 - 13　构造解湍流粘性系数

仍是正常的。

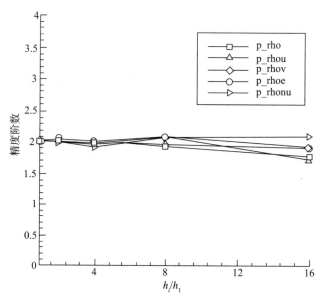

图 4-14　网格 1 上的 L_∞ 范数观测精度

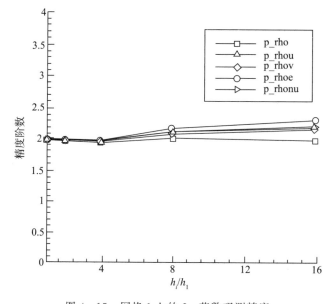

图 4-15　网格 1 上的 L_2 范数观测精度

　　观测精度与理论精度的一致性，表明程序通过了代码验证。构造解方法能够探测程序中的精细错误，是一种强大的代码验证工具。

4.4.2　确认过程

　　确认是从工程应用需求出发，对软件实现的特定模型的准确程度做出评估的过程。完

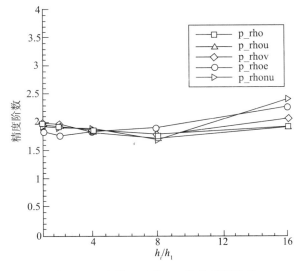

图 4 - 16　网格 2 上的 L_∞ 范数观测精度

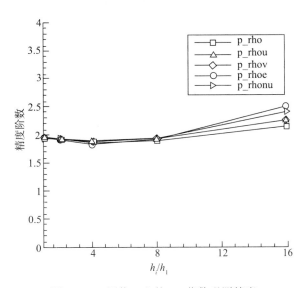

图 4 - 17　网格 2 上的 L_2 范数观测精度

整的确认过程包括确认试验的分层设计、数据对比和确认结果的分析等环节，这里仅以压缩拐角引起的激波边界层干扰流动为例，开展详细的确认研究。该算例较为基础，试验测量数据精度较高，也方便对计算不确定度开展广泛的分析，完成对湍流模型模拟准确度的详细评估。这里采用的数据对比方法是 4.3.3.1 节介绍的 Stern 方法，需要计算 3 个不确定度分量，分别是数值不确定度 U_{num}、输入参数导致的不确定度 U_{input} 和试验数据不确定度 U_D。

4.4.2.1　试验说明及数据不确定度

为了给 DNS 程序的确认提供试验数据，普林斯顿大学气体动力学实验室开展了较低雷诺数的激波/湍流边界层干扰试验，其中一个试验是 24°压缩拐角试验（如图 4 - 18 所示），来流速度为 $Ma=2.9$，以边界层动量厚度为参考长度的雷诺数为 2 400，压缩拐角距前缘 335 mm，来流边界层厚度为 6.7×（1±2%）mm。试验来流总压和总温分别为 $p_{0\infty}=$ 10.6 PSIA，$T_{0\infty}=293$ K，相应的来流静压和静温分别为：$p_\infty=2$ 313.23 Pa，$T_\infty=$ 109.25 K。壁面假定为绝热壁。

图 4 - 18　压缩拐角试验装置

参考文献［19］指出，试验总温和总压的实际值误差在名义值 5% 以内，并且在试验过程中波动幅度不超过 3%。参考文献［19］并未说明试验结果的不确定度，参考其他相关研究确定压力数据的总的不确定度为 5.8%。

4.4.2.2　数值不确定度

数值不确定度计算采用安全因子方法。24°压缩拐角三套网格的网格数分别为 234× 51，467×101，933×201，图 4 - 19 给出了粗网格和中网格的示意图。首先生成细网格，然后从细网格抽取中网格和粗网格，网格细化比取 2。

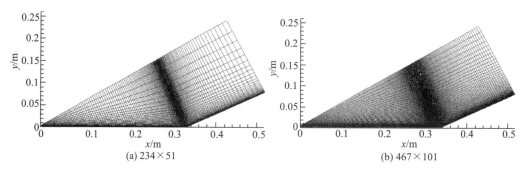

图 4 - 19　压缩拐角粗网格和中网格示意图

图 4 - 20 给出了三套网格计算得到的壁面压力分布曲线，中网格和细网格结果极为接近，从图中几乎看不到任何差别。采用前述离散不确定度估计方法对壁面压力分布进行不确定度计算，计算点以粗网格点为基准，共计 234 个点，其中收敛的点有 194 个，振荡收

敛的点 27 个，发散点 13 个。图 4-21 给出了 194 个收敛点计算得到的观测精度分布，大部分点的观测精度落在 1 和 3 之间，在实际流动计算中，局部流动变量很难达到理论收敛精度，出现图 4-21 这种情况是很正常的，这也正是安全因子方法提出的初衷。为了衡量壁面压力的整体收敛情况，可以用所有点的 ε_{32} 和 ε_{21} 的 L_2 范数来重新计算 R，即令 $\langle R \rangle = \|\varepsilon_{21}\|_2 / \|\varepsilon_{32}\|_2$，这种方法可以排除个别发散点的影响，采用这种方法得到的 $\langle R \rangle$ 值为 0.33，说明解是收敛的。图 4-22 给出了壁面压力分布及空间离散不确定度，可以看到，空间离散引起的不确定度相当小，基本可以忽略不计。

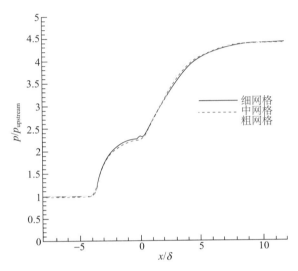

图 4-20   粗中细网格壁面压力分布计算结果

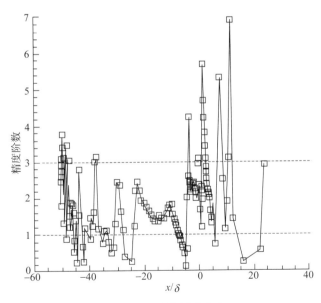

图 4-21   逐点精度分布

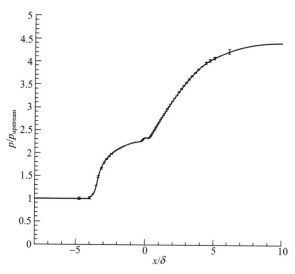

图 4-22　壁面压力分布及空间离散不确定度

4.4.2.3　输入参数导致的不确定度

本算例采用蒙特卡洛方法开展输入参数不确定度的研究，输入参数采样采用拉丁超立方方法。选择来流压力 p_∞，来流温度 T_∞ 和来流马赫数 Ma 作为具有一定不确定度的输入参数，其中压力和温度不确定度为 5%，马赫数为 1.3%，同时假定 3 个输入参数为正态分布，相互独立。采用 LHS 抽样方法抽取了 40 个样本点，图 4-23 和图 4-24 分别给出了来流压力和来流马赫数 LHS 抽样与理论正态分布的累积分布函数对比，可以看到，LHS 抽样获得的样本点分布与理论正态分布符合良好。考虑到空间离散不确定度较小，计算采用 467×101 的网格。

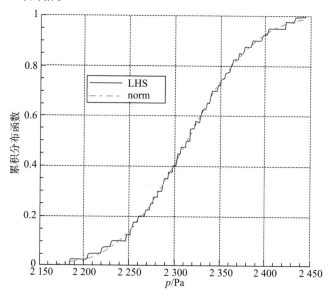

图 4-23　来流压力正态分布与 LHS 抽样累积分布函数对比

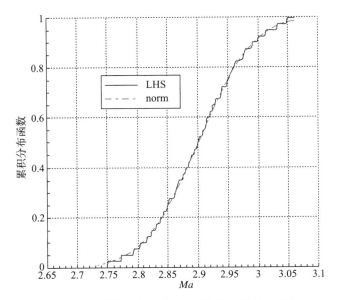

图 4 - 24　来流马赫数正态分布与 LHS 抽样累积分布函数对比

　　图 4 - 25 给出了 LHS 方法获得的壁面压力分布的不确定度，可以看到，输入参数波动对平板区流动影响很小，但经过压缩拐角后，压力不确定度逐渐变大，并在拐角后部趋于稳定。

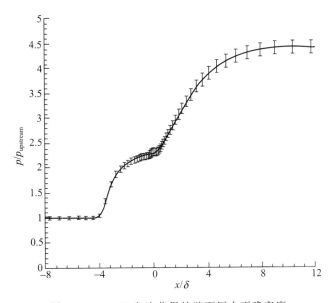

图 4 - 25　LHS 方法获得的壁面压力不确定度

4.4.2.4　确认结果及分析

　　图 4 - 26 给出了包含计算及试验不确定度的壁面压力对比，从图形上直观判断，计算预测的分离点较试验有所提前，这就造成了分离区内压力上升段计算结果并未得到确认，

但平台区之后及分离点之前的计算结果都得到了确认。图 4 - 27 是 $|E| - U_V$ 在有试验值的点处的分布情况，在所有 23 个点中只有 2 个点未达到 U_V 水平的确认。

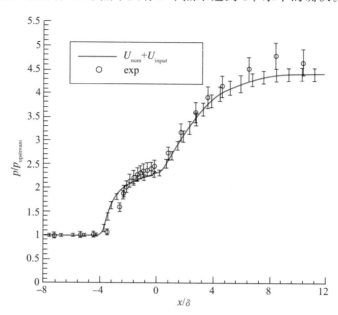

图 4 - 26　包含试验及计算不确定度的壁面压力比较

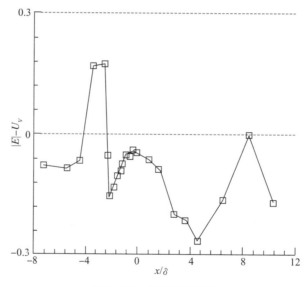

图 4 - 27　逐点确认结果

从确认结果上看，U_V 主要由试验不确定度和输入参数波动引起的不确定度组成，空间离散误差相关的不确定度所占比重很小。$|E| < U_V$ 说明模型误差已经被试验不确定度和计算不确定度所掩盖，在当前的试验数据下，我们很难再更进一步地改进模型的精度，或者说，如果有两个模型，我们无法评价两个模型的优劣。如果试验数据的精度进一步提高，

从而使 U_V 的数值有所减小，当 $|E| > U_V$ 时，可以用 E 来近似地估计模型误差。本确认算例给我们的另外一个启示是，输入参数不确定度的传播导致的结果不确定度可能远远大于空间离散引起的误差，这可能是确认中经常忽略的一个方面。然而必须指出，本书对输入参数波动的假设没有试验数据的支撑，要更全面、准确地研究计算结果受输入参数波动的影响情况，要么试验能够提供重要输入参数的分布情况，要么对输入参数所服从的分布做出多种假设，研究计算结果对输入参数分布类型的敏感性。

参 考 文 献

[1]　SCHLESINGER S. Terminology for Model Credibility [J] . Simulation，1979，32 （3）：103 - 104.

[2]　AIAA. Guide for the verification and validation of computational fluid dynamics simulatins [R] . 1998，AIAA - G - 077 - 1998.

[3]　OBERKAMPF W L. Trucano，T. G. ，Validation methodology in computational fluid dynamics [R]. 2000，AIAA 2000 - 2549.

[4]　ASME. Guide for verification and validation in computational solid mechanics. American Society of Mechanical Engineers [R] . 2006，ASME Standard V&V 10 - 2006.

[5]　ASME. Standard for verification and validation in computational fluid dynamics and heat transfer [R] . 2009，American Society of Mechanical Engineers，ASME Standard V&V 20 - 2009.

[6]　ROACHE P J. Verification of Codes and Calculations [J] . AIAA Journal，1998，36 （5）：696 - 702.

[7]　OBERKAMPF W L，ROY C J. Verification and validation in scientific computing [M] . Cambridge University Press，2010.

[8]　OBERKAMPF W L，BLOTTNER F G，AESCHLIMAN D P. Methodology for computational fluid dynamics code verification/validation [R] . 1995，AIAA 95 - 2226.

[9]　SALARI K，KNUPP P. Code verification by the method of manufactured solutions [R] . 2000，Sandia National Laboratories，SAND2000 - 1444.

[10]　BOND R B，OBER C C，KNUPP P M，BOVA S W. Manufactured Solution for Computaional Fluid Dynamics Boundary Condition Verification [J] . AIAA Journal，2007，45 （9） .

[11]　BOND R B，KNUPP P M ，OBER C C. A Manufactured Solution for Verifying CFD Boundary Conditions [R] . 2004，AIAA 2004 - 2629.

[12]　ECA L，HOEKSTRA M. Discretization Uncertainty Estimation based on a Least Squares Version of the Grid Convergence Index [C] . 2nd Workshop on CFD Uncertainty Analysis，Lisbon，2006.

[13]　OBERKAMPF W L，BARONE M F. Measures of agreement between computation and experiment：validation metrics，2004，AIAA，2004 - 2626.

[14]　STERN F，WILSON R V，COLEMAN H W，PATERSON E G. Comprehensive approach to verification and validation of CFD simulations - part 1：methodology and procedures [J] . Journal of fluids engineering，2001，123 （4）：793 - 802.

[15]　MCKAY M D，CONOVER W J，BECKMAN R J. A Comparison of Three Methods for Selecting Values of Input Variables in the Analysis of Output from a Computer Code [J] . Technometrics，1979，21：239 - 245.

[16]　URBINA A，PAEZ T L，HASSELMAN T K，WATHUGALA G W，YAP K. Assessment of Model Accuracy Relative to Stochastic System Behavior [R] . 2003，AIAA 2003 - 1617.

[17]　HILLS R G，TRUCANO T G. Statistical validation of engineering and scientific models：A Maximum Likelihood Based Metric [R] . 2001，SAND2001 - 1783.

[18] NORMAN R B，BLATTNIG S R. A comprehensive validation methodology for sparse experimental data ［R］. 2010，NASA TP－2010－216200.

[19] BOOKEY P B. An Experimental Study of Shock/Turbulent Boundary Layer Interactions at DNS Accessible Reynolds Numbers ［D］. Princeton University，2005.

[20] LOGAN R W，NITTA C K. Validation，Uncertainty，and Quantitative Reliability at Confidence (QRC) ［R］. 2003，AIAA 2003－1337.

[21] TRUCANO T G，PILCH M M，OBERKAMPF W L. On the Role of Code Comparisons in Verification and Validation ［R］. 2003，Sandia National Laboratories，SAND 2003－2752.

[22] REBBA R. Model validation and design under uncertainty ［D］. Vanderbilt University，2005.

[23] ROY C J，SMITH T M，OBER C C. Verification of a compressible CFD code using the method of manufactured solutions ［R］. 2002，AIAA 2002－3110.

第5章 高超声速复杂气动效应与气动力数据天地相关性

高超声速飞行器长时间经历高空大气环境，受到多种复杂气动效应的作用，使得气动力特性难以准确预测，给气动设计带来了严峻挑战。空气动力学理论、地面风洞试验和 CFD 数值模拟三大气动特性研究手段，各有优势与不足。基于型号工程应用背景，解决高空高超声速复杂气动效应作用下的气动设计难题，需要将三大手段有效结合，发展气动力数据的天地相关性理论和天地换算方法，建立气动力数据的不确定度量化方法。

5.1 高超声速复杂气动效应

高超声速飞行器寻求高速、高机动性和大射程，使其需要长时间、高速飞行在大气环境中，将受到多种复杂气动效应的作用。相比于低速低空环境下的空气动力学问题，高空高超声速复杂气动效应解决起来困难得多，其影响机理、规律和强度以及物理模型的建立，都还未充分认知和完善，存在极大的不确定性。这些效应主要包括五大类：马赫数效应、粘性干扰效应、高温真实气体效应、稀薄气体效应和流态差异效应。高超声速复杂气动效应对飞行器气动力、气动热、气动操纵效率、飞行稳定性等均会产生影响，严重情况下可能导致飞行器气动设计的失败[1]。国外高超声速飞行器研制过程中，从早期高超声速弹头到航天飞机，再到吸气式高超声速巡航飞行器，都将高超声速复杂气动效应的预测技术作为气动设计的核心技术，并开展了大量地面风洞试验、飞行试验、基础理论和数值模拟方面的研究工作。

5.1.1 马赫数效应

马赫数效应是指对于 $\gamma = 1.4$ 的理想气体，只改变马赫数引起的飞行器气动力特性的差别。不同马赫数的来流作用在飞行器表面上的压力系数有所不同，从而导致了气动力系数的差别。在超声速和高超声速下，随着马赫数的增加，法向力和轴向力系数会逐渐减小，同时抬头力矩增大、纵向压心位置前移。

在美国航天飞机轨道器气动设计数据手册（ADDB[2]）中部分考虑了马赫数效应的影响，并进行了数据的修正，但是出于当时的技术水平和工程使用的角度考虑，忽略了 $Ma > 10$ 之后的马赫数效应对气动力的影响，特别是也忽略了对俯仰力矩系数的影响。这样的处理大大减小了马赫数效应修正的工作量，并且飞行试验的结果证明这样处理的预测偏差在允许范围内。但是气动专家对高超声速纵向稳定性问题的分析表明，马赫数效应是造成纵向压心位置飞行前预估偏差的部分原因，在高超声速情况下是不可忽视的。

随着试验技术的发展，更高马赫数的风洞试验设备和技术正在不断成熟，但是试验成本相当高。而近年来 CFD 计算方法的发展与完善以及计算速度的大大提高使得数值计算的精度不断提高、成本不断降低，在很大的范围内已经能够取代风洞试验获得相当精确的气动性能预测结果。从预测精度和成本考虑，马赫数效应的修正采用无粘的 CFD 计算方法是非常明智的选择。

5.1.2　粘性干扰效应

粘性干扰效应一般定义为外部流动与飞行器壁面粘性边界层之间的相互干扰，通常包含两类典型的流动构型：1）压力干扰，也被称为粘性自诱导压力效应；2）激波/边界层干扰。

压力干扰是粘性干扰效应的最简单和最根本形式，通常被认为是狭义的经典粘性干扰效应，其内涵可以描述为：在高空高超声速情况下，极大的温度梯度和较低的空气密度使得壁面形成的粘性边界层异常厚，边界层内的流线将向外层流动偏移，等效于物体壁面增厚；这种壁面厚度的增加导致边界层之外的外流场压力增加，而由于外流场压力传输到边界层内基本没有改变，因此物体壁面的压力也就同样跟随增加；反过来，压力的增加使得边界层厚度趋于减小，壁面速度梯度和温度梯度将增加，因此带来摩擦阻力和热流的相应增加。

粘性干扰效应的研究始于普朗特（Prandtl）边界层理论在高超声速情况下的失效，最早是在高超声速平板流动试验中发现前缘附近压力沿流向会迅速降低以及边界层会诱发激波产生并与边界层发展相互干扰[3]。图 5-1 显示了采用精确 CFD 数值计算方法模拟到的平板粘性干扰流动的压力分布情况。来流条件为单位长度雷诺数 $Re_1 = 0.11 \times 10^6$ /in，马赫数 $Ma = 9.6$。图 5-2 显示了平板壁面压力 p_w 与来流压力 p_∞ 的比值沿壁面流向的分布曲线。在无粘流动假设下，壁面压力应该与来流压力相等；而实际粘性流动中，由于低速边界层的阻挡作用，使得平板前缘形成了一道激波（如图 5-1 所示），从而导致壁面压力分布产生很大改变。在平板前缘位置，边界层发展迅速，壁面压力远远大于来流压力，此处形成强烈的粘性干扰作用；随着边界层的发展，边界层厚度的增加越来越小，粘性干扰效应越来越弱，但壁面压力仍然略高于来流压力；直到一定距离后，粘性干扰作用基本消失，壁面压力几乎不再改变，而与来流压力相等。图 5-3 给出了 CFD 与风洞试验获取的壁面压力与来流压力比值随当地雷诺数变化的曲线，二者具有很好的一致性，表明 CFD 数值计算方法已经能够准确地模拟这类经典粘性干扰流动效应。

粘性干扰效应的作用通常使壁面的压力升高、摩擦阻力增大，导致飞行器的阻力增加以及升阻比的下降（图 5-4 为粘性干扰效应对航天飞机轨道器升阻比的影响曲线）；而且压力分布的改变可能影响到其他力和力矩，从而影响飞行器的稳定性和气动操纵效率等。

激波/边界层干扰是粘性干扰效应的另一种较为复杂的但也比较常见的形式，属于广

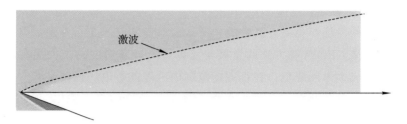

图 5-1　尖前缘平板粘性绕流空间流场的压力分布图

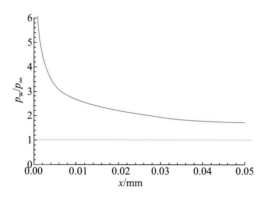

图 5-2　壁面压力与来流压力比值沿流向分布图

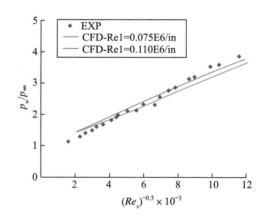

图 5-3　壁面压力与来流压力比值随雷诺数变化曲线

义粘性干扰的范畴，指激波侵入到粘性边界层而引起的相互干扰。这种粘性/无粘流的相互干扰通常引起大的流动分离和流动再附现象[4]，带来极大的力、热载荷冲击问题。激波/边界层干扰效应的精确预测和分析一直以来都是困扰高超声速飞行器设计者的一个极其关键的难题。

　　高超声速双锥分离流动是一类典型的激波/边界层干扰流动。其流动现象广泛存在于高超声速飞行器气动控制面、局部凸起物等与飞行器本体形成的气流压缩区域，可能带来极其严重的气动力、热问题。高超声速双锥流动已经得到了广泛的试验和数值模拟研究，

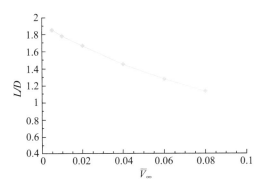

图 5 - 4　粘性干扰效应对航天飞机轨道器升阻比的影响（气动设计数据手册）

并成为 CFD 代码确认的重要算例。图 5 - 5 显示了前锥 25°和后锥 55°的尖头双锥模型尺寸图。Holden 等人[5-9]通过多个状态的试验，详细研究了高超声速双锥流动的机理，建立了其流动结构。如图 5 - 6 所示，双锥高超声速流动包含了前锥上激波与粘性分离流动的相互干扰、两个锥面上激波的相互干扰以及由此形成的输运激波侵入第二锥底层流动等复杂的流动结构；两锥之间形成的分离区大小、输运激波侵入位置及当地的压力与热流分布等对来流条件非常敏感。

在来流条件为单位长度雷诺数 $Re_1 = 0.144 \times 10^6$/in、马赫数 $Ma = 9.59$ 情况下，采用 CFD 数值方法进行了双锥分离流动的模拟。图 5 - 7 给出了两种 CFD 计算方法获得的壁面压力系数 C_p 和反映热流的斯坦顿数 St 沿流向的分布同风洞试验结果的比较。GiAT 是中国航天空气动力技术研究院自主研发的大型 CFD 软件，其计算结果给出的流动分离区范围和压力系数及斯坦顿数与 Candler[10]的 CFD 数值模拟结果相差不大，而且均与试验结果比较吻合。这也表明 CFD 技术在激波/边界层干扰流动的模拟能力方面也基本具备了工程应用的能力。

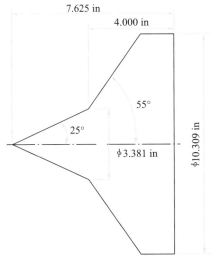

图 5 - 5　尖头双锥试验模型尺寸图

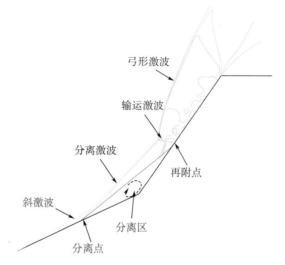

图 5-6　高超声速尖头双锥分离流动结构示意图

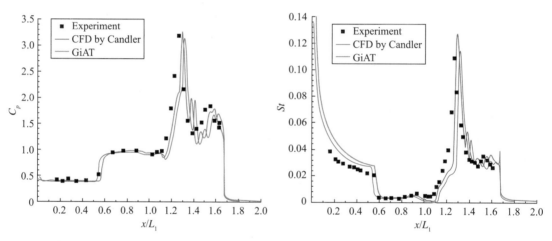

图 5-7　尖头双锥表面压力系数 C_p 和斯坦顿数 St 沿流向的分布同风洞试验结果的比较

5.1.3　高温真实气体效应

　　高温真实气体效应指高速气体在经历剧烈的压缩和粘性边界层的阻滞作用后，动能大量损失而转化为内能使气体加热形成高温气体；而高温气体极易产生振动激励、离解、电离、化学反应等，导致壁面的压力和粘性力分布受到很大的影响。高温真实气体效应是气体属性由于高温加热发生改变导致的，通常伴随化学反应的存在，同时与来流情况、飞行器壁面条件等息息相关，因此预测难度非常大。真实气体效应对近空间高超声速飞行器气动特性的影响比较大，特别是对俯仰静稳定性及气动操纵效率会产生很大的改变，从而增加了高超声速飞行器的气动不确定度和气动设计难度。

　　20 世纪 60 年代，美国飞船返回舱研制过程中高温真实气体效应的研究得到了极大的重视，在所建立的高焓试验设备中，获取了大量高温环境下的气体属性，并据此开展了气体属性理论建模研究。这些早期工作储备了丰富的数据库和理论模型，为后期高温真实气体的研究奠定了基础。在航天飞机第一次和第二次飞行之后的数据分析中，将高超声速异常现象最终归结到真实气体效应影响上[11-12]，使得高超声速高温真实气体效应的研究得到了更高的重视。美国航天飞机的总结报告中指出，真实气体效应产生的主要影响是使轨道器头部压力系数稍有增加，而迎风面尾部压力系数稍有减小，从而产生一个附加抬头力矩，导致静稳定性降低。飞行试验数据表明，在高马赫数（$Ma > 10$）高温真实气体效应作用下，机身襟翼的配平偏角达到了气动设计数据手册报告预测值的 2 倍。

　　随着高温真实气体模型的不断完善，CFD 数值模拟技术得到了广泛验证和应用，成为当今高超飞行器研制过程中真实气体效应预测的重要手段[13]。工程中常用的真实气体模型有两大类：热/化学平衡气体模型和化学非平衡气体模型。早期在航天飞机研制中主要采用平衡气体模型，并取得了与飞行试验一致的结果。2003 年，Dinesh[14] 针对航天飞机轨道器研究了真实气体效应对俯仰力矩异常的影响情况，开展了完全气体、平衡气体和化学非平衡气体模型的数值模拟，并与（轨道器气动数据操作手册）（OADB，Orbiter Operational Aerodynamic Data Book）进行了比较分析（如图 5 - 8 所示）。其研究表明，采用平衡气体模型与化学非平衡气体模型获得的全机俯仰力矩系数结果相差并不大。

　　尽管 CFD 数值计算方法已经在高温真实气体效应模拟方面取得了良好的效果，但在工程实际应用中，依然存在化学反应特性、壁面催化特性以及与其他流动特性（如粘性干扰、激波干扰等）的耦合效应等，理论模型并不完善，使得气动力/热环境的预测结果存在不确定性。

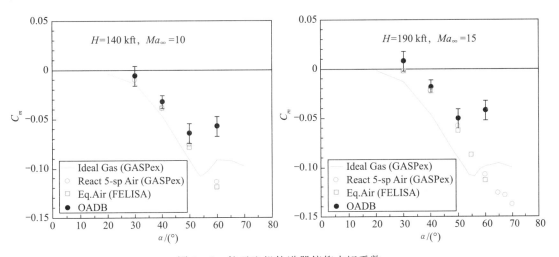

图 5 - 8　航天飞机轨道器俯仰力矩系数

5.1.4　稀薄气体效应

　　稀薄气体效应或称低密度气体效应，即气体分子平均自由程与流动中特征尺度相比不可忽略，从而使连续介质假设产生偏差的效应。稀薄气体效应实际上是为区别于连续介质假设下的流动理论而提出来的。钱学森最早推动了稀薄气体动力学的发展，他依据克努森数将稀薄气体划分为滑移流、过渡流和自由分子流三大流区[15]。之后稀薄气体动力学得到了蓬勃发展,当前已成为空气动力学的一个重要分支。当今的高超声速飞行器通常长时间飞行高度低于 100 km,稀薄气体效应以滑移流作用为主。在滑移流区,一般连续介质假设仅仅在壁面边界上失效,即出现壁面速度和温度的跳跃;飞行器整体气动特性受到稀薄气体滑移流效应的影响并不明显,但前缘等局部小特征尺度位置稀薄气体效应将一定程度上改变压力和热流的分布特性,特别是局部热环境可能会受到一定的影响。

直接模拟蒙特卡洛(DSMC)方法已被证明是在稀薄气体动力学领域中预测气动力和气动热的有力工具,但是由于其极大的计算资源消耗,当前仅用于稀薄环境简单流动的研究性模拟,要想实现工程应用还受到很多方面的限制。基于连续介质假设下的 N - S 方程 CFD 方法与滑移边界条件处理方法相结合,仍然是当前高空高超声速稀薄气体滑移流效应预测的最合适途径。Andrew[16] 在 2006 年对高超声速稀薄气体环境圆柱绕流的 CFD 与 DSMC 数值模拟结果进行了对比研究,发现当克努森数 $Kn_\infty > 0.05$ 时,CFD 模拟结果与 DSMC 结果才会产生较大的差异,但是采用合适的滑移边界模型后,二者仍然能够获得比较一致的流场结果(如图 5 - 9 所示)。但是二者完成同一个状态计算所消耗的时间之比达到 $t_{DSMC} : t_{CFD} = 500 : 1$,并且随着 Kn_∞ 的增大,这个比值还会继续增加。

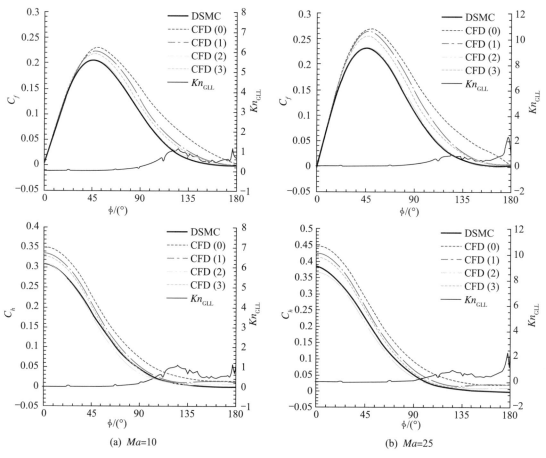

(a) $Ma=10$　　　　　　　　　(b) $Ma=25$

图 5 - 9　高超声速圆柱绕流稀薄气体效应($Kn_\infty = 0.05$)模拟结果比较

5.1.5　流态差异效应

地面风洞试验与实际飞行情况相比，所模拟的飞行器壁面粘性底层流动的特性会存在一定差异，这主要是由于自由来流的雷诺数、湍流度等物理参数的差异和模型的几何尺寸差异两个方面原因导致的。通常，在高超声速情况下地面风洞试验设备中自由来流的雷诺数较高，并且湍流度较大；实际高空飞行状态下飞行器壁面为层流，而地面风洞试验中飞行器壁面可能出现流动转捩，甚至发展为全湍流。因此，地面风洞试验获取的气动力数据与实际飞行情况必然产生差异，这就是流态差异效应。

三种流态中，层流的预测是相对较确定的；湍流的预测也发展了大量物理模型和高精度方法，并得到了一定的工程应用；转捩的预测相比较来说不确定性较大，物理模型不够完备，工程应用中需要考虑较大的偏差。美国和俄罗斯是目前国际上转捩研究的领先者。在理论上，他们分别发现了边界层和混合层的失稳机制，提出了边界层稳定性分析方法（LST 和 PSE 方法）和转捩预测方法（e^N 方法和其他工程转捩模型）。在数值计算方面，他们提出了 RANS、LES、DNS、DES 等计算方法，建立了多种湍流模式理论，提出了大涡模拟的亚格子滤波模型等。在风洞试验技术方面，发展了多种边界层转捩的参数测量技术和混合层流动显示技术；为了解决常规高超声速风洞环境噪声对边界层转捩的影响问题，还建立了高超声速静风洞。

高超声速情况下，3 种不同流态，特别是转捩的发生，对于气动热环境的影响是非常严重的[17]；但是对于气动力特性来说就没有那么明显，通常情况下流态的差异对于壁面粘性摩擦力会产生一定影响，而对于压力影响并不明显。因此，在工程问题处理上，飞行器风洞试验气动力数据外推到实际飞行状态，流态差异的修正往往只需考虑摩擦阻力分量。

5.2　气动力数据天地换算方法

气动力数据的获取一直以来都是飞行器气动设计的关键一环，众多的流动预测、模拟与分析技术的最终目标都是服务于气动力数据获取环节。气动力数据质量不仅决定了气动设计的可靠性和有效性，还是决定实际飞行成功与否的关键因素。当前各类飞行器研制过程中，气动力数据获取包括地面风洞试验、理论与数值计算和飞行试验三大手段。尽管数值计算和飞行试验手段已经取得了很大进展，但是目前各类重大飞行器的工程研制依然基于兼顾准确可靠和经济适用的地面风洞试验手段来获取气动力数据。然而地面风洞试验难以完全准确模拟实际飞行条件下的流动现象[18]（特别是高超声速复杂气动效应），给精确获取飞行状态下的气动力数据带来了挑战。早期的气动力数据天地换算基于相似理论和相关性理论，从流动机理和经验分析出发，建立了工程可用的有效方法；但在准确性和通用性上还需提高，特别是很难对复杂的高超声速气动效应进行有效换算。随着高超声速流动理论和数值模拟技术的发展，一些典型的高超声速气动现象已经能够获得比较准确的预测，给气动力数据天地换算方法的改进和完善创造了条件。因此，准确可靠的气动力数据天地换算方法的建立，需要综合利用三大研究手段，发挥各自优势。

　　早期飞行器研制中，气动力数据的天地差异与修正一直受到气动工作者的关注，但由于其飞行环境容易在地面测试中实现以及地面试验数据与实际飞行数据的差异并不明显等原因，天地换算技术一直不被列为关键技术。但是随着以航天飞机为代表的高超声速再入飞行器的研制，气动力数据的天地换算得到了很大的重视。天与地的数据差异导致了多起飞行事故和潜在问题的发生，航天飞行器设计者逐渐认识到天地换算的重要性，并开始花大量精力研究各种气动问题对气动力数据的影响和修正方法。

　　美国航天飞机轨道器气动力数据库的建设中，发展了一套比较完善的气动力数据天地换算技术[2]。在航天飞机首飞前，气动力数据被编入气动设计数据手册，用于实际飞行状态下气动性能的预测；其中的天地换算技术考虑了马赫数效应、真实气体效应、粘性干扰效应和稀薄气体效应等多种复杂气动效应，最终取得了很好的效果，确保了飞行的成功。图 5 - 10 是气动设计数据手册所给出的气动力数据天地换算技术概图[19]。20 世纪 90 年代美国发展的单级入轨飞行器 X - 33/X - 34，也主要基于地面风洞试验获取气动力数据，辅助于 CFD 技术完成了气动力数据的修正与天地换算[20]（如图 5 - 11 所示），从而为飞行试验构建了准确的气动力数据库。

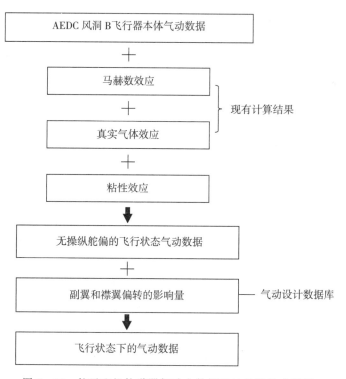

图 5 - 10　航天飞机轨道器气动力数据天地换算技术概图

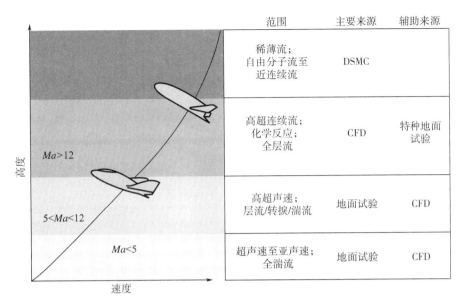

图 5-11　X-33/X-34 气动力数据获取方法说明图

5.2.1　气动力数据天地差异的关键影响因素

地面设备模拟能力不足，测试技术不完备，流动机理认识不足，空气动力学物理模型不完善，流动参数与气动力数据真值难以获取等众多原因，使得飞行器气动特性在地面模拟与实际飞行之间存在一定的差异，特别是对于当今复杂的宽速域大空域高超声速飞行器，气动力数据天地差异尤为突出。从空气动力学理论认识来看，导致气动力数据天地差异的主要气动效应有流态差异效应、马赫数效应、粘性干扰效应、真实气体效应和稀薄气体效应。这些效应的流动机理难以在地面设备中获得全面准确再现，导致飞行器设计的气动力数据与实际飞行产生偏差和不确定性，包括升阻特性、静/动稳定性、力/热载荷特性等，给气动布局、操控系统、动力系统、结构系统等方面的设计带来了难度。图 5-12 总结了几类典型高超声速飞行器在各自弹道情况下所经历的主要气动效应[21]。其中，粘性干扰效应、高温真实气体效应和稀薄气体效应是各类高超声速飞行器共同存在、长时间经历的关键气动效应；而中低空情况下，流动转捩导致的流态差异效应也是必须关注的。

高超声速飞行器由于其飞行轨迹的不同，其所经历的复杂气动效应的作用范围和强度也会有所不同。以美国航天飞机为例（如图 5-13 所示）：高度在 50 km 以上，粘性干扰效应（粘性干扰关联参数 $\overline{v}'_{\infty} > 0.005$）作用比较强烈；马赫数超过 13，真实气体效应开始发生明显作用；高度超过 75 km 后，稀薄滑移效应对于阻力的影响开始显现[2]。这些效应可能在某些飞行轨迹区间同时存在，此时复杂气动效应的作用是最为严重的，与常规地面试验模拟结果的差异最大。表 5-1 给出了航天飞机飞行轨迹上的主要气动效应作用边界以及相应的关键参数。这些关键参数正是地面风洞试验无法完全复

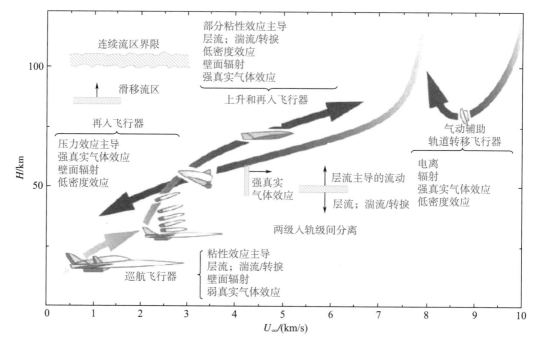

图 5 - 12 典型高超声速飞行器飞行环境的气动效应

现的相似参数。

表 5 - 1 航天飞机飞行轨迹上的主要气动效应作用边界及关键参数

飞行轨迹边界	气动效应	关键参数
$H \approx 40$ km	流态差异效应	马赫数 雷诺数
$H > 50$ km $Ma > 10$	马赫数效应 粘性干扰效应	马赫数 雷诺数
$Ma > 13$	马赫数效应 粘性干扰效应 真实气体效应	马赫数 雷诺数 气体属性参数
$H > 75$ km	马赫数效应 粘性干扰效应 真实气体效应 稀薄气体效应	马赫数 雷诺数 气体属性参数 克努森数

5.2.2 气动力数据天地相关性理论

气动力数据天地相关性，是指基于空气动力学理论和数理统计与分析技术，建立地面

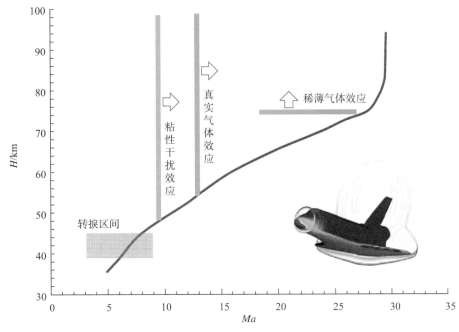

图 5 - 13　航天飞机飞行轨迹及其所经历的复杂气动效应区间

预测与实际飞行条件下气动力数据之间的相关性特征以及相应的关联参数,实现将地面风洞试验数据向实际飞行条件的修正与外推。

在气动力数据天地相关性研究方面,美国航天飞机的研制早期开展了比较广泛的工作,并取得了很好的效果,保证了实际飞行气动力数据库建设的可靠性。在航天飞机轨道器气动设计数据手册中,气动力数据天地相关性理论被应用于进行气动力数据的天地换算。

由激波关系式可以发现,当马赫数增大到一定程度后,压力系数基本上不再随马赫数增大而变化,这就是马赫数无关性理论。正是基于这一理论,在美国航天飞机气动力数据库的构建中处理马赫数效应影响时,认为 $Ma > 10$ 之后的气动力系数不再随马赫数变化[2]。但气动专家对航天飞机高超声速纵向稳定性问题的分析表明,马赫数效应是造成纵向压心位置飞行前预估偏差的部分原因[19]。可见,即使在极高的马赫数情况下,马赫数效应仍然是不可忽视的。尽管马赫数无关性理论在气动数据预测中失效,但马赫数效应影响量与马赫数之间的关联特性是直接和有效的。

马赫数效应实际为无粘气体的可压缩效应,图 5 - 14 显示了某高超声速飞行器的无粘流动六分量气动力和力矩系数随马赫数的变化曲线;不难发现各曲线随着马赫数的增加逐渐趋于平缓,表现出渐近线的特性。这正是马赫数无关性原理表现出的特征。

在美国航天飞机研制之前,NASA 和美国空军就已经对再入飞行器外形进行了试验,并进行了高超声速粘性干扰效应的相关性方法研究,拟将其作为地面试验数据外推到飞行状态的一种方法。很多航空航天界的工作者研究了 $\bar{\chi}$ 、 $\bar{\nu}$ 和许多其他关联参数,以便将地

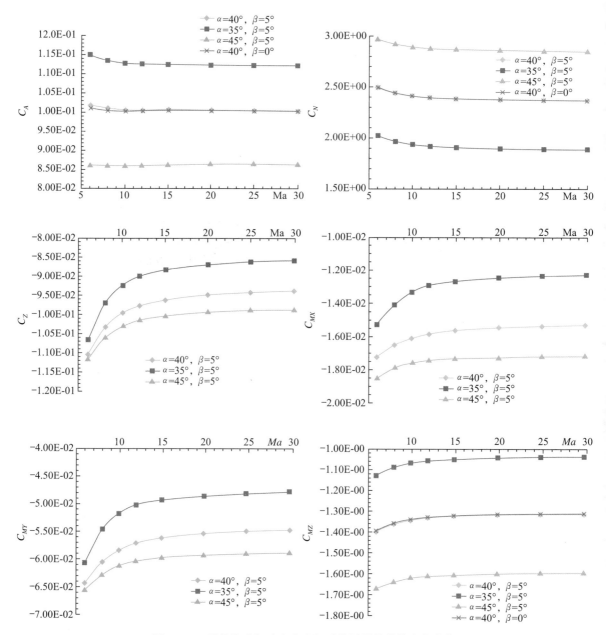

图 5-14　无粘流动气动力和力矩系数随马赫数的变化曲线

面试验与飞行状态下的摩擦阻力系数、压力分布和热流等气动特性关联起来。对广泛的航天飞机轨道器高超声速风洞试验数据库的分析表明，只有粘性干扰相关参数 $\bar{v}'_\infty$ 为预测高空粘性干扰区飞行气动特性提供了最适用的外推技术。20 世纪 80 年代的航天飞机气动设计数据手册正是以 $\bar{v}'_\infty$ 作为粘性干扰区的相关参数，并且飞行试验数据进一步验证了其相关能力。粘性干扰相关参数 $\bar{v}'_\infty$ 是通过二维高超声速尖前缘平板流动的边界层理论和壁面压力的切楔法建立起来的，其表达式为

$$\bar{\nu}'_\infty \equiv \frac{Ma \sqrt{C'}}{\sqrt{Re_L}} \qquad (5-1)$$

其中，Re_L 为特征尺度为 L 的雷诺数

$$C' = \frac{\rho' \mu'}{\rho_\infty \mu_\infty} = \frac{\mu' T_\infty}{\mu_\infty T'} \qquad (5-2)$$

T'/T_∞ 为边界层内的参考温度与来流温度之比，采用 Monaghan 常数计算

$$\frac{T'}{T_\infty} = 0.468 + 0.532 \frac{T_w}{T_\infty} + 0.195 \frac{\gamma-1}{2} Ma^2 \qquad (5-3)$$

其中，T_w 为壁面温度、γ 为比热比，美国航天飞机气动设计数据手册中取 $\gamma=1.15$，$T_w = 1\,366.5$ K。

　　粘性系数与温度的关系采用 Keyes 修正的 Sutherland 公式计算，对于空气，C' 表示为

$$C' = \left(\frac{T'}{T_\infty}\right)^{0.5} \left[\frac{T_\infty + 122.1 \times 10^{-(5/T_\infty)}}{T' + 122.1 \times 10^{-(5/T')}}\right] \qquad (5-4)$$

　　$\bar{\nu}'_\infty$ 是马赫数和雷诺数的组合参数，反映了粘性干扰效应在不同马赫数和雷诺数（或者高度）情况下的影响特性。正是基于这样一个具有良好关联特性的组合参数，航天飞机气动设计数据手册提供了在粘性干扰效应影响弹道区间内的飞行前气动力数据预测结果[22]。图 5-15 显示了类航天飞机外形高空高超声速粘性干扰效应引起的轴向力系数粘性力分量与 $\bar{\nu}'_\infty$ 的关联特性。

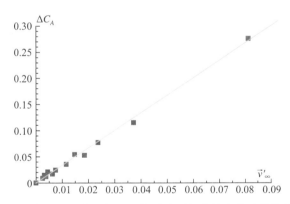

图 5-15　类航天飞机外形粘性干扰效应引起的轴向力系数粘性力分量

随 $\bar{\nu}'_\infty$ 的变化曲线（$\alpha=35°$，$\beta=5°$）

　　对于真实气体效应的研究表明，其对气动力性能的作用规律十分复杂，与来流条件、气动外形和飞行姿态等多种因素相关。当前，无论从理论研究还是经验分析上都未建立合适的相关性参数将真实气体效应对气动力数据的影响特性进行有效关联。图 5-16 显示了类航天飞机外形真实气体效应对轴向力和俯仰力矩系数的增量随高度和马赫数的变化特性，力和力矩系数增量的变化不存在关联特性和特定规律。因此，通常采用试验手段或数值预测方法获取真实气体效应对气动力数据的增量表，从而实现真实气体效应天地差异的修正或外推。

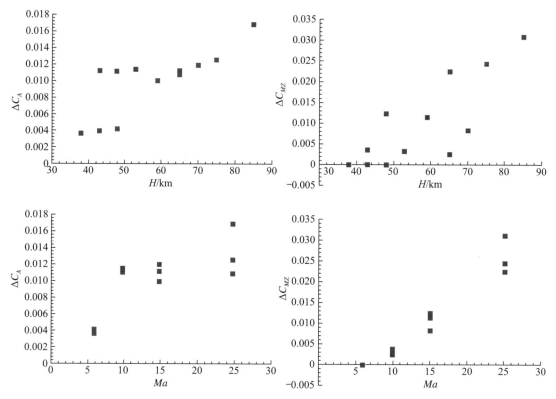

图 5-16　类航天飞机外形真实气体效应引起的轴向力和俯仰力矩系数增量随
高度和马赫数的变化特性（$\alpha = 35°$，$\beta = 5°$）

克努森数 Kn 通常用来反映气体的稀薄程度，其定义为分子平均自由程 λ 与流动特征尺度 L 的比值，即

$$Kn \equiv \frac{\lambda}{L} \qquad (5-5)$$

分子平均自由程 λ 与气体粘性系数成正比，与声速成反比，由此可以建立克努森数 Kn 与马赫数 Ma 和雷诺数 Re_L 的关系

$$Kn = 1.26\sqrt{\gamma}\,\frac{Ma}{Re_L} \qquad (5-6)$$

区分连续流区和滑移流区的判据如下：

$$\text{连续流区} \quad Kn < 0.01 \qquad (5-7)$$
$$\text{滑移流区} \quad 0.01 < Kn < 1 \qquad (5-8)$$

克努森数 Kn 实际上也是马赫数 Ma 和雷诺数 Re 的组合参数，具有将稀薄气体效应下的气动力数据增量进行关联的特性。图 5-17 显示了类航天飞机外形稀薄气体效应引起的轴向力和俯仰力矩系数增量随克努森数 Kn 的变化曲线；克努森数 Kn 对稀薄气体效应的影响表现出良好的关联特性。

航天飞行器在大气层内飞行时，其外部绕流与内流中常常出现转捩与湍流，从多个方

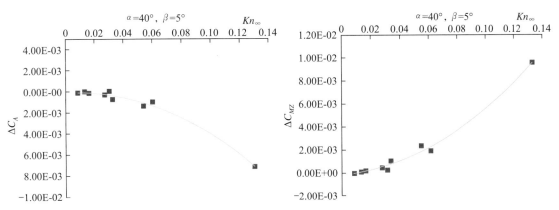

图 5-17　类航天飞机外形稀薄气体效应引起的轴向力和俯仰力矩系数增量

随克努森数 Kn 的变化曲线（$\alpha = 40°$，$\beta = 5°$）

面影响航天飞行器的设计，因此，不同流态的准确预测对飞行器设计而言是一个十分重要的问题。层流、湍流及二者共存的转捩流动，这些不同流态对于气动力的影响主要体现在摩擦阻力上，而对其他力和力矩的影响比较小，图 5-18 给出了类航天飞机外形在典型飞行状态下的摩擦阻力系数与雷诺数的关系。可以看出，转捩的发生将使摩擦阻力产生突跃；雷诺数较低时转捩模型结果与层流接近，雷诺数较高时转捩模型结果与湍流接近。图 5-19 给出了法向力和俯仰力矩系数随雷诺数的变化曲线，可以看到这两个系数几乎不随雷诺数的改变而变化，由此认为在流动转捩发生的流动状态范围内，除摩擦阻力系数之外的其他气动力和力矩系数与雷诺数无关。绝大多数常规飞行器在中低空飞行环境下，流态差异对除摩擦阻力系数之外的其他气动力和力矩系数影响都不大，工程处理中常常可以忽略。

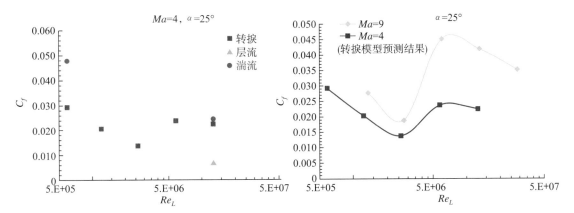

图 5-18　类航天飞机外形摩擦阻力系数随雷诺数的变化曲线

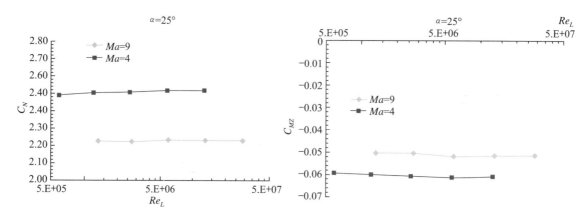

图 5-19　类航天飞机外形法向力和俯仰力矩系数随雷诺数的变化曲线

5.2.3　气动力数据天地换算方法

5.2.3.1　马赫数效应修正

马赫数效应的修正以来流马赫数为关联参数进行。假设在其他条件（攻角、侧滑角、舵偏角等）不变的情况下，任意的无粘条件下的气动力系数 C 仅是马赫数 Ma 的函数。根据马赫数无关性原理及飞行器气动力系数随马赫数的变化特性，认为 C 与 Ma 呈指数渐进曲线关系，即

$$C(Ma) = C_0 + C_1 \cdot e^{-Ma/Mn} \tag{5-9}$$

式中，C_0、C_1、Mn 为常数，Mn 用于对指数进行缩放，以获得较优的函数形式。

对于某样本分布，采用估计值与样本值之间偏差的最小二乘法进行上述常数的计算。如样本中变量 Ma 共 m 个值，即 $[Ma^{(1)}, Ma^{(2)}, \cdots, Ma^{(m)}]$；与之对应的函数值 C 为 $[C^{(1)}, C^{(2)}, \cdots, C^{(m)}]$。由最小二乘法（估计标准偏差最小原则），可以获得如下关于系数 C_0、C_1 的线性方程组

$$\begin{cases} \dfrac{\partial \sum_{i=1}^{m} [C_0 + C_1 \cdot e^{-\frac{Ma^{(i)}}{Mn}} - C^{(i)}]^2}{\partial C_0} = 0 \\[4mm] \dfrac{\partial \sum_{i=1}^{m} [C_0 + C_1 \cdot e^{-\frac{Ma^{(i)}}{Mn}} - C^{(i)}]^2}{\partial C_1} = 0 \end{cases} \tag{5-10}$$

整理后可以得到

$$\begin{cases} C_1 = \dfrac{[\sum_{i=1}^{m} C^{(i)}] \cdot [\sum_{i=1}^{m} e^{-\frac{Ma^{(i)}}{Mn}}] - m \cdot [\sum_{i=1}^{m} e^{-\frac{Ma^{(i)}}{Mn}} \cdot C^{(i)}]}{[\sum_{i=1}^{m} e^{-\frac{Ma^{(i)}}{Mn}}]^2 - m \cdot [\sum_{i=1}^{m} e^{-\frac{2 \cdot Ma^{(i)}}{Mn}}]} \\[6mm] C_0 = \dfrac{1}{m} \cdot [\sum_{i=1}^{m} C^{(i)} - C_1 \cdot \sum_{i=1}^{m} e^{-\frac{Ma^{(i)}}{Mn}}] \end{cases} \tag{5-11}$$

马赫数效应产生的气动系数的差量可以通过所拟合出来的曲线方程在不同马赫数条件下的函数值差异给出

$$\Delta C = C\,[Ma^{(b)}] - C\,[Ma^{(a)}] = C_1 \cdot [\mathrm{e}^{-\frac{Ma^{(b)}}{Mn}} - \mathrm{e}^{-\frac{Ma^{(a)}}{Mn}}] \tag{5-12}$$

5.2.3.2　流态差异修正

流态差异是指地面风洞试验与实际飞行状态之间由于雷诺数差异导致的粘性边界层流动特性（层流/湍流/转捩）的不同，由此引起飞行器摩擦阻力的差异，需要进行天地差异的修正换算。此种情况下，流态差异仅仅对摩擦阻力特性产生明显影响，而对其他气动力性能的影响可以忽略。这与高空高超声速粘性干扰效应的作用是不同的，因此流态差异的修正仅仅适用于粘性干扰效应作用不明显的情况，即 $\bar{\nu}'_\infty < 0.005$ 时。

定义 Re_1 为来流的单位长度雷诺数，即

$$Re_1 = \rho_\infty U_\infty / \mu_\infty \tag{5-13}$$

摩擦阻力系数值同壁面边界层状态有关。在高超声速情况下，转捩雷诺数 Re_C 由下面的公式给出

$$\log_{10} Re_C = 6.421 \cdot \mathrm{e}^{(1.209 \times 10^{-4} \cdot Ma^{2.641})} \tag{5-14}$$

以 L 为流动特征长度的雷诺数 $Re_L \leqslant Re_C$ 时，飞行器壁面流动认为处于全层流状态，摩擦阻力系数 C_f 由平板层流边界层理论的 Blassius 解近似计算

$$C_f(Re_L) = \frac{1.328}{\sqrt{Re_L}} \tag{5-15}$$

当雷诺数 $Re_L > Re_C$ 时，飞行器壁面边界层流动已经发生转捩。在转捩位置之前，认为流动还处于层流状态，而转捩位置之后壁面流动存在转捩区域和湍流状态。此时摩擦阻力系数可以分解为两部分，即转捩位置前的层流摩擦阻力系数 $C_{f\,\mathrm{Lam}}$ 和转捩后的湍流摩擦阻力系数 $C_{f\,\mathrm{Turb}}$。其中层流摩擦阻力系数 $C_{f\,\mathrm{Lam}}$ 采用公式（5-15）计算，雷诺数以转捩位置 $\bar{x}_C$ 为特征长度；而湍流摩擦阻力系数 $C_{f\,\mathrm{Turb}}$ 代表的是转捩位置 $\bar{x}_C$ 之后的壁面流动区间的摩擦力，采用如下公式计算

$$C_{f\,\mathrm{Turb}} = C_{fT}(Re_L) - C_{fT}(Re_C) \cdot \frac{\bar{x}_C}{L} \tag{5-16}$$

其中，转捩位置 $\bar{x}_C$ 由临界雷诺数 Re_C 确定，即

$$\bar{x}_C = \frac{Re_C}{Re_1} \tag{5-17}$$

而函数 C_{fT} 为全湍流状态的摩擦阻力系数计算公式，可以由 Van Driest Ⅱ 公式[23]表示，即对于任意特征长度 L 下的雷诺数 Re_L 所对应的全湍流摩擦阻力系数 $C_{fT} = C_{fT}(Re_L)$ 满足如下关系式

$$\frac{0.242(\sin^{-1} B_1 + \sin^{-1} B_2)}{A \cdot [C_{fT}]^{0.5} \cdot (T_w/T_\infty)^{0.5}} = \log_{10}[Re_1 \cdot C_{fT}] - \left(\frac{1+2n}{2}\right)\log_{10}\left(\frac{T_w}{T_\infty}\right) \tag{5-18}$$

其中

$$T_w/T_\infty = 1 + 0.9\,\frac{\gamma-1}{2}Ma_\infty^2$$

$$n = 0.76$$

$$B_1 = \frac{2A^2 - B}{(B^2 + 4A^2)^{0.5}} \qquad B_2 = \frac{B}{(B^2 + 4A^2)^{0.5}}$$

$$A = \left[\frac{(\gamma - 1)Ma_\infty^2}{2(T_w/T_\infty)} \right]^{0.5} \quad B = \frac{1 + Ma_\infty^2(\gamma - 1)/2}{T_w/T_\infty} - 1$$

$$\gamma = 1.4$$

式（5-18）为 C_{fT} 的超越方程，需用迭代方法求解。

因此当雷诺数 $Re_L > Re_C$ 时飞行器壁面摩擦阻力系数 C_f 由下面的公式给出

$$C_f(Re_L) = C_{f\text{Lam}} + C_{f\text{Turb}} = \frac{1.328}{\sqrt{Re_C}} \cdot \frac{\bar{x}_c}{L} + \left[C_{fT}(Re_L) - C_{fT}(Re_C) \cdot \frac{\bar{x}_c}{L} \right] \quad (5-19)$$

式（5-15）和式（5-19）建立了任意来流雷诺数情况下的高超声速飞行环境壁面摩擦阻力系数快速预测方法。上述方法基于不可压边界层流动近似理论，适用于低空高超声速飞行环境的层、湍流壁面粘性摩擦阻力的计算，而不适用于存在粘性干扰效应和高温气体效应的粘性流动预测。

通过地面风洞试验与实际飞行状态下的雷诺数的差异可以计算低空高超声速情况下由于天地流态差异导致的摩擦阻力系数的差异量，即

$$\Delta C_f = C_f(Re_{L\text{Flight}}) - C_f(Re_{L\text{Ground}}) \quad (5-20)$$

5.2.3.3　粘性干扰效应修正

高超声速情况下的粘性干扰效应与低速情况下的粘性效应不同，粘性与无粘流动之间存在互相干扰，简单的雷诺数相似理论已经不再适用，粘性效应中还有马赫数变化产生的贡献。因此，高超声速粘性干扰效应所诱导的气动力数据增量，必须以马赫数和雷诺数共同作为相似参数进行关联，而 $\bar{\nu}'_\infty$ 正是这个最合适的组合参数。大量高空高超声速气动力数据分析表明，飞行器粘性干扰影响量与 $\bar{\nu}'_\infty$ 近似呈二次多项式关系。

粘性干扰效应引起的气动数据增量 ΔC 认为仅是粘性干扰相关性因子 $\bar{\nu}'_\infty$ 的函数；而且由于无粘情况下不产生增量，因此该二次多项式方程过原点。于是

$$\Delta C(\bar{\nu}'_\infty) = a_1 \cdot \bar{\nu}'_\infty + a_2 \cdot \bar{\nu}'^2_\infty \quad (5-21)$$

式中　a_1，a_2——常数。

对于已知样本分布，变量 $\bar{\nu}'_\infty$ 共 m 个值，即 $[\bar{\nu}'^{(1)}_\infty, \bar{\nu}'^{(2)}_\infty, \cdots, \bar{\nu}'^{(m)}_\infty]$；与之对应的粘性干扰效应气动数据增量 ΔC 为 $[\Delta C^{(1)}, \Delta C^{(2)}, \cdots, \Delta C^{(m)}]$。由最小二乘法（估计标准偏差最小原则）建立系数 a_1、a_2 的方程（5-22）并计算这两个系数

$$\frac{\partial \sum_{i=1}^{m} \{a_1 \cdot \bar{\nu}'^{(i)}_\infty + a_2 \cdot [\bar{\nu}'^{(i)}_\infty]^2 - \Delta C^{(i)}\}^2}{\partial a_1} = 0$$

$$\frac{\partial \sum_{i=1}^{m} \{a_1 \cdot \bar{\nu}'^{(i)}_\infty + a_2 \cdot [\bar{\nu}'^{(i)}_\infty]^2 - \Delta C^{(i)}\}^2}{\partial a_2} = 0 \quad (5-22)$$

图5-20显示了采用上述修正方法获得的某高超声速飞行器粘性干扰效应引起的各气动力和力矩系数增量随粘性干扰相关性参数 $\bar{\nu}'_\infty$ 的变化情况，并与 CFD 数值模拟的采样点的气动力和力矩系数进行了比较。修正方法拟合获得的结果不仅在数据的变化规律上与 CFD 样本结果完全一致，而且在所研究的粘性干扰效应作用范围内具有很高的预测精度。

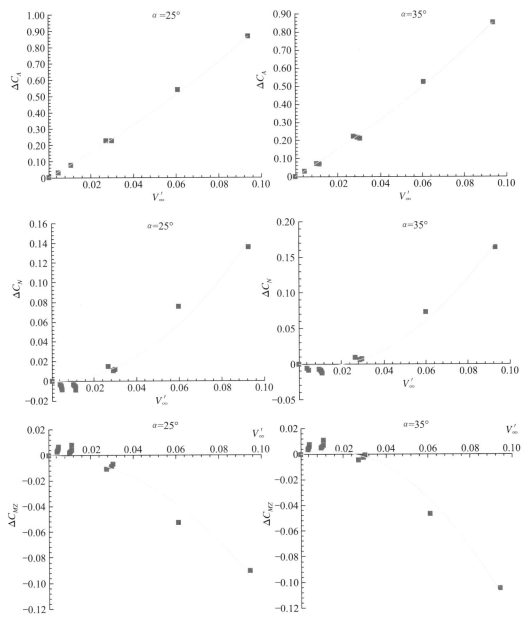

图 5 - 20　粘性干扰效应修正的拟合结果与采样点的比较

（曲线为修正方法结果；散点为 CFD 样本结果）

5.2.3.4　稀薄气体效应修正

克努森数 Kn_∞ 对于稀薄气体效应下的气动力数据增量具有良好的关联特性，并且呈现二次多项式关系。因此，与粘性干扰效应修正方法类似，稀薄气体效应的修正也采用一元二次多项式回归法。稀薄气体效应引起的气动数据增量 ΔC 近似为克努森数 Kn_∞ 的二次多项式函数，即

$$\Delta C(Kn_\infty) = a_1 \cdot Kn_\infty + a_2 \cdot Kn_\infty^2 \tag{5-23}$$

式中　a_1、a_2——常数。

对于已知样本分布，变量 Kn_∞ 共 m 个值，即 $[Kn_\infty^{(1)}, Kn_\infty^{(2)}, \cdots, Kn_\infty^{(m)}]$；与之对应的函数值 ΔC 为 $[\Delta C^{(1)}, \Delta C^{(2)}, \cdots, \Delta C^{(m)}]$。由最小二乘法建立系数 a_1、a_2 的方程（5-24）并计算这两个系数

$$\frac{\partial \sum_{i=1}^{m} \{a_1 \cdot Kn_\infty^{(i)} + a_2 \cdot [Kn_\infty^{(i)}]^2 - \Delta C^{(i)}\}^2}{\partial a_1} = 0$$

$$\frac{\partial \sum_{i=1}^{m} \{a_1 \cdot Kn_\infty^{(i)} + a_2 \cdot [Kn_\infty^{(i)}]^2 - \Delta C^{(i)}\}^2}{\partial a_2} = 0 \qquad (5-24)$$

图 5-21 显示了采用上述修正方法获得的某高超声速飞行器稀薄气体滑移效应引起的各气动力和力矩系数增量随克努森数 Kn_∞ 的变化情况，并与 CFD 数值模拟的采样点的气动力和力矩系数进行了比较。同样，修正方法拟合结果也具有很高的预测精度。

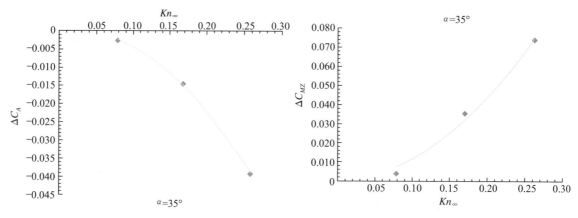

图 5-21　稀薄气体滑移效应修正的拟合结果与采样点的比较

（曲线为修正方法结果；散点为 CFD 样本结果）

5.2.3.5　真实气体效应修正

由于决定真实气体效应影响程度的因素较多，包括马赫数、高度、气动布局特点、壁面温度条件等，因此真实气体效应对飞行器气动力性能的影响很难由某个单一的相关性因子进行关联。因此针对真实气体效应的修正，需要同时考虑多个变量的拟合或插值方法。鉴于真实气体效应引起的气动力数据增量与各自变量的非线性非单调变化特点，同时对应关系是有一定规律而非随机的，因此采用多变量的响应面模型进行拟合近似能够准确有效地建立气动力数据增量与各变量因素之间的关系。

定义某输入 $\boldsymbol{x}$ 和输出 y 具有如下形式

$$y = y(\boldsymbol{x}) \qquad (5-25)$$

式中　$\boldsymbol{x}$——m 个变量的输入矢量，$\boldsymbol{x} = (x_1, x_2, \cdots, x_m)$；

　　　y——真实响应函数 $y(\boldsymbol{x})$ 在给定 $\boldsymbol{x}$ 处的输出值。

工程应用中，$y(\boldsymbol{x})$ 通常很难用显式表达式进行描述，但其在给定 $\boldsymbol{x}$ 处的响应值 y 可以

通过数值方法计算得到。如果采用近似函数 $f(\boldsymbol{x})$ 来替代真实响应函数 $y(\boldsymbol{x})$，可以在 $\boldsymbol{x}$ 的整个设计空间内建立显式表达式，并且使计算成本大大降低。这种近似函数就称为响应面[24]。

响应面模型实质上是一个以拟合精度和预测精度为约束，利用近似方法对数据进行拟合的数学模型，在数学上可以通过拟合和插值来实现，即利用已知点构造拟合函数来预测未知点响应或者利用已知点的信息插值计算未知点的信息。

多项式响应面模型具有如下形式

$$y(\boldsymbol{x}) = f(\boldsymbol{x}) + \varepsilon \tag{5-26}$$

式中　$y(\boldsymbol{x})$——所需构造的响应面模型函数；

　　　　$f(\boldsymbol{x})$—— 设计变量 $\boldsymbol{x}$ 的多项式函数；

　　　　ε——随机误差。

随机误差 ε 应具有如下统计特性：均值 $E[\varepsilon] = 0$，方差 $\mathrm{Var}[\varepsilon] = \sigma^2$。每次试验的误差 ε_i 被认为是相互独立的，并且具有相同的分布特性。多项式函数 $f(\boldsymbol{x})$ 经常采用低阶多项式形式，例如线性（一次）多项式或二次多项式。

线性多项式响应面模型以一次多项式为基函数，即

$$P_{(m+1)} = P(\boldsymbol{x}) = (1, x_1, x_2, \cdots, x_m) \tag{5-27}$$

对应的线性多项式响应面模型（简记为 RSM - LP）为

$$f(\boldsymbol{x}) = \boldsymbol{\beta} \cdot \boldsymbol{P}^{\mathrm{T}} = \beta_1 + \sum_{i=1}^{m} \beta_{i+1} \cdot x_i \tag{5-28}$$

其中，$\boldsymbol{\beta} = (\beta_1, \beta_2, \cdots, \beta_{m+1})$ 为待定常系数矢量。

二次多项式响应面模型以二次多项式为基函数，即

$$P_{\left[\frac{(m+1)(m+2)}{2}\right]} = P(\boldsymbol{x}) = (1, x_1, \cdots, x_m, x_1^2, \cdots, x_m^2, x_1 \cdot x_2, \cdots, x_{m-1} \cdot x_m) \tag{5-29}$$

对应的二次多项式响应面模型（简记为 RSM - QP）如下

$$f(\boldsymbol{x}) = \boldsymbol{\beta} \cdot \boldsymbol{P}^{\mathrm{T}} = \alpha_0 + \sum_{i=1}^{m} \alpha_i \cdot x_i + \sum_{i=1}^{m} \alpha_{ii} \cdot x_i^2 + \sum_{i=1}^{m} \sum_{j>i}^{m} \alpha_{ij} \cdot x_i \cdot x_j \tag{5-30}$$

式中，α_0、α_i 及 α_{ij} 等为与变量无关的待定常系数，构成矢量 $\boldsymbol{\beta}$，即

$$\boldsymbol{\beta} = [\beta_1, \beta_2, \cdots, \beta_{(m+1)(m+2)/2}]$$

系数矢量 $\boldsymbol{\beta}$ 通常依据样本空间的试验值采用最小二乘法来确定，即

$$\boldsymbol{\beta}^{\mathrm{T}} = (\boldsymbol{F}^{\mathrm{T}} \cdot \boldsymbol{F})^{-1} \cdot \boldsymbol{F}^{\mathrm{T}} \cdot \boldsymbol{Y} \tag{5-31}$$

式中　$\boldsymbol{F}$—— 样本点数据的设计矩阵；

　　　　$\boldsymbol{F}^{\mathrm{T}}$——$\boldsymbol{F}$ 转置矩阵；

　　　　$\boldsymbol{Y}$—— 由每个样本点的响应值组成的列矢量。

如样本中变量 $\boldsymbol{x}$ 共 n 个值，即 $[x^{(1)}, x^{(2)}, \cdots, x^{(n)}]$；与之对应的响应值 $\boldsymbol{Y}$ 为 $[y^{(1)}, y^{(2)}, \cdots, y^{(n)}]^{\mathrm{T}}$。设计矩阵 $\boldsymbol{F}$ 的表达式为

$$F = \begin{bmatrix} P(x^{(1)}) \\ P(x^{(2)}) \\ \cdot \\ \cdot \\ \cdot \\ P(x^{(n)}) \end{bmatrix} \tag{5-32}$$

对于真实气体效应引起的气动数据增量的响应面模型，考虑采用以高度 H 和马赫数 Ma 为自变量的二次多项式形式，即

$$\boldsymbol{P} = (1, H, Ma, H^2, Ma^2, H \cdot Ma) \tag{5-33}$$

响应面模型为

$$\Delta C(H, Ma) = \beta_1 + \beta_2 \cdot H + \beta_3 \cdot Ma + \beta_4 \cdot H^2 + \beta_5 \cdot Ma^2 + \beta_6 \cdot H \cdot Ma = \boldsymbol{\beta} \cdot \boldsymbol{P}^{\mathrm{T}} \tag{5-34}$$

系数 $\boldsymbol{\beta} = (\beta_1, \beta_2, \cdots, \beta_6)$ 通过式（5-31）计算获得。

图 5-22 显示了采用响应面方法修正获得的某高超声速飞行器真实气体效应引起的各气动力和力矩系数增量情况，并与 CFD 数值模拟的采样点的气动力和力矩系数进行了比较。图中表明，响应面模型所构造的曲面光滑连续，不仅反映了采样点数据的变化规律，而且与采样点数据结果偏差很小。

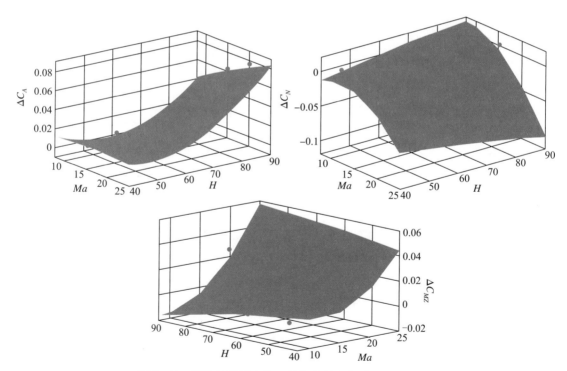

图 5-22 真实气体效应修正的拟合结果与采样点的比较

（曲面为修正方法结果；散点为 CFD 样本结果）

5.2.3.6　气动力数据天地换算框架与实施步骤

　　在分别建立各种物理效应修正方法之后，就需要进行这些方法的集成，形成完整的由地面风洞数据外推到实际飞行状态的气动力数据天地换算方法。忽略各物理效应之间的耦合影响，基于地面风洞试验的气动力数据，线性叠加上四种物理效应产生的修正量则可以获得实际飞行状态下的气动力数据，如图 5 - 23 所示。

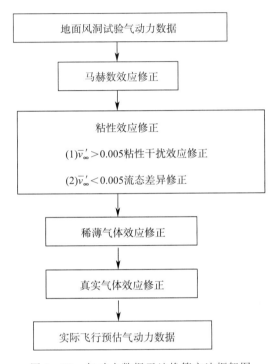

图 5 - 23　气动力数据天地换算方法框架图

　　根据气动力数据天地换算方法框架，结合具体的复杂气动效应修正方法，制定气动力数据天地换算方法的实施路线，如图 5 - 24 所示。在风洞试验中获得了某个特定攻角 α、侧滑角 β 情况下的气动力数据，记其中某分量为 C_E，对应的风洞试验条件为马赫数 Ma_E、雷诺数 ReL_E；在相同攻角 α 和侧滑角 β 情况下的实际飞行马赫数 Ma_F、高度 H，对应雷诺数为 ReL_F。采用如下步骤换算获得实际飞行条件下的气动力数据，与风洞试验相对应的气动力分量换算到实际飞行条件时记为 C_F。

　　1）马赫数效应修正量 ΔC_{Ma} 计算

$$\Delta C_{Ma} = C(Ma\_F) - C(Ma\_E)$$

其中，函数 C 由马赫数效应修正方法中的式（5 - 9）给出。

　　2）粘性效应修正量 ΔC_{Vis} 计算：

　　当 $\bar{\nu}'_\infty > 0.005$ 时，采用粘性干扰相关性理论进行粘性干扰效应修正

$$\Delta C_{Vis} = \Delta C(\bar{\nu}'_\infty\_F) - \Delta C(\bar{\nu}'_\infty\_E)$$

地面风洞试验气动力数据

马赫数效应修正

粘性效应修正
(1) $\bar{\nu}'_\infty > 0.005$ 粘性干扰效应修正
(2) $\bar{\nu}'_\infty < 0.005$ 流态差异修正

稀薄气体效应修正

真实气体效应修正

实际飞行预估气动力数据

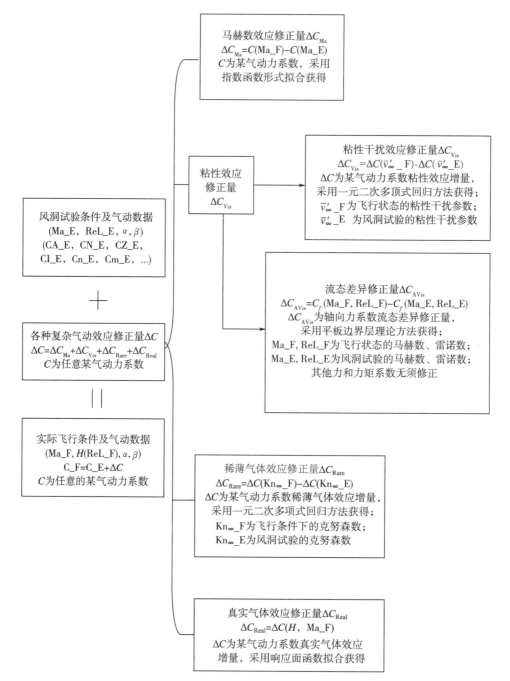

图 5-24　气动力数据天地换算方法实施路线图

其中，函数 ΔC 由粘性干扰效应修正方法中的式(5-21)给出，$\bar{\nu}'_\infty\_\mathrm{F}$ 和 $\bar{\nu}'_\infty\_\mathrm{E}$ 分别对应飞行条件和风洞试验条件下的粘性干扰关联参数。

当 $\bar{v}'_\infty < 0.005$ 时，采用近似理论方法进行流态差异的轴向力系数修正

$$\Delta C_{\mathrm{AVis}} = C_f(\mathrm{Ma\_F}, \mathrm{ReL\_F}) - C_f(\mathrm{Ma\_E}, \mathrm{ReL\_E})$$

其中，粘性摩擦力 C_f 由近似理论式（5-15）、式（5-16）给出；其他气动力系数无须修正。

　　3）稀薄气体效应修正量 ΔC_{Rare} 计算

$$\Delta C_{\mathrm{Rare}} = \Delta C(\mathrm{Kn_\infty\_F}) - \Delta C(\mathrm{Kn_\infty\_E})$$

其中，函数 ΔC 由稀薄气体效应修正方法中的式（5-23）给出，Kn_∞_F 和 Kn_∞_E 分别对应飞行条件和风洞试验条件下的克努森数。

　　4）真实气体效应修正量 ΔC_{Real} 计算：

$$\Delta C_{\mathrm{Real}} = \Delta C(H, \mathrm{Ma\_F})$$

其中，函数 ΔC 由真实气体效应修正方法中的式（5-34）给出。

　　5）实际飞行条件下的气动力数据计算：

$$\mathrm{C\_F} = \mathrm{C\_E} + \Delta C_{\mathrm{Ma}} + \Delta C_{\mathrm{Vis}} + \Delta C_{\mathrm{Rare}} + \Delta C_{\mathrm{Real}}$$

需要注意的是，上述换算方法针对相同的攻角、侧滑角及舵偏角情况。但如果要求获得实际飞行条件下与风洞试验不同攻角、侧滑角或舵偏角的气动力数据结果，必须增加风洞试验样本数量，采用插值或拟合手段确定与实际飞行条件下相同攻角、侧滑角和舵偏角的地面试验气动力数据，以作为天地换算的基础；同时最好保证风洞试验样本和各种物理效应修正所需的数值模拟样本的覆盖范围足够大，以免出现实际飞行条件的各角度参数超出范围后数据插值或拟合方法失效，进而产生换算结果的较大偏差。

5.3　气动力数据不确定度量化方法

准确的气动力数据不确定度是开展气动布局研究、控制系统设计和评估、飞行弹道设计及虚拟飞行试验的基础，对提高飞行器性能和飞行安全性具有重要意义。目前气动力数据主要通过风洞试验和 CFD 计算获得，而这两种数据获取手段都不同程度地存在着大量不确定性的因素。风洞试验中存在支撑干扰、洞壁干扰、雷诺数影响、真实气体效应影响、测量误差、模型加工和安装误差等多方面的不确定因素，使得风洞试验数据不能准确代表真实飞行工况下的气动力。CFD 计算理论上可以考虑更多真实飞行条件下的物理化学环境，但其计算准确性受到物理模型和数值求解技术的多种影响，需要经过系统的验证与确认建立其可信度及偏差范围。

5.3.1　风洞试验气动力数据不确定度量化方法

风洞气动力试验是一个多环节的复杂过程，每一环节所产生的数据测量值都会受到各种误差源的影响，并传递到最终的气动力数据结果中。有效辨识各种误差源并把握其向试验结果的传递形式，建立适用的数据不确定度量化方法，是风洞试验气动力数据不确定度分析的关键。

5.3.1.1　风洞试验误差源的辨识

风洞试验误差来自整个试验流程和试验环境，从模型的加工、安装，到数据采集、处理，任何环节引入的误差源都会对最终的试验结果产生影响。总体来说，风洞试验误差源主要来自以下 5 个方面：试验模型、风洞设备、试验技术、测试仪器和数学模型[25]。

试验模型是风洞试验的主体，其加工精度和外形逼真度直接影响试验结果。由于尺寸限制，风洞试验中通常采用缩比的试验模型。缩比模型可能会对局部结构进行简化，如忽略飞行器表面的小突起和部件间的缝隙，不能达到与全尺寸模型完全的几何相似。此外，模型设计和加工误差、表明粗糙度、弹性变形等也是可能的误差源。

风洞设备为试验提供基本的测试环境，其试验段的流场品质是影响试验结果的重要误差源，主要包括流场静、动态品质和试验模型对流场的改变。风洞流场的静态品质主要指的是流场的梯度，如气流角、速度和温度的梯度等；而动态品质表现在流场的时变特性上，如压力和温度的脉动等。试验模型改变流场主要包括：模型压力场改变从稳定段和喷管流出的涡流轨迹，从而改变气流角度和曲率，对阻力和力矩造成影响；模型引起的流场扰动影响到洞壁边界层的发展，是洞壁干扰的一个因素。

试验技术是潜在的误差源，与试验设计密切相关，涉及模型大小的选择、安装方式的确定、测量仪器的选择等方面。在进行试验方案设计时必须仔细评估不同试验技术对试验结果不确定度的贡献，优先采用不确定度较小的试验技术。

测试仪器包括天平测量系统、压力测量系统等，通常由传感器、信号调制和数据采集等分系统构成。各个分系统均可能引入不确定性因素，对最终的测量结果造成影响。测试仪器在使用之前都需要进行校准，校准过程产生的数据为不确定度评估提供了直接的数据来源。因此，相比于其他误差源，测试仪器相关的不确定度相对容易估计。

试验数据处理中应用的各种数学模型均可能引起一定的不确定度。试验中可能采用的数学模型包括数据的拟合和插值、重要误差源的数据修正等，其中洞壁干扰和支撑干扰的修正是最常见的两种数据修正。数据修正的准确性取决于数学模型能否反映相关误差源对试验的影响，同样的数据修正方法能否应用于不同的风洞和工况需要进行仔细评估。数据修正的不确定度很难估计，最好的方法是设计专门的验证试验对数据修正方法的准确性和不确定度进行评估。

表 5-2 给出了国内某高超声速风洞的一些典型误差源，实际存在的误差源会更多。在不确定度量化工作中不可能也没有必要对所有的误差源都进行量化，合理的策略是确定重要的误差源，将主要精力集中到重要误差源的量化上，忽略相对次要的误差源的影响，以最经济的方式完成不确定度量化工作。重要误差源的确定极大地依赖于经验，在不能确定某误差源是否重要时应该将其包含在考虑范围内。表 5-3 给出了风洞试验中影响气动力系数的重要误差源及其敏感性特征。

表 5 - 2　某高超声速风洞的典型误差源

相关类别	项目	具体源头
试验技术	天平校准	校准各环节
	弹性角校准	校准各环节
	攻角机构	运行攻角 运行侧滑角
	天平滚转角安装误差	载荷受力
	长度测量	仪器的示值 观测者的读数
	温度漂移	温度影响
测试仪器	压力传感器	量程误差 分辨率
	K 型热电偶	测量误差
	压力信号采集	量程误差 有效位数
	天平信号采集	量程误差 线性偏差
数学模型	整数攻角、侧滑角插值(自重)	数据拟合或插值方法
	整数攻角、侧滑角插值(吹风)	数据拟合或插值方法
	数学模型不完善	数据修正方法
试验模型	外形的尺寸差异	加工
	外形的表面粗糙度	加工
	模型与天平的装配	安装
风洞流场	马赫数校测	校测各环节
	流场梯度	风洞品质
	气流时变	风洞品质
	气流偏斜角	风洞品质

表 5 - 3　某高超声速风洞气动力试验数据敏感分析情况表

气动力系数	不确定度源	敏感性特征
轴向力系数	天平校准	主要部分,随攻角增大权重增加
	压力传感器	次要部分,随攻角增大权重减小
法向力系数	天平校准	主要部分
	压力传感器	主要部分
	攻角机构	主要部分

续表

气动力系数	不确定度源	敏感性特征
侧向力系数	天平校准	主要部分
	天平滚转角安装误差	主要部分
滚转力矩系数	天平校准	主要部分
偏航力矩系数	天平校准	主要部分
	天平滚转角安装误差	主要部分
	侧向力系数引入偏差	次要部分
俯仰力矩系数	天平校准	主要部分
	压力传感器	主要部分
	攻角机构	主要部分
	距离测量	主要部分
	法向力系数引入偏差	次要部分

5.3.1.2　风洞试验被测变量的不确定度量化

一般认为，误差是由随机误差（精度）和系统误差（偏差）两部分构成的[25-26]。如果一个误差导致数据的分散性，则为随机误差，否则为系统误差。图 5-25 给出了变量 X 的误差构成示意图，该变量的真值为 X_{True}，测量值的均值为 μ，系统误差 β 为真值与测量均值的差，而随机误差则反映测量值围绕均值的散布度。与误差的构成相对应，变量 X_i 的不确定度由精度极限 P_i 和偏差极限 B_i 构成，其中精度极限 P_i 是对随机误差的估计，偏差极限 B_i 是对系统误差的估计。变量 X_i 的不确定度表示为

$$U_i = \sqrt{B_i^2 + P_i^2} \tag{5-35}$$

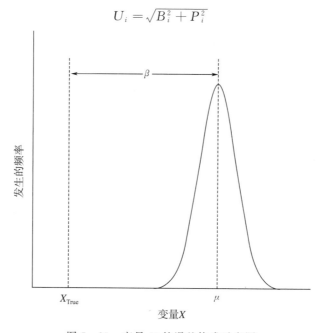

图 5-25　变量 X 的误差构成示意图

　　精度极限 P_i 与数据的分散性相关，最好的估计方法是直接分析相同试验条件下的重复性测量结果。变量 X_i 的精度极限可通过下式计算

$$P_i = kS_i \tag{5-36}$$

式中　k ——覆盖因子；

　　　S_i ——数据标准差。

　　对大部分测量数据都可以假定为正态分布，此时设 $k=2$ 可获得 95% 的置信度。标准差 S_i 通过标准的统计方法计算

$$S_i = \sqrt{\frac{\sum_{k=1}^{N} (x_{i,k} - \bar{x}_i)^2}{N-1}} \tag{5-37}$$

　　可以近似认为偏差极限 B_i 是重复性数据的均值相对于真值的偏差，对其估计比精度极限的估计要困难得多。在缺乏可靠的校准标准的前提下，估计偏差极限是不可能做到的。因此，估计偏差极限需要依赖历史数据或专门针对特定测量系统开展详细的校准评估。偏差极限比精度极限更适合通过各个系统误差源进行估计，假定变量 X_i 的偏差极限受 M 个重要的系统误差源影响，每一个系统误差源的偏差极限为 $B_{i,k}$，则变量 X_i 的偏差极限可以通过下式计算

$$B_i = \sqrt{\sum_{k=1}^{M} B_{i,k}^2} \tag{5-38}$$

5.3.1.3　风洞试验气动力数据不确定度量化

　　风洞测得的气动力系数是通过一系列被测变量进行计算的结果，用来计算气动力系数的公式通常称为数据导出公式，一般形式为

$$r = r(X_1, X_2, \cdots, X_J) \tag{5-39}$$

式中　X_i ——风洞的直接测量量；

　　　r ——气动力数据试验结果。

　　如果存在重复性数据，则试验结果以数据平均值 $\bar{r}$ 给出，平均值的精度极限由统计方法给出

$$P_{\bar{r}} = \frac{kS_r}{\sqrt{N}} \tag{5-40}$$

式中　S_r ——数据标准差；

　　　N ——重复性数据个数。

　　对正态分布数据，$k=2$ 可获得 95% 置信度。

　　当不存在重复性数据时，精度极限可以通过以下不确定度传播公式计算

$$P_r = \sqrt{\sum_{i=1}^{J} \left(\frac{\partial r}{\partial X_i} P_i\right)^2} \tag{5-41}$$

　　偏差极限通过以下不确定度传播公式计算

$$B_r = \sqrt{\sum_{i=1}^{J} \left(\frac{\partial r}{\partial X_i} B_i\right)^2 + 2 \frac{\partial r}{\partial X_m} \frac{\partial r}{\partial X_n} B'_m B'_n} \tag{5-42}$$

式中的第二项是由变量 X_m 和 X_n 的偏差极限的相关性引起的，B'_m 和 B'_n 是两个被测量共有的系统误差源导致的系统偏差。

在获得试验结果的精度极限和偏差极限后，即可以建立试验结果的不确定度形式

$$U_r = \sqrt{B_r^2 + P_r^2} \tag{5-43}$$

5.3.2　CFD 气动力数据不确定度量化方法

5.3.2.1　CFD 气动力数据不确定度来源

CFD 气动力数据不确定度主要有三类来源：计算模型不确定度、数值不确定度和输入参数不确定度[27-29]。

计算模型不确定度是指 CFD 仿真所用的物理模型在构建时采取的假设和简化引起的不确定度。计算模型不确定度来源于物理模型构建过程中的所有要素，包括应用环境的指定、应用场景的指定、包含或舍弃的物理交互作用、模型的偏微分方程、子模型的偏微分方程等[28]。计算模型不确定度属于不能准确描述物理过程的认知不确定度，而且其边界难以准确估计，从而使得不确定度量化存在极大的困难。

数值不确定度是 CFD 数值计算方法自身引起的不确定度，主要包括空间离散误差、时间离散误差和迭代误差等。数值不确定度是 CFD 不确定度量化中最容易被忽视的一项。一方面，通常认为数值不确定度相对于模型不确定度和输入参数不确定度而言是小量，不予考虑；另一方面，开展系统的数值不确定度量化的工作量极大。然而，数值不确定度相对较小的论断并不总是成立，同时也应该有数据支持，而不是直接忽视数值不确定度。

输入参数不确定度是指初/边值条件、飞行器几何参数、物理模型自由参数、数值算法自由参数等计算所需的输入参数引起的不确定度。物理模型自由参数是 CFD 不确定度量化研究中涉及最多的不确定度来源。受物理过程认识所限，建模过程中往往会引入一些由试验标定或理论分析获得的自由参数；这些参数往往对模拟结果产生较大影响，是 CFD 不确定度的重要影响源。边界条件设置也存在一些参数可能影响计算结果，如飞行器壁面温度条件（温度模型参数和温度值）、滑移边界模型参数等。数值算法自由参数通常包括人工粘性参数和熵修正系数等，也是计算结果误差的来源。

5.3.2.2　CFD 气动力数据不确定度量化方法

（1）模型不确定度的量化

模型不确定度的量化主要通过验证与确认过程进行，即通过对比 CFD 模拟结果与试验结果来评估 CFD 中的物理化学模型的准确性。由于 CFD 模拟的流动问题的复杂性，很难从理论上分析得出某个物理化学模型的准确程度，只能通过确认算例的不断累积来增加对模拟结果的可信度，而当遇到全新工况的模拟时所建立的可信度又会大打折扣。如果存在与预期应用工况类似的确认数据，就能够获得可靠的模型不确定度。而许多情况下，并不存在与预期应用工况类似的确认结果，此时只能利用已有的确认数据外推估计模型不确定度。

模型不确定度的计算采用过程统计控制中的数据分析方法[30]，即

$$U_E = k\hat{\sigma} \tag{5-44}$$

其中

$$\hat{\sigma} = R/d_n \tag{5-45}$$

式中　R——计算与试验数据构成的数据组中的最大值与最小值之差；

　　　k——安全因子；

　　　d_n——常数，取决于数据组的元素个数，具体取值见表 5-4。

表 5-4　d_n 取值列表

n	2	3	4	5	6	7	8	9	10	15	20
d_n	1.13	1.69	2.06	2.33	2.53	2.7	2.85	2.97	3.08	3.47	3.73

（2）数值不确定度的量化

数值不确定度量化的误差源通常包括空间离散误差、时间离散误差和迭代误差。

空间离散误差主要由网格尺度决定，通常采用 GCI 方法[31]估计

$$\mathrm{GCI} = \frac{F_s}{(r^p - 1)} \left| \frac{f_2 - f_1}{f_1} \right| \tag{5-46}$$

式中　f_2, f_1——稀网格和密网格上的计算值；

　　　r——稀网格单元尺度与密网格单元尺度之比；

　　　F_s——安全因子；

　　　p——空间离散方法的精度。

GCI 方法获得空间离散误差的公式为

$$U_g = \mathrm{GCI} \cdot f_1 \tag{5-47}$$

此类方法的基本思想是通过多套网格的计算值外插得到更高精度的结果，并在此基础上进行离散误差估计。为了保证外插方法的可靠性，要求密网格各方向同步加密，且随着网格加密计算结果渐进光滑收敛。复杂外形流动计算动辄需要上千万网格，网格拓扑复杂，使得网格系统加密异常困难，甚至不可进行。复杂流动计算通常也难以保证网格加密计算的收敛过程光滑无波动，使得 GCI 类方法难以大规模应用。

对于网格量巨大的复杂外形流场计算，为获得空间离散误差，可通过网格拓扑结构、分布或密度等的改变进行量化。必须指出的是，用于分析的所有网格应保证其质量满足工程设计精度要求。假定不同网格上获得一系列计算结果为 $y_1, \cdots, y_n$，则空间离散误差可以保守地采用最大差量获得，即

$$U_g = y_{\max} - y_{\min} \tag{5-48}$$

迭代误差是采用迭代方法求解离散方程时引入的误差，对它的估计比较困难，一般的做法是通过监测迭代残差或两步迭代间的结果差异确定迭代是否收敛，在保证迭代收敛的情况下尽可能减小迭代误差。如果确有必要开展迭代误差估计，可采用 Blottner[32]提出的迭代误差估计方法

$$U_I = \left| \frac{\lambda_k (f_h^k - f_h^{k-1})}{\lambda_k - 1} \right|, \lambda_k = \frac{f_h^{k+1} - f_h^k}{f_h^k - f_h^{k-1}} \tag{5-49}$$

式中　f_h^k——第 k 次迭代结果。

数值不确定度还会受到计算格式、限制器和其他增强计算稳定性方法的影响。这些参数，包括网格因素，也可以看作是计算输入参数的一种，从而在输入参数不确定度的量化中予以考虑。

（3）输入参数不确定度量化

输入参数不确定度量化首先需要确定输入参数不确定度的数学形式，然后通过 CFD 计算软件将输入参数不确定度传递到气动力参数中，最后对气动力结果进行统计分析，获得输入参数不确定度引起的气动力结果不确定度。输入参数不确定度量化通常有两种：二级蒙特卡洛模拟方法[33-34]和正交试验设计方法。

二级蒙特卡洛模拟方法将输入参数不确定度区分为认知不确定度和随机不确定度[35]。认知不确定度来源于认识有限和信息不完善；随机不确定度是系统固有的随机性质。这两类不确定度的来源不同，二级蒙特卡洛模拟方法采用不同的数学形式进行表达：通过区间描述认知不确定度；通过概率分布函数表示随机不确定度。二级蒙特卡洛模拟方法的流程如图 5 - 26 所示。

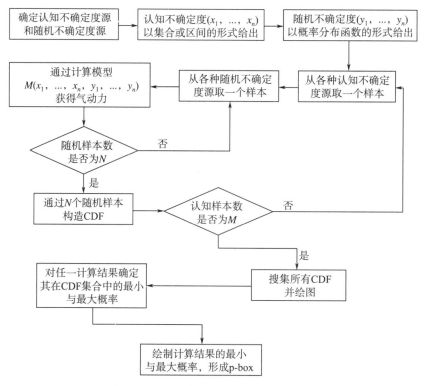

图 5 - 26　二级蒙特卡洛模拟方法的流程

认知不确定度参数在外层蒙特卡洛模拟中采样，随机不确定度参数在内层蒙特卡洛模拟中采样。每一个认知不确定度参数的样本都可以通过内层蒙特卡洛模拟获得一个计算结果的概率分布函数，一系列认知不确定度参数的样本可获得一系列概率分布函数。这些概率分布函数以 p-box[36] 呈现，可直观看到认知不确定度和随机不确定度对计算结果的影响。图 5-27 给出的是同时包含随机不确定度和认知不确定度的 p-box 示意图，p-box 的左右边线是因认知不确定度的存在而产生的。p-box 可以用区间表示计算结果等于或小于某一数值的概率，比如图 5-27 中计算结果小于或等于 30 的概率是 [0.3，0.83]。图 5-28 是仅包含认知不确定度的 p-box，计算结果落在 [10，20] 之间的概率是 [0，1]。

　　为了获得区间形式的不确定度表达式，便于工程应用，可以在 p-box 上截取该区间。如图 5-29 所示，假定不确定度区间置信度为 95%，则在 p-box 上分别取 0.025 和 0.975 的 CDF（累积分布函数）值，在左边线上取对应于 0.025 的水平轴上的数值，记为 S_1，在右边线上取 0.975 对应的水平轴上的数值，记为 S_2，不妨设计算结果平均值为 S，则取 95% 置信度的不确定度值为

$$U_{input} = \max(|S - S_1|, |S - S_2|) \tag{5-50}$$

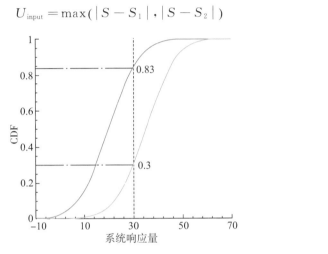

图 5-27　随机不确定度＋认知不确定度的 p-box 示意图

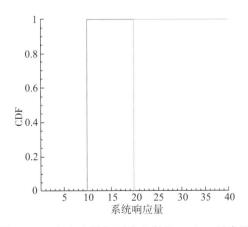

图 5-28　仅包含认知不确定度的 p-box 示意图

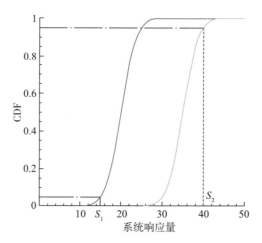

图 5 - 29　不确定度区间截取示意图

基于二级蒙特卡洛模拟的输入参数不确定度量化方法考虑的因素十分全面，在分析中区别对待认知不确定度和随机不确定度的方式也更为合理，其结果以 p - box 的形式呈现，提供了更丰富的信息，可以方便地获得不确定度区间。但是，这种不确定度量化方法需要大量采样才能获得有意义的结果，而 CFD 模拟的计算开销过大，在当前计算水平下很难在工程实际中应用。

对只考虑认知不确定度的情形，p - box 左右边线为竖直线，不需要为捕获边线的斜率而大量采样。另外，对不确定度量化有意义的只是边线的左右跨度，因此我们认为可以用较少的样本点给出有一定参考意义的边线宽度作为不确定度，并乘以安全因子提高可靠性。基于上述考虑，修改外层蒙特卡洛模拟的采样方法，不再采用随机采样，而是通过正交试验设计方法安排计算方案，这就是基于正交试验设计的输入参数不确定度量化方法。正交试验设计方法可极大地减少需要模拟的样本数，且考虑了不同来源不确定度的相互作用，能够快速有效地获得不确定度结果。

正交试验设计方法可在数理统计类参考书中获得，这里不再赘述。输入参数不确定度估计的准确性取决于不确定度来源的识别和表示。在正交试验设计中，输入参数不确定度以不同的水平表示，每个水平代表输入参数不确定度的一个可能取值。比如，如果将飞行高度作为一个输入参数不确定度，可以设置 H_1 和 H_2 两个高度值作为飞行高度不确定度的两个不同的水平。

方差分析可以用来估计各个输入参数不确定度来源对计算结果的影响大小，可以利用方差分析结果忽略次要不确定度来源，或改进计算方案以控制和减小主要不确定度来源的影响。

利用正交试验设计进行输入参数不确定度量化，可以对计算结果采用标准的统计方法进行处理，得到输入参数不确定度

$$U_{input} = k \sqrt{\frac{1}{n-1} \sum_{i=1}^{n} (\bar{y} - y_i)^2} \qquad (5-51)$$

式中　k ——安全因子；

　　　n ——数据个数；

　　　y_i，$\bar{y}$ ——第 i 个数据和数据平均值。

（4）CFD 气动力数据不确定度分量融合方法

在获取模型不确定度 U_E、数值不确定度 U_{num} 和输入参数不确定度 U_{input} 后，需要将 3 个分量进行有效融合，从而建立最终的 CFD 不确定度模型。当前工程实际应用中，通常有两种融合方法。一种是将 3 个不确定度分量视为相互独立的随机变量进行融合（Coleman 和 Stern 等）[37]，即

$$U_{Total} = \sqrt{U_E^2 + U_{num}^2 + U_{input}^2} \tag{5-52}$$

另一种则是不计分量间相互作用的线性叠加处理方法（Oberkampf 等）[28]，即

$$U_{Total} = U_E + U_{num} + U_{input} \tag{5-53}$$

其中，式（5-53）估计的不确定度偏保守，而式（5-52）得到的不确定度则可能被低估。

5.3.3　高超声速飞行器 CFD 气动力数据不确定度量化实例

以某高超声速升力体外形（如图 5-30 所示）为研究对象，针对 $Ma = 5$ 的典型飞行状态，假定以 CFD 数值模拟手段获取飞行工况的气动力数据。本节开展了计算模型不确定度、数值与输入参数不确定度的量化，并形成了 CFD 气动力数据总的不确定度。

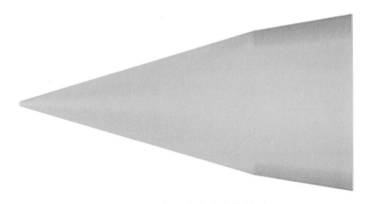

图 5-30　高超声速升力体外形

（1）计算模型不确定度量化

计算模型不确定度代表计算模型模拟实际物理过程的缺陷和不足。计算模型具有最佳适用范围，因此不确定度量化最好采用类似飞行器和类似飞行状态的试验数据，以保证流场出现类似的流动特征、发生类似的物理化学过程，从而确保不确定度量化结果的可靠性。为此，选用与所研究的高超声速升力体外形相似的大升力面试验模型作为参考，开展了计算数据（见表 5-5）与试验数据（见表 5-6）的比较分析。

表 5 - 5　大升力面试验模型计算数据（$Ma = 5$）

攻角	C_A	C_N	C_{MZG}
0	1.5895E - 01	7.2561E - 02	2.3082E - 02
2	1.6868E - 01	2.7574E - 01	3.1049E - 02
8	2.2177E - 01	9.9953E - 01	7.3788E - 02

表 5 - 6　大升力面试验模型试验数据（$Ma = 5$）

攻角	C_A	C_N	C_{MZG}
0	1.7408E - 01	9.4116E - 02	2.3595E - 02
2	1.8714E - 01	3.0030E - 01	2.8633E - 02
8	2.4532E - 01	1.0852E + 00	5.7365E - 02

采用式（5 - 44）计算各气动力数据的模型不确定度，见表 5 - 7。轴向力系数不确定度基本不随攻角变化，法向力系数和俯仰力矩系数不确定度随攻角增大而增大。

表 5 - 7　计算模型不确定度（$Ma = 5$）

攻角	C_A _UN	C_N _UN	C_{MZG} _UN
0	1.3410E - 02	1.9109E - 02	4.5470E - 04
2	1.6364E - 02	2.1776E - 02	2.1422E - 03
8	2.0875E - 02	7.5914E - 02	1.4559E - 02

（2）数值与输入参数不确定度

数值不确定度主要考虑网格因素，输入参数不确定度主要考察湍流模型和飞行高度。为减小计算量，将网格因素也作为输入参数共同进行正交试验设计。对于 3 因素 2 水平的正交试验设计，采用 2^3 正交表，具体量化计算方案见表 5 - 8。采用正交试验设计统计获得的数值与输入参数不确定度［见式（5 - 51）］结果列于表 5 - 9。

表 5 - 8　不确定度量化计算方案

case	湍流模型	网格密度	高度/km
1	S - A	稀	23
2	S - A	密	20
3	SST	稀	20
4	SST	密	23

表 5 - 9　数值与输入参数不确定度（$Ma = 5$）

攻角	C_A _UN	C_N _UN	C_{MZG} _UN
0	1.3422E - 02	3.1336E - 03	3.9006E - 04
2	1.5965E - 02	4.3755E - 03	8.4976E - 04
8	2.0120E - 02	4.8367E - 03	2.3061E - 03

（3）总的不确定度

图 5 - 31 给出了计算模型不确定度与输入参数不确定度的对比情况，轴向力系数不确定度二者相当，法向力系数输入参数不确定度远小于计算模型不确定度，小攻角下俯仰力矩系数计算模型不确定度与输入参数不确定度相当，随着攻角增大，计算模型不确定度与输入参数不确定度间的差值逐渐增大，到 8°攻角，俯仰力矩系数的不确定度已经主要由计算模型不确定度主导。表 5 - 10 给出了采用式（5 - 52）进行融合后的总的 CFD 气动力数据不确定度。

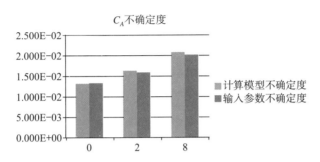

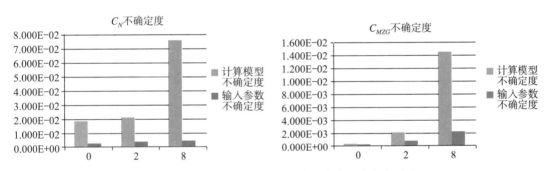

图 5 - 31　计算模型不确定度与输入参数不确定度对比

表 5 - 10　总不确定度（$Ma = 5$）

攻角	C_A _UN	C_N _UN	C_{MZG} _UN
0	1.8973E - 02	1.9364E - 02	5.9908E - 04
2	2.2862E - 02	2.2211E - 02	2.3046E - 03
8	2.8993E - 02	7.6068E - 02	1.4741E - 02

参 考 文 献

[1] ANDERSON J D. Hypersonic and High – Temperature Gas Dynamics 2nd Edition, AIAA Inc. , Virginia, 2008.

[2] Aerodynamic Design Data Book, Volume I: Orbiter Vehicle, SD72 – SH – 0060, Rockwell International, 1980.

[3] LEES L, PROBSTEIN R F. "Hypersonic Viscous Flow Over a Flat Plate," Princeton University Aeronautical Engineering Laboratory Report 195, 1952.

[4] SETTLES G S, Dodson L J. "Hypersonic Shock/Boundary – Layer Interaction Database," NASA CR 177577, April 1991.

[5] HOLDEN M S. "Experimental Studies of Quasi – Two – Dimensional and Three – Dimensional Viscous Interaction Regions Induced by Skewed – Shock and Swept – Shock Boundary Layer Interactions," AIAA Paper 1984 – 1677, 1984.

[6] HOLDEN M S, WADHAMS T P, HARVEY J K, CANDLER G V. "Comparisons Between DSMC and Navier – Stokes Solutions on Measurements in Regions of Laminar Shock Wave/Boundary Layer Interactions in Hypersonic Flows," AIAA 2002 – 0435, 40th AIAA Aerospace Sciences Meeting &. Exhibit, Reno, NV, 2003.

[7] WADHAMS T P, HOLDEN M S. "Summary of Experimental Studies for Code Validation in the LENS Facility and Comparisons with Recent Navier – Stokes and DSMC Solutions for Two – and Three – Dimensional Separated Regions in Hypervelocity Flows," AIAA 2004 – 0917, 42nd AIAA Aerospace Sciences Meeting &. Exhibit, Reno, NV, 2004.

[8] HOLDEN M S. "Historical Review of Experimental Studies and Prediction Methods to Describe Laminar and Turbulent Shock Wave – Boundary Layer Interactions in Hypersonic Flows", AIAA 2006 – 494, 2006.

[9] HOLDEN M S, WADHAMS T P, MACLEAN M, WALKER B J. "Experimental Studies in Hypersonic Flows for Facility and Code Validation", AIAA 2007 – 1304, 2007.

[10] CANDLER G V, NOMPELIS I. "CFD Validation for Hypersonic Flight: Real Gas Flows", AIAA 2002 – 0434, 2002.

[11] WOODS W C, ARRINGTON J P, HAMILTON H H. "A Review of Pre – flight Estimates of Real – Gas Effects on Space Shuttle Aerodynamic Characteristics", NASA CP – 2283, 1983.

[12] MAUS R, GRIFFITH B, SZERNA K, BEST J. "Hypersonic Mach Number and Real Gas Effects on Space Shuttle Orbiter Aerodynamics", Journal of Spacecraft and Rockets, 1984.

[13] GOKCEN T. "Computation Of Thermochemical Nonequilibrium Flows Around A Simple And A Double Ellipse", NASA – CR – 187702, 1991.

[14] DINESH K P, PERIKLIS E P, et. "Shuttle Orbiter Contingency Abort Aerodynamics, II: Real – Gas Effects and High Angles of Attack", AIAA 2003 – 1248, 2003.

［15］　沈青. 稀薄气体动力学，北京，国防工业出版社，2003.

［16］　ANDREW J L, LEONARD C S, IAIN D B. "Velocity Slip and Temperature Jump in Hypersonic Aerothermodynamics", AIAA 2007 - 0208, 2007.

［17］　LAU K Y. "Hypersonic boundary - layer transition: application to high speed vehicle design", Journal of Spacecraft and Rockets, 45 (2): 176 - 183, 2008.

［18］　HORNUNG H G. Ground testing for hypervelocity flow, capabilities and limitations [R]. NASA: ADA581905, 2010.

［19］　JAMES P A, JIM J J. "Shuttle Performance: Lessons Learned, Part I", NASA, N84 - 10115, 1983.

［20］　MILLER C G. "Development of X - 33 - X - 34 Aerothermodynamic Data Bases: Lessons Learned and Future Enhancements", NASA 20040086679, 1999.

［21］　BERTIN J, CUMMINGS R. "Critical Hypersonic Aerothermodynamic Phenomena", Annual Review Fluid Mechanics, Vol. 38, 2006.

［22］　龚安龙，周伟江，等. "高超声速粘性干扰效应相关性研究"，宇航学报，Vol. 29, No. 6, 2008.

［23］　VAN DRIEST E R. "Turbulent Boundary Layer in Compressible Fluids", Journal of the Aeronautical Science, Vol. 18, No. 3, 1951.

［24］　何为，薛卫东，唐斌. 优化试验设计方法及数据分析. 北京：化学工业出版社，2011.

［25］　Advisory Group for Aerospace Research and Development. Quality assessment for wind tunnel testing [R]. AGARD - AR - 304, 1994.

［26］　COLEMAN H W, STEELE W G. Engineering application of experimental uncertainty analysis [J]. AIAA Journal, 1995, 33 (10): 1888 - 1896.

［27］　AIAA. Guide for the verification and validation of computational fluid dynamics simulations [R]. 1998, AIAA - G - 077 - 1998.

［28］　OBERKAMPF W L, ROY C J. Verification and validation in scientific computing [M]. Cambridge University Press, 2010.

［29］　STERN F, WILSON RV, COLEMAN H W, PATERSON E G. Comprehensive approach to verification and validation of CFD simulations - part 1: methodology and procedures [J]. Journal of fluids engineering, 2001, 123 (4): 793 - 802.

［30］　CHAN D T, PINIER J T, WILCOX F J, et al. Space launch system booster separation aerodynamic database development and uncertainty quantification [R]. 2016, AIAA 2016 - 0798.

［31］　ROACHE P J. Verification of Codes and Calculations [J]. AIAA Journal, 1998, 36 (5): 696 - 702.

［32］　ROY C J, BLOTTNER F G. Assessment of one - and two - equation turbulence models for hypersonic transitional flows [J]. Journal of Spacecraft and Rockets, 2001, 38 (5): 699 - 710.

［33］　SWILER L P, PAEZ T L, MAYES R L, ELDRED M S. Epistemic uncertainty in the calculation of margins [R]. 2009, AIAA 20009 - 2249.

［34］　BETTIS B R, HOSDER S. Efficient uncertainty quantification approach for reentry flows with mixed uncertainties [J]. Jouurnal of Thermophysics and Heat Transfer, 2011, 25 (4): 523 - 535.

［35］　OBERKAMPF W L, TRUCANO T G. Validation methodology in computational fluid dynamics [R]. AIAA, 2000, 2549.

［36］　FERSON S, KREINOVICH V, GINZBURG L, et al. Constructing probability boxes and Dempster -

Shafer structures [R] . Sandia National Laboratories，2003，SAND 2003 – 4015.

[37] COLEMAN H W，STERN F. Uncertainties and CFD code validation [J] . Journal of Fluids Engineering，1997，119：795 – 803.

第 6 章　飞行器非定常与动态特性计算方法

在激波与分离旋涡等流动结构作用下，现代飞行器呈现出强烈的非定常、非线性的空气动力特性，飞行器的精细化设计需要审慎地考虑非定常与动态气动特性的影响。本章在概述飞行器非定常与动态特性数值模拟研究技术发展趋势的基础上，重点介绍了飞行器动稳定性导数多层次的计算方法，包括基于当地活塞理论的快速高效工程计算方法、准定常旋转法、完全非定常数值模拟的通用时域计算方法和高效的时间谱方法。本章还进一步介绍了高速旋转弹箭的旋转空气动力学效应的数值预测技术；同时也介绍了适合大分离非定常流动模拟的 RANS/LES 混合方法在飞行器动态特性预测中的优良表现。

6.1　飞行器非定常与动态气动问题及数值模拟技术的发展趋势

现代飞行器设计越来越追求极限条件的飞行性能，激波与分离旋涡成为复杂流场的主要肌腱。激波/边界层诱导流动分离、旋涡运动与破裂使流动呈现强烈的非定常、非线性特性，相应诱导出超出预期的空气动力学效应，甚至产生颠覆性的后果[1]。因此，现代飞行器的精细化设计对非定常与动态气动特性的预测提出了新的更高要求。目前，计算空气动力学的技术与方法已经逐步发展并应用于飞行器动稳定性参数、旋转空气动力学效应、非定常气动载荷等相关研究。

6.1.1　动稳定性参数

飞行器飞行稳定性和操纵性，即飞行器保持和改变原先飞行状态的能力。飞行器飞行姿态的改变（无论是主动还是被动的），其气动力（矩）都会随着姿态的改变及其改变速率而变化。一般来说，飞行器姿态变化过程通常表现为振荡形态；如果开环运动的姿态变化在气动阻尼的作用下很快衰减，则飞行器具有良好的动态稳定性；反之，则说明飞行器不具备好的动态稳定性，如果飞行器振荡运动是发散的，则表明飞行器是动不稳定的。

飞行器在扰动作用下的运动稳定性研究是飞行器设计过程中重要一环。按照 Bryan[2] 早在 20 世纪初提出的空气动力学数学模型理论，在线性近似范围内可将气动力表述为瞬态运动状态参数及其导数的函数关系。通常将线性假设下的空气动力学数学模型引入六自由度运动方程或其简化形式来分析飞行器的运动特征。动态稳定性参数，亦称气动阻尼系数或气动阻尼导数，工程上常简称为动导数，用以描述飞行器机动飞行和受到扰动时的动态气动特性，是工程设计中不可缺少的基本气动参数。动导数不仅是飞行器飞行稳定性与飞行品质分析的重要参数，而且也是飞行器姿态与轨道控制系统设计中控制增益确定的重要依据。

传统上获得动稳定性参数的主要方法有飞行试验、风洞试验、工程经验方法和数值计算[1]。飞行试验难度大、周期长、风险高，不可能在飞行器设计初期阶段获得指导性的数据，"被动式"特点显著。动导数风洞试验是动态气动特性研究的重要手段，继承了飞行试验难度大、周期长的特点，传统上采用风洞吹风试验中模型强迫振动或自由振动的运动方式获取动导数。但经验表明：支撑干扰，特别在跨声速段，是风洞试验数据不确定度构成的重要因素。

从国外发展经验看，非定常 CFD 方法是当前高超声速飞行器获得动导数最理想、最现实的方式，而且可靠性有望接近飞行试验。这种基于 CFD 技术的数值方法通过求解非定常 N-S 方程，可以考虑到流场的非线性特征，适合开展复杂外形的气动力计算。特别是对于临近空间高超声速飞行器，鉴于风洞试验能力的局限性，基于 CFD 技术的动导数预测几乎成为了唯一可行的手段。各种研究方法的成本-可靠性关系图如图 6-1 所示。

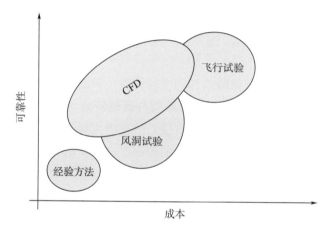

图 6-1 各种研究方法的成本-可靠性关系图

随着计算空气动力学的迅猛发展，动导数的高精度计算已经成为近年来日臻成熟的预测技术。综合考虑到计算精度与效率，基于 CFD 计算的动导数预测方法主要分为三类：1) 工程近似法[3-5]；2) 时域方法[6-11]；3) 频域方法[12-17]。

利用当地活塞理论原理，将 CFD 计算所得定常流场进行摄动处理的动导数快速预测方法[5]是工程近似方法的最新发展。通过压力摄动结合旋转扰动运动快速预测动导数的思路，可进一步推广到由压力摄动结合平动扰动运动获得静导数。时域方法的主体是基于非定常数值计算的强迫简谐振动和自由振动预测方法；除此之外还包括了谐振摄动法、非惯性坐标系下轴对称体锥运动的定常计算方法、准定常旋转法等[6]简化近似处理。频域方法最初是针对叶轮机械、旋翼流动等周期性的非定常气动问题而发展起来的；应用于动导数预测也是利用了微幅强迫简谐振动及其动态气动响应的周期性，主要包括谐波平衡法及其衍生发展形式——时间谱方法。频域方法的最主要优势是效率高而不损失精度，这一优势在高超声速体现得更为明显。

6.1.2　旋转空气动力学效应

弹箭飞行器普遍采用高速旋转的陀螺效应使静不稳定弹体变为动稳定，增加射程并提高落点精度。目前，旋转火箭弹和电磁炮炮弹飞行速度已经延伸到高超声速范围。当弹箭自转并存在一定攻角时，流场附面层的畸变和离心力等因素会导致弹体表面附近流场相对于攻角平面不对称，进而产生垂直于攻角面的力及力矩。德国科学家马格努斯于 1852 年研究弹丸射击偏差时发现此现象，故后来称为马格努斯现象。早期旋转空气动力学效应由此称为马格努斯效应[18-19]，相应旋转引起的侧向力（矩）称为马格努斯力（矩）。随着研究内涵的扩展，形成了研究旋转飞行器空气动力学特性的专有领域。

一般情况下，马格努斯力相对于法向力是小量，但是马格努斯力产生的力矩矢量位于攻角平面内并垂直于弹轴，它不断地引起弹轴摆出攻角平面，对飞行稳定性有着不可忽视的重要影响。因此，深入研究旋转空气动力学效应，尽量减小面外力（矩）对弹箭飞行的不利影响，对弹箭设计、弹道预测及打击精度等有重要的影响。然而由于旋转带来的复杂气动干扰[20]，如边界层位移厚度的非对称畸变、径向压力梯度的非对称作用、轴向和周向切应力的非对称变化、体涡的非对称形成和脱落、边界层转捩的非对称发生、粘性力与压力的相互干扰等都会使气动力和气动力矩呈现较强的非线性特性，为准确预测旋转弹箭的气动特性提出了挑战。

近年来，国内外对马格努斯效应的数值模拟计算研究取得了很大进展。计算方法从早期的工程近似方法（如 Kelly - Thacker 方法、Vaughn - Reis 方法等)[21]，发展到在旋转非惯性坐标系下的定常计算，近年来逐渐转变到采用时间相关的完全非定常计算；研究对象从旋转体外形逐渐发展为带翼、带舵的复杂弹箭构型。先进 CFD 数值模拟方法已经成为旋转弹箭气动特性分析、旋转空气动力效应机理研究乃至弹箭气动布局设计的重要手段[22]。

6.2　动稳定性导数预测理论

6.2.1　气动稳定性导数理论基础与非定常气动力模型

Bryan[2]早在 20 世纪初就提出了非定常气动力数学模型。Bryan 将空气动力/力矩表示为扰动速度、控制角度和其速率的瞬时值的函数。Etkin[27]认为飞行器运动时所受的气动力/力矩系数是状态参数的泛函

$$L(t) = L[\alpha(\tau)] \quad -\infty \leqslant \tau \leqslant t \qquad (6-1)$$

式（6-1）表示在 t 时刻的气动力，不仅与气流角的瞬态值有关，而且与气流角的变化历史相关。这种表达反映了气动力非定常、非线性的实质。为了方便工程设计的使用，需要对上述泛函进行线性化处理：将气流角在 t 时刻展开为泰勒级数

$$\alpha(\tau) = \alpha(t) + (\tau - t)\dot{\alpha}(t) + \frac{1}{2}(\tau - t)^2\ddot{\alpha}(t) + \cdots \qquad (6-2)$$

因此存在

$$L(t) = L(\alpha, \dot{\alpha}, \ddot{\alpha}, \cdots) \tag{6-3}$$

上式中的变量 α，$\dot{\alpha}$，$\ddot{\alpha}$，$\cdots$ 可表示为 χ_1，χ_2，$\cdots$，在 $t = 0$ 基准时刻附近，进一步做泰勒级数展开

$$L(t) = L_0 + \left[\sum_{i=1}^{\infty}(\chi_i - \chi_{i0})\frac{\partial}{\partial \chi_i}\right]L + \frac{1}{2!}\left[\sum_{i=1}^{\infty}(\chi_i - \chi_{i0})\frac{\partial}{\partial \chi_i}\right]^2 L + \cdots +$$

$$\frac{1}{n!}\left[\sum_{i=1}^{\infty}(\chi_i - \chi_{i0})\frac{\partial}{\partial \chi_i}\right]^n L + \cdots \tag{6-4}$$

式中，下标"0"表示在基准状态取值。Bryan[2] 的经典假设认为非定常气动力表示为式（6-4）的线性部分

$$L(t) = L_0 + L_\alpha(\alpha - \alpha_0) + L_{\dot{\alpha}}(\dot{\alpha} - \dot{\alpha}_0) + L_{\ddot{\alpha}}(\ddot{\alpha} - \ddot{\alpha}_0) + \cdots \tag{6-5}$$

上式第一项为基准气动力；第二项为准定常项，其中偏导数 L_α 即静稳定性导数，俗称气动导数；第三项体现了非定常效应，其中偏导数 $L_{\dot{\alpha}}$ 即动稳定性导数（简称动导数），物理上表现为气动力对运动（状态变化）的阻尼作用。本章的动导数模拟技术，也是基于这一传统线性化模型来开展研究的。

Etkin 模型比 Bryan 模型更具有普遍意义，但 Etkin 模型和 Bryan 模型一样假设模型气动参数并不随着时间变化[28]，无法解释实际飞行中常见的一些瞬态响应以及气动力/力矩的突变、多值与不确定性[29]。Tobak 和 Schiff[30] 发展了指示函数作为气动力的泛函表述，得到气动力与状态变量之间的普遍函数关系，建立了确定非定常气动力的指示函数法。对于描述飞行器大振幅指定运动的气动力非线性特征，可参照改进的 Etkin 模型[31]，即采用参数化的动导数概念建立了非定常气动参数模型。

6.2.2　常用的动稳定性导数与坐标系定义

表 6-1 给出了常用的动稳定性导数[32]。传统风洞试验研究（强迫谐振和自由振动）获得的动导数往往包含了旋转导数和加速度导数（亦称时差导数）的组合影响。在传统的自由振动风洞试验中，仅能获得直接阻尼导数；在强迫谐振的风洞试验中可获得直接阻尼导数、交叉导数及交叉耦合导数。在飞行器稳定性分析中也需要单纯的旋转导数，一般通过设计位移运动的强迫振动来获得时差导数，间接获得旋转导数。对于数值计算而言，除了数值仿真强迫谐振或自由振动过程，通过与风洞试验相类似的数据处理方法获得动导数外，还可以通过相关的理论结合数值特有的技术来获得动稳定性导数；下文介绍到的气动导数摄动法、时间谱方法以及旋转导数的准定常旋转法等就属于这类情况。

表 6-1　常用的动稳定性导数

	直接阻尼导数	交叉导数	交叉耦合导数	旋转导数	时差导数
滚转力矩导数	$C_{lp} + C_{l\dot{\beta}}\sin\alpha$	$C_{lr} - C_{l\dot{\beta}}\cos\alpha$	$C_{lq} + C_{l\dot{\alpha}}$	C_{lp}, C_{lq}, C_{lr}	$C_{l\dot{\alpha}}, C_{l\dot{\beta}}$
俯仰力矩导数	$C_{mq} + C_{m\dot{\alpha}}$		$C_{mr} - C_{m\dot{\beta}}\cos\alpha$ $C_{mp} + C_{m\dot{\beta}}\sin\alpha$	C_{mp}, C_{mq}, C_{mr}	$C_{m\dot{\alpha}}, C_{m\dot{\beta}}$
偏航力矩导数	$C_{nr} - C_{n\dot{\beta}}\cos\alpha$	$C_{np} + C_{n\dot{\beta}}\sin\alpha$	$C_{nq} + C_{n\dot{\alpha}}$	C_{np}, C_{nq}, C_{nr}	$C_{n\dot{\alpha}}, C_{n\dot{\beta}}$

如图 6-2 所示，美制体轴系定义如下：o 为飞行器质心位置，ox 取飞行器设计轴指向头部方向，oz 处在飞行器对称面垂直 ox 指向下方，oy 垂直 oxz 面指向右侧。扰动角速度定义为弹体质心坐标系下的旋转角速度。对扰动角速度无量纲化得到

$$\boldsymbol{\omega} = \begin{pmatrix} p \\ q \\ r \end{pmatrix} = \begin{pmatrix} \tilde{\omega}_x \cdot \tilde{l}_x / \tilde{V}_\infty \\ \tilde{\omega}_y \cdot \tilde{l}_y / \tilde{V}_\infty \\ \tilde{\omega}_z \cdot \tilde{l}_z / \tilde{V}_\infty \end{pmatrix} \tag{6-6}$$

式中　$\tilde{l}_x$，$\tilde{l}_y$，$\tilde{l}_z$——角速度无量纲化的参考长度，航天飞行器多采用 $\tilde{l}_x = \tilde{l}_y = \tilde{l}_z = \tilde{L}_{\text{ref}}/2$；

　　$\tilde{L}_{\text{ref}}$——飞行器参考长度。

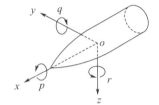

图 6-2　动导数计算坐标系说明

6.3　动稳定性导数的计算技术

6.3.1　基于当地活塞理论的气动导数摄动法

6.3.1.1　基本思想

一般而言，表征飞行器运动非定常程度的 $St \ll 1$，可将飞行器非定常运动引起的表面流场参数的变化视为定常流动的摄动。

假设近壁无粘，运动壁面存在法向一维黎曼不变量；热力学关系导出速度摄动引起的当地压力的摄动，进而导出当地气动力/力矩的摄动量。不同的小扰动运动下对应不同的当地速度摄动与气动力/力矩的摄动，即获得当地微元对气动力导数的贡献；全局积分即获得气动力/力矩导数。

6.3.1.2　压力摄动

定常流动中的物体施加虚拟小扰动运动，基于无粘假设在表面存在黎曼不变量，表征表面的流入流出特性并决定压力的摄动变化。

物体表面的速度摄动 $\delta\tilde{V}$ 与扰动运动相关，但定常状态的当地速度 $\tilde{V}_0$ 是与表面相切的，如图 6-3 所示。定义物体表面的单位外法矢量 $\boldsymbol{\eta}$，$\boldsymbol{\eta} = (\eta_1, \eta_2, \eta_3)^{\text{T}}$，以下标 0 表示当地物理状态量，以下标 b 表示摄动后的当地物理状态量，根据近壁处黎曼不变量可

得到

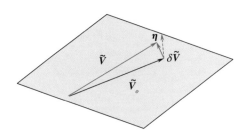

图 6 - 3　扰动速度示意图

$$\delta \tilde{V} \cdot (-\boldsymbol{\eta}) + \frac{2}{\gamma - 1} a_b = \frac{2}{\gamma - 1} a_0 \tag{6-7}$$

上式中 a 为声速，由此得到

$$\frac{a_b}{a_0} = 1 + \frac{\gamma - 1}{2} \frac{\delta \tilde{V} \cdot \boldsymbol{\eta}}{a_0} \tag{6-8}$$

对于理想气体等熵过程，进而获得当地活塞理论的表达式

$$\frac{\tilde{p}_b}{\tilde{p}_0} = \left(1 + \frac{\gamma - 1}{2} \frac{\delta \tilde{V} \cdot \boldsymbol{\eta}}{a_0}\right)^{\frac{2\gamma}{\gamma - 1}} \tag{6-9}$$

将式（6 - 9）中下标 0 表示的当地物理状态量替换为无穷远来流状态量，即蜕化为经典活塞理论。

基于小扰动的基本假设前提，摄动速度相对而言是小量，故

$$\tilde{p}_b \approx \tilde{p}_0 + \sqrt{\gamma \tilde{\rho}_0 \tilde{p}_0} \, (\delta \tilde{V} \cdot \boldsymbol{\eta}) \tag{6-10}$$

基于无粘黎曼不变量，导出飞行器表面的当地压力摄动后形式，构成关于当地压力 $\tilde{p}_0$、当地密度 $\tilde{\rho}_0$ 和摄动速度 $\delta \tilde{V} \cdot \boldsymbol{\eta}$ 的函数关系。

6.3.1.3　气动系数的摄动

根据压力的摄动式（6 - 10），可以获得表面的压力系数的摄动形式。本章下面涉及的动导数推导均为无量纲形式，这里

$$p = \tilde{p} / (\tilde{\rho}_\infty \tilde{V}_\infty^2), \boldsymbol{V} = \tilde{\boldsymbol{V}} / \tilde{V}_\infty, \rho = \tilde{\rho} / \tilde{\rho}_\infty, t = \tilde{t} / (\tilde{L}_{\mathrm{ref}} / \tilde{V}_\infty)$$

$$C_p = C_{p0} + 2 \sqrt{\gamma \rho_0 p_0} \, (\delta \boldsymbol{V} \cdot \boldsymbol{\eta}) \tag{6-11}$$

流体作用于飞行器表面当地微元对气动力矩系数的贡献表示为

$$\boldsymbol{c}_M = \boldsymbol{c}_{M0} + 2 \sqrt{\gamma \rho_0 p_0} \, (\delta \boldsymbol{V} \cdot \boldsymbol{\eta}) [(\boldsymbol{r} - \boldsymbol{r}^R) \times (-\mathrm{d}\boldsymbol{S})] \tag{6-12}$$

这里 $\boldsymbol{c}_M = (c_{M1}, c_{M2}, c_{M3})^\mathrm{T} = (c_l, c_m, c_n)^\mathrm{T}$，分别代表微元气动力矩矢量；$\mathrm{d}\boldsymbol{S}$ 表示指向物体外的表面微元矢量面积（$\mathrm{d}\boldsymbol{S} = \boldsymbol{\eta} \mathrm{d}S$），$\boldsymbol{r}^R$ 表示力矩参考中心，气动力矩矢量各分量形式表示为

$$c_{Mi} = c_{M0i} - 2 \sqrt{\gamma \rho_0 p_0} \, (\delta \boldsymbol{V} \cdot \boldsymbol{\eta}) [(\boldsymbol{r} - \boldsymbol{r}^R) \times \mathrm{d}\boldsymbol{S}] \cdot \boldsymbol{e}_i \quad i = 1, 2, 3 \tag{6-13}$$

式中　　$\boldsymbol{e}_i$——各方向的单位矢量。

6.3.1.4　旋转扰动运动与动导数

在虚拟旋转 $\delta\boldsymbol{\omega}$ 条件下的速度扰动为

$$\delta\boldsymbol{V} = \delta\boldsymbol{\omega} \times (\boldsymbol{r} - \boldsymbol{r}^c) \tag{6-14}$$

其中，$\delta\boldsymbol{\omega} = (\delta\omega_1,\ \delta\omega_2,\ \delta\omega_3)^{\mathrm{T}} = (\delta p,\ \delta q,\ \delta r)^{\mathrm{T}}$ 表示虚拟旋转速度矢量，$\boldsymbol{r}^c$ 表示旋转中心。

根据虚拟旋转下的当地速度扰动（6-14）及相应微元气动力矩摄动表达式（6-13）

$$c_{Mi} = c_{M0i} - 2\sqrt{\gamma\rho_0 p_0}\,[(\boldsymbol{r} - \boldsymbol{r}^c) \times \boldsymbol{\eta} \cdot \delta\boldsymbol{\omega}]\,[(\boldsymbol{r} - \boldsymbol{r}^R) \times \mathrm{d}\boldsymbol{S}] \cdot \boldsymbol{e}_i \quad i=1,2,3 \tag{6-15}$$

$$c_{Mi} = c_{M0i} - 2\sqrt{\gamma\rho_0 p_0}\,[\varepsilon_{lmn}(r_l - r_l^c)\eta_m\delta\omega_n]\,[\varepsilon_{ijk}(r_j - r_j^R)\mathrm{d}S_k] \quad i=1,2,3 \tag{6-16}$$

所以相应的当地微元对力矩动导数的贡献表示为

$$c_{Mi}^{\omega_n} = -2\sqrt{\gamma\rho_0 p_0}\,[\varepsilon_{lmn}(r_l - r_l^c)\eta_m]\,[\varepsilon_{ijk}(r_j - r_j^R)\mathrm{d}S_k] \quad i=1,2,3; n=1,2,3 \tag{6-17}$$

整个飞行器的动导数表示为

$$C_{Mi}^{\omega_n} = \oiint (-2\sqrt{\gamma\rho_0 p_0})\,[\varepsilon_{lmn}(r_l - r_l^c)\eta_m]\,[\varepsilon_{ijk}(r_j - r_j^R)\mathrm{d}S_k] \quad i=1,2,3; n=1,2,3$$
$$\tag{6-18}$$

这里 $\boldsymbol{C}_M = (C_{M1}, C_{M2}, C_{M3})^{\mathrm{T}} = (C_l, C_m, C_n)^{\mathrm{T}}$ 表示气动力矩矢量，$\boldsymbol{\omega} = (\omega_1, \omega_2, \omega_3)^{\mathrm{T}} = (p, q, r)^{\mathrm{T}}$ 表示旋转速度矢量。

6.3.1.5　平动扰动运动与静导数

由于体轴系下的无量纲位移运动速度矢量可表示为

$$\boldsymbol{V} = \begin{bmatrix} \cos\alpha\cos\beta \\ \sin\beta \\ \sin\alpha\cos\beta \end{bmatrix} \tag{6-19}$$

位移运动速度矢量的摄动（平动扰动运动）表示为

$$\delta\boldsymbol{V} = \begin{bmatrix} -(\sin\alpha\cos\beta\delta\alpha + \cos\alpha\sin\beta\delta\beta) \\ \cos\beta\delta\beta \\ \cos\alpha\cos\beta\delta\alpha - \sin\alpha\sin\beta\delta\beta \end{bmatrix} \tag{6-20}$$

根据虚拟平动的当地速度摄动式（6-20）及微元气动力矩摄动表达式（6-13）

$$c_{Mi} = c_{M0i} - 2\sqrt{\gamma\rho_0 p_0}\,[(-\eta_1\sin\alpha\cos\beta + \eta_3\cos\alpha\cos\beta)\delta\alpha + (-\eta_1\cos\alpha\sin\beta +$$
$$\eta_2\cos\beta - \eta_3\sin\alpha\sin\beta)\delta\beta][\varepsilon_{ijk}(r_j - r_j^R)\mathrm{d}S_k] \tag{6-21}$$

当地微元对气动力矩静导数的贡献表示为

$$c_{Mi}^{\alpha} = -2\sqrt{\gamma\rho_0 p_0}\,(-\eta_1\sin\alpha\cos\beta + \eta_3\cos\alpha\cos\beta)\,[\varepsilon_{ijk}(r_j - r_j^R)\mathrm{d}S_k] \tag{6-22}$$

$$c_{Mi}^{\beta} = -2\sqrt{\gamma\rho_0 p_0}\,(-\eta_1\cos\alpha\sin\beta + \eta_2\cos\beta - \eta_3\sin\alpha\sin\beta)\,[\varepsilon_{ijk}(r_j - r_j^R)\mathrm{d}S_k] \tag{6-23}$$

所以飞行器的静导数表示为

$$C_{Mi}^{\alpha} = \oiint (-2\sqrt{\gamma\rho_0 p_0})\,(-\eta_1\sin\alpha\cos\beta + \eta_3\cos\alpha\cos\beta)\,[\varepsilon_{ijk}(r_j - r_j^R)\mathrm{d}S_k] \tag{6-24}$$

$$C_{Mi}^{\beta} = \oiint (-2\sqrt{\gamma\rho_0 p_0})\,(-\eta_1\cos\alpha\sin\beta + \eta_2\cos\beta - \eta_3\sin\alpha\sin\beta)\,[\varepsilon_{ijk}(r_j - r_j^R)dS_k] \tag{6-25}$$

6.3.1.6 应用当地活塞理论获取气动导数的思考

通过无粘静态流场的基本数据，应用当地活塞理论可以：

1）快速高效地获得静、动稳定性导数，快速实现飞行器稳定性的初步分析；

2）获得飞行器各部件的稳定性导数贡献分析，不仅可以为本章后面高精度方法的计算结果分析提供有关流动物理的解释，同样也可以很方便地获得相应舵面控制效率；

3）单点 Euler 方程定常计算即可获得气动力及气动导数，直观指导气动布局优化，并可以方便地融入自动化优化流程；

4）活塞理论存在假设条件，气动导数快速高效预测方法需要广泛验证。

6.3.2 准定常旋转法

在飞行器稳定性分析中需要单纯的旋转导数，而传统风洞非定常试验测量获得的是包含了旋转导数和时差导数的组合项，称为直接导数。一般通过设计位移运动的强迫振动来获得时差导数，间接获得旋转导数。对于数值计算而言，在飞行器定常状态流场及气动力求解的基础上，附加扰动运动速度准定常计算获得相应的气动力，进而获得气动力的扰动量；基于导数的定义，直接获得旋转导数

$$C_{mq} = \frac{C_m - C_{m0}}{q} \qquad (6-26)$$

式中 C_{m0}——定常状态的气动力（矩）；

C_m——飞行器附加无量纲角速度 q 旋转扰动但保持与定常状态相同气流角的气动力（矩）。

一般认为旋转导数为直接导数的主要部分，但跨声速和低超声速气动非线性特征较显著的情况下应慎重考虑。

6.3.3 基于非定常数值模拟的动导数预测方法

动稳定性导数数值计算中最经典、理论体系最完备的方法是基于完全非定常数值模拟的时域方法。时域方法主要包括数值强迫简谐振动法和数值自由振动法。时域方法在数值模拟谐振运动或自由振动后，直接沿用风洞试验相关的数据处理方法来获取动导数。通过数值计算获得动导数是目前飞行品质和操稳特性研究中一种最理想、最现实的方式，而且可靠性有望接近飞行试验。

6.3.3.1 强迫谐振法

数值强迫振动法是求解动网格体系的非定常流体动力学方程，通过对强迫振动试验的数值模拟获得周期运动条件下与振动频率直接相关的迟滞气动力，通过数值辨识方法计算动导数。

强迫振动法计算不同的动导数需要采用不同的强迫振动形式，通过俯仰振动、偏航振动和滚转振动分别获得俯仰方向、偏航方向和滚转方向的动导数。强迫振动法能计算所有类型的动导数且求解精度高，对复杂的非定常流场有较好的适应性，规避了强迫振动风洞

试验固有的试验模型运动形式及支架/洞壁干扰的限制。

强迫振动计算动导数最常用的运动形式为强迫简谐振动，以俯仰自由度为例，其振动方程为

$$\begin{cases} \alpha(t) = \alpha_0 + \theta(t) \\ \theta(t) = \theta_0 \sin(\omega t + \varphi_0) \end{cases} \tag{6-27}$$

式中　θ ——俯仰角；

　　　α ——攻角；

　　　θ_0——谐振幅度；

　　　ω ——谐振频率；

　　　φ_0——初始相位角。

由于飞行器运动方程与气动力无须耦合计算，只需要得到随时间变化的迟滞气动力，如图 6-4 所示。

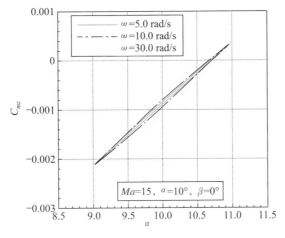

图 6-4　迟滞气动力矩曲线

根据气动导数的概念，飞行器做小幅强迫俯仰振荡，其非定常气动力亦可表示为泰勒展开形式

$$C_m = C_{m0} + C_{ma}\Delta\alpha + C_{m\dot\alpha}\dot\alpha + C_{mq}q + C_{m\dot q}\dot q + o(\Delta\alpha, q) \tag{6-28}$$

简化处理刚体强迫振荡的模型运动方程

$$\theta = \Delta\alpha = \theta_0 \sin(\omega t + \varphi_0) \tag{6-29}$$

$$\dot\theta = \dot\alpha = \omega\theta_0 \cos(\omega t + \varphi_0) = q \tag{6-30}$$

$$\ddot\theta = -\omega^2\theta_0 \sin(\omega t + \varphi_0) = \dot q \tag{6-31}$$

将式（6-29）～式（6-31）代入式（6-28）并略去高阶项，合并整理得

$$C_m = C_{m0} + (C_{ma} - \omega^2 C_{m\dot q})\theta_0 \sin(\omega t + \varphi_0) + (C_{m\dot\alpha} + C_{mq})\omega\theta_0 \cos(\omega t + \varphi_0) \tag{6-32}$$

当计算的物理时间足够长，强迫振荡的初始效应可以忽略，气动力矩就达到了稳态的周期性变化。在一个周期 T 内，积分式（6-32）可以求出刚体飞行器的纵向组合导数

$$\int_{t_0}^{t_0+T} C_m \sin(\omega t + \varphi_0)\, dt = (C_{m\alpha} - \omega^2 C_{m\dot{q}})\theta_0 \int_{t_0}^{t_0+T} \sin(\omega t + \varphi_0)\sin(\omega t + \varphi_0)\, dt \qquad (6-33)$$

$$\int_{t_0}^{t_0+T} C_m \cos(\omega t + \varphi_0)\, dt = (C_{m\dot{\alpha}} + C_{mq})\omega\theta_0 \int_{t_0}^{t_0+T} \cos(\omega t + \varphi_0)\cos(\omega t + \varphi_0)\, dt \qquad (6-34)$$

式（6-33）、式（6-34）可简化为

$$(C_{m\dot{\alpha}} + C_{mq}) = \frac{1}{\pi\theta_0} \int_{t_0}^{t_0+T} C_m \cos(\omega t + \varphi_0)\, dt \qquad (6-35)$$

$$(C_{m\alpha} - \omega^2 C_{m\dot{q}}) = \frac{\omega}{\pi\theta_0} \int_{t_0}^{t_0+T} C_m \sin(\omega t + \varphi_0)\, dt \qquad (6-36)$$

同样对于滚转自由度，其强迫谐振方程为

$$\begin{cases} \beta(t) = \phi(t)\sin\alpha \\ \phi(t) = \phi_0 \sin(\omega t + \varphi_0) \end{cases} \qquad (6-37)$$

式中　ϕ —— 滚转角；

$\quad\quad \beta$ —— 侧滑角；

$\quad\quad \alpha$ —— 名义攻角；

$\quad\quad \phi_0$ —— 谐振幅度；

$\quad\quad \omega$ —— 谐振频率；

$\quad\quad \varphi_0$ —— 初始相位角。

可导出

$$(C_{lp} + C_{l\dot{\beta}}\sin\alpha) = \frac{1}{\pi\phi_0} \int_{t_0}^{t_0+T} C_l \cos(\omega t + \varphi_0)\, dt \qquad (6-38)$$

$$(C_{np} + C_{n\dot{\beta}}\sin\alpha) = \frac{1}{\pi\phi_0} \int_{t_0}^{t_0+T} C_n \cos(\omega t + \varphi_0)\, dt \qquad (6-39)$$

同样对于偏航自由度，其强迫谐振方程为

$$\begin{cases} \beta(t) = -\psi(t)\cos\alpha \\ \psi(t) = \psi_0 \sin(\omega t + \varphi_0) \end{cases} \qquad (6-40)$$

式中　ψ —— 偏航角；

$\quad\quad \psi_0$ —— 谐振幅度。

同样可推导出

$$(C_{n\beta}\cos\alpha + \omega^2 C_{n\dot{r}}) = -\frac{\omega}{\pi\psi_0} \int_{t_0}^{t_0+T} C_n \sin(\omega t + \varphi_0)\, dt \qquad (6-41)$$

$$(C_{l\beta}\cos\alpha + \omega^2 C_{l\dot{r}}) = -\frac{\omega}{\pi\psi_0} \int_{t_0}^{t_0+T} C_l \sin(\omega t + \varphi_0)\, dt \qquad (6-42)$$

$$\left(C_{nr} - C_{n\dot\beta}\cos\alpha\right) = \frac{1}{\pi\psi_0}\int_{t_0}^{t_0+T} C_n \cos(\omega t + \varphi_0)\,\mathrm{d}t \tag{6-43}$$

$$\left(C_{lr} - C_{l\dot\beta}\cos\alpha\right) = \frac{1}{\pi\psi_0}\int_{t_0}^{t_0+T} C_l \cos(\omega t + \varphi_0)\,\mathrm{d}t \tag{6-44}$$

数值强迫谐振的优点是计算精度高，适用于所有种类的动导数预测。强迫谐振法存在减缩频率相似及简谐振动振幅的选择问题。小振幅易于满足气动参数的变化保持在线性范围内的基本要求，但过小的振幅显著降低了数值仿真过程中气动参数的变化量，动态气动参数辨识精度随之下降。一般而言，非定常运动条件下流动结构建立的时间远小于运动的特征时间（如高超声速），一定区间存在动稳定性导数与频率的无关性，可选择较高的计算频率来提高计算效率。但是如果非定常运动条件下流动结构建立的时间与运动的特征时间尺度相当，而且流动结构（如跨声速分离旋涡）主控整个流场，也就是动稳定性导数与运动频率存在相关性，则需要依据飞行器最具代表性的运动特征频率来审慎地选择计算的简谐振动频率。

6.3.3.2　自由振动法

数值自由振动法也是基于非定常数值模拟仿真风洞试验的方法。与强迫振动法相比，自由振动法的优点是不存在频率相似问题，可通过选取真实的惯量参数，自然满足振动频率与真实飞行情况的相似性。对于小阻尼的情况自由振荡法有满意的精度，但该方法只能实现对直接导数（阻尼导数和时差导数）的预测，不能实现对交叉导数、交叉耦合导数的计算辨识。

数值自由振荡法是通过非定常流体动力学和刚体动力学方程的耦合求解，模拟飞行器受扰动后的扰动运动发展历程。本质上讲，自由振荡是数值虚拟飞行的特例。根据振荡的时间历程，经数据处理可获得动导数。数值自由振荡法的原理与自由振荡试验完全一致。

图 6 - 5 是飞行器自由振荡俯仰角时间历程曲线示例，曲线形态呈角振幅指数衰减，该方法仅适用于小阻尼振幅衰减的情况。以自由俯仰振荡为例，无量纲的扰动运动形式可表示为 Van der Pol - Duffing 系统的动力学方程[33]

$$\ddot\theta + \omega_0^2\theta = \mu\dot\theta + c_1\theta^3 + c_2\theta^2\dot\theta + c_3\theta\dot\theta^2 + c_4\dot\theta^3 \tag{6-45}$$

其中，$\omega_0^2 = -C_{m\alpha}/I$ 表示为刚度项系数，$\mu = C_{m\dot\theta}/I$ 表示阻尼项系数，这里 I 表示无量纲转动惯量。可通过参数辨识的方法确定式（6 - 45）中的系数。

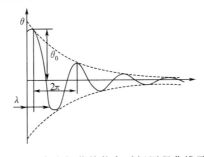

图 6 - 5　自由振荡俯仰角时间历程曲线示例

对于非线性不明显的阻尼衰减振荡，式（6-45）可简化为二阶线性齐次微分方程

$$\ddot{\theta} - \mu\dot{\theta} + \omega_0^2\theta = C \qquad (6-46)$$

注意到上式附加了常数 C，并不影响方程的数学特性；当 $C=0$ 时，表示飞行器平衡攻角下的振荡特性；当 $C \neq 0$ 时，可以配置一个与非平衡位置气动力矩相抵的附加力矩来实现在非平衡位置的自由振荡运动，类似于自由振动试验中支承的平均载荷。

方程（6-46）的解为

$$\theta = \theta_0 e^{0.5\mu t}\cos(\omega t - \lambda) \qquad (6-47)$$

式中　λ ——模型自由释放时的相位滞后角；

　　　ω ——振动圆频率

$$\omega = \sqrt{\omega_0^2 - (0.5\mu)^2} \qquad (6-48)$$

式（6-47）代表衰减对数为 δ 的阻尼谐振

$$\delta = \frac{1}{n}\ln\frac{\theta_0}{\theta_n} = \frac{\pi\mu}{\omega} \qquad (6-49)$$

式中　θ_n ——模型释放后经历 n 个周期后的幅值。

由此可得到阻尼导数的表达式

$$C_{m\dot{\theta}} = C_{mq} + C_{m\dot{\alpha}} = I\mu = \frac{\delta I\omega}{\pi} \qquad (6-50)$$

实际应用中，可以通过对上式中的刚度系数 ω_0^2 和阻尼系数 μ 进行初始配置（类似于自由振动试验中支承刚度和机械阻尼），灵活实现变频率与阻尼导数为正的自由振荡运动的数值仿真。

6.3.3.3　时差导数预测方法

洗流时差导数是反映洗流时差对飞行器产生气动阻尼的非定常特征量。洗流时差导数的作用体现在飞行器受阵风或直接力作用时飞行器动态稳定性的变化，它是飞行器设计时一个重要的设计参数。

以正弦规律小幅沉浮振荡扰动运动，强迫谐振方程为

$$z(t) = z_m\sin(\omega t + \varphi_0) \qquad (6-51)$$

式中　z_m ——俯仰非定常沉浮运动的振幅。

沉浮速度与加速度为

$$\dot{z}(t) = \omega z_m\cos(\omega t + \varphi_0) \qquad (6-52)$$

$$\ddot{z}(t) = -\omega^2 z_m\sin(\omega t + \varphi_0) \qquad (6-53)$$

记 $\varepsilon = \dot{z} \ll 1$，飞行器扰动前无量纲速度为 1.0，$\alpha_0$ 为扰动前飞行攻角，α 为沉浮扰动后的飞行攻角，则存在

$$\sin\alpha = \frac{\sin\alpha_0 + \dot{z}\cos\alpha_0}{\sqrt{1 + \dot{z}^2}} = \frac{\sin\alpha_0 + \varepsilon\cos\alpha_0}{\sqrt{1 + \varepsilon^2}} \qquad (6-54)$$

$$\sin\alpha \sqrt{1+\varepsilon^2} = \sin\alpha_0 + \varepsilon\cos\alpha_0 \qquad (6-55)$$

上式近似简化为

$$\sin\alpha - \sin\alpha_0 = \varepsilon\cos\alpha_0 + O(\varepsilon^2) \qquad (6-56)$$

记 $\alpha = \alpha_0 + \Delta\alpha$，则 $\Delta\alpha \ll 1$，上式 $\sin\alpha$ 在 $\sin\alpha_0$ 处泰勒展开可推导得到

$$\Delta\alpha\cos\alpha_0 = \varepsilon\cos\alpha_0 + O[\varepsilon^2, (\Delta\alpha)^2] \qquad (6-57)$$

$$\Delta\alpha \approx \varepsilon = \dot{z} \qquad (6-58)$$

式（6-55）两端对时间求导

$$\dot{\alpha}\cos\alpha \sqrt{1+\varepsilon^2} + \sin\alpha \frac{\varepsilon\dot{\varepsilon}}{1+\varepsilon^2} = \dot{\varepsilon}\cos\alpha_0 \qquad (6-59)$$

上式泰勒展开 $\sqrt{1+\varepsilon^2}$ 可近似简化为

$$\dot{\alpha}\cos\alpha = \dot{\varepsilon}\cos\alpha_0 + O(\varepsilon\dot{\varepsilon}, \varepsilon^2\dot{\alpha}) \qquad (6-60)$$

上式 $\cos\alpha$ 在 $\cos\alpha_0$ 处泰勒展开可推导得到

$$\dot{\alpha}\cos\alpha_0 = \dot{\varepsilon}\cos\alpha_0 + O(\varepsilon\dot{\varepsilon}, \varepsilon\dot{\alpha}) \qquad (6-61)$$

$$\dot{\alpha} \approx \dot{\varepsilon} = \ddot{z} \qquad (6-62)$$

根据气动导数的概念，飞行器做小幅沉浮振荡，其非定常气动力亦可表示为泰勒展开形式

$$C_m = C_{m_0} + C_{m\alpha}\Delta\alpha + C_{m\dot{\alpha}}\dot{\alpha} + o(\Delta\alpha, \dot{\alpha}) \qquad (6-63)$$

$$C_m = C_{m_0} + C_{m\alpha}[\omega z_m\cos(\omega t + \varphi_0)] + C_{m\dot{\alpha}}[-\omega^2 z_m\sin(\omega t + \varphi_0)] \qquad (6-64)$$

积分得到

$$C_{m\dot{\alpha}} = -\frac{1}{\pi\omega z_m}\int_{t_0}^{t_0+T} C_m\sin(\omega t + \varphi_0)\,\mathrm{d}t \qquad (6-65)$$

$$C_{m\alpha} = \frac{1}{\pi z_m}\int_{t_0}^{t_0+T} C_m\cos(\omega t + \varphi_0)\,\mathrm{d}t \qquad (6-66)$$

即为使用小幅度强迫沉浮振荡求得的洗流时差导数表达式。

6.3.4　时间谱方法

6.3.4.1　基本思想

　　动稳定性导数的数值预测方法一直在精度与效率的双重要求下持续发展。由于预测动稳定性导数需要计算与时间相关的动态非定常气动响应，非定常计算效率成为计算流体力学在动导数应用方面的主要瓶颈。强迫简谐振动的气动载荷具有周期性特征，基于傅里叶序列变换计算周期性问题的观点已经得到了广泛的认可。这类方法在 21 世纪以来还在不断发展之中，又被广泛地称为频域法。

　　Hall 等提出了基于傅里叶展开的谐波平衡方法，该方法被成功地应用于压气机叶栅绕流、圆柱涡脱落流动和俯仰振动翼型绕流的快速准确模拟。时间谱方法是对谐波平衡法的继承和发展，相比于谐波平衡方法，时间谱方法直接在时域中求解控制方程，避免了时域

和频域间的反复变换，因此时间谱方法的计算效率更高。时间谱方法的基本思想是时域内随时间变化的强迫振动问题，在其映射的频域内却是恒定不变的。该方法只需求解一个周期内几个时刻的瞬时流场，通过简单的后处理即可重建整个周期的非定常流动，效率优势特别明显，从而获得了广泛关注和应用。同时该方法对现有解算器有较好的继承性，编程简单，实现容易。另外，用于定常问题的加速收敛技术如当地时间步长、多重网格方法等同样适用于时间谱方法。

6.3.4.2 谱离散形式的 N-S 方程

在运动过程中网格是刚性的，非定常 N-S 方程，其有限体积法空间离散后可写成如下半离散形式

$$I(t) = \text{Vol} \frac{\partial}{\partial t} \boldsymbol{Q}(t) + \boldsymbol{R}(t) = 0 \tag{6-67}$$

定义一个周期 $T = 2\pi/\omega$ 内均匀分布的 N_T 个采样时刻的解为 $\boldsymbol{Q}_{ts}$，对应的 N_T 个采样时刻的残差为 $\boldsymbol{R}_{ts}$

$$\boldsymbol{Q}_{ts} = \begin{pmatrix} \boldsymbol{Q}(t_0 + \Delta t) \\ \boldsymbol{Q}(t_0 + 2\Delta t) \\ \vdots \\ \boldsymbol{Q}(t_0 + T) \end{pmatrix} = \begin{pmatrix} \boldsymbol{Q}_1 \\ \boldsymbol{Q}_2 \\ \vdots \\ \boldsymbol{Q}_{N_T} \end{pmatrix} \quad \boldsymbol{R}_{ts} = \begin{pmatrix} \boldsymbol{R}(t_0 + \Delta t) \\ \boldsymbol{R}(t_0 + 2\Delta t) \\ \vdots \\ \boldsymbol{R}(t_0 + T) \end{pmatrix} = \begin{pmatrix} \boldsymbol{R}_1 \\ \boldsymbol{R}_2 \\ \vdots \\ \boldsymbol{R}_{N_T} \end{pmatrix}$$

其中，$\Delta t = T/N_T$，T 为周期。各个采样时刻都满足非定常 N-S 方程

$$\text{Vol} \frac{\partial}{\partial t} \begin{pmatrix} \boldsymbol{Q}_1 \\ \boldsymbol{Q}_2 \\ \vdots \\ \boldsymbol{Q}_{N_T} \end{pmatrix} = - \begin{pmatrix} \boldsymbol{R}_1 \\ \boldsymbol{R}_2 \\ \vdots \\ \boldsymbol{R}_{N_T} \end{pmatrix} \tag{6-68}$$

若 N_T 为奇数，正向傅里叶变换

$$\hat{\boldsymbol{Q}}_k \approx \frac{1}{N_T} \sum_{n=1}^{N_T} \boldsymbol{Q}_n e^{-ik\omega n \Delta t} \tag{6-69}$$

$$\omega = 2\pi/T$$

式中 k ——谐波数。

傅里叶反变换

$$\boldsymbol{Q}_n \approx \sum_{k=-(N_T-1)/2}^{(N_T-1)/2} \hat{\boldsymbol{Q}}_k e^{ik\omega n \Delta t} \tag{6-70}$$

对上式进行时间求导得

$$\frac{\partial}{\partial t}\boldsymbol{Q}_n \approx \sum_{k=-(N_T-1)/2}^{(N_T-1)/2} ik\omega\,\hat{\boldsymbol{Q}}_k\,\mathrm{e}^{ik\omega n\Delta t}$$

$$=\omega\sum_{k=-(N_T-1)/2}^{(N_T-1)/2} ik\left(\frac{1}{N_T}\sum_{j=1}^{N_T}\boldsymbol{Q}_j\,\mathrm{e}^{-ik\omega j\Delta t}\right)\mathrm{e}^{ik\omega n\Delta t} \qquad (6-71)$$

$$=\omega\sum_{j=1}^{N_T}\left(\frac{1}{N_T}\sum_{k=-(N_T-1)/2}^{(N_T-1)/2} ik\,\mathrm{e}^{ik2\pi(n-j)/N_T}\right)\boldsymbol{Q}_j$$

$$=\sum_{j=1}^{N_T} d_{n,j}\boldsymbol{Q}_j$$

记 $\chi = 2\pi(n-j)/N_T$，有

$$d_{n,j}=\frac{\omega}{N_T}\sum_{k=-(N_T-1)/2}^{(N_T-1)/2} ik\,\mathrm{e}^{ik\chi} \qquad (6-72)$$

当 $(n-j)=0$ 时，有

$$d_{n,j}=\frac{\omega}{N_T}\sum_{k=-(N_T-1)/2}^{(N_T-1)/2} ik \equiv 0 \qquad (6-73)$$

当 $(n-j)\neq 0$ 时，有

$$d_{n,j}=\frac{\omega}{N_T}\sum_{k=-(N_T-1)/2}^{(N_T-1)/2}\frac{\partial}{\partial\chi}\mathrm{e}^{ik\chi}=\frac{\omega}{N_T}\frac{\partial}{\partial\chi}\sum_{k=-(N_T-1)/2}^{(N_T-1)/2}(\mathrm{e}^{i\chi})^k \qquad (6-74)$$

而又有

$$\sum_{k=-(N_T-1)/2}^{(N_T-1)/2}(\mathrm{e}^{i\chi})^k=\frac{(\mathrm{e}^{i\chi})^{-\frac{N_T-1}{2}}\left\{1-(\mathrm{e}^{i\chi})^{\left[\frac{N_T-1}{2}-\left(-\frac{N_T-1}{2}\right)+1\right]}\right\}}{1-(\mathrm{e}^{i\chi})}=\frac{\sin\left(\frac{N_T}{2}\chi\right)}{\sin\left(\frac{\chi}{2}\right)} \qquad (6-75)$$

故

$$d_{n,j}=\frac{\omega}{N_T}\left[\frac{\frac{N_T}{2}\sin\left(\frac{\chi}{2}\right)\cos\left(\frac{N_T}{2}\chi\right)-\frac{1}{2}\sin\left(\frac{N_T}{2}\chi\right)\cos\left(\frac{\chi}{2}\right)}{\sin^2\left(\frac{\chi}{2}\right)}\right] \qquad (6-76)$$

注意到

$$\sin\left(\frac{N_T}{2}\chi\right)=\sin\left[\pi(n-j)\right]=0$$

$$\cos\left(\frac{N_T}{2}\chi\right)=\cos\left[\pi(n-j)\right]=(-1)^{n-j}$$

得到

$$d_{n,j}=\frac{\omega}{2}(-1)^{n-j}\frac{1}{\sin(\chi/2)} \qquad (6-77)$$

以上是 N_T 为奇数的情况；当 N_T 为偶数时，可用类似的方法得到，这里就不再赘述。下面给出最终的简化结果。

N_T 为奇数

$$d_{n,j} = \begin{cases} \left(\dfrac{2\pi}{T}\right)\dfrac{1}{2}(-1)^{n-j}\csc\left[\dfrac{\pi(n-j)}{N_T}\right] & n \neq j \\ 0 & n = j \end{cases} \qquad (6-78)$$

N_T 为偶数

$$d_{n,j} = \begin{cases} \left[\dfrac{2\pi}{T}\right](-1)^{n-j}\cot\left[\dfrac{\pi(n-j)}{N_T}\right] & n \neq j \\ 0 & n = j \end{cases} \qquad (6-79)$$

将 $d_{n,j}$ 表示成矩阵形式（记为 $\boldsymbol{D}$），且周期内不考虑网格变形，可将时间谱方法控制方程写为如下形式

$$\text{Vol}\frac{\partial}{\partial t}\begin{bmatrix} \boldsymbol{Q}_1 \\ \boldsymbol{Q}_2 \\ \vdots \\ \boldsymbol{Q}_{N_T} \end{bmatrix} = \text{Vol}\boldsymbol{D}\begin{bmatrix} \boldsymbol{Q}_1 \\ \boldsymbol{Q}_2 \\ \vdots \\ \boldsymbol{Q}_{N_T} \end{bmatrix} = -\begin{bmatrix} \boldsymbol{R}(\boldsymbol{Q}_1) \\ \boldsymbol{R}(\boldsymbol{Q}_2) \\ \vdots \\ \boldsymbol{R}(\boldsymbol{Q}_{N_T}) \end{bmatrix} \qquad (6-80)$$

谱离散形式的 N-S 方程最终形式为

$$\text{Vol}\boldsymbol{D}\boldsymbol{Q}_{ts} + \boldsymbol{R}_{ts} = 0 \qquad (6-81)$$

6.3.4.3 隐式推进

将虚拟时间推进法应用于上述方程的求解

$$\text{Vol}\frac{\partial \boldsymbol{Q}_{ts}}{\partial \tau} + \text{Vol}\boldsymbol{D}\boldsymbol{Q}_{ts} + \boldsymbol{R}_{ts} = 0 \qquad (6-82)$$

对于第 n 采样时刻的方程可写为

$$\text{Vol}\frac{\partial \boldsymbol{Q}_n}{\partial \tau_n} + \sum_{j=1}^{N_T} d_{n,j}\text{Vol}\boldsymbol{Q}_j + \boldsymbol{R}_n = 0 \qquad (6-83)$$

对虚拟时间导数进行一阶向后差分离散，对第 $m+1$ 虚拟时间迭代步其全隐式形式有

$$\text{Vol}\frac{\Delta \boldsymbol{Q}_n}{\Delta \tau_n} = -\left[\sum_{j=1}^{N_T} d_{n,j}\text{Vol}\boldsymbol{Q}_j + \boldsymbol{R}_n\right]^{m+1} \qquad (6-84)$$

做线性化处理

$$\left(\frac{\text{Vol}}{\Delta \tau_n}\boldsymbol{I} + \boldsymbol{J}_n\right)\Delta \boldsymbol{Q}_n + \sum_{j=1}^{N_T} d_{n,j}\text{Vol}\Delta \boldsymbol{Q}_j = -\sum_{j=1}^{N_T} d_{n,j}\text{Vol}\boldsymbol{Q}_j^m - \boldsymbol{R}_n^m \qquad (6-85)$$

将上述的 N_T 个方程写成矩阵形式

$$\boldsymbol{A}\begin{bmatrix} \Delta \boldsymbol{Q}_1 \\ \Delta \boldsymbol{Q}_2 \\ \vdots \\ \Delta \boldsymbol{Q}_{N_T} \end{bmatrix} = -\begin{bmatrix} \displaystyle\sum_{j=1}^{N_T} d_{1,j}\text{Vol}\boldsymbol{Q}_j^m + \boldsymbol{R}_1^m \\ \displaystyle\sum_{j=1}^{N_T} d_{2,j}\text{Vol}\boldsymbol{Q}_j^m + \boldsymbol{R}_2^m \\ \vdots \\ \displaystyle\sum_{j=1}^{N_T} d_{N_T,j}\text{Vol}\boldsymbol{Q}_j^m + \boldsymbol{R}_{N_T}^m \end{bmatrix} \qquad (6-86)$$

且有

$$
A = \begin{bmatrix}
\dfrac{\text{Vol}}{\Delta\tau_1}I + J_1 & \text{Vol} \cdot d_{1,2}I & \cdots & \text{Vol} \cdot d_{1,N_T}I \\[2mm]
\text{Vol} \cdot d_{2,1}I & \dfrac{\text{Vol}}{\Delta\tau_2}I + J_2 & \cdots & \text{Vol} \cdot d_{2,N_T}I \\[2mm]
\vdots & \vdots & \cdots & \vdots \\[2mm]
\text{Vol} \cdot d_{N_T,1}I & \text{Vol} \cdot d_{N_T,2}I & \cdots & \dfrac{\text{Vol}}{\Delta\tau_{N_T}}I + J_{N_T}
\end{bmatrix}
\tag{6-87}
$$

J_n 为 n 时刻的通量 Jacobian 矩阵，对上述方程用 SGS 方法进行求解可以一次性得到 N_T 个时刻的流场解，再通过傅里叶变换，将时域上的解转化到频域上，得到傅里叶级数展开形式

$$
\hat{Q}_k \approx \frac{1}{N_T} \sum_{n=1}^{N_T} Q_n \mathrm{e}^{-\mathrm{i}k\omega n\Delta t}
\tag{6-88}
$$

最终可重建周期性流场，即周期流场上任意时刻点的流动变量可通过傅里叶反变换获得

$$
Q_t \approx \sum_{k=-(N_T-1)/2}^{(N_T-1)/2} \hat{Q}_k \mathrm{e}^{\mathrm{i}k\omega t}
\tag{6-89}
$$

6.4　动稳定性导数方法验证与分析

航天飞行器主要特征外形包括了导弹及弹箭类的近似轴对称体、再入钝头体、面对称大升力体、航天飞机类飞行器。本节选取 Finner 通用标模、HBS 标模、Genesis 外形、类 X37-B 外形和大升力体外形，分别作为导弹及弹箭类飞行器、高超声速弹头、钝头体再入飞行器、航天飞机类飞行器、高超声速高升力飞行器动导数数值方法的计算、校验与分析案例。计算校验的马赫数涵盖了跨、超、高超声速宽速域范围，主要研究了各类方法计算精准度与计算效率，同时简要分析多种工况条件下的动稳定特性的特征规律。

6.4.1　Finner 标模

Finner 是国际上用于动导数计算程序验证的一个最为经典的模型，具有较丰富的试验数据，包括常规风洞试验数据[34]和弹道靶试验数据[35]，因此选用此标模作为导弹外形超声速区动导数预测能力的验证实例。

Finner 模型外形与计算网格如图 6-6 所示，其中弹身直径 $D = 31.75$ mm，弹体全长为 $10D$，尾翼安装角 $\phi = 45°$；计算质心位置为 $6.1D$，体网格包含单元数约为 124 万。表 6-2 列举了来流条件与各参数的值，其中来流马赫数 $Ma = 1.96$，来流雷诺数 $Re_D = 1.87 \times 10^5$，选择弹身直径 D 为参考长度，采用绝热壁面边界。数值模拟的强迫振动振幅和振动频率与试验条件[34]一致，振幅 $\alpha_m = 1.0°$，振动频率 $f = 45$ Hz，振动中心距顶点 $6.1D$。

表 6 - 2　Finner 标模计算条件

Ma	$\alpha_0/(°)$	f/Hz	$\alpha_m/(°)$	Re_D	x_{cg}
1.96	0～40	45	1.0	$1.87×10^5$	$6.1D$

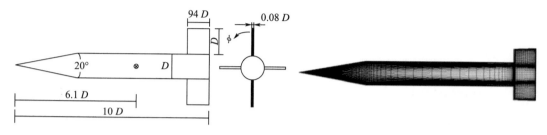

图 6 - 6　Finner 模型外形与计算网格

图 6 - 7（a）是不同时间步长非定常双时间步方法（DTS）计算强迫谐振获得的力矩迟滞曲线（攻角 0°）。物理时间步长 $T/250$ 与 $T/500$ 的计算结果几乎重合，这里 T 代表振动周期。时间步长达到 $T/250$ 已满足计算收敛性条件。一般而言，物理时间步长的选取遵循比流动特征时间至少小一个量级的大致原则。图 6 - 7（b）为时间谱方法（TSM）计算重构的力矩迟滞特性与双时间步方法（DTS）直接计算的力矩迟滞特性。有限周期采样点数（$N=3$、5）时间谱方法计算重构的迟滞曲线均与双时间步方法计算结果高度吻合，这正是时间谱方法计算的优势所在。

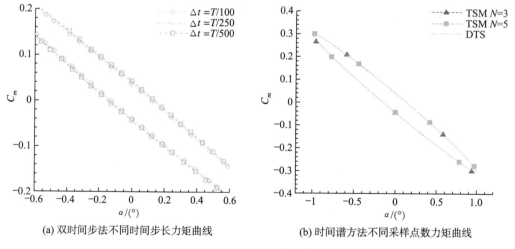

(a) 双时间步法不同时间步长力矩曲线　　　(b) 时间谱方法不同采样点数力矩曲线

图 6 - 7　力矩迟滞曲线

图 6 - 8（a）为双时间步法非定常计算辨识得到的俯仰阻尼导数与相应状态国外风洞试验结果比较。总体看来，在攻角 0°～40° 的范围内俯仰阻尼导数随攻角增大而呈现两段非线性增长的规律。整个攻角范围内，非定常计算与 AEDC 风洞试验结果吻合良好：在 10°～40° 攻角区间最大偏差小于 10%；在 0°～10° 攻角区间，计算结果与 AEDC 风洞试验结果偏差最大达到 30%，但仍满足工程应用需求。在攻角为 0° 处，非定常计算结果却与

无支撑干扰的弹道靶试验数据高度吻合。Uselton[34]指出支撑机构对飞行器小攻角的动导数风洞试验结果有显著影响。

图 6 - 8（b）是时间谱方法与双时间步法计算辨识得到的俯仰阻尼导数比较。时间谱方法（N =5）与双时间步法非定常计算结果基本一致，两种方法精度相当。

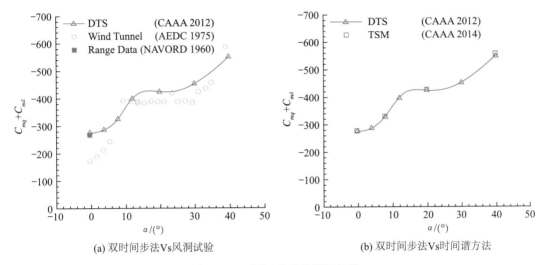

(a) 双时间步法Vs风洞试验

(b) 双时间步法Vs时间谱方法

图 6 - 8 不同攻角俯仰阻尼导数

6.4.2 HBS 标模

HBS（Hyperballistic Shape）是高超声速导弹外形的标模，风洞试验和半经验理论预测[36]都对其动态气动特性有相应研究。HBS 模型外形与计算网格如图 6 - 9 所示，其中球头直径 D =25 mm，总长为 $4.5D$。考虑到面对称性特性采用半流场计算，体网格包含单元数约为 164 万。表 6 - 3 列举了计算 HBS 俯仰阻尼导数的模拟条件：Ma =6.85，以球头直径 D 为参考长度的雷诺数 Re_D =0.72×10⁶，采用绝热壁面边界，强迫振动振幅 α_m = 1.0°，振动频率 f =60 Hz，振动中心距顶点 $3.24D$。

表 6 - 3 HBS 标模计算条件

Ma	$\alpha_0/(°)$	f/Hz	$\alpha_m/(°)$	Re_D	x_{cg}
6.85	0~16	60	1.0	0.72×10⁶	3.24D

图 6 - 10 为攻角 4°时采用时间谱方法计算重构获得的力矩迟滞曲线，同时附加了双时间步法非定常计算结果作为参考。当时间谱方法周期采样点数 N_T 达到 7 时，力矩迟滞曲线与双时间步法（$\Delta t = T/3000$）的计算结果吻合较好。周期采样点数与包含的谐波数直接相关，采样点数越多，时间方向计算的分辨率越高。在流动非线性特征较强、力矩迟滞曲线形状较复杂时，需要增加采样点数，以提高计算重建的精度。一般而言，采用时间谱方法计算，马赫数增加时对周期采样点数的要求就越苛刻。

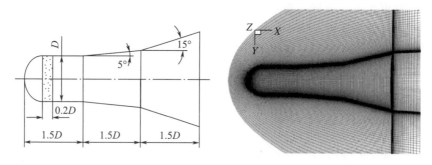

图 6 - 9　HBS 标模外形与计算网格

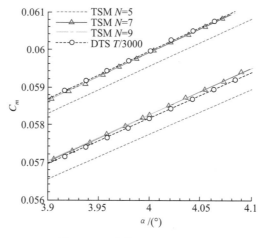

图 6 - 10　俯仰力矩迟滞曲线

　　图 6 - 11 为不同方法预测出的俯仰阻尼导数随攻角的变化情况。总体看来，在 0°～15°攻角区域，俯仰阻尼导数变化较为平缓，而攻角大于 15°后气动阻尼出现阶跃式的变化。在 0°～16°的攻角变化范围内，时间谱方法、非定常双时间步法的计算辨识结果均与风洞

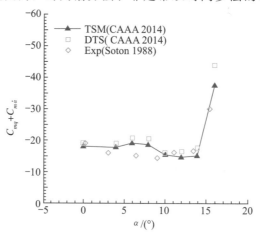

图 6 - 11　不同方法预测的俯仰阻尼导数比较

试验测量值吻合良好，计算与试验的结果偏差在 20% 以内。满足收敛性要求的时间谱方法与双时间步法，在数值模拟飞行器强迫谐振预测动稳定性导数方面精度是相当的，都能获得满足工程应用要求的结果。

6.4.3　Genesis 外形

2004 年 9 月 8 日，Genesis 返回舱在第二宇宙速度下，以弹道式再入方式返回地球，由于加速度开关安装错误，降落伞未能及时打开，造成返回舱摔坏。Genesis 返回舱是典型的钝头体再入飞行器外形，且有弹道靶试验数据[37]，因此选用此标模作为非定常数值模拟预测钝头体亚跨与低超声速动导数能力的验证实例。

Genesis 返回舱外形与计算网格如图 6 - 12 所示，Genesis 返回舱为典型的大底加变后锥外形，风洞试验模型转动惯量 $I_z = 1.99 \times 10^{-4}$ kg·m^2，其中参考长度为后锥最大直径 $D = 0.069\,42$ m，参考面积为最大截面面积 $S = 3.784\,9 \times 10^{-3}$ m^2，质心位于轴线上距顶点 0.023\,83 m 的位置。采用适合非定常大分离流动的 DDES 方法进行数值模拟。选取计算状态与弹道靶试验状态一致，大气压力 $p = 101\,998$ Pa，大气温度 $T = 292.94$ K，计算了两个来流马赫数（$Ma = 1.5$、3.5）的不同攻角状态。一个计算周期采用 3\,000 个物理时间步。

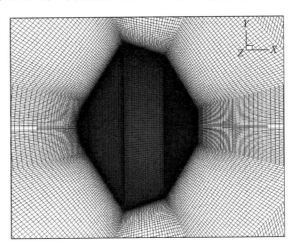

图 6 - 12　Genesis 返回舱外形与计算网格

图 6 - 13 为 Genesis 返回舱模型在平衡攻角（0°）位置俯仰角随时间的振荡曲线，发散的振荡曲线直观表征此攻角下的动不稳定特征。图 6 - 14 为采用数值自由振动法获得的 Genesis 返回舱俯仰阻尼导数与弹道靶试验数据[37]及文献[38]计算数据的对比。在攻角小于 5°范围，动导数为正且量值较大，存在狭窄的动不稳定区域；而在攻角大于 5°范围，俯仰动导数都为负，且随攻角变化较小。$Ma = 1.5$ 状态，航天十一院（CAAA）计算的俯仰阻尼导数与试验数据吻合较好。$Ma = 3.0$ 状态，Murman 的计算结果[37]与试验数据有明显的差异，未能揭示小攻角动不稳定的基本特征，而航天十一院的计算结果有效地反映了这一规律。

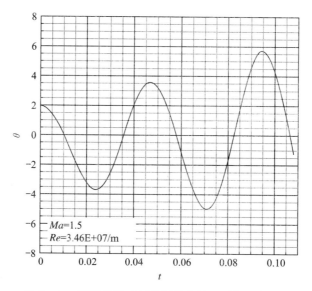

图 6 - 13　俯仰角随时间的振荡曲线（平衡攻角 0°）

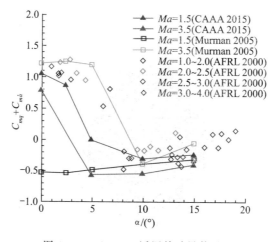

图 6 - 14　Genesis 返回舱动导数对比

6.4.4　大升力体外形

高超声速飞行器动态气动特性是研究者关注的焦点之一，动态稳定性参数也是飞行器稳定性与控制设计的必备参数。航天十一院飞行器动态特性非定常 CFD 研究组自主设计了高超声速动态标模，用以计算考核各类方法对高超声速面对称外形动态稳定性参数预测的可靠性与实用性。如图 6 - 15 所示，高超声速动态标模为典型升力体外形机身附加 V 型垂尾与后缘体襟翼。

飞行器参考长度为 4.0 m，参考面积为 1.75 m²。计算状态参数见表 6 - 4，来流马赫数 $Ma = 6$，单位长度来流雷诺数 $Re = 4.34 \times 10^5 / \mathrm{m}$，非定常计算强迫谐振的振幅 $\alpha_m = 1.0°$，振动频率 $f = 1\ \mathrm{Hz}$，振动中心为距头部顶点 62% 的轴线位置。在高超声速常规风洞中采用自由振动方式进行模型动导数试验测量，模型缩比为 1：8，配置的振动频率为 16 Hz。

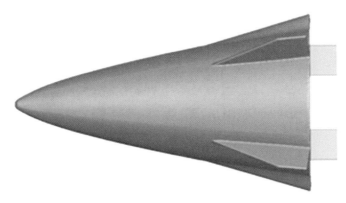

图 6 - 15　升力体动态标模

表 6 - 4　计算状态参数

H/km	Ma	$\alpha_0/(°)$	f/Hz	$\alpha_m/(°)$	Re/m^{-1}	x_{cg}
40	6.0	15,20,25	1	1.0	4.34×10^5	62%

（1）俯仰气动阻尼导数

图 6 - 16 为强迫谐振计算获得的俯仰力矩迟滞曲线。图 6 - 16（a）中时间谱方法（N_T =5）计算重构的迟滞曲线与双时间步法（$\Delta t = T/5\,000$）直接计算获得的曲线几乎重合，两种方法精度一致。图 6 - 16（b）表明攻角越大，力矩迟滞环的面积越大，气动阻尼越大。图 6 - 17 为不同方法计算获得的俯仰阻尼导数随攻角的变化曲线，俯仰阻尼随攻角的增加而增大。时间谱方法与双时间步法的计算结果基本一致，两者偏差不超过 1%。强迫谐振计算获得的俯仰阻尼导数都与风洞自由振动试验数据吻合较好，最大偏差小于 10%。

图 6 - 18 给出了计算一个动态流场状态所需的 CPU 时间，满足收敛性要求的双时间步法 CPU 计算时间约为时间谱方法的 10 倍。高超声速计算时，时间谱方法体现出更大的效率优势。

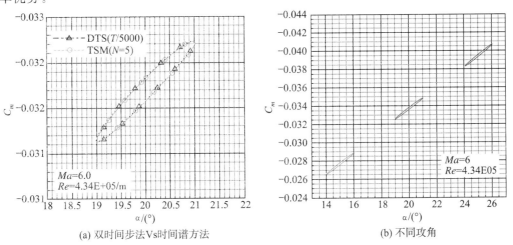

(a) 双时间步法Vs时间谱方法　　　　　　(b) 不同攻角

图 6 - 16　强迫谐振的俯仰力矩迟滞曲线

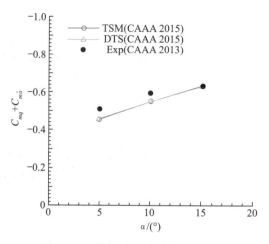

图 6-17　俯仰动导数计算结果比较

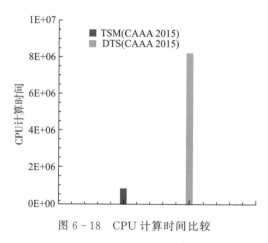

图 6-18　CPU 计算时间比较

图 6-19 给出了在不同攻角下的飞行器表面和对称面的压力云图对比。攻角增大，飞行器下表面的压力更大，高压区域更广泛，从头部到后体形成大面积高压区。基于 6.3.1 节气动导数摄动法基本原理的认识，更大攻角下的高压区在姿态改变运动中产生阻碍作用更明显，相应对气动阻尼的贡献更大。上述推演的规律判断和图 6-17 所示的俯仰阻尼导数随攻角增加而增大模拟结果是吻合的。

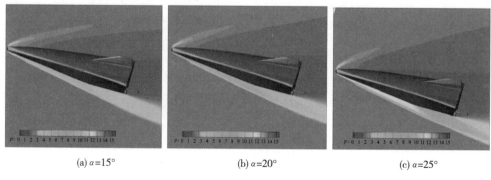

(a) $\alpha=15°$　　　　　　　　(b) $\alpha=20°$　　　　　　　　(c) $\alpha=25°$

图 6-19　不同攻角流场压力云图

（2）横航向气动阻尼导数

图 6-20 是采用不同方法预测偏航阻尼直接导数和偏航诱导滚转交叉导数的结果比较；图 6-21 是采用不同方法预测滚转阻尼直接导数和滚转诱导偏航交叉导数的结果比较。数值模拟强迫振动预测气动阻尼，双时间步法与时间谱方法的预测结果高度接近：两类 CFD 方法预测直接阻尼导数最大偏差约为 5%、交叉导数最大偏差约为 10%。两类 CFD 方法预测结果与风洞试验结果吻合，最大偏差不超过 20%。同时注意到，横航向交叉导数（绝对值）相对于直接阻尼导数（绝对值）而言是小量。总体看来，这类高超声速面对称飞行器横航向的气动阻尼远小于纵向的气动阻尼。

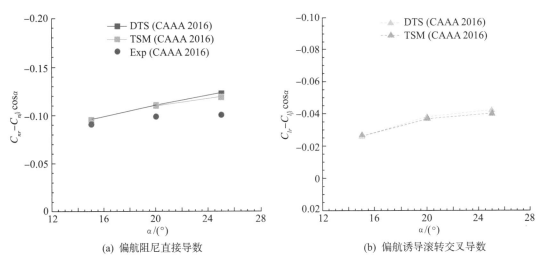

(a) 偏航阻尼直接导数　　　　　　(b) 偏航诱导滚转交叉导数

图 6-20　偏航方向动导数

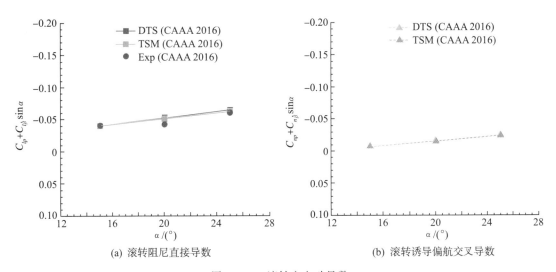

(a) 滚转阻尼直接导数　　　　　　(b) 滚转诱导偏航交叉导数

图 6-21　滚转方向动导数

高超声速大升力体动态标模，从俯仰、偏航、滚转三个方向对数值强迫振动时间谱方法和双时间步法进行了验证。结果表明数值强迫振动时间谱方法与数值强迫振动双时间步法具有一致的计算精度,但时间谱方法在高马赫数流动具有显著的计算效率优势;两类 CFD 方法预测动导数均满足工程精度要求。

(3)时差导数与旋转导数

为了计算洗流时差导数,按照 6.3.3.3 节的基本理论设计出沉浮强迫谐振。数值方法采用时间谱方法($N=5$),谐振振幅为 2.0 m,谐振频率为 1 Hz。图 6 - 22 为在马赫数为 6、攻角 20°状态下沉浮强迫谐振的力矩迟滞曲线;基于 6.3.3.3 节的理论推演,俯仰时差导数 $C_{m\dot{\alpha}}$ 与力矩迟滞曲线的平均斜率是正相关的。

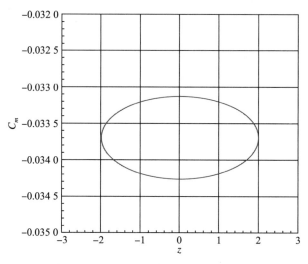

图 6 - 22　沉浮强迫谐振的力矩迟滞曲线

图 6 - 23 直观展示了时差导数、旋转导数、时差导数与旋转导数之和、俯仰阻尼直接导数。时差导数由时间谱方法模拟沉浮强迫谐振计算获得,旋转导数由准定常旋转法计算提取,俯仰阻尼直接导数由时间谱方法模拟俯仰强迫谐振计算获得。时差导数与旋转导数

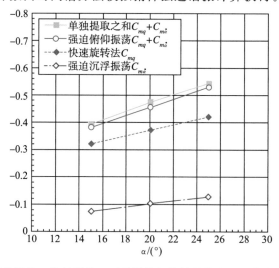

图 6 - 23　时差导数、旋转导数、时差导数与旋转导数之和、俯仰阻尼直接导数

之和，与俯仰阻尼直接导数的偏差不超过 4%，一致性较好。由于强迫谐振法数值计算动导数的有效性在前文中已经得到验证，上述一致性间接支撑了旋转导数由准定常旋转法直接计算提取的可靠性。

图 6 - 23 表明旋转导数占直接导数的 80% 左右，时差导数占直接导数的 20% 左右。由于旋转导数是直接导数的主要分量，工程中常常不分离时差导数，用直接导数乘以某个系数代替旋转导数进行工程应用具有一定合理性。旋转导数可以通过准定常旋转法数值计算提取，简便可靠的旋转导数预测正是工程应用所需求的。对于非线性流动特征较显著的区域，旋转导数的准定常旋转法和直接导数比例处理都应慎重考虑。

6.4.5　类 X - 37B 外形

X - 37B 轨道试验飞行器（OTV）是由美国空军领导实施，波音公司作为主承包商负责研制和建造的一种可重复使用的无人天地往返飞行器，主要用于验证具有自主再入和着陆能力、可长时间工作和可重复使用空天飞行器所需的技术。X - 37B 气动布局大量地继承了航天飞机的研究成果，选择带翼飞行器这种布局方案，并确定采用具有较高的高超声速升力、可增强轨道机动运行灵活性的 S 形前缘边条翼布局作为飞行器的基本构型，创新地采用 V 型尾翼，使 X - 37B 具有较好的气动稳定性能。

类似参考文献［39］的方法，参照已公布的 X - 37B 外形图像信息[40]和文献资料[41-42]，建立了类 X - 37B 飞行器模型（如图 6 - 24 所示），其长度与翼展均与公布数据[39]一致，外形与 X - 37B 概念图的相似度较高。类 X - 37B 飞行器全长 8.9 m，以此为参考长度，参考面积为 7.56 m²，质心位置为中心轴线 55% 处。采用时间谱方法模拟强迫谐振，谐振振幅为 1.0°，谐振频率为 1 Hz。本节不做方法的比对验证，重点介绍一些高超声速条件下气动阻尼特有的某些规律。

图 6 - 24　X - 37B 在轨飞行器与类 X - 37B 飞行器模型[39]

图 6 - 25 为偏航阻尼直接导数随马赫数的变化规律（$H = 50$ km，$\alpha = 40°$）。在超声速区间（$Ma = 2.0 \sim 5.0$），随马赫数增加，无量纲气动阻尼（绝对值）迅速降低；在高超声速区间（$Ma = 5.0 \sim 10.0$），气动阻尼（绝对值）随马赫数增加而降低曲线趋于平缓，在极高超声速条件下气动阻尼有翘尾特征。高超声速区间阻尼导数渐进性特征与静态气动力渐进性特征相仿。

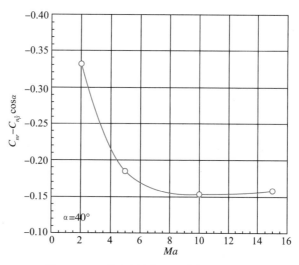

图 6 - 25　不同马赫数下的偏航阻尼导数

　　图 6 - 26 为不同高度下偏航阻尼直接导数随攻角变化的规律。气动阻尼系数（绝对值）随着攻角的增大而增加。临近空间上部，高度越高偏航阻尼系数（绝对值）越大。由 6.3.1 节气动导数摄动法可知，阻尼导数与无量纲密度、无量纲压力的组合参数 $\sqrt{\rho_0 p_0}$ 正相关。图 6 - 27 为两个高度下相同马赫数状态的参数 $\sqrt{\rho_0 p_0}$ 云图：高度越高，局部区域的 $\sqrt{\rho_0 p_0}$ 越高。高度增加雷诺数降低，飞行器后体的边界层变厚，特别是临近空间上层高超声速粘性干扰更强烈，因此当地流动的无量纲压力 p_0 与无量纲密度 ρ_0 均升高，由此参数 $\sqrt{\rho_0 p_0}$ 就升高，因此气动阻尼系数（绝对值）随着高度的增加而增大。

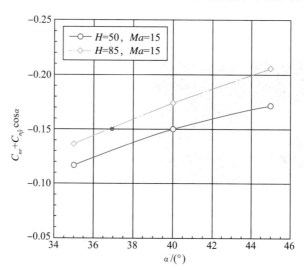

图 6 - 26　不同高度下偏航阻尼导数随攻角变化曲线

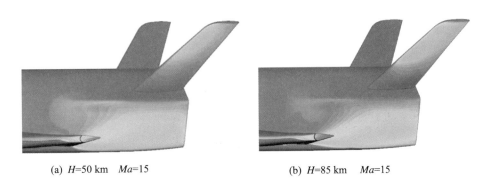

(a) $H=50$ km　$Ma=15$　　　　　　(b) $H=85$ km　$Ma=15$

图 6-27　类 X-37B 表面参数 $\sqrt{\rho_0 p_0}$ 云图

　　上述临近空间高超声速飞行的气动阻尼特性以及极高马赫数下的翘尾现象，均不同于一般性的经验，这正是高超声速特殊性所在，应加以重视。

6.5　旋转空气动力学效应的数值预测技术

　　将 6.4 节研究和发展的非定常方法直接应用于旋转空气动力学效应的数值模拟，在绕飞行器体轴方向附加旋转速度。选取经典的 M910 标模作为旋成体弹丸旋转气动特性计算的典型算例。M910 弹丸的几何尺寸如图 6-28 所示，由铝质鼻帽和钢质弹身构成，其中鼻尖直径为 0.22 cm，鼻帽段锥体长度为 4.12 cm，圆柱段直径为 1.62 cm，长度为 3.27 cm，底部由长度为 0.2 cm 的倒角构成。弹丸质心位于距鼻尖 4.99 cm 处，计算状态与文献 [43，44] 一致。

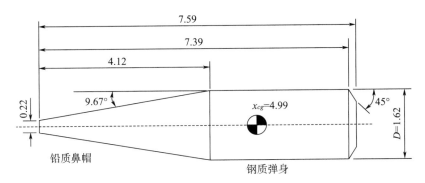

图 6-28　M910 几何尺寸（单位：mm）

　　如图 6-29 所示，计算网格为六面体网格，总网格量约为 500 万。为能适应亚声速计算，计算域的外边界距离弹体表面 8 倍弹体长度。为捕获尾迹流动，底部网格也做了加密。壁面附近的网格做了加密以正确捕获边界层，整个弹体表面都满足条件 $y^+ \leqslant 1$。

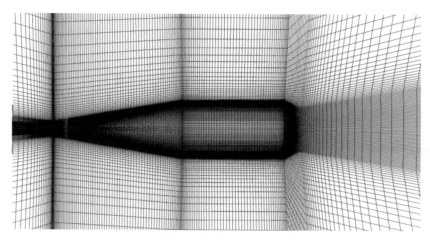

图 6 - 29　M910 标模计算网格

计算状态见表 6 - 5，来流马赫数横跨亚、跨、超声速三个速度范围，在不同的马赫数下有对应的绕 x 轴的旋转速度 Ω。

表 6 - 5　M910 弹丸的计算状态

Ma	$U_\infty/(\mathrm{m/s})$	p_∞/Pa	T_∞/K	$\alpha/(°)$	$\Omega/(\mathrm{rad/s})$
0.40	136.1	101 325	288	3	1 431
0.50	170.1	101 325	288	3	1 789
0.60	204.1	101 325	288	3	2 147
0.70	238.1	101 325	288	3	2 504
0.90	306.2	101 325	288	3	3 220
0.98	333.4	101 325	288	3	3 506
1.02	347.0	101 325	288	3	3 649
1.20	408.3	101 325	288	3	4 292
1.40	476.3	101 325	288	3	5 009
2.50	850.5	101 325	288	3	8 944
3.50	1 190.7	101 325	288	3	12 522
4.50	1 530.9	101 325	288	3	16 100

图 6 - 30 为阻力系数随马赫数的变化曲线，DDES 湍流模型的计算结果在整个马赫数范围都与试验数据吻合较好。在 $Ma < 2.5$ 范围，S - A 湍流模型的 RANS 计算结果与试验数据相比稍有偏大；而在 $Ma > 2.5$ 范围与试验数据和 DDES 的计算结果基本一致。表明亚声速和跨声速采用 DDES 方法可一定程度提高阻力的预测精度，而在超声速范围，采

用 RANS 方法就可获得较为准确的阻力系数。

　　图 6-31 为马格努斯力矩系数随马赫数的变化曲线。在 $Ma < 1.4$ 范围，S-A 湍流模型 RANS 方法、Despirito 的定常 RANS 方法和 PRODAS 工程方法都不能预测马格努斯力矩系数的急剧下降趋势，而基于 S-A 湍流模型的 DDES 模型的计算结果却能与试验数据吻合较好，且比 Despirito 的 DES 计算结果规律性更好。

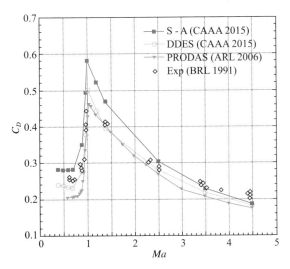

图 6-30　阻力系数随马赫数的变化曲线

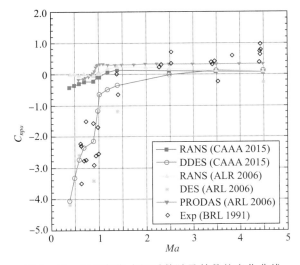

图 6-31　马格努斯力矩系数随马赫数的变化曲线

参 考 文 献

［1］ 崔尔杰. 大攻角高机动飞行器的非稳定运动形态与相关气动力问题 ［R］. 第九届全国分离流、旋涡与控制会议. 北京，2002.

［2］ BRYAN G. Stability in aviation：an Introduction to dynamical stability as applied to the motions of aeroplanes ［J］. Nature，1912，1（4）：88－94.

［3］ HUI W H，TOBAK M. Bifurcation analysis of aircraft pitching motions about large mean angles of attack ［J］. Journal of Guidance，Control，and Dynamics，1984，7（1）：113－122.

［4］ HUI W H，VAN ROESSEL H J. Transient motion of a hypersonic wedge，including time history effects ［J］. Journal of Guidance，Control，and Dynamics，1986，9（2）：205－212.

［5］ STALNAKER J F. Rapid computation of dynamic stability derivatives ［R］. 2004，AIAA 2004－210.

［6］ RONCH A D，VALLESPIN D. Computation of Dynamic Derivatives Using CFD ［R］.2010，AIAA－2010－4817

［7］ ERDAL O，HSSAN U A. CFD Predicitions of Dynamic Derivatives for Missile ［R］.2002，AIAA－2002－0276

［8］ SOO H P，YOONSIK K，JANG H K. Prediction of Dynamic Damping Coefficients Using Unsteady Dual－Time Stepping Method ［R］.2002，AIAA－2002－0715.

［9］ 孙涛，高正红，黄江涛. 基于 CFD 的动导数计算与减缩频率影响分析 ［J］. 飞行力学，Vol.29，No.4. 2011.

［10］ 范晶晶，阎超，李跃军. 飞行器大迎角下俯仰静、动导数的数值计算 ［J］. 航空学报，Vol.30，No.10. 2009.

［11］ HALL K C，THOMAS T P，CLARK W S. Computation of unsteady nonlinear flows in cascades using a harmonic balance technique ［J］. AIAA Journal，2002，40（3）：879－886.

［12］ MCMULLEN M，JAMESON A，ALONSO J J. Application of a Nonlinear Frequency Domain Solver to the Euler and Navier－Stokes Equations ［C］. 2002，AIAA 2002－0120.

［13］ MURMAN S M. A Reduced－Frequency Approach for Calculating Dynamic Derivatives ［C］. 2005，AIAA 2005－0840.

［14］ GOPINATH A K，Jameson A. Time spectral method for periodic unsteady computations over two－and three dimensional bodies ［R］. 2005，AIAA 2005－1220.

［15］ 谢立军，杨云军，刘周，等. 基于时间谱方法的飞行器动导数高效计算技术 ［J］. 航空学报，2015，36（6）：2016－2026.

［16］ 谢立军. 飞行器动态气动特性时间谱方法高效计算 ［D］. 中国航天空气动力技术研究院，2014.

［17］ SICOTF，et al. Block－Jacobi Implicit Algorithms for the Time Spectral Method ［J］. AIAA Journal，2008，46（12）：3080－3089.

［18］ 韩子鹏. 弹箭外弹道学 ［M］. 北京：北京理工大学出版社，2008.

［19］ 臧国才，李树常. 弹箭空气动力学 ［M］. 北京：兵器工业出版社，1984.

[20] 吴甲生，雷娟棉．制导兵器气动布局与气动特性 [M]．北京：国防工业出版社，2008.

[21] 雷娟棉，李田田，黄灿．高速旋转弹丸马格努斯效应数值研究 [J]．兵工学报，2013，34（6）：718 - 725.

[22] 刘周，谢立军，杨云军，等．弹丸旋转空气动力效应非定常数值模拟 [J]．航空学报，2016，37（5）：1401 - 1410.

[23] 黄寿康．流体力学弹道载荷环境 [M]．北京：宇航出版社，1991.

[24] ROBERTSON J E. Prediction of in flight fluctuating pressure environments including protuberance induced flow [R]．Wyle laboratories - research staff report，NASA - CR - 119947，WR - 71 - 10，71N36677，1971.

[25] SCOTT W T，ROY J H. Methods for optimization of a launch vehicle for pressure fluctuation levels and drag [R]．AIAA 2009 - 1275，2009.

[26] 刘周，杨云军，周伟江，等．基于 RANS - LES 混合方法的翼型大迎角非定常分离流动研究 [J]．航空学报，2014，35（2）：372 - 380.

[27] ETKIN B，REID L D. Dynamics of flight：stability and control [M]．New York：Wiley，1996.

[28] COWLEY W L，GLAUERT H. The effect of the lag of the downwash on the longitudinal stability of an aero - plane and on the rotary derivative Mq [M]．HM Stationery Office，1921.

[29] ETKIN B. Dynamics of atmospheric flight [M]．Courier Dover Publications，2012.

[30] TOBAK M，SCHIFF L B. On the formulation of the aero - dynamic characteristics in aircraft dynamics [M]．National Aeronautics and Space Administration，1976.

[31] 任玉新，刘秋生．飞行器动态稳定性参数的数值计算方法 [J]．空气动力学学报，1996，14（2）：117 - 126.

[32] 童秉纲，陈强．关于非定常空气动力学 [J]．力学进展，1983，13（4）：377 - 384.

[33] 杨云军．飞行器非稳定运动的流动物理与动力学机制 [D]．中国航天空气动力技术研究院，2008.

[34] USELTON J C，USELTON B L. A Look at the Validity of the Small - Amplitude Oscillation Dynamic - Stability Measurement Technique [R]．1975，AIAA 1975 - 211.

[35] SHANTZLI，GRAVESR T. Dynamic and Static Stability Measurements of the Basic Finner at Supersonic Speeds [R]．1960，NAVORD Report 4516.

[36] EAST R A，HUTT G R. Comparison of predictions and experimental data for hypersonic pitching motion stability [J]．Journal of Spacecraft，1988，25（3）：225 - 233.

[37] CHEATWOOD F M. Dynamic stability testing of the Genesis sample return capsule [C]．AIAA 2000 - 1009.

[38] MURMAN S M. Dynamic analysis of atmospheric - entry probes and capsules [C]．AIAA 2007 - 0074.

[39] 蒋崇文，杨加寿，李克难，等．类 X - 37B 飞行器气动特性的数值研究 [J]．中国空间科学技术，2014，（2）：36 - 43.

[40] WIKIPEDIA. Boeing X - 37 [EB/OL]．[2013 - 10 - 13]．Http：//en. wikipedia. org/wiki/X - 37.

[41] PIENKOWSK J P. Analysis of the aerodynamic orbital transfer capabilities of the X - 37 Space Maneuvering Vehicle（SMV）[R]．AiAA 2003 - 908，2003.

[42] MIKULA D F K，Holthaus M. X - 37 flight demonstrator system safety program and challenges [R]．AIAA 2000 - 5073，2000.

[43]　DESPIRITO J，PLOSTINS P. CFD Prediction of M910 Projectile Aerodynamics ［R］AIAA －2007 －6580.

[44]　PLOSTINS P，MCCOY R L，WAGONER B A. Aeroballistic Performance of the 25mm M910 TPDS－T Range Limited Training Projectile，U. S. Army Ballistic Research Laboratory，BRL － MR － 3886，Aberdeen Proving Ground，MD，Jan. 1991.

第7章 高超声速飞行器多体分离数值模拟方法

多体分离是指飞行器飞行过程中存在的两个或多个部件在气流、机构或火工品作用下发生相对位移，并因此诱发的气动干扰问题。在多体分离问题研究中，除了关注飞行器各部件受力特性，还需要关心部件在气动力、重力、机构力等外力作用下发生的姿态、位置改变，分析分离过程中各部件发生的干扰及其碰撞的可能性，对分离过程的安全性进行分析评估。多体分离问题的研究对象一般具有复杂的拓扑结构，多体间的相对运动和绕流流场具有显著的非定常特性。在多体分离问题研究中往往需要综合考虑气动、飞行力学、控制、推进、结构等多种学科，是典型的多学科耦合问题。

7.1 概述

飞行器设计中涉及的多体分离问题种类很多，主要分为投放（抛撒）分离、级间分离、整流罩分离以及包含多种类型的综合分离等形式。投放（抛撒）分离是指从载机或其他母体上投放挂载物，根据挂载物挂载位置的不同，又可分为外挂物投放、内埋式投放、子母弹抛撒等，如 X-15 从 B-52 翼下投放过程就是典型的外挂投放问题（如图 7-1 所示）。级间分离主要指飞行器与助推级或飞行器前后体间的分离过程，根据分离动力的不同，级间分离又可分为冷分离和热分离，冷分离仅依靠气动力或机构力将两体推开实现分离；热分离则要利用前体发动机喷流，依靠高温高压喷流将两体分开；根据一二级的连接关系，级间分离也可分为串联式分离及并联式分离两种形式，如常规的助推火箭与上面级的分离为串联式分离（图 7-2 中右图所示），而航天飞机外贮箱、助推器与轨道器的分离则为典型的并联式分离方案（图 7-2 左图所示）。为实现防热、降阻、增程等目的，设计飞行器时往往会为进气道、载荷等部位加装整流罩，因此在飞行中会涉及整流罩分离过程，整流罩分离又可分为多瓣平推抛罩、旋开抛罩、整流罩整体拔罩等方式，如图 7-3 所示。

多体分离问题研究是目前航空航天飞行器发展和研制中急需解决的问题之一，由于方案制定时对分离中关键问题认识不清或研究手段不足导致预测数据出现偏差，进而导致型号出现反复，甚至方案被推翻的情况时有发生。如洛克希德公司的 M/D-21 计划[1]原始方案为背驮式，如图 7-4 所示，虽然整个计划已经进入到飞行试验阶段，且曾开展了若干次成功的飞行试验，但在某次分离中子机俯仰方向失控与母机发生擦撞，出现机毁人亡的惨剧，致使整个方案被推翻。英国"掠夺者（Buccaneer）"攻击机投放 JP233 弹箱时也曾出现碰撞机翼的事故[2]，造成局部结构损坏，而飞行前开展的风洞试验和粗略的数值分析都没有预测到碰撞的可能性，经过对数值方法的改进，最终成功模拟到

图 7-1　美国 B-52 投放 X-15

图 7-2　并联式（左，航天飞机 SRB 分离）与串联式（右，X-43）级间分离过程

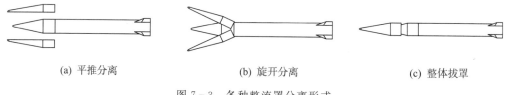

(a) 平推分离　　　　　　　　(b) 旋开分离　　　　　　　　(c) 整体拔罩

图 7-3　各种整流罩分离形式

子弹箱分离中发生的抬头、滚转和向机翼外侧大幅偏航运动。采用高效、高精度的预测手段对复杂条件下多体分离问题开展研究，可为相关分离方案的制定提供指导和支撑，提升分离方案的安全性和可靠性。

　　多体分离问题主要的研究手段有理论分析、数值模拟、地面试验和飞行试验。由于实际工程中考虑的外形往往极为复杂，几乎无法单独从理论分析中获得具有实用价值的信

图 7 - 4　M/D-21 计划的背驼式方案

息；通常是通过地面试验和数值模拟的手段开展前期分析，获得大量分析数据并设计出详尽的方案，最后通过飞行试验的方式对方案进行检验和验证。

　　常见的地面试验手段包括 CTS、风洞自由飞、火箭撬等。CTS 试验和自由飞试验都属于风洞试验，CTS 试验借助复杂的多自由度移动机构实现多体在风洞内的运动，而运动的规律由风洞中测得的气动力、力矩、当前的运动参数及各部件的质量特性等联立求解得到，弹射力、阻尼力、主动控制等其他影响因素也可以在求解运动方程时添加进去。自由飞试验又叫自由投放或动态投放试验，在风洞中将模型以一定的初始条件弹射出去，用高速摄影记录下各部件的飞行过程，再依靠软件辨识出各部件位置和姿态随时间的变化信息。火箭撬试验是在试验滑轨上用火箭推动滑车对飞行器部件和设备进行高加速度、高速气流作用和特殊环境的综合性试验，可以开展 1∶1 模型试验，试验的重复性、操控性和维护性很强，且可开展各种速度段的试验。

　　自从 CFD 技术出现以来，其应用范围已触及流体力学研究的各个领域，关于多体分离问题的研究也不例外。在 20 世纪七八十年代，流函数法、小扰动方程、板块法等简化方法与理论分析和风洞试验等结合，发展出了半经验法、估算方法为主的多体分离预测方法，如网格法、影响函数法等方法，而 PAN AIR、NEAR 等分析程序等都是依此发展起来的。随着计算机水平的飞速发展以及相应的数值方法的进步（如 ALE 方法、动网格方法的出现），以耦合求解流动控制方程与刚体运动方程的多体分离数值方法得到应用和推广。

　　飞行试验包括真实的多体分离试验以及采用缩比模型进行的缩比飞行试验。真实飞行试验可以测试飞行器的相容性，也可对前期的预测分析进行检验验证，对数值模拟和地面试验数据进行补充和完善。多体分离飞行试验通常昂贵且危险，在设计试验时，安全性是需要考虑的首要因素，有些复杂的过程开展重复性飞行试验甚至是不可行的，而采用缩比模型飞行试验则成为真实飞行试验的一种低成本、安全系数高的替代方式。

　　本章将主要关注数值方法在高超声速飞行器多体分离问题研究中的应用，下面将分别介绍当前主流的多体分离数值预测方法以及不同类型多体分离问题的典型案例等。

7.2　多体分离数值预测方法

　　完善的多体分离数值预测方法，需要根据研究对象的特性建立描述此过程中流体和物体运动的数学方程、能实时捕捉运动物体边界的网格技术以及相应的数值离散方法。

　　多体分离问题是典型的动态问题，在发展针对此类问题的数值方法时，需要考虑如何捕捉运动边界。在不同的研究领域，针对动边界问题的模拟方法各不相同，有欧拉法（计算网格保持静止，物体边界通过拟合、插值得到）、拉格朗日法（网格跟随流体运动，边界分辨率高，但网格容易扭曲、畸变）以及二者的混合方法，如 ALE（Arbitrary Lagrangian Eulerian）方法[3]等。ALE 方法综合了欧拉法和拉格朗日法，物面边界采用拉格朗日法计算，严格保证物面网格跟随物体运动，而计算域内部的网格运动则限制较少，以避免出现大的扭曲导致网格质量下降。ALE 方法在弹塑性力学、流体力学、爆炸冲击等不同学科得到了广泛的应用，下面将简要介绍 ALE 形式的流动控制方程、描述刚体六自由度运动的刚体运动方程组以及相应的数值方法。

7.2.1　控制方程组

7.2.1.1　ALE 形式流动控制方程
　　笛卡儿坐标系下积分的 ALE 形式流动控制方程为

$$\frac{\partial}{\partial t}\iiint_{\Omega(t)} \boldsymbol{W} \mathrm{d}\Omega + \iiint_{\Omega(t)} \nabla \boldsymbol{F} \mathrm{d}\Omega = \iiint_{\Omega(t)} \nabla \boldsymbol{F}_v \mathrm{d}\Omega \tag{7-1}$$

$\boldsymbol{W}$ 为守恒变量 $[\rho,\ \rho u,\ \rho v,\ \rho w,\ \rho e]^\mathrm{T}$。对流通量的表达式为

$$\boldsymbol{F} = \begin{bmatrix} \rho\tilde{u} & \rho\tilde{v} & \rho\tilde{w} \\ \rho\tilde{u}u+p & \rho\tilde{v}u & \rho\tilde{w}u \\ \rho\tilde{u}v & \rho\tilde{v}v+p & \rho\tilde{w}v \\ \rho\tilde{u}w & \rho\tilde{v}w & \rho\tilde{w}w+p \\ \rho e\tilde{u}+pu & \rho e\tilde{v}+pv & \rho e\tilde{w}+pw \end{bmatrix}$$

式中，$(u,\ v,\ w)$ 为速度矢量 $\boldsymbol{V}$ 在笛卡儿坐标系下的分量，而相对速度 $(\tilde{u},\ \tilde{v},\ \tilde{w})$ 为

$$\tilde{u}=u-u_b,\tilde{v}=v-v_b,\tilde{w}=w-w_b$$

式中，$(u_b,\ v_b,\ w_b)$ 是控制体边界速度 $\boldsymbol{V}_b$ 在笛卡儿坐标系下的分量。当控制体边界运动速度与当地流动速度一致时，即 $\boldsymbol{V}_b = \boldsymbol{V}$，此时的流动控制方程为拉格朗日描述形式；当 $\boldsymbol{V}_b = 0$ 时，此时方程为欧拉描述下的控制方程；而对于其他任意的速度 $\boldsymbol{V}_b$，方程被称为 ALE 形式的控制方程。其他变量与常规的流动控制方程相同，具体可参考本书第 2 章。

7.2.1.2　刚体运动方程组
　　多体分离问题研究中，在分析物体运动引起的气动问题和其中的流动特性时，将物体

近似为无变形的刚体，可使问题简化。完整描述刚体位置、姿态的变化过程，需要确定质心位置、质心速度、姿态角、角速度等 4 组物理量（三维情况每组包含 3 个分量）。通过这 4 组参数可以确定物体的瞬时位置、姿态等，为此需要建立 4 组方程来求解，这 4 组方程分别称为位置方程、姿态方程、力方程和力矩方程，下面将分别给出此 4 组方程。

（1）坐标系的定义及相互间的转换

对于复杂的飞行器运动过程，选用合适的参照系可以大为简化表述的方程形式。这里主要介绍地面坐标系、机体坐标轴系。

机体坐标轴系 $S_b(Ox_by_bz_b)$，简称体轴系，为与飞行器固连的坐标轴系。其原点 O 通常位于飞行器质心；轴 Ox_b 称为纵轴，平行于机身轴线或翼根弦线，指向前方；轴 Oz_b 称为竖轴，在飞行器纵对称面内，垂直于纵轴，指向下方；轴 Oy_b 称为横轴，垂直于飞行器纵对称面，指向右方，三轴呈右手系。

铅垂地面坐标轴系 $S'_g(O_gx'_gy'_gz'_g)$，简称地轴系。其轴 $O_gz'_g$ 为铅垂向下，轴 $O_gx'_g$ 和 $O_gy'_g$ 在水平平面内，其方向可以任意规定，三轴符合右手系。

牵连铅垂地面坐标轴系 $S_g(Ox_gy_gz_g)$，简称牵连地轴系。原点通常选在飞行器质心，坐标轴 Ox_g、Oy_g 和 Oz_g 分别与 Ox'_g、Oy'_g、Oz'_g 轴平行。

在说明坐标系之间的变换关系时，为表述方便，采用类似 $R_y(\alpha)$ 的符号来表示基本变换，这里的 $R_y(\alpha)$ 表示绕 y 轴旋转角度 α。根据各坐标系的定义可知，体轴系与牵连地轴系之间的旋转变换关系是

$$S_g \xrightarrow{R_z(\theta)} O \xrightarrow{R_y(\psi)} O \xrightarrow{R_x(\phi)} S_b$$
$$S_g \xleftarrow{R_z(-\theta)} O \xleftarrow{R_y(-\psi)} O \xleftarrow{R_x(-\phi)} S_b$$

$$(7-2)$$

式中　θ——偏航角；

　　　ψ——俯仰角；

　　　ϕ——滚转角。

偏航角 θ 为机体纵轴 Ox_b 在水平面上的投影 Ox'_b 与轴 Ox_g 之间的夹角，当 Ox'_b 处于 Ox_g 右侧（Ox_g 与 Ox'_b 的叉乘矢量指向与 Oz_g 轴方向一致）时，偏航角为正，θ 的变化范围为 $-\pi \leqslant \theta \leqslant \pi$。俯仰角 ψ 是机体纵轴 Ox_b 与水平面（也就是与 Ox'_b）的夹角，当纵轴的正半轴位于过原点的水平面之上（Ox_b 与 Ox'_b 的叉乘矢量指向 Oy_b 正方向）时，ψ 为正，ψ 的范围为 $-\pi/2 \leqslant \psi \leqslant \pi/2$。滚转角 φ 是竖轴 Oz_b 与通过纵轴 Ox_b 的铅垂面的夹角，当竖轴的正半轴处于该铅垂面之左（Oz_b 轴与其在此铅垂面的投影 Oz'_b 轴的叉乘矢量方向与 Ox_b 轴方向一致）时，ϕ 为正，$-\pi/2 \leqslant \phi \leqslant \pi/2$。

（2）刚体六自由度运动方程组

根据运动学和动力学关系，可得假定为刚体的飞行器其质心位置、速度、姿态角和角速度等量应满足的方程

$$\dot{X}_g = R_{bg}V_b$$

$$\begin{bmatrix} \dot{\phi} \\ \dot{\psi} \\ \dot{\theta} \end{bmatrix} = \begin{bmatrix} 1 & \tan\psi\sin\phi & \tan\psi\cos\phi \\ 0 & \cos\phi & -\sin\phi \\ 0 & \sin\phi/\cos\psi & \cos\phi/\cos\psi \end{bmatrix} \begin{bmatrix} \omega_x \\ \omega_y \\ \omega_z \end{bmatrix} \tag{7-3}$$

$$\dot{\boldsymbol{V}}_b = -\boldsymbol{\omega}_b \times \boldsymbol{V}_b + \boldsymbol{R}_{gb} \left(\boldsymbol{g} + \frac{\boldsymbol{F}}{m} \right)$$

$$\boldsymbol{I}_b \dot{\boldsymbol{\omega}}_b = \boldsymbol{M}_b - \boldsymbol{\omega}_b \times \boldsymbol{I}_b \boldsymbol{\omega}_b$$

式中　带下标 b 的量——体轴系下的量；

　　　带下标 g 的量——牵连地轴系下的量。

（3）姿态方程的奇异性问题

当式（7-3）中 $\psi = \pm 90°$ 时，方程存在奇异性，此时无法直接求解此方程组计算飞行器的姿态。克服姿态方程奇异性可以采用四元数法[5]、双欧法[6]等，相关文献[7]对比认为双欧法没有四元数法误差累积的缺陷、计算结果直观、方法简单易行，下文将介绍双欧法解决姿态方程奇异性问题的过程。

双欧法采用两套姿态方程描述同一个姿态，当俯仰角处于某个姿态方程奇点附近导致求解误差过大进而导致计算失真时，则切换至另一个姿态方程。将前文给出的姿态方程式称为正欧拉方程组，另外定义一种新的姿态角转换关系

$$\boldsymbol{S}_g \xrightarrow{\boldsymbol{R}_z(\theta_r)} O \xrightarrow{\boldsymbol{R}_x(\phi_r)} O \xrightarrow{\boldsymbol{R}_y(\psi_r)} \boldsymbol{S}_b$$
$$\boldsymbol{S}_g \xleftarrow{\boldsymbol{R}_z(-\theta_r)} O \xleftarrow{\boldsymbol{R}_x(-\phi_r)} O \xleftarrow{\boldsymbol{R}_y(-\psi_r)} \boldsymbol{S}_b$$

此转换关系中各欧拉角称为反欧拉角，显然两种变换方式表示的是同一个过程。新的姿态方程（即反欧拉方程）如下

$$\begin{bmatrix} \dot{\phi}_r \\ \dot{\psi}_r \\ \dot{\theta}_r \end{bmatrix} = \begin{bmatrix} \cos\psi_r & 0 & \sin\psi_r \\ \sin\psi_r\tan\phi_r & 1 & -\cos\psi_r \\ -\sin\psi_r/\cos\phi_r & 0 & \cos\psi_r/\cos\phi_r \end{bmatrix} \begin{bmatrix} \omega_x \\ \omega_y \\ \omega_z \end{bmatrix} \tag{7-4}$$

从上式中可以看出，反欧拉方程在 $\phi_r = \pm 90°$ 时也存在奇点。由于两组转换关系是针对同一变化过程，则最终的转换矩阵应相等

$$\boldsymbol{R}_{gb} = \boldsymbol{R}_x(\phi) \boldsymbol{R}_y(\psi) \boldsymbol{R}_z(\theta) = \boldsymbol{R}_y(\psi_r) \boldsymbol{R}_x(\phi_r) \boldsymbol{R}_z(\theta_r)$$

据此可推导出正/反欧拉角之间的换算关系，用 a_{ij} 表示转换矩阵 $\boldsymbol{R}_{gb}$ 中的元素，正/反欧拉角的计算式为

$$\phi = a\tan(a_{23}/a_{33}), \theta = a\sin(-a_{13}), \psi = a\tan(a_{12}/a_{11}),$$
$$\phi_r = a\sin(a_{23}), \theta_r = a\tan(-a_{13}/a_{33}), \psi_r = a\tan(-a_{21}/a_{22})$$

7.2.2　网格技术

CFD 技术是将流体力学的控制方程在一个有限的求解域内离散成一个代数方程组，每个求解的离散位置称为网格节点或网格单元。因此，将计算域离散成点或单元是数值模拟

的第一步，也是极为重要的一环。而对于针对动态问题发展起来的 ALE 方法，综合了欧拉法和拉格朗日法，物面边界采用拉格朗日法计算，必须严格保证物面网格跟随物体运动，如何保证物面边界网格跟随物体运动，而流场网格又具有高精度、高分辨率的特性则成为 ALE 方法应用中研究的焦点。适用于 ALE 方法的动网格方法有多种，如刚性动网格法、超限插值技术、重叠网格、拼接网格、弹性网格、网格重构技术等。由于多体分离的特点，需要相应的数值方法（网格技术）具有捕捉物体大变形、大位移的能力，因此以上方法中重叠网格、弹性网格、网格重构等技术在多体分离问题研究中应用较为广泛。

在网格运动尤其是网格重构时，网格的生成是需要重点关注的问题，如果能实现网格的自动生成，则可以极大地提高计算过程中对各种复杂运动过程的处理能力，本节将首先介绍直角网格自动生成方法；各种动网格技术中，重叠网格技术在前文已有详细介绍，本节将对基于弹性网格的拼接网格技术、弹性网格与网格重构结合的混合动网格技术进行简要介绍。

7.2.2.1　直角网格自动生成方法

网格生成是 CFD 技术中重要的前处理环节，也是数值模拟时需要耗费较多人力的工作，在常规的静态气动问题研究中，可以通过仔细设计网格拓扑结构，实现对流场的高精度模拟；但在动态问题中，依靠高人力投入的网格生成策略将严重影响研究的效率，因此一般在动态问题研究中都采用可以实现低人工干预，甚至是全自动的网格生成技术，下面将简要介绍一种基于直角网格的网格自动生成方法。

三维非结构直角网格采用叉树方法生成，首先在矩形计算域内生成第一层初始网格，再在此基础上根据离物面的距离对网格逐步加密，生成正交的三维空间网格，最后通过光顺和投影生成粘性层网格，形成适合于粘性流动计算的网格拓扑。其生成过程主要分为以下几个步骤[8]：

1）首先需要对物面进行描述。直角网格生成遵循从空间向物面的顺序，在生成过程中需要向程序提供物面的位置、形状等信息。一般通过预先生成的表面网格描述物形，也可以直接读取三维数模获取物面信息。

2）计算域的确定及叉树结构的生成。计算域的大小需要根据流场的特性来确定。按照网格生成的设置条件，将计算域划分为初始网格，再按照设置信息对此初始网格不断分层加密，获得叉树结构网格。

3）生成粘性层网格（如图 7-5 所示）。将与物面相交及物面内的单元舍弃，之后网格最内层（又称为内面）与物面之间将存在一定的间隙，通过对内面的光顺和投影，生成投影层单元填充此间隙，并对投影层单元分层，形成贴体的粘性层单元。

4）最后输出网格信息。网格信息主要包括流场计算中需要用到的单元面面积分量、面心位置、单元体积、体心坐标以及单元面与单元邻居关系等；流场显示需要的网格点坐标、单元各顶点编号和单元邻居关系等信息。

在投影生成粘性层网格时，通常借助物面光顺的方式确保物面网格分布均匀，减小数

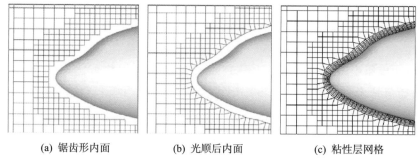

(a) 锯齿形内面　　　　(b) 光顺后内面　　　　(c) 粘性层网格

图 7-5　粘性层网格生成示意图

值误差,但是在物面光顺过程中,投影点位置可能发生变化不再落在物面上,特别是在物面曲率变化大的位置物面网格形状可能会完全改变;此外,内面节点在物面的投影点是到物面距离最近的点,而原物形不同曲面相交位置可能存在凸起或凹陷的特征,投影之后这些特征可能被抹平。图 7-6 (a) 所示为某翼身组合体翼身交界位置特征被抹平的情况。因此在内面投影、物面光顺时需要引入某些限制,保证物面网格保持原模型的特征。为此,我们发展了物面相贯线修正方法,经过修正可以保证生成的网格物面保留原物形特征〔如图 7-6 (b) 所示〕。

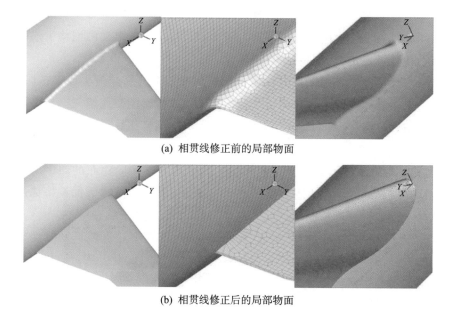

(a) 相贯线修正前的局部物面

(b) 相贯线修正后的局部物面

图 7-6　相贯线修正过程示意图

7.2.2.2　弹性动网格法

弹性动网格法的核心思想是在保持网格拓扑结构不变的情况下,重新分布网格节点,这样能够保证网格关联信息不变,避免每一时间步的插值。但是,当物体存在大尺寸的变形和运动时,该网格技术便失效,较大位移变形会使网格质量变差,甚至有可能相交,出现负体积单元，导致非定常计算失败。弹性动网格根据其基本思想不同，又可分为弹簧近似法、弹性体法等，最近发展出的径向基函数法其基本思想与弹性动网格法类似，差别在于求解网格点运动的方程不同，其也可归类于弹性动网格法，下文简要介绍基于弹簧近似的弹性动态网格技术。

在弹簧近似方法中，将各网格边想象为一条弹簧，在网格运动前网格点在各边共同作用下保持平衡；当边界发生移动时，由于边界处弹簧的受力发生了改变，因此整个系统内弹簧的系统不再平衡。在弹簧作用下各网格点位置将发生改变，直至新的平衡点。在弹簧近似法中，假设弹簧（网格边）的张力 $\boldsymbol{F}_{ij}$ 为

$$\boldsymbol{F}_{ij} = K_{ij}(\boldsymbol{r}_j - \boldsymbol{r}_i) \qquad (7-5)$$

式中 K_{ij}——i，j 节点间弹簧的刚度系数；

$\boldsymbol{r}$——节点的矢径。

对任意的节点 i，其受到的弹簧力的合力 $\boldsymbol{F}_i$ 可表示为

$$\boldsymbol{F}_i = \sum_{j=1}^{N} K_{ij}(\boldsymbol{r}_j - \boldsymbol{r}_i) \qquad (7-6)$$

其中 N——连接了节点 i 的弹簧的数目。

将所有节点的合力方程（7-6）联立，可得第 n 个时间步上关于节点系统受力的代数方程组

$$\boldsymbol{Tr}^n = \boldsymbol{F} \qquad (7-7)$$

这里 $\boldsymbol{T}$ 表示所有网格节点之间弹簧刚度系数构成的对角占优（$T_{ii} = -\sum_j K_{ij}$）系数矩阵。边界发生改变后，可更新原方程组节点位置矢量 $\boldsymbol{r}^n$ 中的相应节点，进而得到一个新的方程组 $\boldsymbol{Tr}^{n*} = \boldsymbol{F}$，即此问题为 Dirichlet 问题。对新的方程组进行若干次迭代求解，即可获得新时刻各节点的位置 $\boldsymbol{r}^{n+1}$。可以采用 Guass-Seidel 迭代法求解，具体的迭代公式为

$$\boldsymbol{r}_i^{n+1} = \frac{1}{T_{ii}} \Big[\boldsymbol{F}_i - \sum_{j=1}^{i-1} K_{ij} \boldsymbol{r}_j^{n+1} - \sum_{j=i+1}^{m} K_{ij} \boldsymbol{r}_i^n \Big] \qquad (7-8)$$

与弹性体法等动网格方法相比，弹簧近似法由于仅考虑弹簧轴向（两节点间）的受力，没有考虑节点在不同弹簧作用下导致的弹簧扭曲、挤压等现象，因而容易出现网格质量下降。一般的处理方法为在两节点弹簧的刚度系数中引入挤压刚度系数、变形刚度系数等

$$K_{ij} = K_d(K_1 + K_2)$$

其中

$$K_d = 1/d, \quad K_1 = 1/V_{\min,\text{neib}} l_{ij}^2, \quad K_2 = \sum (1/\sin^2\theta)$$

式中 K_d——延迟物面处网格失效的径向分布系数，以将边界上的局部扰动向计算域内部传递；

d——对应网格节点到物面的最小距离；

K_1——挤压刚度系数；

l_{ij}——弹簧的长度，当 $l_{ij} \to 0$ 时，$K_1 \to \infty$，以保证节点 i，j 在变形过程中不会发生碰撞；

$V_{\min, \text{neib}}$——与网格边 ij 相邻的所有单元体积最小值，当 $V_{\min, \text{neib}} \to 0$ 时，$K_1 \to \infty$；

θ——网格边 ij 在单元内与其他网格边形成的内角，当 $\theta \to 0$ 或 $\theta \to \pi$ 时，$K_2 \to \infty$，以避免出现大变形的网格单元。

7.2.2.3 弹性变形—拼接网格技术

分区方法是数值模拟复杂外形、复杂运动流场的有效方法，国内外对此开展了广泛研究，其中发展较为成熟的主要有重叠网格方法（Overlapping grid）和拼接网格法（Patching grid）等，这里介绍一种基于拼接网格的分区方法以及相应的边界通量守恒性算法。

静/动分区网格方法用于多体分离问题的模拟，需要考虑分区边界的处理问题，这里通过在边界上构造黎曼问题，发展了一种边界通量计算方法，该方法满足分区边界通量守恒条件，图 7-7 所示为拼接边界示意图，拼接边界守恒通量计算基本步骤为：

1）以分区边界上交错拼接的单元边界为基础，将分区边界分割为许多小边界，且原单元边界可由相应的小边界叠加得到。

2）在每个小边界两侧构造和求解黎曼问题，得到每个小边界上的流动量，再由流动量求出通量。

3）拼接边界两侧单元在边界上的通量由相应的小边界上的通量叠加得到。

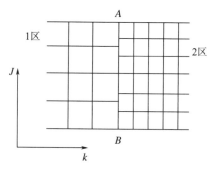

图 7-7　拼接边界示意图

动网格区域网格的运动和变形借鉴弹簧法的思想，网格运动在每一时间步内不重新生成，而是在初始网格的基础上拉伸变形得到，网格拉伸变形的大小即变形量由物面网格移动量和外边界网格移动量插值得到，如果某些局部地区对网格有特别要求，在对应区域采用刚性运动网格。下面以某弹尾翼变形过程的网格作为示意演示网格变形过程。带可张开尾翼导弹外形如图 7-8 所示，弹体上有六片可张开的刀形尾翼。为应用动网格方法模拟六片尾翼张开过程的非定常流场，需建立随尾翼张角连续变化的动网格系统。

考虑尾翼张开过程中翼根外形的变化，因此尾翼根部的物面边界不仅是运动的，物面边界形状也随尾翼张角不断变化。图 7-9 显示了尾翼张开过程中翼根部外形的变化和应

图 7-8　带可张开尾翼导弹外形示意图

用动网格方法调整后的网格分布。图 7-10 显示了采用锥面网格推进方法生成的带六片可张开尾翼导弹外形的空间网格分布。

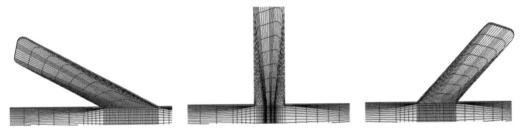

图 7-9　尾翼张开过程中翼根物面网格分布（分别对应前掠、垂直、后掠情况）

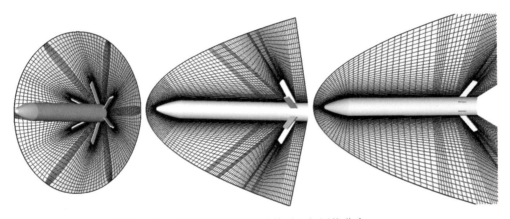

图 7-10　带可张开尾翼导弹外形空间网格分布

7.2.2.4　弹性变形-重构混合动网格技术

在开展多体分离问题数值模拟时，物体出现大位移运动导致网格质量下降时，需要对网格进行调整或重构，以保证计算的延续性。这里介绍一种基于直角网格的全局网格重构技术，以及弹性变形-重构混合动网格技术。

直角网格生成时，只需简单地设置即可实现自动化生成，这对长时间的动态问题尤其是多体分离问题的模拟至关重要。将直角网格与弹性动网格法结合时，针对直角网格的某些特性，需要在应用弹性动网格法时做相应的设置和调整。首先，直角网格与物面相连的粘性层网格具有较好的正交性和贴体性，且贴体网格一般具有较高的长宽比，直接将粘性层网格点代入迭代方程（7-8）容易导致粘性层网格质量下降；将粘性层网格与物体固连，使计算过程中粘性层网格保持与物体相同的运动方式，可以保证粘性层网格始终保持具有生成时的质量。此外，将粘性层网格与物体固连，相当于使需要弹性变形的空间网格内层从物面拓展到粘性层外层，可以大大降低某些局部区域的网格内层曲率，并且能有效降低迭代的网格节点数目，提高弹性网格迭代的效率。第二，直角网格中分层加密时容易产生悬挂节点，悬挂节点处在叉树网格不同层的交界面，与较密一层网格间某些节点存在互连的网格边，与稀一层网格之间不存在边/面的连接关系，如同伸出去悬挂在较稀的网格中一般，因而称之为悬挂节点。悬挂节点一般处在某些单元面的中心或某些单元边的中点，如果不做任何限制，可能导致某些面或边的几何关系无法保证。通常需要在对应的稀网格中增加虚拟节点，使悬挂节点与虚拟节点间建立虚拟的弹簧连接，可以在迭代过程中将稀/密网格的变形信息通过虚拟的弹簧在虚拟节点和悬挂节点之间传递，提高弹性变形的效率。如果变形后悬挂节点已不处在原面/边的中心，则需要通过强制移动来保证原有的拓扑结构。第三，为了提高弹性变形过程的鲁棒性，可以将需要迭代的网格点按其所连网格边的倔强系数按从大到小进行排序。排序后的网格点结构，可以使整个网格系统以较小的网格形变实现较大的残值下降。

　　仅依靠网格的弹性变形往往无法独立完成某些复杂动态过程的模拟，如果物体位移或旋转幅度较大，可能导致网格出现较大的拉伸或扭转，造成网格质量下降，甚至迫使计算中止。通过网格重构可以有效解决此问题，如图 7-11 所示。根据重构区域的不同，网格重构又可分为局部重构和全局重构，局部重构需要在网格质量下降的局部区域确定重构的窗口，将窗口中原网格去除，再自动生成新的网格填充窗口，之后将原网格的信息插值到新的网格上，此方法在混合网格上应用较多；而全局重构则是在当前位置生成一套新的网格，将原网格的信息整体插值到新的网格上，这里介绍网格全局重构方法。

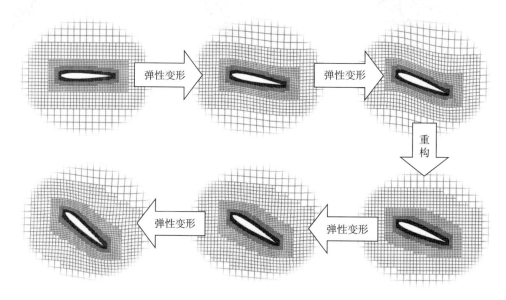

图 7-11　弹性变形-重构动网格变形过程

在网格弹性变形导致网格质量下降后，通过设置生成一套新的网格，并将当前时间步上原网格流场插值到新的网格上，计算在新网格上持续下去。这种方式的优点是概念简单，并且容易处理大变形或大位移问题；但是该技术重构时需要插值，不可避免地引入插值误差，而且每个时间层之间的插值关系都需要重新获得，由此增大了计算量。

新旧网格间的插值往往是百万、千万量级离散数据点之间的插值，这种海量数据间的插值过程对插值效率的要求很高，这里介绍一种采用叉树背景网格结合邻居位搜索的方式快速定位插值依赖单元的方法，在确定插值的依赖单元后可采用线性插值、多项式插值、样条曲线插值、反距离插值等多种方式从依赖单元插值得到目标单元待求变量的值，此方法中的关键是定位插值依赖单元的效率，下面将简要介绍插值依赖单元的确定方式。

插值时先确定新网格节点在旧网格中的位置以及附近的旧网格单元，将这些单元作为插值依赖点。插值前需要基于旧网格单元建立叉树的背景网格：首先，建立初始背景单元。初始背景单元应包含整个计算域，此时旧网格所有的单元都处在此初始背景单元中。然后，对此背景网格进行叉树（对于二维问题为四叉树、三维情况为八叉树）。背景单元被叉树分割后，其包含的所有旧网格单元根据以此单元为原点的局部坐标系判断，处于某一象限（卦限）则将此旧网格单元的位置关系转移到此象限（卦限）对应的子单元中。此过程只需进行简单的布尔运算，不需计算距离或进行其他运算。当某背景单元包含的旧网格单元数目大于预定阈值时，需要将此单元进一步分割，否则停止划分此单元。当所有背景网格包含的旧网格单元数目都小于等于预设阈值时，则停止叉树划分，背景网格生成完毕。

插值时，首先可以借助背景网格的局部坐标系象限（卦限）判断迅速定位新网格单元在背景网格中的对应位置，获得包含此位置的背景单元编号。该背景单元可能并不包含任何旧网格单元，也有可能与新网格单元距离最近的旧网格单元处在此背景单元的邻居单元中，因此要确定插值依赖单元，还需要将此背景单元的各个邻居单元找出，此过程被称为邻居位搜索。

如果选定的背景单元及其邻居单元都处在同一层（单元的大小相同），此时它应该包含 26 个邻居单元（三维情况，二维为 8 个）：6 个与其共面的面邻居、12 个与其共边的边邻居以及 8 个与其共顶点的顶点邻居，这里称之为 26 个邻居位。但实际上可能邻居单元与其处于不同层，比它大的单元处于八叉树结构的上层，比它小的邻居处于八叉树结构的下层，这些可以通过叉树结构的父子关系迅速定位。当 26 个邻居位确定后，即可从其自身以及 26 个邻居位背景单元包含的旧网格单元中根据距离、位置等关系确定插值依赖单元。

依靠直角网格的高效自动生成能力以及建立在叉树背景网格和邻居位搜索方式基础上的快速插值方法，可以建立高效的全局重构算法，将基于直角网格的弹性动网格方法与全局重构算法结合，可以实现大位移运动的自动捕捉，这是实现复杂动态过程数值模拟的基础。

7.2.3 流体运动方程与刚体运动方程耦合求解

流动控制方程与刚体运动方程是源于不同学科的控制方程，具有不同的数学性质，采用两组不同源的数学方程求解类似多体问题等复杂的多学科问题，必然涉及不同方程组的耦合求解问题。由于目前没有能从数学上实现这两组方程耦合计算的途径，因此采用通常对耦合系统的解决方法，即将耦合系统解耦，对次一级的耦合问题开展研究。对解耦后的系统依次求解，原各个次一级系统间的信息交换将受到影响，计算的精度较低；如果借助数值的手段对解耦后的系统进行迭代求解，计算的精度比纯粹的解耦计算更高。

在解耦计算时，离散的流动控制方程和刚体运动方程依次求解，两者往往处于不同的时间层，在求解一组方程时引入近似，将另一方程中相关变量冻结，作为常量代入求解的方程中。用 Y 表示运动物体的位置、姿态矢量，用 F 表示物体在流场中受到的气动力和力矩矢量，则最为常见的耦合过程可用公式表示为[9]

$$\begin{cases} \dfrac{\mathrm{d}Y}{\mathrm{d}t} = F(t,Y) \\ Y(t^n) = Y^n \end{cases} \xrightarrow{\text{近似为}} \begin{cases} \dfrac{\mathrm{d}Y}{\mathrm{d}t} = F(t^n,Y^n) \\ Y(t^n) = Y^n \end{cases}$$

其主要求解步骤为：

1）基于当前步（t^n）网格、流场，冻结各运动物体的位置和姿态，求解非定常流动控制方程，得到时间方向推进 Δt 后的下一时间步（t^{n+1}）的流场，积分得到运动物体受到的气动力和力矩。

2）根据 t^n 时刻物体的位置和姿态，冻结运动物体的受力，求解刚体运动方程，获得 Δt 内物体位置和姿态的改变量。

3）根据物体新的位置和姿态，采用动网格技术获得 t^{n+1} 时刻的计算网格。

4）完成 t^n 时间步的计算，开始 t^{n+1} 时刻的计算。

按照以上步骤求解流动控制方程时，物体的位置和姿态会作为常量输入；求解刚体运动方程时，物体的受力也会被冻结，在此求解过程中时间方向只有一阶精度，有的文献将此方法称为"松耦合"方法。如果在一阶时间精度耦合计算过程中，引入预测-校正步或是多步迭代，则可以降低冻结物理量引入的误差，提高计算精度，但时间精度的提高需要相应的计算资源的投入。有文献将更高精度的计算方法称为"紧耦合"方法，但也有研究者[10]并不认同将耦合方法简单地用"松、紧"来分类。由于实际应用中耦合的方式多种多样，特别是针对不同学科、不同问题的耦合过程求解十分复杂，采用与具体方法对应的计算精度、求解方法命名耦合方法更为恰当。

一般认为高精度的计算可以获得更高精度的计算结果，但在多体分离问题研究中，由于物体运动、流场变化等因素限制，计算的时间步长被限制在一个很小的范围内，即使采用一阶精度时间离散影响了时间方向离散精度，但对整体的计算结果影响很小。且多体分离问题是一类复杂的多学科耦合问题，流场解算方法、网格运动方式甚至是网格速度的计算方法都可能影响计算结果，在选取的时间步长较小的情况下由不同耦合方式引入的误差相对而言是次要矛盾；这也是为什么国外文献反映采用高时间精度的耦合方法并不一定会计算得到更为准确的结果[11]的原因。此外，目前的多体分离研究大多是面向工程问题，采用高精度方法求解必然会影响问题研究的成本和时效性，因此目前的多体分离问题研究普遍采用一阶时间精度的计算方法。

7.2.4　时间/空间离散方法

CFD 中广泛采用的数值离散方法有有限差分法、有限体积法、有限元法等，其中有限体积法简单灵活，对网格类型、网格质量要求不高，适合于复杂外形、复杂运动过程绕流的计算，在多体分离问题模拟中应用较为广泛，下面将主要介绍基于格心的 ALE 控制方程有限体积离散方法。

7.2.4.1　空间离散

采用有限体积法对流动控制方程进行空间半离散过程如下。根据散度定理，无量纲化后的控制方程可以转化为

$$\frac{\partial}{\partial t} \iiint_{\Omega(t)} \boldsymbol{W} \mathrm{d}\Omega = -\iiint_{\Omega(t)} (\nabla \boldsymbol{F} - \nabla \boldsymbol{F}_v)\, \mathrm{d}\Omega = -\iint_{\partial \Omega(t)} (\boldsymbol{F} - \boldsymbol{F}_v) \cdot \mathrm{d}\boldsymbol{S}$$

对方程进行空间离散时，对任意网格单元 Ω，可以将等式右边的面积分表示为单元各面上通量之和

$$\frac{\partial}{\partial t} \iiint_{\Omega(t)} \boldsymbol{W} \mathrm{d}\Omega = -\sum_{i=1}^{M} [(\boldsymbol{F}_s)_i - (\boldsymbol{F}_{vs})_i] \cdot (\Delta \boldsymbol{S})_i$$

式中　M —— 单元面的数目；

　　$(\Delta S)_i$ —— 单元第 i 个面的面积矢量；

　　下标 s —— 变量取单元面上的值。

这里粘性通量可采用中心差分求解，对流通量可以采用各种通量计算格式，但由于 ALE 流动控制方程中考虑了网格速度 $\boldsymbol{V}_b$ 的影响，因此通量格式中也需要相应地计及网格速度，如考虑了单元面运动的 Roe 格式可表示为

$$\boldsymbol{F} = \frac{1}{2} [\boldsymbol{F}(\boldsymbol{Q}_L, \boldsymbol{V}_b) + \boldsymbol{F}(\boldsymbol{Q}_R, \boldsymbol{V}_b) - |\boldsymbol{A}| \Delta \boldsymbol{Q}]$$

下标 L 和 R 分别表示单元面两侧的流动变量，单元面的流动通量可表示为：$\boldsymbol{F}(\boldsymbol{Q}, \boldsymbol{V}_b) = \boldsymbol{F}(\boldsymbol{Q}) - (\boldsymbol{V}_b \cdot \boldsymbol{n}) \boldsymbol{W}$。计算过程中单元面处流动变量采用间断两侧值的 Roe 平均值，即 $\rho = \sqrt{\rho_L \rho_R}$，其他原始变量表示为

$$\varphi = \frac{\rho_L^{1/2} \varphi_L + \rho_R^{1/2} \varphi_R}{\rho_L^{1/2} + \rho_R^{1/2}}$$

人工粘性项 $|\boldsymbol{A}| \Delta \boldsymbol{Q}$ 最终的计算公式为

$$|\boldsymbol{A}| \Delta \boldsymbol{Q} = |\Delta \boldsymbol{F}_1| + |\Delta \boldsymbol{F}_4| + |\Delta \boldsymbol{F}_5|$$

其中

$$
|\Delta \boldsymbol{F}_1| = |U| \left\{ \left(\Delta \rho - \frac{\Delta p}{c^2} \right) \begin{bmatrix} 1 \\ u \\ v \\ w \\ 0.5 \, |\boldsymbol{V}|^2 \end{bmatrix} + \rho \begin{bmatrix} 0 \\ \Delta u - n_x \Delta U \\ \Delta v - n_y \Delta U \\ \Delta w - n_z \Delta U \\ \Delta \boldsymbol{V} \cdot \boldsymbol{V} - U \Delta U \end{bmatrix} \right\}
$$

$$
|\Delta \boldsymbol{F}_{4,5}| = |U \pm c| \left(\frac{\Delta p \pm \rho c \Delta U}{2c^2} \right) \begin{bmatrix} 1 \\ u \pm n_x c \\ v \pm n_y c \\ w \pm n_z c \\ h \pm Uc \end{bmatrix}
$$

其中

$$
U = (\boldsymbol{V} - \boldsymbol{V}_b) \cdot \boldsymbol{n}, \quad \Delta U = \Delta \boldsymbol{V} \cdot \boldsymbol{n}
$$

上面各式中 Δ 量是单元面右侧与左侧流动变量之差，其余各量采用 Roe 平均值，$\boldsymbol{n} = (n_x, n_y, n_z)$ 是单元面法向单位矢量，$h = e + p/\rho$ 为单位质量流体的总焓。

计算对流通量时，如果单元面两侧的流动变量取单元面两侧单元的格心值，则计算精度为一阶；采用 MUSCL 线性重构技术可以获得二阶精度；可以采用 Venkatakrishnan、Barth 等限制器以抑制较大流动梯度区域出现振荡。

7.2.4.2　时间离散

非定常 CFD 计算中，常见的时间离散方法为物理时间迭代法和双时间步法[12]。物理时间迭代法每次迭代的时间推进都是物理时间，这样在数值模拟时由于稳定性限制，时间步长往往受到限制，迭代速度将极为缓慢；双时间步方法通过引入虚拟时间步，将因为稳定性条件对时间的限制转移到虚拟时间步内，物理时间上允许的时间步长将有条件地放宽。下面主要介绍双时间步方法。对流动控制方程进行空间离散，得到半离散型方程

$$
\frac{\partial}{\partial t} \iiint_{\Omega(t)} \boldsymbol{W} \mathrm{d}\Omega = -\boldsymbol{R}_i
$$

式中　$\boldsymbol{R}_i$ ——单元 i 各单元面无粘通量与粘性通量的积分。

此半离散式中包含瞬态项，能完整描述流动随时间的变化。当采用双时间步方法模拟非定常流动时，需要在方程中引入虚拟时间项

$$
\frac{\partial}{\partial \tau} \iiint_{\Omega(t)} \boldsymbol{W} \mathrm{d}\Omega + \frac{\partial}{\partial t} \iiint_{\Omega(t)} \boldsymbol{W} \mathrm{d}\Omega = -\boldsymbol{R}_i
$$

这里用 τ 表示虚拟时间。对虚拟时间步采用一阶欧拉隐式离散，物理时间步采用 k 阶隐式离散，离散后的通用表达形式为

$$
\frac{\Omega_i^{n+1} \boldsymbol{W}_i^{n+1} - \Omega_i^{n+1} \boldsymbol{W}_i^n}{\Delta \tau} + \frac{1}{\Delta t} \sum_{l=-1}^{k-1} \varphi_{n-l} \, (\Omega_i \boldsymbol{W}_i)^{n-l} + \boldsymbol{R}_i^{n+1} = 0
$$

当采用动态网格计算时，单元体积随着时间是变化的，即 $\Omega_i^{n+1} \neq \Omega_i^n$。求解过程中先在虚拟时间上推进，当虚拟时间上达到收敛时，即认为在真实时间上从第 n 步推进到 $n+1$

步。虚拟时间步长 $\Delta\tau$ 由稳定性条件控制，且要求虚拟时间步长必须小于物理时间步长。对于不同精度的物理时间离散格式，系数 φ 的取值见表 7 - 1。

表 7 - 1　隐式离散格式系数表

	φ_{n+1}	φ_n	φ_{n-1}
$k=1$	1	-1	0
$k=2$	3/2	-2	1/2

控制方程离散后的通用表达式可以应用各种数值方法求解，这里介绍 LU - SGS 方法[13,14]的求解过程。应用 LU - SGS 方法求解时，首先将方程在虚拟时间步内推进，当虚拟时间项的残值达到收敛水平时，则认为获得了物理时间 $n+1$ 时间步的流场。用虚拟时间 $m+1$ 步的值近似代替 $n+1$ 时间步的流动变量值，并将其表示为与 $\Delta\boldsymbol{W}^m$（$\Delta\boldsymbol{W}^m = \boldsymbol{W}^{m+1} - \boldsymbol{W}^m$）相关的形式

$$\Omega_i^{n+1}\left(\frac{1}{\Delta\tau}+\frac{\varphi_{n+1}}{\Delta t}\right)\Delta\boldsymbol{W}^m+\frac{1}{\Delta t}\left(\varphi_{n+1}\Omega_i^{n+1}\boldsymbol{W}_i^m+\sum_{l=0}^{k-1}\varphi_{n-l}\Omega_i^{n-l}\boldsymbol{W}_i^{n-l}\right)+\boldsymbol{R}_i^{m+1}=0$$

将 $m+1$ 步残值项 $\boldsymbol{R}_i^{m+1}$ 线化，并考虑到 $\boldsymbol{R}_i=\sum(\boldsymbol{F}_{ij}-\boldsymbol{F}_{vij})\Delta\boldsymbol{S}_{ij}$，且单元面上流动通量可表示为

$$\boldsymbol{F}_{ij}-\boldsymbol{F}_{vij}=\frac{1}{2}\left[\boldsymbol{F}_i+\boldsymbol{F}_j-\lambda_{ij}(\boldsymbol{W}_j-\boldsymbol{W}_i)\right]$$

这里 λ_{ij} 为单元面上通量 Jacobian 矩阵的谱半径，其表示形式为

$$\lambda_{ij}=|\boldsymbol{V}\cdot\boldsymbol{n}|+c+\frac{2(\mu+\mu_t)}{\rho|(\boldsymbol{r}_j-\boldsymbol{r}_i)\cdot\boldsymbol{n}|}$$

式中　c ——单元面处的流动声速；

　　　$\boldsymbol{n}$ ——其单位法矢量；

　　　$\boldsymbol{r}_i$，$\boldsymbol{r}_j$ ——单元 i 和 j 格心的位置矢量。

考虑到对于封闭的控制体，$\sum\partial\boldsymbol{F}_{ij}/\partial\boldsymbol{W}_i\Delta\boldsymbol{S}_{ij}=0$，可得

$$\left[\Omega_i^{n+1}\left(\frac{1}{\Delta\tau}+\frac{\varphi_{n+1}}{\Delta t}\right)+\frac{1}{2}\sum_{j\in N(i)}\lambda_{ij}S_{ij}\right]\Delta\boldsymbol{W}_i^m+\frac{1}{2}\sum_{j\in N(i)}(\Delta\boldsymbol{F}_j^m-\lambda_{ij}\Delta\boldsymbol{W}_j^m)S_{ij}$$

$$+\frac{1}{\Delta t}\left(\varphi_{n+1}\Omega_i^{n+1}\boldsymbol{W}_i^m+\sum_{l=0}^{k-1}\varphi_{n-l}\Omega_i^{n-l}\boldsymbol{W}_i^{n-l}\right)+\boldsymbol{R}_i^m=0$$

采用 LU - SGS 法求解此方程，首先令

$$\boldsymbol{D}=\left[\Omega_i^{n+1}\left(\frac{1}{\Delta\tau}+\frac{\varphi_{n+1}}{\Delta t}\right)+\frac{1}{2}\sum_{j\in N(i)}\lambda_{ij}S_{ij}\right]\boldsymbol{I}$$

$$\boldsymbol{R}_i^{m*}=\frac{1}{\Delta t}\left(\varphi_{n+1}\Omega_i^{n+1}\boldsymbol{W}_i^m+\sum_{l=0}^{k-1}\varphi_{n-l}\Omega_i^{n-l}\boldsymbol{W}_i^{n-l}\right)+\boldsymbol{R}_i^m$$

在 LU - SGS 求解过程中，前向计算步为

$$\boldsymbol{D}\Delta\boldsymbol{W}_i^{m*}+\frac{1}{2}\sum_{j\in L(i)}(\Delta\boldsymbol{F}_j^m-\lambda_{ij}\Delta\boldsymbol{W}_j^m)S_{ij}+\boldsymbol{R}_{ij}^{m*}=0$$

后向计算步为

$$\Delta \boldsymbol{W}_{ij}^{m} = \Delta \boldsymbol{W}_{ij}^{m*} - \frac{1}{2} \boldsymbol{D}^{-1} \sum_{j \in U(i)} (\Delta \boldsymbol{F}_{j}^{m} - \lambda_{ij} \Delta \boldsymbol{W}_{j}^{m}) S_{ij}$$

式中　　$L(i)$，$U(i)$ ——单元 i 前向和后向邻居单元的集合。

7.2.5　几何守恒律

与静态流动问题的数值模拟过程不同，动态问题的计算中，网格运动对计算结果可能造成的影响不能忽略。Thomas 等[14,16] 最早提出几何守恒律（GCL，Geometric Conservation Law）的概念，认为是动态问题计算中与物理三大守恒律一样必须满足的条件。Lesoinne 等[17-18] 则认为在动态过程的计算中，流场、物体运动及动态网格是三个独立的系统，三者应该耦合求解才能保证计算的精度。刘君、郭正等[19] 认为几何守恒律是流动控制方程隐含满足的，之所以出现大量的关于 GCL 的研究和讨论，实质是由于动态网格体积计算的数值方法没有遵守物理规律所致。

可能是由于早期关于几何守恒律的研究最终都转化为关于体积的修正，因此我们目前能看到的各种关于几何守恒律的讨论大多仍集中在如何计算单元的体积上。但当网格各网格点确定后，网格单元的体积也应该是确定不变的，网格单元体积的计算方法不应该由于其应用的场合（静态或动态）不同而出现差异。换而言之，要解决几何守恒律引起的各种问题，关注点不应该落在单元体积的计算方法上，而应该寻找其他的关键参数。

对比 ALE 形式的控制方程与原始的流动控制方程，二者的主要差别在于控制体边界运动速度 $\boldsymbol{V}_b$ 的引入，在采用弹性动网格计算时，一般设置 $\boldsymbol{V}_b$ 等于网格单元面的运动速度。仔细研究就会发现，单元面运动速度的定义、计算方法值得深入探讨。一般以单元面面心的运动速度或各个顶点运动速度的加权平均近似单元面的运动速度，当单元面仅产生平动时，这些表示方式不存在问题；但当单元面出现旋转、扭曲等复杂变化时，这些近似方法将可能引入较大的误差，进而造成计算出现非物理解。如果常规的网格面运动速度的定义存在瑕疵，则据此推导的网格面运动速度计算方法也必然存在不足。

Thomas 等[14,16] 最初引出几何守恒律概念时提出了一个经典问题，即采用动网格计算均匀流场时，计算结果应始终保持均匀。以此问题为出发点，可推导网格运动过程中单元面运动速度的计算公式，此计算式与时间离散方式相关，若时间离散为 LU - SGS 隐式离散，对应的网格速度计算式为

$$V_{b,ij,n}^{n+1} = \frac{\varphi^{n+1} \Delta \Omega_i^n - \varphi^{n-1} \Delta \Omega_i^{n-1}}{\Delta t \, \Delta S_{ij}^{n+1}} \tag{7-9}$$

式中　　φ ——时间离散系数（见表 7-1）。

从式（7-9）可以看出，网格运动速度仅与其扫过的体积（此单元面运动引起的体积变化）有关，与网格面左右单元的体积（或其计算方法）无关。根据网格变形前后单元面所处的位置，容易计算出各单元面运动引起的体积变化 $\Delta \Omega$。式（7-9）给出的是单元面运动速度沿单元面法向分量大小的计算方法，从 ALE 形式流动控制方程可以看出，网格面沿其切向的运动速度不影响流动通量的计算，实际计算中不需考虑网格面切向运动速度

对计算的影响，因而可以用此法向速度近似代替网格运动速度

$$\boldsymbol{V}_{b,ij}=V_{b,ij,n}\cdot\boldsymbol{n}_{ij}$$

式（7-9）可以采用均匀流场算例进行验证：假设计算域内充满均匀气体，强迫计算域内部分网格做给定规律的运动，考察此计算过程中流场各流动熵值误差的积累情况。选定二维矩形 $[-10：10，-10：10]$ 范围为计算域，强迫处于 $[-1：1，-1：1]$ 范围内的单元沿 x 方向做振幅为 1 的正弦运动。图 7-12 中给出了 $[0，T/4]$ 区间 3 个不同瞬时的计算网格以示意网格的变形过程。

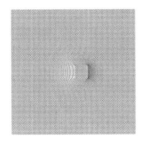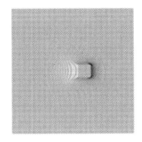

图 7-12　$[0，T/4]$ 区间 3 个不同瞬时计算网格示意图

验证时采用了 4 种计算方法，这 4 种方法中 $n+1$ 时间步的单元体积都是由网格变形后得到的新的顶点坐标直接计算，它们之间的区别在于时间离散格式以及几何守恒律的满足情况：

状态 I：采用二阶隐式离散，LU-SGS 迭代求解，网格运动速度 $\boldsymbol{V}_b$ 根据式（7-9）计算。

状态 II：采用单时间步四步 Runge-Kutta 显式离散，网格速度的计算采用根据前文步骤另行推导的适用于四步 Runge-Kutta 显式离散的计算方法。

状态 III：物理时间导数项采用二阶隐式离散，采用 LU-SGS 迭代求解，网格速度由面上各网格点的运动速度平均得到。

状态 IV：物理时间导数项采用二阶隐式离散，采用 LU-SGS 迭代求解，网格速度的计算式根据式（7-9）中一阶隐式离散对应的公式计算。

显然，这 4 种方法中，前两种方法采用本书提出的方法计算网格面运动速度，满足几何守恒律的要求；第 3 种方法单元体积、网格面运动速度都是直接根据几何关系计算，没有考虑几何守恒律的限制；第 4 种方法采用了本书推导的公式，但是网格面运动速度的计算式（适用于一阶隐式离散）与流动控制方程物理时间步离散格式（二阶隐式离散）不匹配。

图 7-13 所示为采用不同方法计算得到的流场熵值误差 L_2 范数随时间的变化曲线，实线、虚线、点画线和双点线分别代表前文所述 4 种方法的计算结果。由于前两种方法考虑了几何守恒律，其计算得到的全场熵值误差都处在一个极小的水平（$10^{-13}\sim10^{-10}$ 量级），显然这两种方法计算结果的误差来源主要是计算机的存储误差。在状态 II 中采用 Runge-Kutta 显式离散时，为了保证计算稳定，时间步长被限制得很小，整个计算过程

的计算步数为采用双时间步隐式离散的状态Ⅰ所用步数的 100 倍，较多的计算步数使得计算误差被不断累积，最后状态Ⅱ全场熵值的积累误差也达到状态Ⅰ对应误差的 100 倍量级。

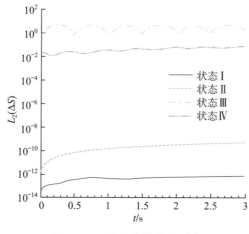

图 7 - 13　流场熵值误差对比

从图中的对比可以明显看出，状态Ⅲ和状态Ⅳ的误差量级比前两种情况要大得多，从计算的结果看，后两种情况由于几何守恒律没有完全满足，计算过程中很快出现非物理解（流场不再均匀），其流场随着网格的周期运动出现周期性反复。从状态Ⅲ与状态Ⅳ两种情况的对比看，状态Ⅲ完全没有考虑几何守恒律，其计算过程的累积误差比状态Ⅳ要大两个数量级；状态Ⅳ虽然考虑了根据网格面运动引起的体积变化计算网格面运动速度，但是由于其计算公式与双时间步中物理时间步的离散格式不匹配，也出现了较为严重的误差累积（10^{-2} 量级）。

通过数值验证可以对几何守恒律问题得出以下结论：首先，本书算例验证时前两种方法都是直接从几何关系出发计算单元体积，且最终计算得到的全场熵值误差极小，显然动态问题数值模拟中由于网格运动产生的误差并不是计算体积时引入的，在计算动网格的单元体积时，我们仍可采用生成静态网格时的计算方法，这是合情合理的，从本书的数值验证看也是可行的；其次，采用动网格开展数值模拟时，由于网格运动容易引入额外的数值误差，甚至出现非物理解，这种问题是客观存在的，这种额外引入的误差可以通过适当的数值算法消除；再次，本书推导网格速度 V_b 的计算公式时，是从离散后的控制方程开始的，显然获得的结果是与控制方程的时/空离散方法（主要是时间项的离散方式）密切相关的。从本书数值验证状态Ⅳ的结果可以看出，即使考虑了几何守恒律的相关问题，但采用不适当的离散方法，仍无法获得满意的结果，相关研究人员也有类似的结论[19]。最后，出现计算过程中几何关系式不严格满足几何守恒律导致非物理解的现象，主要是由于流场计算与物体运动求解不同步引起的，或者说是流场与计算网格处于不同的时间层。本书强调 V_b 的计算方法与时间离散密切相关，文献[19]认为体积的计算公式与数值离散方法有关，Lesoinne，Farhat 等[17,18]提出将动网格看成一个与流场、运动物体独立的第三方系统耦合求解等，本质上都是为了实现流场、物体运动（网格运动）的同步求解，从前文的数值验证看，这种强制的同步方法可以在不增加计算资源的情况下保证模拟的精度。

7.2.6　并行算法

对非定常过程开展数值模拟时，除了满足空间精度要求之外，还需要满足对时间精度的要求，在同等网格规模下，非定常模拟的计算量至少比定常模拟大 1 个量级以上。这就要求所采用的计算方法必须高效，传统的单机计算方式已满足不了这类工程应用的需求，必须寻求更加有效的提高计算效率的方法，其中最直接的手段就是采用并行化计算。

本节介绍的并行方案中，采用几何超平面划分技术，将统一生成的空间直角非结构网格分区处理，以便减少单进程计算量，加快流场预测速度，缩短飞行器设计优化周期；解算器实现 OPENMPI 并行求解，具有包含不同的边界处理、灵活的多分区操作以及与串行软件基本一致的流场精度等特点。具体操作中，在综合考虑实际问题、现有资源和操作能力的情况下，基本确定了采用单向一致网格分区技术最为快速有效，而且普适性较强。网格分区具体操作如下：

1) 单区非结构网格生成。

2) 任意数目多区网格划分：a）分区数、分割面确定；b）流场单元分区；c）流场面分区；d）流场节点分区；e）流场单元重新排序；f）流场面重新排序；g）流场节点重新排序。

3) 边界信息生成：a）边界层信息生成；b）次边界层信息生成。

7.2.6.1　并行分区处理

分区处理前，必须知道所有点、面、体信息（包括绝对信息和相对位置信息）。首先我们确定单元分区，由于所采用的单区网格单元分外层单元和内层单元两类，因此分区两类单元也将独立进行，这里单元分区拟定采用几何划分法。所谓几何划分指利用空间位置进行划分，当某网格单元落于该空间内时，则被划分在该区域内，此时该单元及其附属信息均属该子区，具有操作简单、实现容易等特点。压缩拐角激波/边界层干扰模拟网格如图 7 - 14 所示。

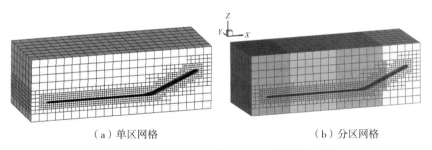

（a）单区网格　　　　　　　　　（b）分区网格

图 7 - 14　压缩拐角激波/边界层干扰模拟网格

在网格几何划分处理中，为使得分区边界更光顺合理，无粘非结构网格和粘性非结构网格我们分别采用指定坐标 X，Y，Z 划分法以及指定坐标 X，Y，Z 和壁面法向相结合划分法。对于无粘网格，由于原始单区网格间隙层内无粘性网格单元，因此采用 X，Y，Z 划分方法基本可以使得分区面较为光顺，而对于存在间隙层粘性单元的粘性单区网格则要利用壁面法向分割来使得分区面平滑。在几何法分割时，分别采用绝对分割、多点分割和体积权函数分割规则，其主要目的在于降低分区边界间断单元的不连续性。例如，采用绝对分割时，算法认为只要网格单元交于几何分割线，则该网格单元属相应分区内，这样就使得曲面或斜面网格切割边界面会出现网格参差不齐情况，此时流场计算时边界处理精度将有一定损失。为尽量避免这种分割导致的网格导数计算的不连续，我们进行了两种改进，即多点分区和体积权函数分区法。多点分区认为，若某单元体归属当前分区，则需满足规则为该单元落于当前分区的顶点个数 Nods 大于设定阈值 NBP。实际操作中，外层单元为 8 点六面体，因此可设 NBP 为小于 8 的任意值，而内层单元则视情况而定。体积权函数分区法，则考虑被分割单元体积分布，若某单元同时属于相邻两分区，则考虑网格单元分别在两分区内的体积分布，设定体积权重大于 0.5 分区拥有该网格单元。

网格划分时出现的典型边界截面特征如图 7 - 15 所示。

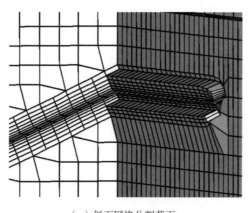
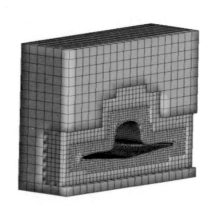

（a）斜面网格分割截面　　　　　　　　　　（b）圆弧翼型曲面分割

图 7 - 15　网格划分时出现的典型边界截面特征

7.2.6.2　分区边界优化

并行网格分区处理中边界信息的记录与优化是必不可少的，从解算精度来看，并行边界重叠层数越多其分区边界对边界结果影响越小，然而为达到较好的分区效率，减少计算量，合理的边界重叠次数设定是必要的。考虑到并行求解时子区边界处理类型不同（一般分为单元处理和面处理），网格分区边界处理也有很大差别，采用单元面信息交互时，单元重叠层数 N 为内部流场求解精度减 1 即可，即对于内部采用 2 阶精度解算器时，边界采用 1 层重叠即可达到要求，而当采用 3 阶解算器时，则需要采用 2 层重叠，以此类推；当采用单元格心类边界信息交互时，网格分区单元重叠层数 N 则应至少等于内部流场求解精度，即当内部采用 2 阶精度解算器计算时，边界采用 2 层单元格重叠才可达到要求。

上面采用了不同算法，得到了各分区内的所有点、面、体原始信息，并重新分布排序，这里我们将分离出各子区边界及次边界信息，考虑非结构点、面、体编号的非一致性和无序性，我们采用一种可靠但速度较慢的全区搜索方法进行边界及次边界信息查询。首先在所有子区内计算所有可能存在的边界面及次边界面信息，该信息包含单区原始信息和分区新编号信息，图 7 - 16 给出了航天飞机 7 分区下的所有可能的边界和次边界层信息图。

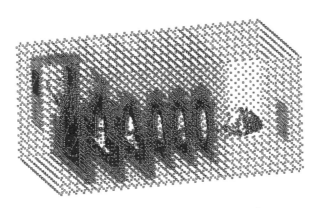

图 7 - 16　航天飞机 7 分区边界和次边界层信息图

7.2.6.3　非结构并行解算器建立

并行计算的设计过程是一个物理问题分区映射到多区并行模块的过程，如图 7 - 17 所示。流场解算器的并行化是并行实施的主体，合理的规划能保障流场高效、准确地计算。上面已经完成了空间流场网格的分区划分，并获取了网格边界信息，这些结果为我们本书研究奠定了基础。本节将在非结构平台下搭建高效并行解算器，以适用于物理问题从建模到流场的预测、优化的快速实现，这就要求我们所实施的并行算法具有可靠性、快速性和普适性。

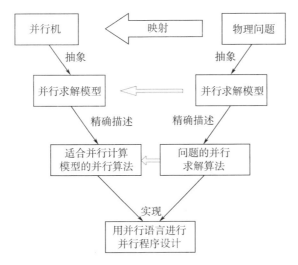

图 7 - 17　物理问题并行映射过程

首先考虑消息传递模型的选择，目前最为流行的消息传递模型实现为 PVM（Parallel Virtual Machine）和 MPI（Message Passing Interface）两大类。PVM 是一种基于局域网的并行计算环境，它能够将异构的 Unix 计算机通过网络连接成一个"虚拟"的并行计算系统，为其上运行的应用程序提供分布式并行计算环境；MPI 是一种基于消息传递模型的并行编程接口，目前已经发展到一种工业标准，成为并行计算机和网络互联工作站消息传递的规范，目前所有并行计算机商都提供对 MPI 的支持。综合考虑硬件配置与实现能力，我们确定采用基于目前流行的 OPENMPI 消息传递技术进行并行编程。

由于在已经存在的单机串行解算器上进行并行修改，因此，串行程序的结构化和模块化对并行修改的实现有很大影响。好的模块化程序可以大大提高并行后程序的执行效率，减小内存和公共缓冲区开销，对并行均衡性也有好处。实际处理中，一般为减少信息通信次数或通信量，可以尽可能将数据交互操作放于频繁的循环操作外面，只对最终信息进行交互，以减小通信开销时间在整个计算中所占的比例，这样做可以有利于提高大规模并行时软件的并行效率。

作为一种安全可靠的并行软件，其并行执行过程中必须避免消息传递死锁情形，这要求程序设计过程中保证消息发出物理时间前于消息接收时间。程序编制时，首先进行内场信息和次边界信息全部循环迭代，并记录次边界信息以备数据传输，而后独立进行边界面的信息接收，这样就可以防止信息传递锁死。

在非结构网格并行有限体积法求解过程中，边界消息传递可有单元格心数据传输和单元面数据传输两种实现类型。因为计算所得结果为单元格心处的计算结果，因此单元格心类数据传输是将每一迭代步的最终结果进行数据交互，该方法具有传输次数少、通信量小的特点，但需要网格划分时至少要重叠两层以上才可较好地保证子区边界精度。而对于边界面类数据传输，则需要将迭代中间过程中的面数据进行交互，这样就使得数据交互次数上升，而传输的数据量也相应增大，相对于格心类数据交换，该方法只需网格分区重叠一层即可。由上可见两种数据交互方法均可以很好地完成并行数据传输任务。本节这两种方法均已采用，图 7-18 为一次完整数据传送的批处理过程。

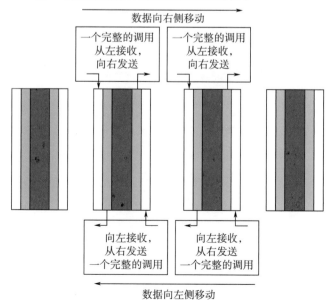

图 7-18 相邻进程间边界数据传输与接收过程

7.3　飞行器分离计算实例

7.3.1　投放（抛撒）分离

　　超声速飞行器的飞行包线中，第一级可以采用火箭助推的方式从地面发射，也可以利用载机或其他方式携带至高空，在指定的分离高度以相应的分离条件投放发射。本书以跨声速外挂投放问题说明投放分离过程的特点，以超声速子母弹抛撒算例说明在超声速阶段抛撒分离问题的一些主要特征。

7.3.1.1　跨声速外挂投放

　　外挂投放问题是最常规的多体分离问题，从 20 世纪 60 年代开始，关于外挂物投放的风洞试验技术、理论预测方法、数值方法等[2]开始不断涌现，以研究和解决飞机投放武器、油箱等外挂物时遇到的问题。为促进分离问题数值模拟手段的革新与进步，美国曾针对多体分离问题召开了多次专题国际会议，研究的算例包括：机翼/挂架/带舵挂载物投放问题（1992 年）、F‑16 常规带舵挂载物投放问题（1996 年）、F‑18 投放 JDAM 问题（1999 年）、F‑18C 投放 MK‑83 航弹问题（2001 年）等[11]。在研究这些问题时选用的工况主要是飞行器在跨声速段（高亚声速/低超声速）投放问题，本节选用其中较为典型的机翼/挂架/带舵外挂物投放问题作为算例，研究外挂物的投放分离过程。

　　机翼/挂架/带舵外挂物投放模型如图 7‑19 所示，机翼是前缘后掠角 45°、后缘后掠角 0°的梯形翼，外挂物为具有 X 型尾翼的航弹外形，模型具体尺寸可参见参考文献 [20]。模拟的状态参数以及外挂物质量、质心位置和转动惯量等参数见表 7‑2 和表 7‑3 所示。

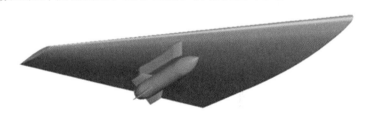

图 7‑19　机翼/挂架/带舵外挂物投放模型

表 7‑2　外挂物投放计算状态参数

Ma	攻角/(°)	侧滑角/(°)	高度/m
0.95	0	0	7 925

表 7‑3　外挂物质量、惯量特性

质心	质量/kg	转动惯量/(kg·m²)		
		I_{xx}	I_{yy}	I_{zz}
轴线上，距尖点 1.42 m	907.2	27.12	488.1	488.1

　　在此算例风洞试验过程中，采用弹射分离的方式，弹射力大小、作用位置和作用距离

等参数见表 7-4。为比较弹射力在分离过程中的作用，在计算中还考虑了无弹射力的状态，下文将两种状态分别称为弹射分离和自由投放状态。

表 7-4 弹射分离弹射力参数

	作用位置	作用力大小	作用行程
作用点 1	距尖点 1.24 m	10 679.4 N	0.10 m
作用点 2	距尖点 1.75 m	42 717.5 N	

图 7-20 为弹射分离过程外挂物姿态变化与试验结果的对比。从对比结果可以看出，模拟得到的俯仰角和偏航角基本与试验曲线重合，但滚转角与试验结果存在一定偏差。模拟过程中准确捕捉到了在弹射力作用下外挂物抬头，之后俯仰角又逐渐减小的趋势；而在分离过程中由于侧向气流的影响，外挂物向外侧偏转，并有不断增加的趋势；而外挂物滚转方向转动惯量较小，计算误差可能被放大，导致滚转角与试验结果出现了一定的偏差；总体来看，数值模拟能较为准确地模拟弹射力的作用，也能准确地模拟外挂物的分离过程。

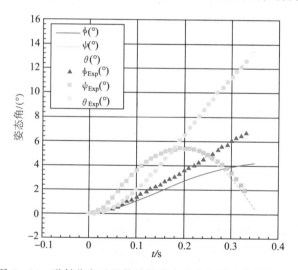

图 7-20 弹射分离过程外挂物姿态变化与试验结果的对比

图 7-21 中所示为弹射分离和自由投放分离过程对比示意图，从图中可以明显看出，由于弹射分离初期有较大的初始作用力，使得弹射分离过程中外挂物具有了较大的分离速度，因而在相同的模拟时间长度内弹射分离的分离距离比自由投放分离大。

图 7-21 弹射分离（左）和自由投放分离（右）过程对比示意图

图 7 - 22 是弹射分离与自由投放分离过程外挂物位置和姿态角变化历程对比。由于自由投放分离过程外挂物是在重力作用下作自由落体运动，其运动速度相对弹射投放过程要慢很多，到 330 ms 时其法向位移仅 0.5 m 左右，而弹射分离过程已达到 1.4 m，显然快速分离更有利于保证分离的安全。

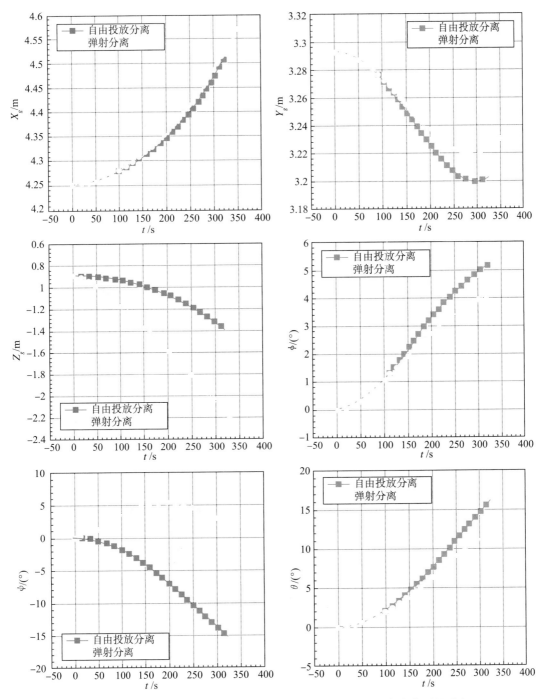

图 7 - 22　弹射分离与自由投放分离过程外挂物位置和姿态角变化历程对比

在弹射分离过程中，由于初始时刻提供的弹射力 2 约为弹射力 1 的 4 倍，且弹射力 2 作用位置相对于外挂物质心的力臂是弹射力 1 的 1.8 倍，因此在分离初期外挂物迅速抬头，当弹射力 2 作用结束后，在弹射力 1 作用下俯仰角会稍微减小，直至两组弹射力作用结束。而在自由投放分离过程中，外挂物在气动力作用下持续低头。显然，弹射力还可以有效调节分离过程中外挂物的姿态，可以使外挂物迅速分离的同时还具有较为稳定的姿态，避免分离过程中外挂物姿态失稳，影响分离的安全性。

7.3.1.2　内埋式投放分离

内埋式投放分离是伴随新一代战机的研制而大量出现的投放方式，由此也引出了内埋式弹舱流动对投放影响这一新的研究课题。本文首先分析了常规的内埋式弹舱内空腔流动特性，之后对类 F-22 外形战机超声速条件下的内埋投放分离过程进行了数值模拟，分析了这类分离过程的流动特性。

（1）内埋式弹舱空腔流动特性研究

与传统的武器外挂模式相比，内埋式武器装载能够使飞机飞行过程中的阻力减小近 30%，同时能极大地降低飞机飞行过程中的雷达反射面积，增强隐蔽突防能力，因此武器内埋式装载已成为新一代战机武器装载的主要方式，如图 7-23 所示。但武器内埋式装载同样引发了许多复杂的空气动力学问题，当高速气流经过空腔时，会引起空腔流场复杂的变化，必然导致武器气动力特性的变化，不利于武器的安全分离；空腔上方的自由剪切层会发生自持振荡引发空腔内部复杂的非定常流动，压力脉动所产生的动载荷会导致空腔及其运载物的结构疲劳，也有可能使飞机电子设备失灵、飞机结构发生疲劳破坏，并引发武器在分离过程中做非常规运动，对武器的运行轨迹和安全分离产生不利影响。在内埋武器装置的设计过程中，必须考虑空腔流动所带来的不利因素，这就需要对空腔内的流动特性及武器的分离特性进行分析研究，为空腔的实际应用提供参考。

图 7-23　带有空腔的飞机

　　空腔流动特性主要受其长深比 (L/D) 的影响，如图 7‑24 所示，通常根据空腔内静态压力分布，依据空腔长深比 (L/D) 将空腔流动分为三种类型：闭式流动、过渡式流动和开式流动，不同的研究者会引用不同的长深比作为不同类型空腔的分界点。

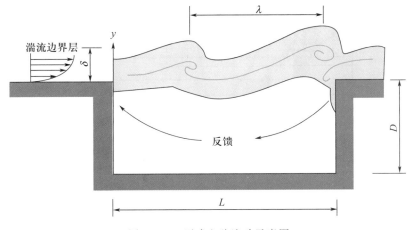

图 7‑24　开式空腔流动示意图

　　对于闭式空腔流动，来流经过空腔时，在空腔前壁处气流发生膨胀，形成膨胀波，压力降低；剪切层在经过空腔中部时撞击到空腔底面，产生一道激波，压力升高；剪切层从空腔中部移出后又直接撞击在空腔后壁，产生一道激波，压力再次升高，故在空腔前台阶后和后台阶前，由于压力大小变化的作用而形成了旋涡，这时空腔内压力分布不均匀。闭式空腔会产生较大的阻力系数并伴随着气动加热，因而在实际应用中并不是很理想。对于过渡式空腔，来流经过空腔时，在空腔前壁处发生膨胀，压力降低，经过空腔中部时与空腔底部相撞，之后又直接与空腔后壁相撞，压力再次升高。不同于闭式流动，此时前壁处的旋涡和后壁处的旋涡有合并的趋势，且来流剪切层经过空腔的前壁时产生膨胀波，剪切层与空腔底部相撞后移出空腔，使得两道激波合并成一道激波。气流经过开式空腔时，直接跨过空腔上方并与空腔后壁撞击，产生一道激波，压力升高，前壁后的膨胀低压区和后壁前的高压区相互连通，整个空腔内形成一个旋涡，空腔内压力得到平衡，分布比较均匀。开式空腔在飞机弹舱应用中更为广泛。

　　本节通过数值方法模拟不同长深比的空腔的流动，计算空腔对称面上压力分布，并与 UPWT 试验中所测得的数据对比。如图 7‑25 为计算模型示意图，图 7‑26 给出了在来流马赫数 $Ma = 2.16$ 和 $Ma = 2.86$ 时，不同长深比的空腔对称面上前/后壁板、底板上的压力分布图。图中显示了典型的开式空腔、闭式空腔和过渡式空腔对称面上压力分布规律，从图中可以看出计算得到的空腔前壁、底部和后壁处压力分布与试验数据基本吻合。从图中也可以明显分辨出不同空腔流动形式的特征，如在 $L/D = 8$ 时，底部压力分布较为均匀；而在 $L/D = 24$ 时，底部压力曲线在中间部位有一个明显的平台，前壁压力低于平台值而后壁压力高于平台值。

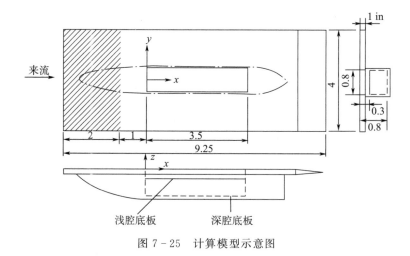

图 7 - 25　计算模型示意图

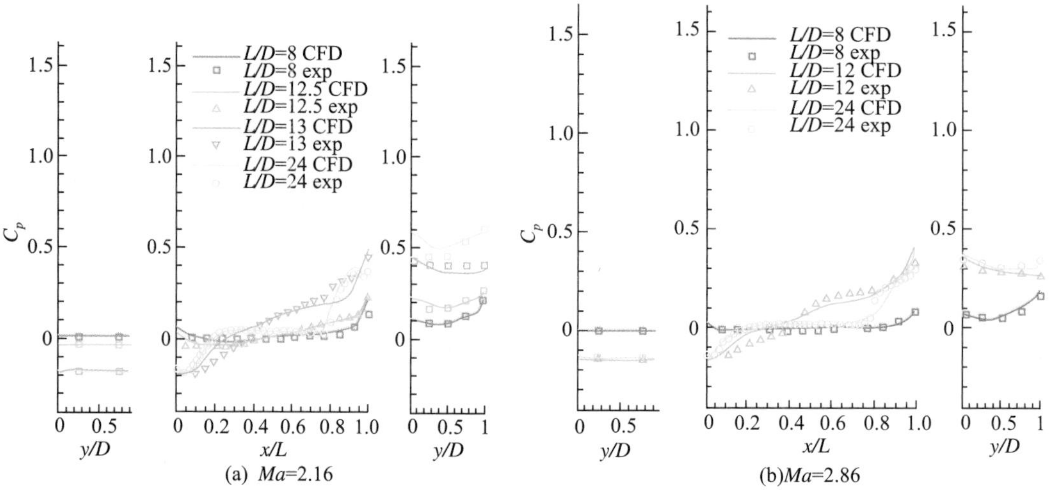

图 7 - 26　不同长深比空腔内压力数值与试验结果对比图

（2）类 F - 22 外形超声速内埋投放

为了研究超声速条件下武器从载机内埋式弹舱投放后的分离轨迹及相关的气动问题，这里选用类 F - 22 外形作为载机，开展简单外形导弹从此载机内埋式弹舱投放分离过程的数值模拟。载机弹舱为方腔外形而不是与实际飞机类似的复杂曲面结构，以降低问题的复杂度。该方腔长深比 $L/D = 8$，根据前文的分析当飞行速度为 $Ma = 1.5$ 时，此方腔内流动应为开式空腔流动。导弹弹身为尖拱柱旋成体形成的弹身，并带有"X - X"布局的中置弹翼和尾舵。

表 7 - 5 给出了两个内埋投放计算工况状态，模拟载机在飞行高度 4 km 时超声速投放导弹的过程，初始时刻弹射架给导弹提供约 7 m/s 的分离速度和一定的分离角速度，两个状态主要差别在于分离角速度的不同，状态 1 中导弹在离架时获得约 30°/s 的低头角速度，而状态 2 中导弹没有初始的分离角速度。

（a）俯视图　　　　　　　　　（b）斜视图　　　　　　　　　（c）仰视图

图 7-27 类 F-22 载机外形

表 7-5 内埋投放计算工况列表

No.	Ma	攻角/(°)	高度/km	分离速度/(m/s)	俯仰角速度/[(°)/s]
1	1.5	2.2	4	7	-30
2	1.5	2.2	4	7	0

图 7-28 给出了状态 1 导弹在分离过程中不同时刻对称面处的马赫数云图与流线图。第一幅图中，导弹仍处在舱内，舱外主流为超声速流动而舱内流动速度极低，在舱口附近形成了明显的剪切层。当导弹通过舱口附近时，舱口的剪切层流动被破坏，舱内、导弹附近的流动结构变得极为复杂。在第四幅图中，导弹已经脱离舱口剪切层，可以观察到方腔内是典型的开式空腔流动形态，舱口的剪切层直接跨过了整个弹舱，舱内前/后壁流动连通；而此时导弹处在载机的绕流流场中，其受到的主要干扰是载机激波等载机绕流结构的干扰，这之后导弹受到气动干扰，与常规的外挂物投放分离类似。

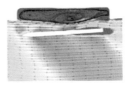

图 7-28 状态 1 分离过程导弹对称面马赫数云图与流线图

图 7-29 所示是状态 1 中导弹连续分离过程，由于状态 1 中导弹在分离初始时刻获得了一定的低头角速度，因此导弹在分离后出现了明显的低头。导弹处于低头状态时相当于存在一定的负的当地攻角，导致其受到的向下的法向力增加，因此这种形态是有利于导弹的安全分离的。

图 7-30 中给出了状态 2 中导弹不同时刻分离图像及载机对称面上的压力云图。状态 2 与状态 1 的主要差别在于初始的俯仰角速度不同。由于状态 2 中导弹初始俯仰角速度为 0，因此分离后主导导弹俯仰姿态变化的是其受到的气动力。从图中可以看出，导弹离开弹舱后一直保持抬头状态，当俯仰姿态角较大时，其受到的法向气动力已经超过导弹重

力，最终导弹在气流作用下回碰载机。

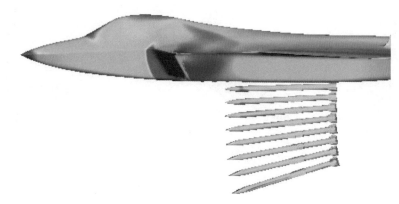

图 7 - 29　状态 1 中导弹连续分离图谱

图 7 - 30　状态 2 中导弹不同时刻分离图像及对称面压力云图

　　从两组状态对比来看，导弹离架时获得的分离条件可能对这类投放问题的安全性有着重要的影响，在这类问题分离方案的制定过程中，需要对不同分离条件下外挂物的分离过程进行研究，甄别出安全的分离边界，提高分离方案的安全性和可靠性。

7.3.1.3　超声速子母弹抛撒

　　母弹抛撒子弹时，子弹会经过较长时间的无控飞行，且在分离距离较小时，子弹往往会受到母弹流场的强烈干扰，可能导致子弹姿态的急剧变化，在超声速条件下抛撒时这种多体干扰问题尤为严重。因此，子弹如何能够迅速而准确地与母弹分离，关系到子母弹武器系统的安全性与可靠性。由于子母弹组合体外形比较复杂，子母弹抛撒过程存在严重的多体绕流干扰现象，其中较为显著的是两体距离较近时的近体干扰、母弹头部激波对子弹产生的激波干扰、母弹激波与子弹激波相遇产生的激波反射等，而且这些类型的干扰特性与子弹的姿态密切相关。

　　本节采用数值模拟方法对子母弹分离进行研究，分析超声速子母弹抛撒分离过程中存在的多体干扰规律以及流动机理。计算选用参考文献［21］中的试验外形（如图 7 - 31 所示），表 7 - 6 表 7 - 7 分别给出了计算参数及子弹的质量特性，其中质心位置为子弹轴线上相对于子弹尖点的长度。

图 7 - 31　子母弹的计算外形以及初始位置

表 7 - 6　子母弹抛撒计算工况列表

Ma	攻角/(°)	来流压力/Pa	来流密度/(kg/m³)	分离速度/(m/s)
2.0	0	24 000	0.5	4

表 7 - 7　子弹质量特性

质量/g	质心/mm	转动惯量/(g·mm²)		
		I_{xx}	I_{yy}	I_{zz}
3.8	23.7	42	600	600

　　首先计算了在不同分离距离时子弹受到的静态气动力，以分析子弹在不同位置的受力特性。图 7 - 32 为子弹与母弹在不同的分离距离时静态计算得到的法向力系数和俯仰力矩系数和试验对比图，从对比结果可以看出，模拟得到的子弹的法向力系数和俯仰力矩系数基本与试验曲线重合。

　　通过对计算结果比较分析可以得出，随着子弹法向位移的增加，其受到的法向气动力有一个明显的突变过程，在 $Y/D = 2.0$ 附近达到极小值，之后迅速增加；与之对应的俯仰力矩也存在明显的跳跃，之后法向气动力和俯仰力矩回复稳定，显然在 $Y/D = 2.0$ 附近子弹受到了母弹强烈的气动干扰，在 $Y/D > 2.5$ 后，子弹穿过了母弹的头激波，基本脱离了母弹的气动干扰区。当进行子母弹抛撒时，由于母弹流场影响，子弹受到的法向力和俯仰力矩相对于单独子弹时有了明显的变化，显然对子母弹抛撒时子弹的分离轨迹、姿态变化会有较大影响。

　　根据表 7 - 6 中的状态参数计算了子弹超声速抛撒过程，图 7 - 33 给出了子弹分离过程图像，图 7 - 34 是此分离过程中子弹俯仰姿态角及对应的角速度随时间的变化历程。在分离初期，子弹处在母弹头激波干扰区内，在母弹头部绕流流场作用下迅速低头；随着子弹不断向下移动，母弹头激波在子弹上的作用位置不断后移，且随着子弹俯仰姿态角的增大，静稳定性较高的子弹也受到较大的回复力矩，因此子弹在分离后 5 ms 左右，子弹角速度出现第一个拐点，之后子弹俯仰方向出现了明显的周期性振荡。

　　此子母弹抛撒算例中，尽管远场来流为 0°攻角，子弹初始俯仰姿态角也为 0°，但母弹头激波等绕流干扰诱导出了子弹俯仰方向的大幅度变化，显然母弹绕流等干扰因素主导了此抛撒过程，在研究此类问题时，多体间的干扰问题需要着重研究。

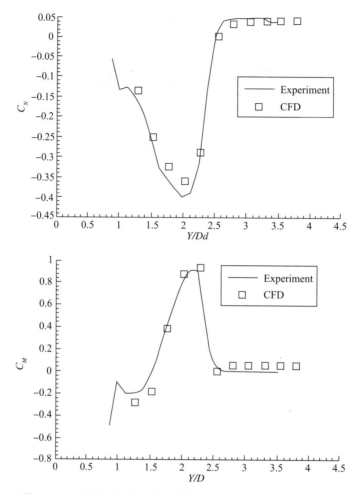

图 7 - 32　子弹法向力系数和俯仰力矩系数随分离距离的变化

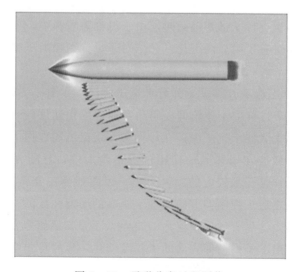

图 7 - 33　子弹分离过程图像

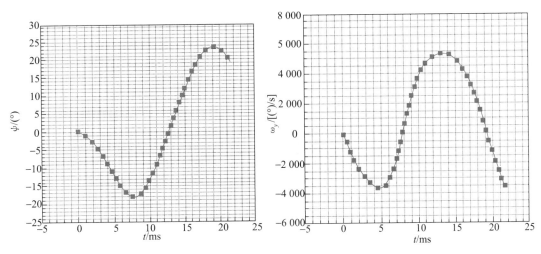

图 7 - 34　子弹俯仰角（左）及俯仰角速度（右）变化历程

7.3.1.4　有控投放问题

　　多体分离问题是典型的多学科耦合问题，除了常规的气动、飞行力学，有的问题还夹杂着结构、控制等其他学科。随着多体分离问题研究的深入，在分离过程中考虑主动控制，分析主动控制时机、验证控制律设计、提高仿真适用范围成为当前多体分离问题研究的一个热点。

　　分离过程主动控制的模拟是一个复杂的问题，除了常规多体分离问题研究所需的准确的数学模型、质量特性、分离初始条件外，还需要提供对应的控制律、气动数据等。本节选用一个简化问题（带折叠舵的导弹投放问题）分析舵面偏转、变形对分离的影响。

　　本节选用的计算模型如图 7 - 35 所示，该导弹中部弹翼和尾翼都为可折叠形态，图 7 - 36 所示为折叠舵面附近物面网格细节图。本节模拟了在 $Ma = 1.5$，来流攻角分别为 $0°$、$5°$、$10°$ 时导弹有控分离过程，为了保证导弹的顺利分离，在分离初始时刻给其提供 7.6 m/s 的分离速度。

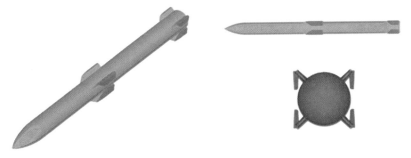

图 7 - 35　带折叠舵导弹外形图

　　首先分析了折叠舵同步展开过程，在分离中折叠舵面从分离后 20 ms 开始同步匀速展开，在 520 ms 时展开到位。图 7 - 37 所示为 $0°$ 攻角时折叠舵同步匀速展开导弹投放过程的侧视图、后视图以及折叠舵面展开过程细节图。

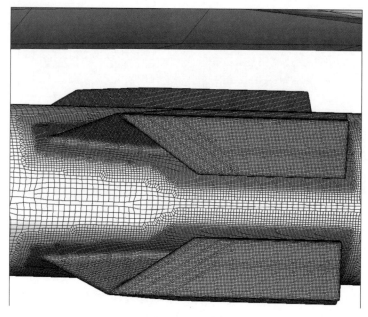

图 7 - 36　折叠舵面附近物面网格细节

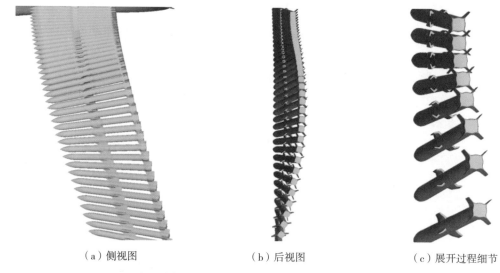

（a）侧视图　　　　　　　　（b）后视图　　　　　　　　（c）展开过程细节

图 7 - 37　折叠舵同步展开投放过程

　　图 7 - 38 中给出了 3 组攻角条件下导弹俯仰、偏航姿态角随时间的变化过程，显然，随着攻角的增大，分离过程中导弹俯仰角不断减小。在分析过程中，还考虑了 4 个折叠舵不同步展开的情况，这里考虑了导弹上侧两片折叠舵延迟 10 ms 展开的情况。图 7 - 39 是 0°攻角条件下折叠舵不同步展开与同步展开对导弹滚转角、俯仰角的影响对比。从对比曲线看，折叠舵的不同步展开会延迟滚转角的变化，也会削弱俯仰角变化的幅度。当然，不

同的展开时序、不同的导弹气动外形等对分离过程的影响将不一致，具体的影响需要针对特定的问题开展详细的研究和分析。

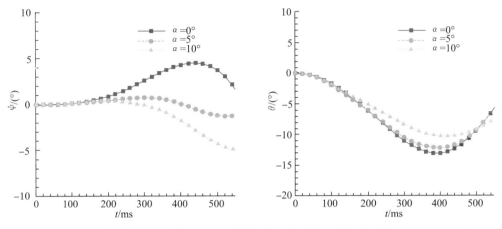

图 7 - 38　不同攻角下导弹俯仰、偏航姿态角变化历程

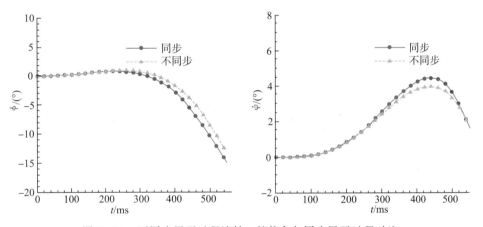

图 7 - 39　不同步展开过程滚转、俯仰角与同步展开过程对比

7.3.2　整流罩分离

在高超声速飞行器设计过程中，为了防止气动加热、气动声振等因素对弹体的影响，或是为了改善飞行器气动布局提高升阻比，通常会采用整流罩对弹体/进气道等部位进行保护，在飞行器飞行到任务区域或达到发动机工作条件时，必须及时将整流罩分离并抛弃，以便后续功能的正常发挥。整流罩能否成功分离直接影响飞行任务的成败，对整流罩分离过程进行仿真分析是整流罩研制中的必要环节，其分析结果可为整流罩的设计工作提供重要依据。

7.3.2.1　整流罩分离数值模拟/风洞自由飞对比

分别采用风洞自由飞试验和数值模拟两种方式对同一种整流罩抛罩过程开展分析（此外以及下文涉及的自由飞试验由中国航天空气动力技术研究院一所三室自由飞团队完成）。

该外形整流罩采用两瓣式上下开罩，罩体为飞行器进气口的保护罩，打开后可露出飞行器的进气锥和进气道。

在风洞自由飞试验过程中，机体与风洞刀架连接，整流罩初始时刻固定于飞行器头锥上，分为上下两片。流场建立后，启动整流罩解锁装置，整流罩在内置弹簧作用下向外张开，在气动力作用下运动。使用高速摄像机记录整流罩运动轨迹与姿态变化情况，经图像分析、数据分析获得整流罩分离气动特性。

图 7-40 和图 7-41 分别为此外形某状态分离过程中的风洞自由飞图像和数值模拟结果，两者获得的整流罩运动形态一致。在此状态中，整流罩在初始时刻获得了一定的分离速度和角速度，角速度为使其外翻的角速度，整流罩在分离初期为"外八字"形态，法向的气动力是促使其向外运动的，因此在分离一段时间后整流罩即获得了一定的安全距离，尽管之后整流罩开始出现翻转，但总体而言整流罩的形态较为稳定，分离距离不断增大，此分离方案是安全可行的。

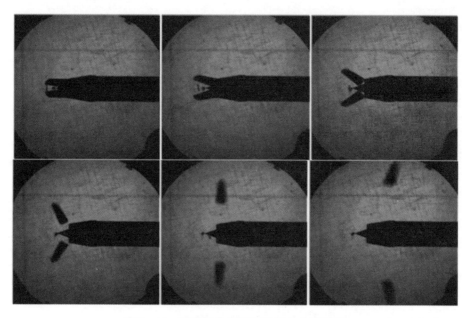

图 7-40　整流罩分离过程风洞自由飞图像

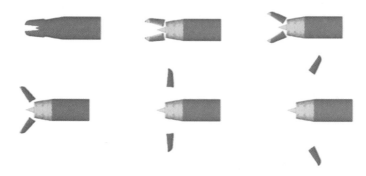

图 7-41　整流罩分离过程数值模拟结果

7.3.2.2　整流罩分离典型姿态分析

　　整流罩分离时，获得合适的角速度、质心速度分离后可以使其获得较优的分离轨迹，避免碰撞等安全问题。图 7 - 42、图 7 - 43 所示是两种典型的整流罩开罩姿态，两种状态中来流马赫数为 2.5、攻角 0°，图 7 - 42 中整流罩解锁角度（整流罩脱离铰链约束时对应的张开角）为 15°，计算时将初始的分离速度和分离角速度设为 0；图 7 - 43 解锁角为 45°，分离速度和角速度为 0。

　　从分离轨迹看，分离初始阶段，整流罩受到的气动力是使其向外、向后运动的，但不同解锁角状态整流罩全罩受到的气动力矩不同，在解锁角为 15°状态，整流罩分离后在气动力作用下内扣，呈"内八字"形态运动；而在解锁角为 45°状态，整流罩在气动力作用下一直保持外翻的趋势，整体保持"外八字"形态。由于整流罩内扣的过程中，整流罩迎风面受到高动压来流作用，其作用力是阻碍其分离的，因此在内扣的同时，其法向的分离速度也会不断降低；而在整流罩外翻时，在较长时间段整流罩受到的法向力是使其向外运动的。整流罩法向的受力直接反应在整流罩法向的位移上，图 7 - 43 中整流罩一直处于向外运动的过程，整流罩与弹体之间的距离不断增大；而图 7 - 42 中整流罩与弹体间的距离在不断振荡，与整流罩的姿态密切相关。从两种状态整流罩的分离过程可以明显看出，提供合适的初始分离条件，使整流罩以较为有利的姿态分离，可以在保证安全分离的前提下降低风险，提高分离方案的容错冗余度。

图 7 - 42　整流罩"内八字"形态分离过程

图 7 - 43　整流罩"外八字"形态分离过程

7.3.3 级间分离

级间分离是一类重要的多体分离问题，通常出现在助推级与上面级之间，分离过程的扰动可能影响上面级的飞行姿态，甚至影响上面级的飞行安全。因此对级间分离问题开展研究，分析其中可能存在的影响飞行安全的问题和因素，是级间分离方案设计过程必不可少的。

本节选用类 $X-43$ 外形与助推器之间的级间分离问题为代表，分析级间分离过程中可能存在的气动问题。$X-43$ 是一种很有代表性的高超声速飞行器，$X-43$ 与助推器组成的组合体由载机携带升空，在预定的高度（约 $8\,000\ m$ 高空）投放，之后助推火箭发动机点火加速，当达到分离窗口时执行前后体级间分离指令实现分离，之后 $X-43$ 飞行器开始自主飞行。

图 $7-44$ 所示为类 $X-43$ 外形三视图，其中发动机进气道为不通气状态，图 $7-45$ 为类 $X-43$ 外形与助推器形成的组合体三视图，由于风洞试验中飞行器的外形尺寸会影响模型缩比等参数，因此该外形中采用短粗形的助推器，仅起到示意性的作用。

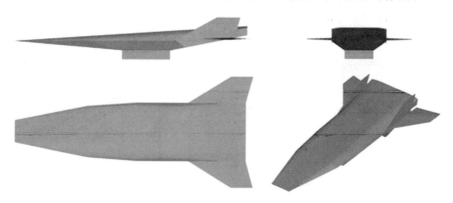

图 $7-44$　类 $X-43$ 外形三视图

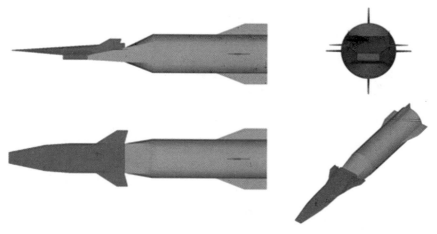

图 $7-45$　类 $X-43$ 外形与助推器形成的组合体三视图

在本节对该外形级间分离过程分别开展了数值模拟和风洞自由飞试验，图 7 - 46 所示即为采用两种方法分别获得的级间分离过程图像对比情况。为了使两体间顺利分离，对飞行器预置了一定舵偏，在高动压来流作用下，飞行器迅速抬头，而此过程中后体低头，两者法向距离迅速拉开。

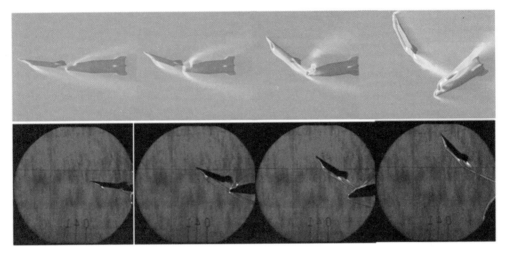

图 7 - 46　分离过程数值模拟结果（上）与风洞自由飞结果（下）对比

在此分离过程中飞行器的姿态角，尤其是俯仰角是一个较为关键的参量，从图中定性的对比可以看出，试验和计算获得的俯仰角变化规律一致。

参 考 文 献

［1］ MERLIN P W. Design and Development of the Blackbird：Challenges and Lessons Learned ［R］.2009，
AIAA 2009 - 1522.

［2］ HEMSCH M J, etc. 战术导弹空气动力学 ［M］. 北京：宇航出版社，1999.

［3］ HIRT C W，AMSDEN A A，COOK J L. An Arbitrary Lagrangian Eulerian Computing Method for
All Flow Speeds ［J］. Journal of Computational Physics，1974，14（3）：235 - 394.

［4］ 陈懋章. 粘性流体动力学基础 ［M］. 北京：高等教育出版社，2002.

［5］ 肖亚伦. 航空航天器运动的建模——飞行动力学的理论基础 ［M］. 北京：北京航空航天大学出版
社，2003.

［6］ 黄雪樵. 克服欧拉方程奇异性的双欧法 ［J］. 飞行力学，1994，12（4）：28 - 37.

［7］ 陈廷楠，张登成. 双欧法与四元数法的应用比较 ［J］. 飞行力学，1996，14（4）：59 - 64.

［8］ 李盾，纪楚群，马汉东. 三维非结构贴体直角网格的 N - S 方程数值模拟 ［J］. 空气动力学学报，
2006，24（4）：477 - 481.

［9］ 张玉东. 动网格计算方法及多体分离非定常流场数值模拟 ［D］. 中国航天空气动力技术研究院博
士论文，2004.

［10］ 陈耀松. 紧-松耦合话计算——力学小议之三 ［J］. 力学与实践，2009，31（2）：94 - 95.

［11］ CENKO A. Store Separation Lessons Learned During the Last 30 Years ［R］. 27th International
Congress of the Aeronautical Sciences，2010.

［12］ JAMESON A. Time Dependent Calculations Using Multigrid，with Applications to Unsteady Flows
Past Airfoils and Wings ［R］. AIAA paper 91 - 1596，1991.

［13］ CHEN R F，WAMG Z J. An Improved LU - SGS Scheme with faster convergence for Unstructured
Grids of Arbitrary Topology ［R］. AIAA paper 99 - 0935，1999.

［14］ CHEN R F，WANG Z J. Fast，Block Lower - Upper Symmetric Gauss - Seidel Scheme for Arbitrary
Grids ［J］. AIAA Journal，2000，38（12）：2238 - 2245.

［15］ THOMAS P D，LOMBARD C K. Geometric conservation law and its application to flow
computations on moving grids ［J］. AIAA Journal，1979，17（10）：1030 - 1037.

［16］ THOMAS P D，LOMBARD C K. The geometric conservation law - a link between finite - difference
and finite - volume methods of flow compuations on moving grids ［R］. AIAA paper 78 -
1208，1978.

［17］ LESOINNE M，FARHAT C. Stability analysis of dynamic meshes for transient aeroelastic
computations ［R］. AIAA paper 93 - 3325，1993.

［18］ LESOINNE M，FARHAT C. Geometric conservation laws for aeroelastic computations using
unstructured dynamic meshes ［R］. AIAA paper 95 - 1709，1995.

［19］ 刘君，白晓征，张涵信，郭正. 关于变形网格"几何守恒律"概念的讨论 ［J］. 航空计算，2009，
39（4），1 - 5.

［20］ HEIM E R. CFD Wing/Pylon/Finned store mutual interference wind tunnel experiment ［R］. AEDC – TSR – 91 – P4.

［21］ PERKINA S C Jr，DILLENIUS MF E and SIN J L. Supersonic submunition aerodynamics during dispense ［R］. AIAA paper 88 – 0335，1988.

第8章 高超声速飞行器气动布局优化方法

高超声速飞行器外形越来越复杂，外形设计需兼顾诸多限制和约束因素，对气动布局设计方法提出了更高的要求。采用传统气动布局设计方法，需要基于设计经验通过手工调节参数进行外形设计，即使设计者经验丰富也难以同时兼顾很多的性能要求和约束条件，势必会顾此失彼，外形设计不仅效率低，而且很难取得最优解。随着计算方法和计算机技术的快速发展，根据最优化计算理论自动求解的方式进行气动外形设计的方法被广泛关注，这种方法的关键是将设计过程完全自动化，通过数学优化计算理论结合气动评估方法自动求解气动布局设计问题，这种具有智能性的气动布局自动优化设计技术设计能力相对更强，适用于处理更复杂的气动布局设计问题。本章对基于数值模拟技术的气动布局优化设计方法进行概述性介绍，内容包括优化数学模型，外形参数化与网格自动生成，以及优化平台和算例。

8.1 设计方法简述

传统气动布局设计采用的是"试凑"方法（cut and try）[1-4]，气动设计师通过手工修改外形参数分析其对飞行器气动性能的影响，据此确定参数修改方向、再次修改外形并评估性能，该修正过程不断重复直至达到性能指标要求。由于具有良好的适应性，实现方式直接，可操作性强，这种设计方法在飞行器气动布局设计过程中使用广泛，工程上仍然发挥着巨大作用。但是很显然，首先，这种方法的设计效率和质量更多依赖于经验，在一定程度上取决于设计人员的设计经验、对高超声速流动特点以及气动作用的物理机理的认识；其次，外形设计需要进行多次人工修形，人工工作量大负担重；另外，难以应对多个设计参数相互冲突、多个目标相互矛盾的多变量、多约束、多目标复杂设计问题，比如对于复杂高超声速外形设计就需要同时兼顾升阻性能、纵向稳定性、横航向稳定性等各种要求。因此，针对复杂外形和复杂气动布局设计问题，通过手工调节参数的设计方式，即使经验丰富也难以同时兼顾很多的性能要求和约束条件，势必会顾此失彼，外形设计不仅效率低，而且很难取得最优解。

随着计算方法和计算机技术的快速发展，根据最优化计算理论自动求解的方式进行气动外形设计的方法越来越被关注[5-6]。这种方法的核心是将设计过程完全自动化，通过数学优化计算理论结合气动评估方法自动求解气动布局设计问题，这种具有智能性的气动布局自动优化设计技术设计能力相对更强，适用于处理更复杂的设计问题[7]。气动布局优化设计技术是气动设计技术与气动性能评估技术相结合的一种飞行器外形设计方法，如图 8-1 所示，气动设计技术需要更快更准的气动性能评估技术，气动设计的需求促进了气动性能评估技术的进步，气动性能评估技术进步的同时也影响了气动布局设计技术的发展。除试验外气动性能评估有工程方法和 CFD 数值模拟两大类方法，工程方法有基于线化位势流理论和基于牛顿理论的各类型方法，CFD 方法按求解模型层次有求解全位势流方程、Euler 方程、RANS 方程等一系列方法。相对于精度低的工程方法，伴随计算机技术和 CFD 数值方法的极大进步，CFD 方法已成为当前最常用的气动高精度计算工具。因此，从计算精度、结果可靠性和对复杂问题的适应性等方面综合考虑，基于 CFD 技术和最优化方法的气动布局自动优化设计技术，是面向未来复杂高超声速飞行器外形，针对复杂气动设计问题，实现精细化、自动化智能设计的重要技术方向，有助于提升气动布局设计水平、效率和质量。

目前，基于 CFD 技术的气动布局自动优化设计技术有以下几个关键技术环节：首先是对优化问题进行分析提出优化模型，建立优化方案；其次是外形参数化和网格自动生成技术；然后是流场高效数值模拟计算技术；另外，还涉及优化方法以及跨系统统一管理的优化平台等支撑技术。

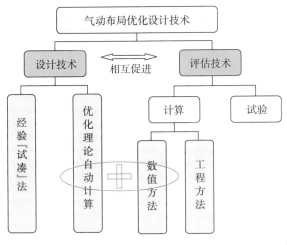

图 8-1　气动布局优化设计技术

8.2　优化模型

气动布局优化设计本质上是在满足约束条件的可行域内求极值的最优化问题，一般可描述为以下数学模型

$$
\begin{aligned}
&\min \quad f_n(\boldsymbol{x}), n=1,\cdots,N \\
&\text{s.t.} \quad h_i(\boldsymbol{x})=0, i=1,\cdots,I \\
&\qquad\quad g_j(\boldsymbol{x})\leqslant 0, j=1,\cdots,J \\
&\qquad\quad \boldsymbol{x}_{\min}\leqslant \boldsymbol{x}\leqslant \boldsymbol{x}_{\max}
\end{aligned}
\tag{8-1}
$$

其中，$f_n(\boldsymbol{x})$ 为优化目标函数，min（minimize）指最小化，$\boldsymbol{x}$ 为设计变量（优化变量），其取值上、下界为 $\boldsymbol{x}_{\min}$ 和 $\boldsymbol{x}_{\max}$，s.t.（subject to）表示应满足的约束条件，$h_i(\boldsymbol{x})$ 和

$g_j(\boldsymbol{x})$ 分别为等式约束条件和不等式约束条件。优化目标、约束条件和设计变量构成了优化模型 3 个要素，对于气动布局设计问题，优化目标和约束条件通常为飞行器的升力、阻力、力矩等气动综合性能指标以及部件压力或热流分布等局部典型特征量，约束条件还包括容积、典型截面尺寸或厚度等几何限制条件。优化变量一般为外形参数，也就是要设计的参量，如机体锥角、截面参数、翼面参数或控制点坐标等几何控制参数。优化设计结果的可行性或实用性与优化模型直接相关，因此提出优化模型是首要的关键问题，优化模型应能充分反映设计意图，考虑实际的约束限制，尽量确保结果工程上可行。通常根据气动布局的设计期望或设计目的，对设计问题进行分析总结，提出优化模型建立优化方案，将优化问题提炼为上述的数学表达形式。

对于以上多目标多约束最小化优化问题，当 $n=1$ 时，即只有一个目标的情况，就退化为单目标优化问题。若没有约束条件要求，就退化为无约束优化问题。

在实际中，对于求最大值的情况，可通过变号转化处理，求 $f(x)$ 的最大值和求 $-f(x)$ 的最小值是等价的。对于多目标问题，通常会将其转化为单目标问题，转化方法有约束法、分层序列法及以理想点法和线形加权和法等为代表的评价函数法[8-9]，需要说明的是，这种处理方法一般只能求出多目标问题的部分解。对于约束问题，通常也可将其转化为无约束问题，一般利用罚函数形式将非线性约束转换为目标函数中的罚项，例如以下为一种对单目标约束问题的转化方法

$$\bar{f}(\boldsymbol{x}) = f(\boldsymbol{x}) + A\sum_{i=1}^{I}\left[h_i(\boldsymbol{x})\right]^2 + B\sum_{j=1}^{J}\max\left[0, g_j(\boldsymbol{x})\right]^2 \qquad (8-2)$$

这里 $A>0$、$B>0$，为给定的系数。

一般地，等式约束为强约束，可行域窄，相对于不等式约束更难以满足，工程上通常将其转化为不等式约束使强约束松弛。具体做法是令

$$|h_i(\boldsymbol{x})| \leqslant \varepsilon, i=1,\cdots,I \qquad (8-3)$$

式中 ε ——松弛因子，为一个小正数。

另外，为了确保算法搜索的有效性，避免计算过程导致的数值误差，通常会对设计变量进行归一化处理，将每个设计变量范围按比例缩放转换到 $[0,1]$ 的计算区间内，即做如下变换

$$X^{(k)} = \frac{x^{(k)} - x^{(k)}_{\min}}{x^{(k)}_{\max} - x^{(k)}_{\min}}, k=1,\cdots,K \qquad (8-4)$$

式中 K ——设计变量的个数。

高超声速飞行器绕流所满足的空气动力学方程，由复杂的非线性偏微分方程组表示，与飞行器气动性能相关的目标函数 f 和约束条件 g、h 相对于设计变量没有显式的解析表达式，难以解析求出。对于任意复杂外形只能借助数值模拟技术（CFD）进行气动布局自动化、精细化设计，为了实现自动化优化，要求与 CFD 技术相关的外形准备、网格划分、流场数值求解必须能够自动化完成，并且应具有一定的鲁棒性。基于 CFD 技术的气动布局优化设计典型流程如图 8-2 所示，优化设计时由优化算法模块驱动外形参数化、网格自动生成以及流场计算模块形成的封装集成系统，根据设计条件自动实现寻优设计。

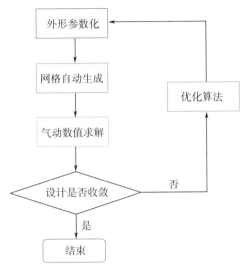

图 8 - 2　气动布局优化设计典型流程

8.3　气动外形参数化建模与网格生成方法

8.3.1　外形参数化建模

外形参数化建模是实现气动布局设计流程自动化的一个关键环节，可以极大地降低设计人员的工作量，提高工作效率，便于设计人员对优化过程中外形进行实时监控。

复杂外形参数化是阻碍气动布局优化设计的主要因素之一[10-11]，也是该技术实现工程化应用的瓶颈问题。建立用于分析的一个外形比较容易，建立鲁棒的、不易产生几何矛盾的、满足气动优化需求的几何可变的外形并非易事。外形参数化建模需用尽量少的参数准确地描述丰富的几何外形，要求成形精度足够高，设计空间尽量大，并且参数化驱动外形自动生成的过程鲁棒高效，生成的几何外形光滑可行[12-13]。

通常几何参数化有多种方法[13]，分别是离散点方法、偏微分方程法、多项式和样条法、基矢量法、域元素法、解析法、基于 CAD 的方法和自由变形法（FFD，Free Form Deformation）等。

离散点方法直接以外形表面离散的网格坐标点为优化设计变量，显然这种方法不需要对模型进行专门的参数化处理，其优势是易于实现优化设计，可以自由地改变外形形状，对初始外形的表达精度很高。该方法明显的劣势是设计变量的数目太多，所带来的计算量一般都无法接受，另外，表面改变后外形的光滑性难以保障[10]。

偏微分方程（PDE，Partial Differential Eqution）方法是曲面造型方法的一种[13-14]，一般通过求解椭圆型偏微分方程的边值问题产生曲面，也能对曲面进行参数化表示[15]。PDE 方法[14]构造的曲面自然光顺，曲面形态完全由边界条件控制，且控制曲面形状所需的参量也较少。但该方法难以对任意曲面进行参数化，还存在诸多问题，如交互设计、局部控制及复杂曲面设计等。

　　样条法是一类非常有效的曲线曲面表达方法,包括 Bezier 和 B 样条曲线曲面以及在此基础上发展而来的非均匀有理 B 样条(NURBS)等。这些方法利用点与点之间的距离构造基函数,采用基函数叠加的方法生成曲线曲面。采用这些方法时一般需要先对初始外形进行拟合,将拟合得到的曲线曲面的控制顶点的位置或权值作为设计变量。B 样条方法和 NURBS 方法是应用最广泛的参数化建模方法,具有良好的局部控制能力,适合于对有一定复杂度的外形进行参数化,也是 CAD 软件支持的常用方法,被广泛应用于翼型、机翼、机身的参数化。

　　基于 CAD 的方法是指运用计算机辅助设计(CAD,Computer Aided Design)软件建立外形参数化模型的过程。目前计算机辅助设计已经广泛应用于工业自动化设计领域,在飞行器设计中,CAD 商业软件应用广泛,发挥了重要的作用。成熟的 CAD 软件,如 ProE,UG,CATIA 等本身就具有参数化建模的功能,可以采用基于外形特征的建模思路,将飞行器外形按特征(如机身、机翼和操纵舵)分解,分别提取能对其完全参数化的特征参数,在软件中逐步构造参数化模型,同时建立参数的关联关系,记录建模过程,改变特征参数重启执行过程便能实现基于参数和过程驱动的外形自动生成。对于更复杂的外形,也可以借助 CAD 软件的二次开发技术实现模型的参数化。采用 CAD 方法主要利用软件成熟的建模工具和现成强大的曲面建模功能,另外,通过软件也能方便地得到模型面积和容积等几何特性。但是该方法存在数据交换和兼容性问题,几何模型在网格生成环境中通常要进行一定的人工处理。

　　FFD 起源于计算图形学领域,由 Sederberg 和 Parry 于 1986 年提出[16],该方法假定物体有很好的弹性,在外力的作用下易于发生变形。当框架受外力作用而变形时,物体的形状也随之改变。框架的变形由其上的控制顶点决定,因而可通过改变控制顶点的位置来改变物体的形状,该框架称为控制框架。FFD 方法的特点是变形能力强,不需要对初始外形进行拟合,可以保持几何原有连续性、光滑性,并且操作简单[17],适用于任意复杂外形物体,能用较少的设计变量光滑地描述曲线、曲面、三维几何体的几何外形,能方便地应用于局部外形修形设计[18]。目前 FFD 方法也已被应用于飞行器气动优化设计过程中的外形参数化建模研究[19-20]。

　　一般的参数化方法在表达复杂曲面时,为了保证表达精度,参数的个数会大量增加[21],影响优化设计的效率和正常进行。近年来,波音公司的 Kulfan 在样条法的基础上,增加类别函数进行修正,提出了类别形状函数法(CST,Class and Shape Transformation)[12,22-23]。CST 方法设计变量少,具有良好的可控性和表达精度,是一种简洁高效的参数化方法。CST 外形参数化表示方法在很多方面得到了应用,包括超临界翼型[24]、机翼[25-26]、增升装置[27]、飞翼布局[28]以及高超声速再入飞行器外形[29-30]等。图 8-3 为采用 CST 方法和 FFD 方法对一种翼身组合体高超声速飞行器实现参数化建模的外形,初始外形由 CST 方法建立,建模过程见参考文献[31],调整控制参数可以实现外形参数化变化(图中外形左半部分)。对于 FFD 方法,不用对初始外形进行直接操作,只要将需要变形的部分用控制框架"框"起来，改变框架的控制点位置便能够使对应外形部位实现参数化变化，见图 8-3 中右半部分外形。

虽然目前已有多种外形参数化方法，但自动生成复杂外形三维模型仍然是一项艰巨的任务[19]，需要进一步的研究，如在几何统一建模问题、数据交换标准、格式转换和信息兼容，以及如何获取几何模型对设计参数的敏感性信息等方面开展研究[32]。

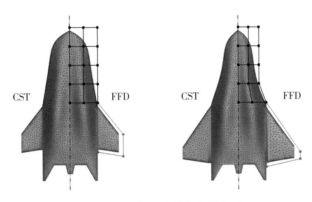

图 8-3　翼身组合体参数化外形

8.3.2　网格自动生成

对基于 CFD 方法的气动布局优化设计技术，自动化生成流场计算的网格是实现气动布局设计流程自动化的另一个关键环节。

网格自动生成技术主要有重构和变形两种思路。重构法的特点是外形参数化和网格重构是相对独立的两个步骤，外形变化后需要重新划分流场，它对外形拓扑没有严格的要求，参数化处理相对灵活，复杂外形适应能力较强，但由于每次外形变化都要重新划分网格，因此效率相对较低。变形法的特点是直接或间接地对物面或空间网格进行扰动变形，不需要进行网格再造，只需在优化开始时提供初始网格即可，网格变形能有效地降低外形参数化的难度，变形前后网格拓扑结构保持一致，易于流场插值计算，因此总体相对效率较高，但受网格变形质量的约束，对于拓扑结构完全改变和大变形情况适应能力较差。

网格重构有空间到面和面到空间两种生成方法[33]，面到空间的方法包括插值法（TFI）、Delaunay 方法和阵面推进法等，笛卡儿网格方法（或称直角网格方法）是最典型的空间到面的网格生成方法，具有网格生成快速、自动的特点，非常适合于优化设计，其关键点在于对物面的处理[34-35]。网格变形采用的方法有弹簧近似方法、弹性体方法、基于控制点的 FFD 自由变形方法以及基于代数或物理的直接操纵 FFD 方法[36]等。

FFD 方法是近些年研究的热点技术，采用 FFD 方法对流场网格进行变形时，只需在初始空间网格的基础上，根据一定的映射法则，对处在控制框架内网格点的坐标跟随控制点的移动位置进行重新计算，不依赖于网格拓扑，能够使空间网格和表述外形的表面网格一起变形，很好地解决了变形后模型和网格的重新生成问题，有效降低了参数化建模和网格自动生成的难度。FFD 方法保证了变形前后网格拓扑的一致性和变形后模型网格的质量，具有很强的局部控制能力，适用于任意网格。这些特点使得其适用于飞行器外形以及部件或局部的精细化优化设计。由于以上显著的优点，目前 FFD 方法被广泛应用于飞行器气动外形优化设计研究领域[18,36]。图 8-4 为文献[36]采用基于 FFD 的网格变形示例。

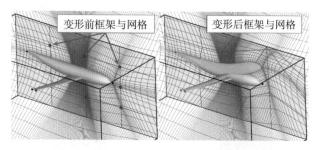

图 8-4　基于 FFD 的网格变形示例[36]

在气动优化中，效率始终是需要考量的关键因素。并行计算技术的发展使得流场预测能力飞速提高，相对流场求解，网格串行生成也是制约气动优化计算效率的突出因素。因此，除了网格生成自动化外，网格并行生成技术也是研究和发展的主要方向。虽然有一些研究性的工作，但在这方面缺少实用的工具，当前主流的商业网格生成软件和非商业工具多数都不支持并行化网格生成。

8.4　优化方法

8.4.1　优化算法与灵敏度计算

8.4.1.1　优化算法概述

优化算法即优化搜索方法，是在满足约束条件的可行域内寻找最优解的数学计算方法，由于其性能直接决定了优化设计的效率与精度，因此优化算法一直也是工程上关注的重点。工程上一般按照是否需要求解和使用导数信息[37]，将其划分为基于梯度的数值型优化算法和非梯度类优化算法两大类（如图 8-5 所示）。

基于梯度的数值型优化算法包括最速下降法、修正牛顿（Newton）法、共轭梯度法等无约束方法，以及修正的可行方向法、梯度投影法、广义简约梯度法、序列二次规划法等求解有约束问题的方法。

最速下降法是最基础、最简单的无约束优化算法，计算步骤简单，但收敛速度慢。修正牛顿法收敛速度快，但要计算目标函数相对于设计变量的二阶偏导数矩阵及其逆阵，计算量太大。共轭梯度法介于二者之间，比最速下降法收敛快，同时不用计算二阶偏导数，计算公式简单，存储量少，可以求解比较大型的问题[8]。变尺度法是求解无约束问题的另一类重要算法，包括 DFP 和 BFGS 等算法，其中 BFGS 算法数值稳定好，被广泛使用。序列二次规划法是当前最重要的一类求解约束优化问题的有效算法，具体做法是将一般非线性约束优化问题转化为求解一系列的二次规划子问题，采用二次规划法逐步逼近原问题的解。

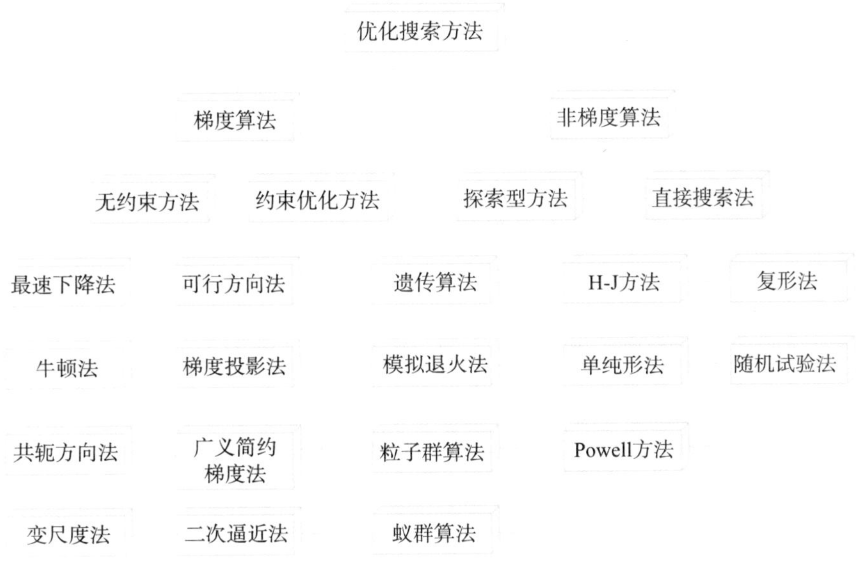

优化搜索方法

梯度算法　　　　　　　　　　　非梯度算法

无约束方法　　约束优化方法　　　探索型方法　　　　直接搜索法

最速下降法　　可行方向法　　　　遗传算法　　　H-J方法　　　复形法

牛顿法　　　　梯度投影法　　　　模拟退火法　　　单纯形法　　　随机试验法

共轭方向法　　广义简约
梯度法　　　　粒子群算法　　　Powell方法

变尺度法　　　二次逼近法　　　　蚁群算法

图 8-5　优化算法分类

基于梯度的数值型优化算法计算效率较高、可靠性较好、比较成熟，而且对于解析的连续性问题的求解效果较好[8]，由于构造策略的限制使其具有初值敏感性，虽然可快速捕捉局部极值点，但难以捕捉到全局最优解。

非梯度类优化算法不需要导数/梯度信息，适用范围更广，也正因为没有利用函数的分析性质，收敛速度慢，解算次数多，寻优效率低。非梯度类优化算法包括直接搜索方法和现代探索型方法。直接搜索方法有 Hooke - Jeeves 方法和 Powell 方法等。现代探索型方法（也被称为智能优化算法[38]）包括进化算法、模拟退火方法、粒子群方法[39]、蚁群算法[40-41]以及鱼群算法[42]等。现代探索型方法对函数性态和设计变量特性依赖小，通用性强，鲁棒性好，适用并行计算，在一定的计算代价下能够以较高的概率捕捉全局最优解[8]。另外，具有集群性特征的构造策略使其适合处理多目标优化问题，例如，多目标遗传算法[43]基于物种群体的自然遗传和自然选择等生物进化机制模拟生物的进化过程，根据目标函数排序等级阶次构造适应值函数，最终是一系列互不占优的非劣解构成了最优解集，即 Pareto 前锋面。由于非常适合处理复杂多样的工程设计问题，现代探索型方法已经发展成为有效解决多目标优化问题的重要工程设计方法。

总之，由于不同的优化算法的设计思路存在差异，在实际应用中各种算法的适应性也是不相同的，目前没有对一切问题都普遍有效的算法[8]。因此在实践中通常将不同算法组合起来使用，最典型的组合策略就是采用探索型和数值型方法相结合的优化搜索策略，结合两者的优势弥合各自不足，一方面利用探索型方法的全局搜索能力，另一方面利用数值型方法的高效性，这种兼顾效率和解的质量的取长补短方法在实践中也是行之有效的。

8.4.1.2　灵敏度计算方法

采用基于梯度的优化算法需要目标函数和约束对设计变量的灵敏度信息，也就是函数对自变量的导数或梯度。灵敏度计算最直接的方式是采用差分方法[5-6]，首先对外形设计变量进行扰动变化，再通过 CFD 数值模拟技术求出外形变化前后与目标函数和约束相关的飞行器气动性能指标，据此计算目标函数和约束对变量的偏导数，对全部的设计变量重复该过程便得到优化计算所需的梯度。显然，差分方法梯度的计算量与变量数目是成正比的，梯度计算需要反复驱动执行外形建模、网格划分和流场数值模拟程序，对于设计变量多的大规模问题，调用耗费机时和资源的 CFD 软件所致的计算量是巨大的。另外，扰动步长或差分步长也会影响到梯度的计算精度。

除了差分方法外，灵敏度计算还有伴随方法、自动微分方法和复变量法[13,44-45]。

伴随方法也称为共轭方法，Pironneau[46]最先用其进行了气动设计研究。20 世纪 80 年代末 Jameson 基于控制论思想，从气动力学偏微分方程组出发进行理论推导和研究，将伴随方法推向了深入发展，使其成为了气动布局优化设计领域影响广泛的一种方法，并且已成功应用[47-49]。

基于控制理论的气动优化设计方法以物体几何边界为控制函数，流动方程为约束，将设计问题看作控制问题[1,48,50]。气动设计问题的目标函数 $\boldsymbol{F}$ 是流动变量 w 和物体几何形状 B 的函数，即 $\boldsymbol{F} = \boldsymbol{F}(w, B)$，目标函数的变化为

$$\delta\boldsymbol{F} = \frac{\partial\boldsymbol{F}^{\mathrm{T}}}{\partial w}\delta w + \frac{\partial\boldsymbol{F}^{\mathrm{T}}}{\partial B}\delta B \tag{8-5}$$

流动控制方程为 $\boldsymbol{R} = \boldsymbol{R}(w, B) = 0$，则

$$\delta\boldsymbol{R} = \left[\frac{\partial\boldsymbol{R}}{\partial w}\right]\delta w + \left[\frac{\partial\boldsymbol{R}}{\partial B}\right]\delta B = 0 \tag{8-6}$$

在目标函数中引入拉格朗日乘子 $\boldsymbol{\psi}$，有

$$\begin{aligned}\delta\boldsymbol{F} &= \frac{\partial\boldsymbol{F}^{\mathrm{T}}}{\partial w}\delta w + \frac{\partial\boldsymbol{F}^{\mathrm{T}}}{\partial B}\delta B - \boldsymbol{\psi}^{\mathrm{T}}\left(\left[\frac{\partial\boldsymbol{R}}{\partial w}\right]\delta w + \left[\frac{\partial\boldsymbol{R}}{\partial B}\right]\delta B\right) \\ &= \left\{\frac{\partial\boldsymbol{F}^{\mathrm{T}}}{\partial w} - \boldsymbol{\psi}^{\mathrm{T}}\left[\frac{\partial\boldsymbol{R}}{\partial w}\right]\right\}\delta w + \left\{\frac{\partial\boldsymbol{F}^{\mathrm{T}}}{\partial B} - \boldsymbol{\psi}^{\mathrm{T}}\left[\frac{\partial\boldsymbol{R}}{\partial B}\right]\right\}\delta B\end{aligned} \tag{8-7}$$

为了在梯度计算中避免多次求解流场，应消去流动变量变化 δw 引起的增量，只要其系数项为零即可，则有

$$\left[\frac{\partial\boldsymbol{R}}{\partial w}\right]^{\mathrm{T}}\boldsymbol{\psi} = \frac{\partial\boldsymbol{F}}{\partial w} \tag{8-8}$$

这就是伴随方程，$\boldsymbol{\psi}$ 为伴随变量。此时

$$\delta\boldsymbol{F} = \left\{\frac{\partial\boldsymbol{F}^{\mathrm{T}}}{\partial B} - \boldsymbol{\psi}^{\mathrm{T}}\left[\frac{\partial\boldsymbol{R}}{\partial B}\right]\right\}\delta B \tag{8-9}$$

由式（8-9）可以看出，目标函数的改变只与物体几何形状变化有关，通过求解流场控制方程及其伴随方程就可获得灵敏度信息。伴随方程［式（8-8）］的求解多采用与流场计算相似的方法。伴随方法最显著的特点是灵敏度计算与设计变量数无关[51-52]，只与目标函数和约束的规模相关，适用于目标和约束少、设计变量多的优化问题。由于伴随方法灵敏度计算效率高，应用上具有良好的工程实现性，对于气动布局优化设计伴随方法从提出到现在一直都是研究和发展的重要方向之一。

伴随方法分为连续伴随方法和离散伴随方法，连续伴随方法直接从流动控制方程进行推导，所得的连续伴随方程表达形式简洁直观，数值求解时可用与流动控制方程相似的数值方法。离散伴随方法从离散形式的流动控制方程出发推导伴随方程，推导过程相对复杂。伴随方程数值求解相对不易，需另行编程，增加了额外的工作量[52-53]。研究表明这两种方法都能准确地求出梯度[54-56]。

自动微分方法是求解灵敏度的另一种有效的方法[13,44,52]，这是一种基于链式法则求导的技术。美国 Argonne 国家试验室和 Rice 大学的 Bischof 等自 1992 年起开发并推出了自动微分工具 ADIFOR 和 ADIC，前者针对 Fortran 代码，后者针对 C 代码。这种预处理工具以源代码和用户定义的输入输出变量作为输入，能够输出代码，使其具备求解输出相对输入敏感性导数的能力。自动微分方法已用于三维 Euler/RANS 方程分析复杂外形绕流和优化设计问题[57-61]。自动微分方法求出的灵敏度精度高，但这是以更大的计算量作为代价的[52,62]。

对于灵敏度计算，最后再简略介绍一种基于伴随方法的工具软件 SU2。SU2 是美国斯坦福大学基于 C++语言开发的开源数值计算软件，其特色是采用伴随方法求解梯度实现飞行器外形优化设计。其中，三维外形采用 FFD 变形方法实现参数化，网格使用弹性体变形方法，气动预测采用格点格式的非结构有限体积流场解算器，梯度信息通过数值求解伴随方程的方法获得。外形优化设计过程由 python 脚本语言组织完成。自 2012 年发布起，开发团队一直在持续维护更新，当前最新版本为 5.0.0。作为持续改进的开源程序，很适合学习研究。更详尽的内容参见参考文献[63]。

8.4.2 基于近似模型的优化设计方法

对于复杂气动布局工程优化设计问题，目标函数和约束条件相对于设计变量没有显式的解析式，设计伊始如何充分地认识理解设计空间，如何相对较快地做到对设计问题比较全局性的掌握，比如优化对象是否为多极值问题，对于梯度类算法，怎么选择初始设计点以避免或少走弯路等，虽然这些都是未知的，但从数学本质上，设计目标或约束相对于外形设计变量仍满足函数与自变量的映射关系，因此用简单的数学模型（如低次幂的多项式）去逼近这样的未知函数，在问题分析、设计空间探索和优化过程中将其作为近似模型替代高精度分析模型，理论上应当是可行的，这就是基于近似模型的优化设计方法的主要思想。由于运用简单的数学模型近似模拟优化过程中非常耗时的详细分析的响应，也被称为响应面方法或代理模型方法[64-67]。

基于近似模型的优化设计方法首先以统计方法在设计空间里选出一定数目的试验点作为样本，然后对这些试验点进行 CFD 计算求得对应的约束和目标函数值，获得输入与输出相对应的样本数据库，最后基于这些输入与输出数据信息，通过数学拟合/插值理论，建立目标函数与设计变量的函数关系式或映射关系，构成近似模型，优化计算在经过可信度评估验证后的近似模型上进行[65,67-68]。

基于近似模型的优化设计方法因其诸多的优点而获得了广泛的应用。首先，基于近似模型的优化设计方法不仅能有效平衡精度与效率的矛盾，而且也能解决数值噪声问题[65,69]。在优化过程中直接采用 CFD 方法通常需要大量的计算资源，花费很多的机时，成本较高。除此之外，受流场网格质量、迭代计算的收敛程度等因素的影响，CFD 计算结果存在数值误差，一般表现为计算结果随着设计参数的变化呈现高频率的、较低振幅的振荡[65]，形成了很多非物理的、实际是数值上的局部极值点，这就造成了数值噪声问题，对于基于梯度的寻优算法噪声会干扰或转移寻优方向，将使优化过程收敛困难甚至不收敛[70]。对于基于近似模型的优化设计方法，所选的近似函数模型通常都是光滑的，且计算量很小，于是就避免了噪声引起的局部伪极值问题。相比 CFD 分析在近似模型上寻优也大幅节省了优化设计的周期，提高了设计效率[67]。其次，用于构造近似模型的数据库的计算过程与优化器是分离的，样本计算可以离线进行，实现起来比较容易。另外，样本计算能够并行地进行，可以通过并行计算大幅提高效率[68]。

　　基于近似模型的气动布局优化设计方法的典型优化过程如图 8-6 所示，虚线框中的实验设计、外形建模与网格生成、气动数值计算，用于设计点的外形样本计算，生成气动数据库，据此建立初始气动近似模型。随后在气动近似模型上进行优化计算求出近似的优化解，进一步通过 CFD 数值计算对近似优化解的精度进行考核，以确定是否达到收敛标准，若是则结束，否则将其作为新的样本加入样本库，再次更新近似模型继续执行优化设计过程，具体过程包含于实线框中。该设计过程既可通过人工方式完成，也能通过流程化的完全自动的方法实现。

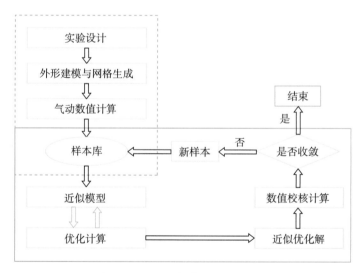

图 8-6　基于近似模型的优化过程

　　以下主要对实验设计和近似模型做简要介绍，有关数值计算和网格生成等方面的介绍可参考其他章节相关内容。

8.4.2.1　实验设计

　　实验设计（DOE，Design of Experiment）就是在设计空间选取试验点的统计方法，起初是从农业实验研究领域发展而来，后来在科学和工业经济领域获得了广泛应用[71]。作为构造近似模型的取样策略，实验设计提供设计变量组合的选取方法，通过合理安排实验，意图以最少的设计点数即试验量最小，获得最大精度的近似模型。

如何安排实验形成了不同的实验设计方法。实验设计方法包括全因子设计、PBIB 设计（Partially Balanced Incomplete Block Design of Order Three）、中心复合设计（CCD，Central Composite Design）、拉丁超立方设计、正交数组设计、均匀设计、D 最优设计和 BB 设计（Box - Behnken 设计）等。在实验设计方法确定后，构造近似模型所需样本点的个数和这些点的空间分布情况也就能基本确定下来了[64,67,71]。

以上实验设计方法中有些方法产生的实验次数随设计变量个数增加呈几何量级增加，这就是所谓的维度灾难问题[68]。对于 CFD 数值计算应该选择样本规模可控、样本点分布均匀的方法。由于实验次数的总规模可控，覆盖均匀，拉丁超立方设计是工程上经常选用的抽样方法[72-73]，适用于设计变量较多的情况。作为修正蒙特卡洛方法的一种[67,72]，拉丁超立方设计是一种随机性的方法，每次生成的样本结果都会不一样。

8.4.2.2　近似模型

近似模型也被称为代理模型或元模型[66,74-75]，是能够近似预测高精度分析结果的一种替代模型，本质上是一种对离散数据进行插值或逼近的数学模型，目的是通过利用已知离散点的信息来预测未知点的响应值。

目前，在气动布局优化设计中常用的近似模型有多项式响应面模型、Kriging 模型、径向基函数模型（RBF，Radial Basis Functions）以及神经网络模型等。

（1）多项式响应面模型

多项式响应面模型[64,74-75]是最常用的一种近似模型，其关键是确定由设计变量组合构成的多项式的系数向量，通常由最小二乘法逼近求解得到。

多项式响应面模型形式简单且计算量小，具有良好的连续可导性，能有效光滑噪声，容易得到最优解。但是对高度非线性的高维问题的描述能力存在不足，对于此类问题的拟合预测效果往往不太理想。设计变量较多时构造模型的矩阵求逆计算量大，会消耗大量的计算资源。另外，在多项式阶数较高时也容易出现过拟合现象。

（2）Kriging 模型

Kriging 模型[65-66]是一种估计方差最小的无偏估计模型，该方法最早由南非地质学者 Danie Krige 于 1951 年提出，最初主要应用于地质界，用来确定矿产储量分布。目前 Kriging 模型已经成为飞行器设计领域中一种常用的近似方法，既可作为插值模型，也可作为拟合形式。

Kriging 模型将响应与自变量之间的关系用两部分来表示，分别为确定性部分和局部估计部分。确定性部分用于全局地逼近设计空间，一般用多项式表示。局部估计部分用来产生局部的偏差，进行局部估计。相对于多项式响应面模型，Kriging 模型局部估计的特点使其适合于处理非线性程度较高的问题，但模型构造效率较低。

（3）径向基函数模型

径向基函数模型[74,76]以径向函数为基函数通过线性叠加构造近似模型，其中径向函数是一类以待测点与样本点之间的欧氏距离为自变量的函数。作为一种结构简单、灵活性好的插值模型，径向基函数模型计算量相对较少，预测效率较高，能够处理设计变量较多和高度非线性的问题。

对于该类模型，设计变量维度一定时，未知系数的线性方程组规模由样本数确定，因此当样本规模较大时，矩阵求逆的计算量就会很大，模型构造需花费更多的计算机时和资源。此外，基函数的类型和调节参数对模型的预测性能有较大的影响。

（4）神经网络模型

神经网络模型模仿人脑神经系统处理信息的过程，是由大量的简单处理单元连接而构成的复杂网络系统，具有学习、记忆等智能处理功能，能在大量数据中寻找隐含的内在规律，适合处理高度非线性的问题。BP 神经网络模型是目前已经广泛应用的一种方法，通常采用三层网络结构，以 S 形状的 Sigmoid 函数作为神经元的传递函数[8]。

神经网络模型对问题逼近的效果与网络结构和采样规模有很大的关系，学习训练时间较长致使模型构造效率较低，目前也没有能有效确定隐层和隐层神经元数目的方法[66]。

基于近似模型的优化设计方法虽然应用广泛，但是设计变量数增加会使近似模型精度急剧恶化，导致构造近似模型所需的样本急剧增加[77-78]。因此，对于高维度的大规模复杂问题，发展智能实验取样方法，建立适用于高维度大规模设计变量和高度非线性问题的高精度通用近似模型[79]，探索设计空间分区以及设计变量分组、降维的方法，在这些方面仍有待深入研究[77-78,80-81]。

8.5 优化平台

8.5.1 需求与功能

高超声速飞行器气动布局优化设计，需要按照流程化的步骤将几何建模、网格生成和气动分析等软件工具集成在一起，需要在软件模块间进行参数传递，还要对优化问题进行定义，需设置优化目标、约束条件和设计变量。若采用编程实现该过程，一旦外形或设计条件改变，就要修改和调试程序，不但烦琐低效而且容易出错。为了降低人工工作量，提高工作效率，需要构建一个具有较强兼容性的软件框架平台来集成气动设计分析等相关工具[44,82]，构建设计优化流程，辅助气动设计人员完成气动外形设计参数优化，改进设计和优选气动方案，提高气动设计质量和效率[44,83]。

平台应具有以下特征[11,82,84-86]：

1）软件集成功能。支持几何建模、网格生成和气动分析等自研工具和商业软件的集成，具有多样化的集成模式，能够对单独的可执行程序、批处理程序和特定应用软件等多种形式的模块或软件实现直接集成，数据交换支持文件、界面和函数等接口形式。对于软件集成和使用，除了通用化的方式外，一种降低使用门槛的方法是，平台提供接口将多种软件工具集成到统一的系统框架下，使用者只需要在系统中根据需要对它们进行调用即可，不需要考虑它们之间的模型匹配、数据传递等问题，以此简化设计者的工作。

2）数据管理功能。数据管理要求在平台中所有与设计相关的数据或者信息，包括设计方案的几何参数、性能参数、分析计算过程等的存储、使用、管理和维护都通过数据库的形式来进行。针对优化执行过程中数据传递的复杂性，需要在平台中可以方便地表述数据的传递关系，同时要求平台能够保证优化过程中数据传递的可靠性。另外，应具有一定的数据处理能力，如提供常用的函数库，实现目标函数最大转最小等基本的代数运算功能。

3）拥有方便友好的 GUI 图形化交互界面。GUI 用来构造优化过程的工作流，提供优化设计的可视化能力。能够根据设计优化问题需要，灵活创建任意的设计优化流程，并且可以对其进行随意的拆分、重组等编辑修改，具有随意移植、随时重现、随需重构的功能。能够对优化目标、设计变量、约束条件、优化算法等实现自由设置。面向设计的可视化首先是对外形和优化过程进行可视化监控，以便实时分析及时处理，是人在回路的体现。另外，利用可视化技术旨在大量的数据中查找有用的数据，将设计结果进行直观的表述，以利于设计人员理解分析设计问题和多维多目标的设计空间[84]。

4）提供丰富的设计工具包，包括鲁棒高效的优化算法库，多样的实验取样和近似建模方法。针对工程问题的多样性与复杂性，需要根据优化问题的特点、计算资源和问题的复杂度，灵活选择不同的优化策略和算法。平台提供这些通用的设计工具，可以使设计人员将精力放在设计对象的描述上。

5）具有分布式协同的工程环境。支持基于网络的跨平台操作和并行计算，气动精细化分析需要大量的计算资源，并行计算是不可或缺的工具，通过网络有效利用分布在不同平台上的计算资源，结合并行计算技术，最大程度地缩短设计周期，提高优化设计效率，以利于工程应用的深入[87]。另外，平台应具有一定的协同设计能力，支持设计人员协同工作。

6）扩展性要求。具有广泛的可扩展性：设计任务可扩展，对于新问题，无须编程，即可完成问题定义、模板定制等流程设计过程；软件工具可扩展，气动评估模块和置信度等可扩展；设计工具可扩展，易于扩展优化算法和实验设计等方法，新算法可嵌入式扩充。

总之，从应用角度，一个完善的平台应具有良好的通用性，功能完备可扩展，运行稳定便于使用，提供完备的手册文档和执行过程的信息记录或 log 输出文件，并且具有一定的容错能力。当前成熟的优化平台有 iSight、Optimus 和 ModelCenter 等商业软件，也有开源的平台如 DAKOTA。

8.5.2　航天飞行器外形优化设计平台

本节重点介绍作者团队发展和建立的航天飞行器气动布局优化设计平台，该平台系统面向飞行器气动外形设计与优化，综合集成了外形建模、网格生成、气动计算等多种自研和商业建模设计与评估工具模块；具有良好的定制性和扩展性，可以灵活建立设计优化流程，设置优化问题。平台为流程化地开展航天飞行器外形设计与优化提供了通用化的支撑环境，可以通过组件拖曳定制流程的方式，基于不同优化策略集成各种设计分析工具，实现复杂外形气动设计和综合优化，使得针对复杂外形的气动布局自动化设计优化具备了较好的工程应用基础。平台已在多种飞行器气动布局优化设计中得到应用，取得了一定的成效。

平台主要的功能特点为，首先实现了复杂外形 CAD 与 CFD 软件的无缝连接，有力地支持了气动布局高精度自动优化设计技术在工程中的应用。其次，在调用远程计算资源和可视化监控方面，平台具有一定的先进性，具有跨系统批量分发作业和自动优化设计的功能。另外，平台系统具有较强的处理并行任务的能力，使多任务并行流程实现了并行同步执行的功能，提高了设计效率。

8.5.2.1　平台系统介绍

（1）系统架构

航天飞行器气动布局优化设计平台系统结构如图 8-7 所示，分为三个层次：用户应用层、分析工具模块层和数据层。其中用户应用层可以方便地根据不同的设计优化问题，实现设计优化流程的自由设计和搭建，根据所提炼的优化问题实现优化目标、优化变量、约束条件的自如配置，并通过用户界面实现参数化模型、气动外形设计优化过程的监控和轻量化显示。分析工具模块层集成了多目标多约束优化方法模型，参数化建模和网格快速生成模块，以及气动性能评估工具等，可以实现分系统模块功能和置信度的扩展和升级。具体地，各模块一方面可以根据定义好的接口方便地进行替换，同时可以根据需要自定义接口，实现功能扩展和升级。数据层实现设计数据的统一管理、存储和查询，有效支撑分析工具模块层和用户应用层对数据的查询和调度需求，不同模块之间数据交换通过数据文件实现。不同层之间通过数据流和控制流实现相互的调用、访问，使得优化设计问题得以在该平台上自动化运行。

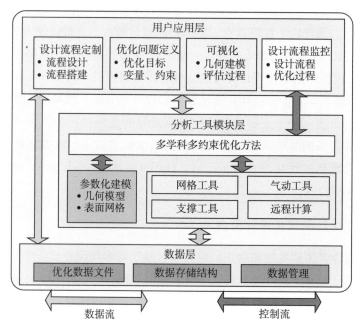

图 8-7　航天飞行器气动布局优化设计平台系统结构

（2）平台界面布局

平台系统的用户界面如图 8 - 8 所示，采用多窗口布局，包括工程列表区、标题栏、流程工具箱定制区和可视化流程设计区。工程列表区以树型结构给出工程索引，实现工程加载及命名等。标题栏给出平台的主要菜单、工具及设置功能。流程工具箱列出了平台的核心功能模块，集成了主要的几何建模、气动评估和支撑工具组件以及流程控制组件等，是设计流程建立的重要功能模块。可视化流程设计区用于交互式流程建立、设计和编辑等。

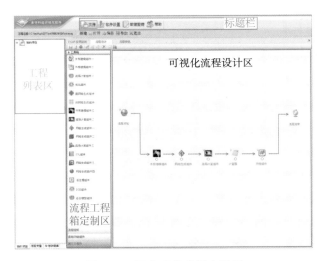

图 8 - 8　平台系统的用户界面

（3）平台部署环境与使用模式

平台系统基于网络环境部署，如图 8 - 9 所示，采用 C/S 架构，分为客户端和服务器端。客户端为设计人员的工作环境，安装平台的客户端软件。服务器端为用于 license 管理的 license 服务器和用于作业调度的 LSF 服务器，以及用于计算的计算服务器。客户端为 Windows 系统，服务器端为 Linux 系统。支持用户在客户端配置系统环境、在客户端搭建流程、测试运行，支持任务上传到服务器端进行计算。

（4）流程设计管理

流程设计管理是指基于系统，建立任意类型的设计优化流程，对设计流程相关模块实现规范定义，同时对流程进行修改和再造。设计流程搭建满足工程设计的灵活性和动态性特点，能动态加载专业设计分析模块，自动获取各设计单元和软件中的设计参数，快速完成优化设计问题设置。支持对流程运行过程的控制，包括流程分支\循环控制、同步\异步控制等。设计优化流程基于图形化方式创建，采用拖曳的方式将各种组件和模块拖曳到流程模板上，将各功能模块用线连接构成设计优化流程。每个功能模块封装了一个或一组工具软件，提供了输入输出接口，通过连线定义了设计数据流程，并且各功能模块可以自定义。每一个设计任务的设计任务信息、设计流程、几何模型、计算网格、分析计算结果、优化参数设置等均可以以任务名为索引保存导入数据库，并可以通过数据检索从数据库文件中导出以支持计算结果复核或续算。

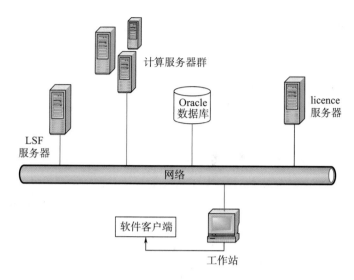

图 8-9　优化平台系统部署图

工程优化问题通常是复杂多变的，这就要求优化设计平台具有良好的通用性和适应性，对工程问题广泛适用，能灵活建立设计优化流程。作为实现自动化设计与优化的基础，平台支持搭建各种典型的流程，主要包括，串行设计流程、优化设计流程和并行优化设计流程等。并行优化设计流程中并行任务的执行过程可以是串行异步模式，并行任务依次逐个执行；也可以是并发同步模式，并行任务一起同步执行，这种方式可以有效地发挥多核机器的并行计算能力，提高 CPU 利用率和优化执行效率。平台对多任务并行流程支持同步执行方式，能够利用多核机器提高设计效率，具有较强的处理并行任务的能力。

（5）可视化监控

平台的可视化监控功能体现在：几何模型轻量化显示，自研外形建模程序生成的模型可视化，计算结果可视化，以及优化过程可视化和实时监控等。支持优化计算数据记录的可视化归类，据此能直观地判定可行与不可行解，并且能对最优解进行快速定位。

（6）系统可扩展性

系统可扩展性体现在：优化设计任务可扩展，对于新问题在系统下，无须编程，可完成问题定义、模板定制等相似的设计流程；二次开发功能，无须编程，用户可发布自主设计的组件和工程设计模板；学科评估模块和置信度可扩展，不同置信度的学科模块或工具可以以组件形式实现扩充和集成；优化算法可扩展，平台可以实现自研优化算法添加扩充。

8.5.2.2　工具组件及功能

工具组件是平台系统最重要的基本单元，其功能的丰富性决定了平台的应用潜力和处理问题的能力，其多样的形式体现了平台的适应性和集成能力。工具组件具有丰富的内涵，其具体表现形式可以是一种通用的集成模块，也可以是具有特定功能的软件或学科分析软件，甚至是流程控制节点。

平台的工具组件按照不同的功能模块进行分组，包括支撑工具组件、参数化建模组件、网格组件、气动特性计算组件、远程计算组件、优化设计组件等。工具组件可以根据需要继续扩充，同时也可以对评估方法和模块按照置信度的不同进行组合升级。

（1）支撑工具组件

支撑工具主要实现一些基础功能，由比较常用的通用化组件模块构成，包含文件解析组件、公式计算器组件、命令执行组件和文档交互组件以及后处理组件等。其中文件解析组件从数据文件中解析和传递参数，实现数据解析；公式计算器组件可以对流程中的参数进行基本的函数计算，实现数据操作；命令执行组件对可执行程序进行调用，具有集成自研软件的功能；文档交互组件可以与特定格式的文件进行数据交互，融合一些软件的数据处理功能，可以用来生成设计报告；后处理组件对结果进行处理，也能为可视化监控提供实时的图形数据。以公式计算器组件为例，如图 8 - 10 所示，包含三角/反三角函数、对数/指数和幂函数等丰富多样的基本函数，可以有效地支撑工程应用问题，是最常用的功能组件。

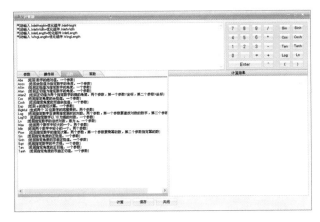

图 8 - 10　公式计算器组件的函数库

（2）参数值建模组件

参数化模型是自动优化设计的基础，平台系统以直接接口形式集成了航空航天主流通用的 CAD 工具和自研的参数化外形工具，通过调用这些 CAD 接口组件和工具实现外形参数化设计。

（3）网格组件

气动外形优化设计的一个突出的需求就是快速、高效、鲁棒的网格自动生成技术，这也是制约气动精细化优化设计技术实现应用的瓶颈问题。网格组件包括表面网格模块和空间网格模块，主要集成了航空航天主流通用的网格生成工具和自研的非结构网格工具，实现了 CAD 与 CFD 的无缝连接，有力地支持了气动布局高精度自动优化设计技术在工程中的应用。

（4）气动特性计算组件

在气动优化过程中，高效高精度的气动特性计算工具是不可或缺的。在气动数值预测方面，集成了市面上主要的流场数值模拟工具和自研的 CFD 数值模拟工具。自研工具主要为任意多面体非结构网格 CFD 数值模拟软件，该软件采用基于单元中心格式的有限体积方法求解 RANS 方程，采用多种湍流模型模拟湍流流动。软件经过了大量算例验证，已经应用于航天航空工程项目中众多类型飞行器气动特性分析和外形设计。

（5）远程计算组件

针对大型计算和设计问题，基于远程作业管理开发了远程调用组件，实现了跨系统分发作业和优化设计功能，远程提交组件能够与 LSF 作业调度系统衔接进行求解计算。气动精细化计算是非常耗时的任务，尤其是在气动布局优化设计时，计算时间问题更加突出，目前最好的解决方法就是采用大规模集成计算机，通过充分利用迅猛发展的硬件资源来实现。在本地 Windows 系统下定义设置问题，将计算量大的任务通过网络远程提交给 Linux 系统下的大规模服务器计算，这样做一方面降低了用户使用门槛，另一方面也可以合理利用软件的许可权限。

（6）优化设计组件

优化设计组件有通用和自研工具，包含各种丰富的优化算法和实验设计及近似模型等设计方法。实验设计包括 BB、CCD、LH 和随机性等常用的设计空间撒点方法，计算结果可以导出作为近似模型组件的输入。近似模型组件中近似模型算法包括 Kriging 和 RBF 等方法。

8.5.2.3　应用情况

气动布局优化设计平台自开发伊始就注重面向工程应用，针对工程问题的多样性强调平台系统的通用性，通过算例测试和在工程中应用及时发现和解决软件存在的问题，以此增强平台的实用性。

平台已在返回舱、类 HTV-2 临近空间高超声速飞行器、高超声速再入新概念飞行器和吸气式导弹等超/高超声速飞行器气动外形设计方面得到了应用，取得了较好的效果，为飞行器气动外形创新设计、提高设计质量和效率提供了有效的支撑。下一节对典型的气动优化算例进行具体介绍。

8.6　优化案例

8.6.1　返回舱外形多目标优化设计

返回舱再入过程的气动稳定性关乎乘员和设备的安全，再入气动升阻特性关系到落点精度，决定了最大过载量，因此返回舱气动外形设计需关注气动稳定性和升阻性能等气动特性设计要求指标。此外，对球冠倒锥返回舱外形，为了获得在指定攻角飞行的配平升阻比，通常需要对返回舱质心进行横向偏置[88]，但横向偏置量不宜太大[89]。球冠倒锥返回舱气动外形设计应根据这些气动设计要求，在给定的条件下对其高超声速配平升阻特性、单点静稳定性（单稳定性）和质心横向偏置量进行重点研究[90]。本节基于多目标优化设计方法和 CFD 数值模拟技术，给出针对球冠倒锥返回舱外形的多点多目标气动优化设计案例。

首先对球冠倒锥返回舱外形进行参数化建模，根据其几何特征参数，通过分段解析求出纵剖面轮廓曲线[91]，再以该曲线为母线绕体轴旋转形成参数化几何表面模型（如图 8-11 所示）。然后在给定的质心轴向范围和飞行条件下，通过 CFD 数值模拟技术结合多目标优化设计方法，定量考察其气动静稳定性和升阻性能及质心横向偏置量之间的最优分布关系，据此甄选满足静稳定性和升阻性能等要求的优化外形。

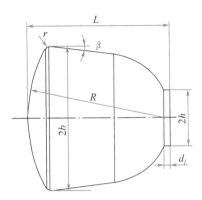

图 8 - 11　球冠倒锥返回舱参数化外形与优化设计变量

返回舱气动外形优化设计给定条件为，马赫数 $Ma = 10$，质心轴向许用范围 $450 \text{ mm} \leqslant X_{cg} \leqslant 500 \text{ mm}$，计算攻角分别为 $\alpha = -25°$、$-100°$、$-150°$ 和 $-160°$。其中 $\alpha = -25°$ 为给定的设计配平攻角，配平点气动计算一方面是为了获得配平升阻比(用 rlda_25 表示)，另一方面是根据已知的质心轴向位置要求，确定质心横向最大偏移量 y_{cgM}；计算其余 3 个攻角是为了近似求解大攻角最小俯仰力矩，以确定单稳定性。

针对返回舱气动优化设计问题，提出了三目标四点的优化设计方案，其对应的数学规划形式如下，要求在给定的质心轴向许用范围内，以最小俯仰力矩 $c_{mzg\text{Min}}$ 和配平升阻比 rlda_25 作为优化目标，使其最大化；同时以质心最大横向偏置量 y_{cgM} 为优化目标，使其最小化。

Find	X
Max	$c_{mzg\text{Min}} = \text{Min}(c_{mzga\_100} \cdot c_{mzga\_150} \cdot c_{mzga\_160})$ rlda_25
Min	y_{cgM}
St.	$Ma = 10$ $x_{cgl} = 450 \text{ mm}$ $x_{cgu} = 500 \text{ mm}$ $x_{cgl} \leqslant x_{cg} \leqslant x_{cgu}$ $y_{cgM} = (x_{cgl}/L - x_{cpa\_25}) * c_{na\_25}/c_{aa\_25} * L$ $x_g = x_{cgu}/L$ $y_g = (x_g - x_{cpa\_25}) * c_{na\_25}/c_{aa\_25}$ $x_{cpa\_25} = -c_{ma\_25}/c_{na\_25}$ $c_{mzga\_25} = 0$ $c_{mzga\_100} = c_{ma\_100} + c_{na\_100} * x_g - c_{aa\_100} * y_g$ $c_{mzga\_150} = c_{ma\_150} + c_{na\_150} * x_g - c_{aa\_150} * y_g$ $c_{mzga\_160} = c_{ma\_160} + c_{na\_160} * x_g - c_{aa\_160} * y_g$ $X_d \leqslant X \leqslant X_u$

其中，X 是优化设计变量组成的向量，如图 8 - 11 所示，共有 7 个参数，包括球冠半径 R，最

大截面半径 b，肩部倒圆半径 r，倒锥角 β，顶框半径 h，顶框长度 d_l，总长 L。$\boldsymbol{X}_u$ 和 $\boldsymbol{X}_d$ 是 $\boldsymbol{X}$ 的取值上、下界。c_{mzga_25}、c_{mzga_100}、c_{mzga_150}、c_{mzga_160}，c_{ma_25}、c_{ma_100}、c_{ma_150} 和 c_{ma_160} 分别是 $\alpha = -25°$、$-100°$、$-150°$、$-160°$ 时相对质心与相对头部坐标原点（球冠顶点）的俯仰力矩系数，x_{cpa_25} 为配平时（$\alpha = -25°$）的纵向压力中心。

对于该多点多目标气动外形优化设计问题，通过多目标优化设计方法结合并行数值模拟技术进行求解。流场计算通过 CFD 方法数值求解 Euler 方程完成，并采用并行计算技术加速求解进程，网格划分方法采用笛卡儿网格技术。优化计算采用多目标遗传算法，计算时种群规模取 100，进化 50 代。图 8-12 和图 8-13 分别给出了优化后单稳定性与质心横向偏置量和单稳定性与配平升阻特性的二维最优分布情况。可以看出，随质心横向偏置量的减小，单稳定性变差；随着配平升阻比的增加，单稳定性也会变差。这说明最优的单稳定性、配平升阻性能和质心横向偏置量不可兼得，设计时必须权衡折衷有所取舍。从图 8-12 和图 8-13 前锋面上典型外形特征的变化情况看，倒锥角、总长度及球冠半径变化较大，是相对较敏感的参数。

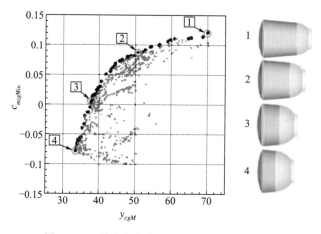

图 8-12　单稳定性与质心横向偏置量前锋面

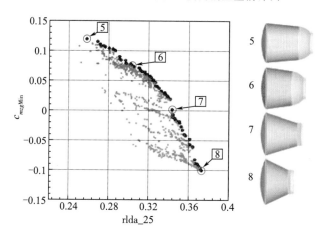

图 8-13　单稳定性与配平升阻特性前锋面

通过多目标优化设计方法结合数值模拟技术以定量的方式给出设计的最优边界，不仅指出了目标之间的冲突关系，可以用于指导返回舱设计，而且也可以根据设计要求选择需要的外形。

8.6.2　类 HTV - 2 高超声速飞行器外形气动力/热综合优化设计

本节对一种类 HTV - 2 高超声速飞行器外形完成了综合考虑气动力、热特性的气动优化设计研究。初始外形如图 8 - 14 所示，图 8 - 15 给出了初始外形飞行马赫数 $Ma = 10$ 和 $Ma = 15$ 时相对质心的俯仰力矩曲线，小攻角时其纵向气动特性是静不稳定的，这对控制系统提出了很高的要求，需要通过静不稳定控制完成飞行。因此，为了使该布局外形具有纵向静稳定大攻角配平的自稳定配平飞行能力，需要对初始布局进行改进设计，改变其纵向静稳定特性，同时也需要兼顾气动热环境、装填空间和升阻性能等约束。对于有强约束限制、考虑因素较多的气动布局设计问题，仅通过局部修形或个别参数调整难以达到期望的目标，采用优化设计方法自动寻找期望的气动布局外形是可行的解决途径。

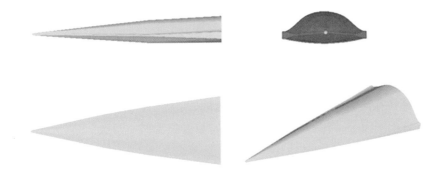

图 8 - 14　类 HTV - 2 飞行器初始外形

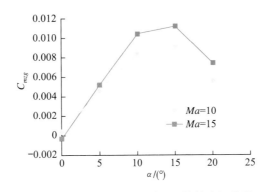

图 8 - 15　初始外形相对质心的俯仰力矩曲线

优化设计指定的飞行状态为飞行高度 $H = 30$ km，飞行马赫数 $Ma = 15$。对于纵向静稳定大攻角自配平的气动设计目标，选定两个飞行攻角 $\alpha = 0°$ 和 $\alpha = 20°$，对应的俯仰力矩计算结果分别用 c_{mzga0} 和 c_{mzga20} 表示，将 c_{mzga0} 作为设计目标函数，使其最大化，将 c_{mzga20} 作为约束，限定其绝对量低于某一设定的阈值，随着优化进程推进，若 c_{mzga0} 增大就能实现力矩对攻角斜率由正变负，达到所期望的设计目标。升阻性能是重要的气动性能指标，升阻比提升是气动设计必须努力的目标，因此，将 $\alpha = 20°$ 的升阻比 rlda_20 也作为优化的目标，使其最大化。对于气动热环境，从防热角度，表面最大热流 q_{wm}（非驻点）最小化是优化设计中需要考虑的另一个设计目标。将以上气动力/热指标综合考虑，该优化问题数学形式可表示为：

Find	X
Max	$a * c_{mzga0} + b * \text{rlda\_20} - c * q_{wm}$
St.	$c_{mzga20} = 0$ $c_{na20} \geqslant 1.2$ $X_d \leqslant X \leqslant X_u$ $H = 30\ \text{km}$ $Ma = 15$ $\alpha = 0°, 20°$

其中，优化设计变量 X 是参数化外形模型几何参变量组成的向量。X_u 和 X_d 是 X 的上、下边界约束，同时限定了装填空间。

对于以上多点多约束优化设计问题，为了便于比较不同优化方法的计算结果，将多目标问题转化为单目标问题，即优化目标为最大化 c_{mzga0}、rlda_20 和 q_{wm} 的线性加权求和值。a、b、c 为比例因子，作用是将不同量值的数据归为同一量级。

考虑载荷约束要求，$\alpha = 20°$ 法向力系数 c_{na20} 不低于 1.2。对于等式约束，在实际计算时采用松弛因子转化为不等式约束，松弛因子为一小的正数 ε。优化计算过程中质心相对模型长度的位置固定不变。

优化设计需要对外形进行参数化表述。根据初始外形的几何特征，通过编写程序的方式完成外形参数化建模。首先，沿轴向选取若干个垂直于轴向的特征横截面，这些横截面必须能够完整地反映整个外形的特征，确定描述这些特征截面位置的参数；然后，对特征横截面外形进行数学解析，通过各种曲线（如直线、圆弧曲线、椭圆曲线、多项式曲线等）的组合来描述特征截面外形，并确定描述这些特征截面的参数；最后，通过插值（例如线性插值）方法得到各特征截面之间的物形，从而生成完整的飞行器外形。

和参数化几何建模方法相似，通过编写程序的方式完成网格自动生成，采用了单体结构网格生成技术。首先对每个轴向站位通过数值求解抛物化 Laplace 方程，从物面逐步推进到外流场边界生成二维网格面，然后连接从头部至底部各站位网格面，最终建立三维空间网格。二维抛物化推进方法较成熟，容易控制网格的稀密及正交等特性，对一般外形均可得到质量较好的网格分布。图 8 - 16 为外形物面网格和典型截面网格。

气动力热特性计算基于空间推进求解定常无粘 Euler 方程的高效数值方法和流线追踪工程方法，具体方法见文献[92，93]。

对以上力/热综合优化设计问题，选取外形剖面参数和平面参数共 20 个几何特征量作

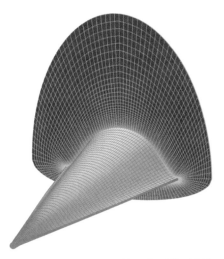

图 8-16　外形物面网格和典型截面网格

为优化设计变量，分别基于探索型、数值型以及两者相结合的优化策略，运用模拟退火算法和序列规划算法在参变量设计空间进行搜索，完成力热综合优化设计。图 8-17 给出的优化布局外形为探索型和数值型相结合的组合优化策略的优化设计结果。

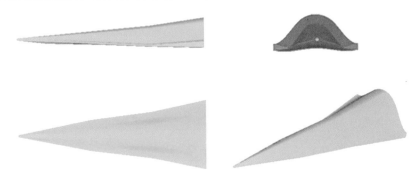

图 8-17　优化设计结果

　　图 8-18～图 8-21 分别为不同优化策略，即探索型优化（opt-expla）、数值型优化（opt-num）及其组合型优化（opt-com）得到的优化外形和初始外形（ini）的俯仰力矩系数、法向力系数、纵向压力中心及升阻比随攻角变化曲线。图 8-22 为不同优化外形表面最大热流比较。结果表明，不同优化策略得到的优化外形纵向气动特性在设计攻角范围内都是静稳定的，并能够在 20°攻角处实现自配平；优化外形表面最大热流均有百分之十以上的显著下降；不同优化外形升阻比接近，相对初始外形，小攻角时产生抬头效应的力矩增量使升阻比有所损失，表明实现气动静稳定特征是以牺牲局部升阻性能为代价的，这种效应（考察外形图 8-17）由背风面尾部上翘引起；数值型和组合型策略对应的优化布局外形配平升阻比有一定的增加；综合来看，组合型策略给出的结果最优。

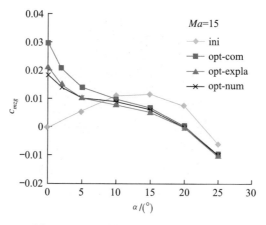

图 8 - 18　不同优化外形俯仰力矩曲线

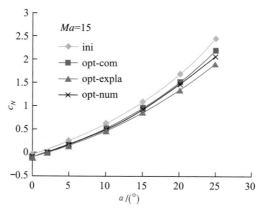

图 8 - 19　不同优化外形法向力曲线

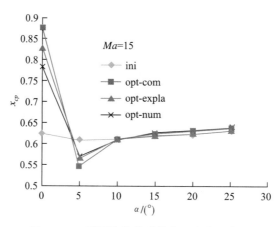

图 8 - 20　不同优化外形纵向压力中心曲线

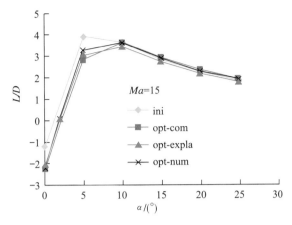

图 8 - 21　不同优化外形升阻比曲线

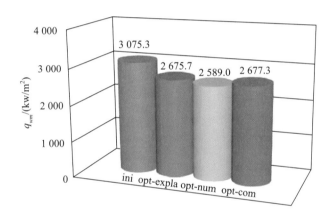

图 8 - 22　不同优化外形表面最大热流比较

　　总之，通过力热综合优化设计达到了期望的优化设计目标，优化外形纵向气动特性具有静稳定特征，且在 20°攻角处实现了自配平，表面最大热流有明显下降。组合优化策略具有更强的全局优化搜索能力，能够得到更优的解。

　　对以上组合型优化设计方法给出的最优外形（图 8 - 17），考察非设计点的气动力/热特性，才能比较全面地反映其可行性。图 8 - 23 为最优外形不同马赫数的俯仰力矩系数随攻角变化曲线，不同马赫数下最优外形在纵向稳定性方面均保持了较好的静稳定特征；在配平攻角方面有差异，其值在 17°～20°范围内变化。总之，最优外形在非设计状态仍具有良好的静稳定特性，表明本书高超声速高升阻比外形力/热耦合一体化综合优化设计结果合理，具备可行性。图 8 - 24 为最优外形不同马赫数的表面最大热流，随马赫数增加表面最大热流迅速增加，随之气动热环境越严酷，热防护变得更加严峻。

　　图 8 - 25 为图 8 - 17 最优布局外形的表面和流场典型截面压力分布云图（$Ma = 15$、$\alpha = 0°$）。0°攻角背风面尾部的高压区是产生抬头效应的主要机理，维持了外形的静稳定特性，同时也造成了升阻比的一定损失。

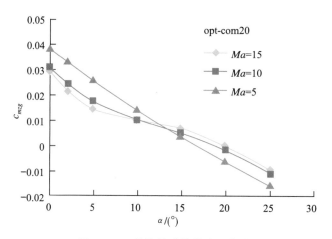

图 8 - 23　最优外形俯仰力矩曲线

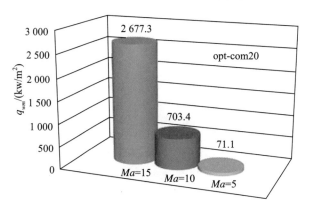

图 8 - 24　最优外形表面最大热流

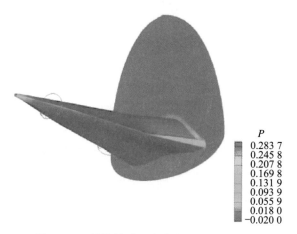

图 8 - 25　最优外形压力分布云图（$\alpha = 0°$）

对该优化问题，选取 6 个敏感度高的几何设计变量完成同样的优化设计过程，然后与上述 20 个设计变量的组合型最优设计结果进行比较，考察不同设计变量数对优化结果的影响。图 8 - 26 和图 8 - 27 分别为不同设计变量数，即 6 个设计变量优化（opt - com6）和

20 个设计变量优化（opt - com20），优化设计得到的最优外形与初始外形（ini）的俯仰力矩系数和升阻比随攻角变化曲线。结果表明，不同设计变量数得到的最优外形纵向气动稳定特性都是静稳定的，且满足在 20°攻角自配平的要求。显然，更多设计变量最优设计外形具有更好的静稳定性。相对初始外形，小攻角时 6 个设计变量和 20 个设计变量最优外形升阻比均降低，后者更低，表明产生抬头效应的更大的力矩增量使升阻比损失更大，实现气动静稳定特征所牺牲的局部升阻性能也更大。

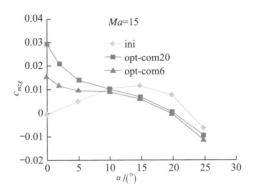

图 8 - 26　不同优化外形俯仰力矩曲线

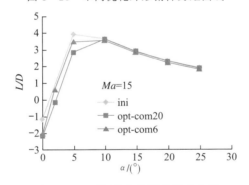

图 8 - 27　不同优化外形升阻比曲线

8.6.3　高超声速机动飞行器外形气动优化设计

本节给出了针对一种高超声速机动飞行器外形的气动优化设计案例。该外形布局方案采用高容积率的升力体布局，气动控制舵面包括安装于飞行器底部的两个尾翼和置于飞行器后部背风侧的 V 型双垂尾，尾翼用于俯仰和滚转通道的控制，垂尾用于偏航方向的控制。

基本外形的俯仰力矩系数随攻角变化的曲线如图 8 - 28 所示，可以看到，对于所计算的 3 个马赫数，基本外形在攻角小于 30°的情况下在俯仰方向均为静不稳定。基本外形在 5°侧滑角下计算得到的偏航力矩系数随攻角的变化曲线如图 8 - 29 所示，由图可见，在 20°攻角以上，3 个计算马赫数下基本外形在偏航方向均为静不稳定状态。

针对基本外形气动静稳定性能的不足，需要进一步的优化设计，实现三通道静稳定设计。为了综合考虑纵向和横侧向静稳定性要求并且兼顾升阻性能，优化设计选取马赫数

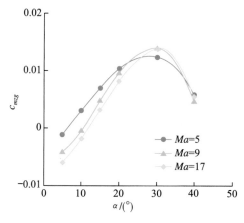

图 8 - 28　基本外形俯仰力矩曲线 ($\beta = 0°$)

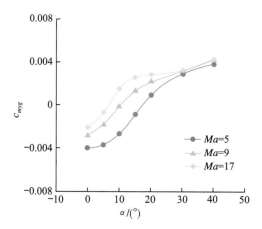

图 8 - 29　基本外形偏航力矩曲线 ($\beta = 5°$)

$Ma = 17$，攻角 $\alpha = 0°$、$10°$、$40°$，侧滑角 $\beta = 5°$，优化目标为最大化 $\alpha = 0°$ 的俯仰力矩和 $\alpha = 10°$ 的升阻比，约束 $\alpha = 40°$ 的俯仰力矩低于某一设定的阈值。随着优化进程推进，小攻角 $\alpha = 0°$ 俯仰力矩增大，就能产生力矩对攻角斜率由正变负的趋势，达到所期望的静稳定设计目的。对于偏航和滚转静稳定要求，只要对应的偏航和滚转力矩满足小于零值的约束条件就可达到设计要求。以上优化设计方案对应的数学优化设计问题可表示为：

Find	X
Max	$L/D_{(\alpha = 10°)}$ $c_{mzg(\alpha = 0°)}$
St.	$Ma = 17$ $\alpha = 0°$、$10°$、$40°$, $\beta = 5°$ $c_{mzg(\alpha = 40°)} < 0$ $c_{mzg}^{\beta}{}_{(\alpha = 40°)} < 0$ $c_{mxg}^{\beta}{}_{(\alpha = 0°、10°、40°)} < 0$ $c_{myg}^{\beta}{}_{(\alpha = 0°、10°、40°)} < 0$ $X_d \leqslant X \leqslant X_u$

其中，X 是优化设计变量组成的向量，由外形几何参数构成，X_u 和 X_d 是 X 的上、下边界约束。对带控制面的升力体外形布局，参数化建模的关键是要解决垂尾和尾翼随动问题，即飞行器机体外形变化时垂尾和尾翼需跟随机体外形进行同步移动或改变，保证参数变化后重新生成的飞行器整个外形合理可行。采用 CAD 方法建立了几何可控的参数化外形，基于典型控制剖面沿轴向扫掠放样的方法完成。典型控制截面是描述外形的骨架，决定了有效载荷的装填能力，也是影响其气动特性的重要因素，在装填空间方面通过对控制面参数加以限定来考虑。

对于以上多点多目标优化设计问题，选取的控制参数包括控面位置、高度、角度和机体半宽度等共 15 个设计变量。优化计算采用研究团队开发的非结构网格生成工具以及支持任意多面体和大规模并行计算的非结构解算器完成，其中，流场自动剖分采用笛卡儿网格技术，气动性能预测采用数值求解 N-S 方程的方法完成。

基于本章优化设计平台建立的优化设计流程如图 8-30 所示，流程中包括外形建模、网格生成以及多状态计算等模块，根据该设计流程在给定的参变量设计空间对布局进行了优化设计。

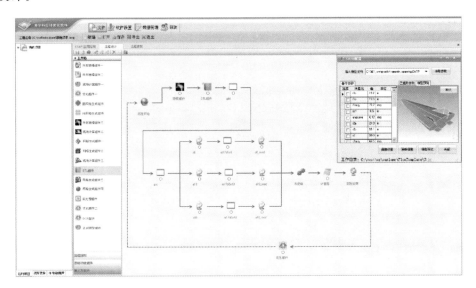

图 8-30　基于优化设计平台建立的优化设计流程

优化前后外形在 $Ma = 17$，$\beta = 0°$ 状态下的升阻比随攻角变化的曲线如图 8-31 所示，最大升阻比在 10°攻角附近，优化后提高了 14%。优化外形俯仰力矩系数随攻角变化的曲线如图 8-32 所示，与图 8-28 比较可见，对于所计算的 3 个马赫数，优化外形在俯仰方向基本上是静稳定的。

优化外形在 5°侧滑角下计算得到的偏航力矩系数随攻角的变化曲线如图 8-33 所示。由图可见，3 个马赫数下优化外形在偏航方向均为静稳定。优化外形在 5°侧滑角下计算得到的滚转力矩系数随攻角的变化曲线如图 8-34 所示。滚转力矩系数在所有计算状态下均小于零，滚转方向优化外形的静稳定性良好。

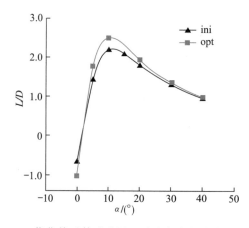

图 8 - 31　优化前后外形升阻比随攻角变化曲线（$\beta = 0°$）

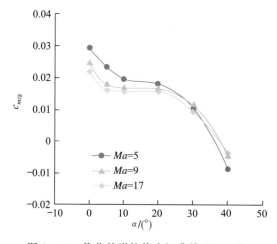

图 8 - 32　优化外形俯仰力矩曲线（$\beta = 0°$）

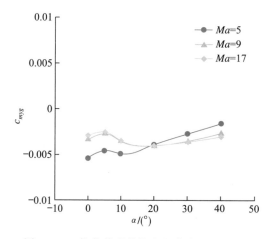

图 8 - 33　优化外形偏航力矩曲线（$\beta = 5°$）

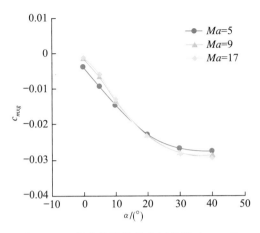

图 8 - 34　优化外形滚转力矩曲线 $(\beta = 5°)$

　　根据以上结果可知，通过优化设计布局外形达到了设计要求，优化外形在俯仰方向基本满足静稳定性要求，在所有计算状态下偏航和滚转方向均是静稳定的，通过优化最大升阻比提高了 14%。

　　虽然气动布局优化设计工程应用存在自动化建模、网格划分和鲁棒高效的评估方法，以及突出的精度与效率冲突等问题，但是不论从学科发展角度看，还是从工程需求方面看，仍是气动布局设计技术的发展方向。另外，气动布局鲁棒优化设计，或称稳健优化设计，以及结合飞控、结构、推进等，考虑学科交叉耦合的气动布局多学科综合优化设计，也是气动布局优化设计自身的重点技术方向。

　　总之随着 CFD 和优化设计技术以及计算机技术的飞速发展，气动布局优化设计会将设计者从建模、仿真、方案评估等重复性工作中逐渐解脱出来，推向更顶端的决策层级。相信未来自动化设计与机器人工智能结合，会使气动布局优化设计更加精确、高效和智能，也会在工程实际中发挥更大的作用，更好地提高设计效率和质量。

参 考 文 献

［1］ JAMESON A. Optimum aerodynamic design using CFD and control theory ［R］. AIAA - 95 - 1729 - CP, 1995.

［2］ JAMESON A, VASSBERG J, SHANKARAN S. Aerodynamic - Structural Design Studies of Low - Sweep Transonic Wings ［R］. AIAA 2008 - 0145, 2008.

［3］ 高正红. 气动外形优化设计方法研究与存在问题 ［C］. 深圳: 中国航空学会 2007 年学术年会.

［4］ LEUNG T, ZINGG D. Single - and Multi - Point Aerodynamic Shape Optimization Using a Parallel Newton –Krylov Approach ［R］. AIAA 2009 - 3803, 2009.

［5］ HICKS R M, MURMAN E M, VANDERPLAATS G N. An assessment of airfoil design by numerical optimization ［R］. NASA TM X - 3092, July 1974.

［6］ HICKS R M, HENNE P A. Wing design by numerical optimization ［R］. AIAA 1977 - 1247, 1977.

［7］ JAMESON A, SRIRIAM, MARTINELLI L, HAIMES B. Aerodynamic shape optimization of complete aircraft configurations using a unstructured grids. AIAA 2004 - 533, 2004.

［8］ 唐焕文, 秦学志. 实用最优化方法 ［M］. 大连: 大连理工大学出版社, 2005.

［9］ 林锉云, 董加礼. 多目标优化的方法与理论 ［M］. 北京: 科学出版社, 1991.

［10］ SAMAREH J A. Status and future of geometry modeling and grid generation for design and optimization ［J］. Journal of aircraft, 36 (1): 97 - 104, 1999.

［11］ 谷良贤, 龚春林. 飞行器多学科设计优化关键技术分析 ［J］. 航天器工程, 2007, 16 (3): 33 - 37.

［12］ KULFAN B M, BUSSOLETTI J E. "Fundamental" parametric geometry representations for aircraft component shapes ［R］. AIAA 2006 - 6948, 2006.

［13］ SAMAREH J A. Survey of Shape Parameterization Techniques for High - Fidelity Multidisciplinary Shape Optimization. AIAA Journal, Vol. 39 (5): 877 - 884, 2001.

［14］ 朱心雄. 偏微分方程曲面造型方法及其应用 ［J］. 航空制造工程, 1997, (8): 29 - 31.

［15］ BLOOR M I, WILSON M J. Efficient parameterization of generic aircraft geometry. Journal of Aircraft, Vol. 32, No. 6, 1995, pp. 1269 - 1275.

［16］ SEDERBERG T W, PARRY S R. Free - Form Deformation of Solid Geometric Models ［J］. Computer Graphics, 20 (4): 151 - 160, 1986.

［17］ 陈颂, 白俊强, 华俊, 孙智伟. 直接操作 FFD 技术在翼型气动优化设计中的应用 ［J］. 航空计算技术, 2013, 43 (1): 40 - 43.

［18］ 王丹, 白俊强, 黄江涛. FFD 方法在气动优化设计中的应用 ［J］. 中国科学: 物理学 力学 天文学, 2014, 44: 267 - 277.

［19］ SAMAREH J A. Aerodynamic Shape Optimization Based on Free - form Deformation ［R］. AIAA 2004 - 4630.

［20］ PALACIOS F, ALONSO J J, COLONO M, et al. Adjoint - Based Method for Supersonic Aircraft

Design Using Equivalent Area Distribution ［R］. AIAA 2012 - 0269，2012.

[21] LONGO J M A，DITTRICH R，NANUTI D. Concept study for Mach 6 transport aircraft ［R］. AIAA 2009 -435，2009.

[22] KULFAN B M. A universal parametric geometry representation method - "CST" ［R］. AIAA 2007 - 62，2007.

[23] KULFAN B M. Recent extensions and applications of the "CST" universal parametric geometry representation method ［R］. AIAA 2007 - 7709，2007.

[24] HADERLIE J，CROSSLEY W. A parametric approach to supercritical airfoil design optimization ［R］. AIAA 2009 - 6950，2009.

[25] MOUSAVI A，CASTONGUAY P，NADARAJAH S K. Survey of shape parameterization techniques and its effect on three - dimensional aerodynamic shape optimization ［R］. AIAA 2007 - 3837.

[26] 关晓辉，李占科，宋笔锋. CST 气动外形参数化方法研究 ［J］. 航空学报，2011.

[27] TYAN M，PARK J. Subsonic airfoil and flap hybrid optimization using multi - fidelity aerodynamic Analysis ［R］. AIAA 2012 - 5453，2012.

[28] CIAMPA P D，ZILL T，NAGEL B. CST parameterization for unconventional aircraft design optimization ［C］. 27th International Congress of The Aeronautical Sciences，2010.

[29] 张珍铭，丁运亮，刘毅，张铁亮. 适用于概念设计的再入飞行器外形优化设计方法 ［J］. 航空学报，2011，32 (11)：1971 - 1979.

[30] 冯毅，唐伟，任建勋，桂业伟，过增元. 飞行器参数化几何建模方法研究 ［J］. 空气动力学学报，2012，30 (4)：546 - 550.

[31] 刘传振. 分块光顺参数化建模与气动外形优化设计 ［D］. 西安：西北工业大学硕士论文，2014.

[32] 孟祥旭，徐延宁. 参数化设计研究 ［J］. 计算机辅助设计与图形学学报，2002，14 (11)：1086 -1090.

[33] WANG Z J，SRINIVASAN K. Complex "dirty" geometry handling with an interior - to - boundary grid generation method. AIAA 2001 - 2538，2001.

[34] 黄明恪，陈红全. 用非结构直角网格和欧拉方程计算运载火箭绕流 ［J］. 宇航学报，2002，23 (5)：66 - 71.

[35] 肖涵山，陈作斌，刘刚，江雄. 基于欧拉方程的三维自适应笛卡儿网格应用研究 ［J］. 空气动力学学报，2003，21 (2)：202 - 210.

[36] YAMAZAKI W，MOUTON S，CARRIER G. Efficient Design Optimization by Physics - Based Direct Manipulation Free - Form Deformation ［R］. AIAA 2008 - 5953.

[37] HAJELA P. Nongradient methods in multidisciplinary design optimization - status and potential ［J］. Journal of Aircraft，1999，36 (1)：255 - 265.

[38] 杨希祥，李晓斌，肖飞，张为华. 智能优化算法及其在飞行器优化设计领域的应用综述 ［J］. 宇航学报，2009，30 (6)：2051 - 2061.

[39] KENNEDY J，EBERHART R C. Particle swarm optimization ［C］. Proceedings of IEEE International Conference on Neural Networks. Piscataway，NJ，1995：1942 - 1948.

[40] DORIGO M，MANIEZZO V，COLORNI A. Ant system：optimization by a colony of cooperating agents ［J］. IEEE Transactions on Systems，Man，and Cybernetics，Part B，1996，26 (1)：29 - 41.

[41] DORIGO M，GAMBARDELLA L M. Ant Colony System A Cooperative Learning Approach to the

Traveling Salesman Problem [J]. IEEE Transactions on Evolutionary Computations，1997，1 (1)：53 - 66.

[42]　李晓磊，邵之江，钱积新. 一种基于动物自治体的寻优模式：鱼群算法 [J]. 系统工程理论与实践. 2002，11：32 - 38.

[43]　DEB K，PRATAP A，AGARWAL S，et al. A fast and elitist multi - objective genetic algorithm：NSGA - II [R]. KanGAL Report No. 200001，2000.

[44]　ZANG T A，GREEN L L. Multidisciplinary Design Optimization Techniques：Implications and Opportunities for Fluid Dynamics Research [R]. AIAA 99 - 3798.

[45]　ANDERSON W K，NEWMAN J C，Whitfield D L，NIELSEN E J. Sensitivity Analysis for the Navier - Stokes Equations on Unstructured Meshes Using Complex Variables [R]. AIAA - 99 - 3294，1999.

[46]　PIRONNEAU O. On optimum design influid mechanics [J]. Journal Fluid Mechanics，1974，64 (1)：97 - 110.

[47]　JAMESON A. Aerodynamic design via control theory. ICASE Report No. 88 - 64，NASA LaRC，Hampton，VA，1988.

[48]　JAMESON A，PIERCE N，MARTINELLI L. Optimum aerodynamic design using the N - S equations [R]. AIAA Paper 97 - 0101，1997.

[49]　JAMESON A，ALONSO J J，REUTHER J，et al. Aerodynamic shape optimization techniques based on control theory [R]. AIAA Paper 98 - 2538，1998.

[50]　REUTHER J，JAMESON A. Aerodynamic Shape Optimization of Wing and Wing - Body Configurations Using Control Theory [R]. AIAA - 95 - 0123，1995.

[51]　唐智礼，黄明恪. 基于控制理论的欧拉方程翼型减阻优化设计 [J]. 空气动力学学报. 2001，19 (3)：262 - 270.

[52]　叶友达. 近空间高速飞行器气动特性研究与布局设计优化 [J]. 力学进展，2009，39 (6)：683 - 694.

[53]　杨旭东. 基于控制理论的气动优化设计技术研究 [D]. 西安：西北工业大学博士学位论文，2002.

[54]　NADARAJAH S，JAMESON A. A comparison of the continuous and discrete adjoint approach to automatic aerodynamic optimization. AIAA Paper 2000 - 0667，2000.

[55]　SUNG C，KWON J H. Accurate aerodynamic sensitivity analysis using adjoint equations. AIAA Journal，2000，38 (2).

[56]　NADARAJAH S K，JAMESON A. Studies of the Continuous and Diserete Adjoint Approaches to Viscous Automatic Aerodynamic Shape Optimization [R]. AIAA 2001 - 2530，2001.

[57]　BISCHOF C，CARLE A，et al. ADIFOR - Generating Derivative Codes from Fortran Programs. Scientific Programming，1992，1：11 - 29.

[58]　TAYLOR III A C，OLOSO A. Aerodynamic design sensitivities by automatic differentiation [R]. AIAA Report No. A98 - 32803，1998.

[59]　CARLE A，FAGAN M，GREEN L L. Preliminary Results from the Application of Automated Adjoint Code Generation to CFL3D [R]. AIAA Paper 98 - 4807，1998.

[60]　PARK M A，GREEN L L，MONTGOMERY R C，RANEY D L. Determination of Stability and

Control Derivatives Using Computational Fluid Dynamics and Automatic Differentiation ［R］. AIAA Paper 99 – 3136，1999.

［61］ SUNDARAM P，AGRAWAL S，JAMES O. Hager，Aerospace vehicle MDO shape optimization using ADIFOR 3. 0 gradients ［R］. AIAA Paper 00 – 4733.

［62］ 潘雷，谷良贤，龚春林. 改进自动微分方法及其在飞行器气动外形优化中的应用 ［J］. 西北工业大学学报，2007，25（3）：398 – 401.

［63］ PALACIOS F，COLONNO M R，ARANAKE A C，CAMPOS A，et al.. Stanford University Unstructured（SU2）：An open – source integrated computational environment for multi – physics simulation and design ［R］. AIAA 2013 – 0287，2013.

［64］ MYERS R H，MONTGOMERY D C. Response Surface Methodology：Process and Product Optimization Using Designed Experiments ［M］. pp. 28 – 31，79 – 133. New York，N. Y.：John Wiley & Sons，1995.

［65］ GIUNTA A A. Aircraft Multidisciplinary Design Optimization Using Design of Experiments Theory and Response Surface Modeling Methods ［D］. pp. 36 – 42，PH. D thesis，Virginia Polytechnic Institute and State University，Blacksburg，Virginia，May 1997.

［66］ 曾会华，余雄庆. 基于代理模型的气动外形优化 ［J］. 航空计算技术，2005，35（4）：84 – 87.

［67］ 王振国等. 飞行器多学科设计优化理论与应用研究 ［M］. 北京：国防工业出版社，2006.

［68］ HONGMAN K. Statistical modeling of simulation errors and their reduction via response surface techniques ［D］. pp. 28 – 32，PH. D thesis，Blacksburg，Virginia，June 18，2001.

［69］ OLEG B. Golovidov，Variable – complexity response surface approximations for aerodynamics parameters in HSCT optimization ［D］. Master's thesis，Virginia Polytechnic Institute and State University，Blacksburg，Virginia，June 1997.

［70］ GIUNTA A A，DUDLEY J M，GROSSMAN B，HAFTKA R T，MASON W H，WATSON L T. Noisy Aerodynamic Response and Smooth Approximations in HSCT Design ［R］. AIAA Paper 94 – 4376，Sept. 1994.

［71］ MONTGOMERY D C. 实验设计与分析 ［M］. 傅珏生，等，译. 北京：人民邮电出版社，2009.

［72］ GIUNTA A A，WOJTKIEWICZ JR S F，ELDRED M S. Overview of modern design of experiments methods for computational simulations ［R］. AIAA 2003 – 649.

［73］ 吴先宇，刘睿，罗世彬，王振国. 基于替代模型的高超声速前体/进气道一体化优化 ［J］. 航空动力学报，2008，23（5）：796 – 802.

［74］ JIN R，CHEN W，SIMPSON T W. Comparative studies of metamodeling techniques under multiple modeling criteria ［R］. AIAA 2000 – 4801.

［75］ SIMPSON T W，PEPLINSKI J，KOCH P N，ALLEN J K. Metamodels for Computer – Based Engineering Design Survey and Recommendations ［J］. Engineering with Computers，2001，17（2）：129 – 150.

［76］ MULLUR A A，MESSAC A. Extended Radial Basis Functions：More Flexible and Effective Metamodeling ［R］. AIAA 2004 – 4573.

［77］ KOCH P N，SIMPSON T W，ALLEN J K，MISTREE F. Statistical Approximations for Multidisciplinary Design Optimization：The Problem of Size ［J］. Journal of Aircraft，1999，36（1）：275 – 286.

［78］　赵轲．基于 CFD 的复杂气动优化与稳健设计方法研究［D］．西安：西北工业大学博士学位论文，2014．

［79］　隋允康，李善坡．结构优化中的建模方法概述［J］．力学进展，2008，38（2）：190 - 200．

［80］　吴文华．基于一种高效全局寻优算法的气动布局极多参数高精度优化设计［D］．中国空气动力研究与发展中心研究生部，2013．

［81］　李焦赞，高正红．多变量气动设计问题分层协同优化［J］．航空学报，2013，34（1）：58 - 65．

［82］　SALAS A O，TOWNESND J C．Framework requirement for MDO application development［R］．AIAA - 98 - 4740．

［83］　HAFTKA R T，SOBIESZCZANSKI - SOBIESKI J．Multidisciplinary Aerospace Design Optimization：Survey of Recent Developments．AIAA Paper 96 - 0711，34th Aerospace Sciences Meeting and Exhibit，Reno，NV，Jan. 1996．

［84］　GIESING J，BARTHELEMY J - F M．Summary of Industry MDO Applications and Needs［R］．AIAA Paper 98 - 4737．

［85］　余雄庆，姚卫星，薛飞，等．关于多学科设计优化计算框架的探讨［J］．机械科学与技术，2004，23（3）：286 - 289．

［86］　马明旭，王成恩，张嘉易，等．复杂产品多学科设计优化技术［J］．机械工程学报，2008，44（6）：15 - 26．

［87］　PETER J，RÖHI，RAYMOND M，KOLONAY，ROHINTON K，IRANI，et al．A Federated Integrated Intelligent Product Environment［R］．AIAA - 2000 - 4902．

［88］　WILLIAM C MOSELEY，Jr.，ROBERT H. MOORE Jr.，JACK E. Hughes．Stability characteristics of the Apollo command module［R］．NASA TN D - 3890，1967．

［89］　杨在山．载人飞船返回舱的气动特性分析与外形设计［J］．气动实验与测量控制，1996，10（4）：12 - 18．

［90］　王荣，陈冰雁．基于并行 CFD 和优化技术的返回舱外形多目标优化设计［J］．空气动力学学报，2015，33（5）：588 - 593．

［91］　赵梦熊．小升阻比载人飞船返回舱的空气动力特性［J］．气动实验与测量控制，1994，8（4）：1 - 9．

［92］　王荣，张学军，纪楚群．基于高效数值方法的高速飞行器气动力热特性快速预测研究［J］．空气动力学学报，2015，33（4）：530 - 535．

［93］　王荣，张学军，纪楚群，等．基于高效数值方法的一种高超声速飞行器外形气动力/热综合优化设计研究［J］．空气动力学学报，2014，32（5）：618 - 622．

第 9 章　乘波体布局设计

1978 年 Kuchemann 根据已有的亚声速和超声速飞行器的升阻比总结了飞行器最大升阻比与马赫数相关的经验公式

$$(L/D)_{\max} = 4(Ma_\infty + 3)/Ma_\infty \tag{9-1}$$

从此经验公式可以看到，高超声速飞行器的最大升阻比存在难以突破的极限值，这就是所谓的"升阻比屏障"。为了在高超声速飞行时获得更高的升阻比，相关学者提出了乘波体布局概念。这种布局外形在设计状态下飞行时，产生的激波完全附着在前缘，就像是骑乘在激波面上飞行，此时下表面流场被附着激波限制防止了向上表面的泄漏，而一般情况下，这种流场泄漏会导致大量的升力损失，因而乘波体布局飞行器的升阻比要高于传统布局飞行器。

乘波体概念由 Nonweiler[1] 在 1959 年提出，发展至今出现了各种类型的乘波体外形。Nonweiler 提出的 "Λ" 型乘波体采用二维切楔的高超声速流场生成，是一种切楔流场乘波体。Jones 等学者为了提高容积，提出了锥形流场乘波体外形。除了使用锥型流场外，更为一般的流场也被用来设计乘波体，比如轴对称流场、椭圆锥[2-3] 和低阻力外形流场等。而使用 CFD 方法求解一般三维流场生成乘波体也逐渐吸引了一些学者的目光，这种方法因为具有更大的设计空间，应用潜力很大。目前工程应用较多的是 1990 年 Sobieczky 等[4] 提出的密切锥乘波体设计方法，其基本思路是采用锥型流场近似三维流场[5-6]，扩大了设计空间，同时计算效率较高。

在本章的研究中，我们重点关注基于完全气体连续流场的乘波体设计，而不考虑稀薄或真实气体效应。相关学者进行了大量研究，证明了乘波体良好的气动特性。但这种构型的飞行器依然存在许多不足之处。例如，乘波体飞行器容积率偏低；在高超声速飞行条件下，乘波体前缘气动加热问题非常严重，对飞行器材料的热防护性能要求极高；飞行状态的变化对乘波体飞行器的气动性能影响明显。目前来说，距离乘波体外形走入工程应用阶段还需要大量的研究。

9.1　乘波体概述

9.1.1　设计原理

高超声速飞行器在临近空间飞行时会出现比较强的激波干扰。一般来说，激波的存在导致了波阻，使得超声速/高超声速飞行的阻力很大，降低了升阻比；但另一方面，激波使波后流场的压力升高，这一特性的合理利用则可以提高升力，进而有可能获得高升阻比性能。乘波体就是使用这种流场性质的飞行器外形，它通过前缘贴体激波将上下表面的气流分开，利用激波之后流场压力高的特点产生上下表面压力差得到高升力，进而提高升阻比。乘波体设计一般从已有的带激波流场出发构造外形，从而使激波附着于飞行器前缘。

9.1.2　设计途径

乘波体是由已知的超声速或高超声速流场生成的，其构造方法通常如下：首先确定基准流场，给出乘波体的前缘型线投影到激波曲面，然后通过流线追踪法得到下表面型面，上表面设计为自由流面。从设计方法可以看出，乘波体设计应用到的技术途径包括激波流场生成以及流线追踪技术。

基准流场是乘波体性能的决定性因素。基准流场可以有多种选择，如楔形流场、轴对称锥形流场、带攻角锥形流场、椭圆锥流场等。根据流场的生成类型，乘波体外形可以分为给定流场乘波体和拟合流场乘波体。给定流场乘波体设计需要预先由已知外形基准体生成带激波的流场，然后在流场中进行流线追踪得到乘波体曲面，包括楔形流场/锥形流场乘波体、轴对称流场乘波体以及三维流场乘波体设计等。楔形流场可以根据激波关系式求得，锥形流场则采用数值方法求解 T－M（Taylor－Maccoll）方程，轴对称流场一般采用特征线法求取流场。随着计算机和计算流体力学技术的发展，采用数值方法求解 Euler 方程、N－S 方程成为现实，人们开始利用 CFD 方法计算一般三维流场进而生成乘波体。带激波的三维流场计算的困难主要是激波间断面的准确处理，而且耗时较长。流场对乘波体的性能影响是根本性的，如何在效率与精度之间做好取舍，是乘波体设计中需要思考的重要问题。拟合流场乘波体设计的思想是给定激波形状拟合流场，进而通过追踪流线生成外形。在这种思路中应用最广的是密切锥方法，它根据激波形状生成一系列密切平面，将锥形流场或轴对称流场布置在密切平面中拟合流场，兼顾了设计效率和灵活性。

乘波面是激波流场中的流面，由流线追踪获得。流线是指在给定时刻 t，把流场中一系列空间点连接起来的一条假想线，在这条线上各点的切线矢量方向都和该点处的速度矢量方向一致。流线反映了在给定时刻沿流线各点处不同流体微团的运动方向。定义流线某点处带有方向的微元为 $\mathrm{d}\boldsymbol{x}$，该点处的速度为 $\boldsymbol{V}$，有

$$\frac{\mathrm{d}\boldsymbol{x}}{\mathrm{d}t} = \boldsymbol{V} = \boldsymbol{f}(\boldsymbol{x}, t) \tag{9-2}$$

在直角坐标系下

$$\mathrm{d}\boldsymbol{x} = \mathrm{d}x\boldsymbol{i} + \mathrm{d}y\boldsymbol{j} + \mathrm{d}z\boldsymbol{k} \tag{9-3}$$

$$\boldsymbol{V} = u\boldsymbol{i} + v\boldsymbol{j} + w\boldsymbol{k} \tag{9-4}$$

将式（9-3）和式（9-4）代入式（9-2），可以得到式（9-2）的分量形式

$$\frac{\mathrm{d}x}{\mathrm{d}t} = \boldsymbol{u}, \frac{\mathrm{d}y}{\mathrm{d}t} = \boldsymbol{v}, \frac{\mathrm{d}z}{\mathrm{d}t} = \boldsymbol{w} \tag{9-5}$$

流线方程（9-5）可以通过四阶 Runge－Kutta 方法求解

$$x(t+h) = x(t) + \frac{1}{6}(\boldsymbol{F}_1 + 2\boldsymbol{F}_2 + 2\boldsymbol{F}_3 + \boldsymbol{F}_4)$$

$$\boldsymbol{F}_1 = h\boldsymbol{f}(\boldsymbol{x},t)$$
$$\boldsymbol{F}_2 = h\boldsymbol{f}(\boldsymbol{x} + \boldsymbol{F}_1/2, t + h/2) \qquad (9-6)$$
$$\boldsymbol{F}_3 = h\boldsymbol{f}(\boldsymbol{x} + \boldsymbol{F}_2/2, t + h/2)$$
$$\boldsymbol{F}_4 = h\boldsymbol{f}(\boldsymbol{x} + \boldsymbol{F}_3, t + h)$$

乘波体设计方法中的流线追踪法是将空间中的一条曲线沿自由流方向拉伸为流动捕获管（FCT，Flow Capture Tube），与激波面相交得到外形前缘线，从前缘线出发顺流线方向追踪。注意 FCT 是由一条空间曲线沿自由流方向拉伸得到的曲面，横截面外形均为相同的曲线形状。为方便起见，在后文的叙述中可以 FCT 代指这条曲线。当上表面采用自由流场追踪得到时，FCT 在乘波体后缘平面上的投影即为上表面后缘型线。有时在设计中我们更关注下表面的形状，这时可在流场中指定一条曲线，逆流线方向追踪至激波曲面，此时这条曲线就是乘波体的下表面后缘型线。

9.2　给定流场设计乘波体

9.2.1　楔形流场乘波体

楔形流场乘波体的概念由 Nonweiler 提出，也是乘波体概念中的第一种外形。1959年，Nonweiler 使用二维切楔高超声速流场生成了"Λ"型乘波体，如图 9-1 所示，这种乘波体的横截面为"Λ"型，平面投影为三角翼。具体生成方法为：选定某一角度的切楔，置于来流速度 V_∞，攻角 $\alpha = 0°$ 的超声速气流中产生一道附体平面激波，该激波后的流场为均匀流场；选一"Λ"型曲线作为 FCT，沿自由来流方向投影到激波面得到交线，即为乘波体的前缘线。从前缘线上各点在切楔流场中进行流线追踪，所有流线组成的流面为乘波体的下表面；从前缘上各点在自由来流中进行流线追踪，所得流面为乘波体的上表面。

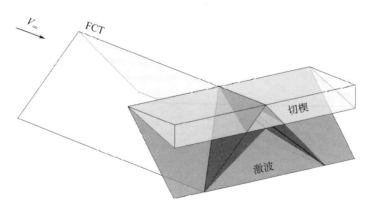

图 9-1　楔形流场乘波体设计示意图

　　由上述生成方法可知，影响乘波体外形的主要因素为基准流场和 FCT 的形状。在马赫数确定的情况下，切楔角和激波角一一对应，习惯上常用激波角代替切楔角。通常在设计时，马赫数都是事先给定的，FCT 的形状可以由一条二维曲线唯一确定。因此切楔流场乘波体的设计变量为：激波角和 FCT 形状。

　　Starkey 等提出了直接从几何外形出发生成切楔流场乘波体的思路，如图 9 - 2 中的乘波体，只要确定了平面形状和底部的上下表面型线，就可以得到一个确定的乘波外形。

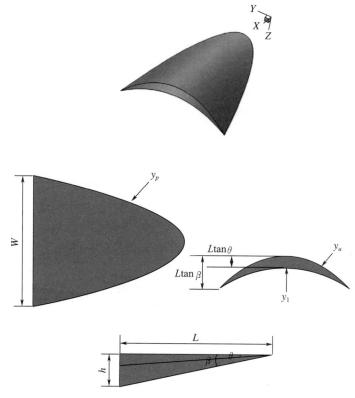

图 9 - 2　常楔型角乘波体设计变量示意图

　　参考图 9 - 2 中的右手坐标系，平面形状由如下指数函数控制

$$y_p = A x^n \tag{9-7}$$

底部上表面型线为

$$y_u = B z_u^{\ n} \tag{9-8}$$

考虑同一个纵向剖面，平面形状轮廓线、上下表面型线的 y 坐标相同，即 $y_l = y_u = y_p$。已知切楔的倾斜角为 θ，则其和底部下表面型线的关系式为

$$\tan\theta = \frac{z_l - z_u}{L - x_p} = \frac{z_l - \left(\dfrac{y_u}{B}\right)^{\frac{1}{n}}}{L - \left(\dfrac{y_p}{A}\right)^{\frac{1}{n}}} \tag{9-9}$$

当楔形激波附着在乘波体前缘时，满足如下关系

$$B = \frac{A}{\tan^n \beta} \tag{9-10}$$

将式（9-10）代入式（9-9），可得底部下表面型线的关系式

$$z_l = L \tan\theta + \left(\frac{y_l}{A}\right)^{\frac{1}{n}} (\tan\beta - \tan\theta) \tag{9-11}$$

通过式（9-7），式（9-8），式（9-11）就可以通过外形的平面形状确定一个切楔流场乘波体。从这些公式可知这类乘波体的设计变量为：A，n，L，θ，其中 $n \leqslant 1$，当 $n = 1$ 时，得到的乘波体即为"Λ"型乘波体。这种方法因为使用了不变的切楔角，所以也叫常楔型角方法。

9.2.2　锥形流场乘波体

楔形流场乘波体开创了乘波体设计的先河，但因其体积率较小，实用价值有限。国外学者不断研究和改进乘波体的生成方法，Jones 等在 20 世纪 60 年代提出了锥形流场乘波体设计方法，使乘波体外形更具工程实用性。锥形流场乘波体是以锥形流场作为基准流场生成乘波体外形，轴对称锥形流场可以采用数值求解 T-M 方程得到。

在圆锥流场中，与圆锥对称轴呈相同夹角的任意射线上的流场参数相同，而且流场参数沿任意一条从锥顶点发出的射线不变。因此锥形流场的变量只有一个，即流场中待求点所处射线与圆锥对称轴的夹角。图 9-3 为锥型流场示意图，θ_c 为圆锥半锥角。采用极坐标形式，根据锥型流场的特点可知，流场中任意一点 e 处的流场变量 V_θ、V_r 只和该点所在射线与圆锥对称轴的夹角 θ 有关，并且 $V^2 = V_r^2 + V_\theta^2$。

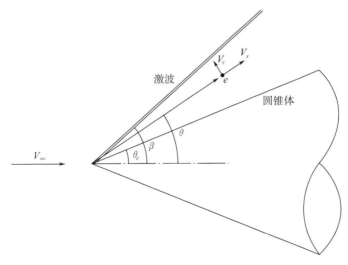

图 9-3　锥型流场示意图

根据流场的无粘等熵和绝热条件，可以推导得到圆锥流场控制方程（9-12），也就是 T-M 方程[7]

$$\frac{\gamma-1}{2}\left[V_{\max}{}^2-V_r{}^2-\left(\frac{\mathrm{d}V_r}{\mathrm{d}\theta}\right)^2\right]\left[2V_r+\frac{\mathrm{d}V_r}{\mathrm{d}\theta}\cot\theta+\frac{\mathrm{d}^2V_r}{\mathrm{d}\theta^2}\right]-\frac{\mathrm{d}V_r}{\mathrm{d}\theta}\left[V_r\frac{\mathrm{d}V_r}{\mathrm{d}\theta}+\frac{\mathrm{d}V_r}{\mathrm{d}\theta}\left(\frac{\mathrm{d}^2V_r}{\mathrm{d}\theta^2}\right)\right]=0$$

$$(9-12)$$

式中 $V_{\max}$——总焓对应的最大速度，$\dfrac{V_{\max}^2}{2}=\dfrac{a^2}{\gamma-1}+\dfrac{V^2}{2}$。

注意方程（9-12）只有一个因变量 V_r，根据锥形流的无旋条件，可以推导得到有关 V_θ 的关系

$$V_\theta=\frac{\mathrm{d}V_r}{\mathrm{d}\theta} \tag{9-13}$$

为了方便数值求解，使用 $V_{\max}$ 对方程进行无量纲处理，$V'=\dfrac{V}{V_{\max}}$，得到

$$\frac{\gamma-1}{2}\left[1-V_r'-\left(\frac{\mathrm{d}V_r'}{\mathrm{d}\theta}\right)^2\right]\left[2V_r'+\frac{\mathrm{d}V_r'}{\mathrm{d}\theta}\cot\theta+\frac{\mathrm{d}^2V_r'}{\mathrm{d}\theta^2}\right]-\frac{\mathrm{d}V_r'}{\mathrm{d}\theta}\left[V_r'\frac{\mathrm{d}V_r'}{\mathrm{d}\theta}+\frac{\mathrm{d}V_r'}{\mathrm{d}\theta}\left(\frac{\mathrm{d}^2V_r'}{\mathrm{d}\theta^2}\right)\right]=0$$

$$(9-14)$$

无量纲速度 $V'=\sqrt{V_\theta'^2+V_r'^2}$，只与当地马赫数相关

$$V'=\left[\frac{2}{(\gamma-1)Ma^2}+1\right]^{-1/2} \tag{9-15}$$

T-M 方程可以采用数值方法求解。求解时首先给定激波角，然后通过斜激波关系式计算斜激波后的流场，并以此为起始状态进行推进求解便可得到整个锥型流的解。具体求解流程如下：

1）给定来流马赫数 Ma_∞ 和激波角 β，通过斜激波关系式可以得到斜激波后的马赫数 Ma_2，以及流场倾斜角 δ。

2）通过 Ma_2 和 δ 可以求得激波后无量纲的速度分量 V_r' 和 V_θ'。

3）以斜激波后的 V_r' 作为起始值，给定推进步长 $\Delta\theta$，采用 Runge-Kutta 等方法求解方程（9-14）可以得到不同 θ 对应的 V_r'。同时根据方程（9-13）可以求得不同 θ 对应的 V_θ'。

4）根据物面条件，推进至圆锥表面时，$V_\theta'=0$。计算时给定一个代表计算精度的小量 ε_θ，当 $V_\theta'\leqslant\varepsilon_\theta$ 时，对应的 θ 便为圆锥半顶角 θ_c，此时 V_r' 即为圆锥表面的速度。

5）根据步骤 1）～4），激波和物面之间的整个速度场均可以求得。在每条锥顶点出发的射线上，因为 V' 只与当地马赫数相关，因此根据 V' 可以求得当地马赫数，然后通过总温关系和等熵关系即可求解每条射线上的温度、压力、密度等流场变量

$$\frac{T_{02}}{T}=1+\frac{\gamma-1}{2}Ma^2$$

$$\frac{p_{02}}{p}=\left(1+\frac{\gamma-1}{2}Ma^2\right)^{\gamma/(\gamma-1)} \tag{9-16}$$

$$\frac{\rho_{02}}{\rho}=\left(1+\frac{\gamma-1}{2}Ma^2\right)^{1/(\gamma-1)}$$

T_{02}，p_{02} 以及 ρ_{02} 为激波后的总温、总压和总密度。

上述求解过程是在已知激波角的前提下，求解对应的圆锥半顶角。实际问题往往是圆锥半顶角已知，而激波角未知。处理这类问题时，可以首先估计一个初始激波角，求得相应的圆锥半顶角后，与给定值进行比较，然后修正激波角，通过多次求解 T - M 方程，直到得到的圆锥半顶角与给定值相等。

求得圆锥流场后，即可结合流线追踪技术生成乘波体外形，具体步骤可以归纳为：

1）求解 T - M 方程生成基准流场，确定一系列 θ 位置的速度分量。

2）确定乘波体设计的 FCT，与激波曲面相交得到乘波体前缘线。

3）从前缘线上的点向后追踪流线生成乘波体的下表面（如图 9 - 4 所示）。

4）使用自由流场或者根据其他需求生成乘波体上表面。

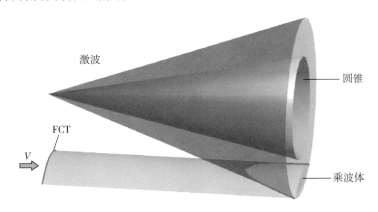

图 9 - 4 锥导乘波体流线追踪示意图

9.2.3 轴对称流场乘波体

将锥导乘波体的设计流场由锥形流场改为轴对称流场，设计生成的乘波体外形即轴对称流场乘波体。轴对称体在激波后的无粘超声速流场可以采用特征线方法求解。这种流场沿着流线是等熵的，而对于曲线激波，流线之间存在很大的熵梯度，所以整个流场是有旋的，因此需要使用有旋的特征线方法。定常二维高超声速无粘有旋流场中存在三条特征线：左行马赫线 C_+、右行马赫线 C_- 和流线 C_0，如图 9 - 5 所示。在流线上存在两个相容性方程，在每一条马赫线上各有一个相容性方程。

首先特征线方程[7]为

$$\left(\frac{\mathrm{d}y}{\mathrm{d}x}\right)_o = \lambda_o = \frac{v}{u} \tag{9-17}$$

$$\left(\frac{\mathrm{d}y}{\mathrm{d}x}\right)_\pm = \lambda_\pm = \tan(\theta \pm \alpha) \tag{9-18}$$

其中

$$\tan\theta = \frac{v}{u}, \sin\alpha = \frac{1}{Ma}$$

式中 $()_o$ ——流线；

()$_+$ ——左行特征线；

()$_-$ ——右行特征线；

θ —— 流线与 x 轴夹角；

α —— 流线与马赫线夹角；

u，v —— 速度分量；

Ma ——马赫数。

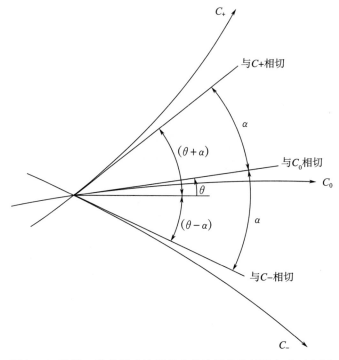

图 9-5　定常二维高超声速无粘有旋流场的特征线方法示意图

流线上有两个相容性方程，如式（9-19）和式（9-20）所示，马赫线上的相容性方程如式（9-21）所示

$$\rho V dV + dp = 0 \tag{9-19}$$

$$dp - a^2 d\rho = 0 \tag{9-20}$$

$$\frac{\sqrt{Ma^2-1}}{\rho V^2} dp_\pm \pm d\theta_\pm + \delta\left[\frac{\sin\theta \, dx_\pm}{y Ma \cos(\theta \pm \alpha)}\right] = 0 \tag{9-21}$$

式中　p ——压力；

a ——声速；

V ——速度大小。

由这 4 个相容性方程替代最初的 Euler 方程，在对应特征线上求解即可得到二维或轴对称的无粘超声速流场。用数值方法求解特征线方程分为正向推进和反向推进两种推进方法，对于有旋的特征线方程，存在三条不同的特征线，这三条特征线需要交于一点。正向方法首先由两条特征线确定一点，再由该点反向求解第三条特征线；反向方法先确定一

点，三条特征线都由该点反向求解。图 9 - 6 所示为正向方法，由两个初始点（initial -
data point）先确定两条马赫线，再求解其交点并由交点反向求解第三条特征线——流线。

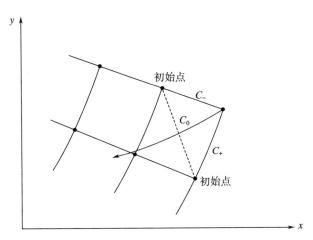

图 9 - 6　特征线方法求解顺序示意图

特征线方程和相容性方程的离散格式为

$$\Delta y_o = \lambda_o \Delta x_o$$
$$R_o \Delta V_o + \Delta p_o = 0$$
$$\Delta p_o - A_o \Delta \rho_o = 0$$
$$\Delta y_\pm = \lambda_\pm \Delta x_\pm$$
$$Q_\pm \Delta p_\pm \pm \Delta \theta_\pm + S_\pm \Delta x_\pm = 0$$
$$A = a^2 \tag{9-22}$$
$$Q = \frac{\sqrt{Ma^2 - 1}}{\rho V^2}$$
$$R = \rho V$$
$$S = \frac{\delta \sin\theta}{yMa\cos(\theta \pm \alpha)}$$

该离散方程求解时，可以使用修正的欧拉预估校正方法。开始求解时，一般首先在头
部确定一个非常小的区域，近似为锥形物面，求解 T - M 方程确定一条初值线。预估阶
段，差分方程的系数 λ_-、λ_+、Q_-、Q_+、S_-、S_+ R_o 和 A_o 都使用已知点的值计算，得到
待求点的预估值之后，使用基于平均特性的校正方法对预估值进行校正，即使用预估结果
与已知点的平均值作为每条特征线上的值，再用这些平均值求解差分方程的系数，然后再
次解差分方程，如此迭代直到达到收敛条件。确定求解方法后，由于不同物理边界的流
况不尽相同，因此在求解时还要区别对待。根据流场的特点大体可以分为如下几种情况：
内部点、物面边界、激波边界、对称轴边界等，具体求解方法可以参考文献[8]。注意这
种方法难以处理波后流场内部存在激波的情况，当内部存在激波时，相邻点的特征线汇聚
在一起，此时需要特殊处理，文献[8]给出了简要的处理思路。

与锥形流场乘波体类似，轴对称流场乘波体的设计过程可以归纳为：1) 采用特征线方法生成基准流场；2) 确定乘波体的 FCT 曲线，沿自由流方向投影到激波曲面生成乘波体前缘线；3) 从前缘线开始追踪流线生成乘波体的下表面；4) 根据自由流场或者其他需求生成乘波体上表面。

与锥形流场乘波体相比，轴对称流场乘波体具有更大的设计空间，可以得到性能更优的乘波体外形。贾子安，王发民等[9]分析了乘波体的纵向稳定性，提出使用幂次流场可以获得纵向稳定性较好的乘波体。除了轴对称外流，高超声速轴对称内流场也可以作为设计流场用来设计乘波体外形和进气道外形，有学者研究采用特征线法求解内锥流场，再根据 FCT 曲线是否闭合分别生成乘波体外形或内乘波收缩式进气道。

9.2.4 三维流场乘波体

楔形/锥形流场乘波体和轴对称流场乘波体设计方法生成乘波体的效率很高，但这些基准流场局限于楔形、锥导或轴对称流场等拟二维流场，设计空间有限，不利于得到性能优良的外形。为了扩大设计空间，采用带激波的三维流场进行乘波体设计则是一种可行的思路，由于三维流场的计算比较复杂，早年间这种思路只局限于椭锥、带攻角的尖锥等简单外形。随着计算机技术和流体力学技术的发展，CFD 逐渐成为一个飞行器气动研究和设计经济高效有力的工具，为三维外形的激波流场计算提供了有效的途径。

三维流场乘波体的设计过程为：首先计算带激波的三维流场，确定 FCT 曲线投影到激波面作为外形前缘线，从前缘线开始沿流线追踪即可得到下表面，此时流场的生成是耗时最多的过程。

包含激波的超声速流场的气体动力学方程为双曲型方程，在用数值方法求解时，只要差分数值格式满足熵条件一般都能得到激波间断的物理解，无须将激波边界作为未知边界参加求解，这就是常用的激波捕捉法。Marcus 等[10]采用激波捕捉法得到了锥形流的激波流场，生成了乘波体并进行了风洞验证，论述了采用 CFD 方法求解流场进行乘波体设计的可行性。该方法得到的激波间断实际上是在很小宽度内大梯度变化的连续解近似代替，因此无法得到准确的激波位置及其附近准确的流场特性，激波位置常常跨越若干个流场网格，激波形状不准确，Marcus 采用沿流线求解压力梯度的方法拟合激波形状，对乘波性能的精确保持产生了一定的影响。

求解带激波流场的另一种方法为激波装配法。它与激波捕捉法的主要区别有两点：第一，将流场外激波作为求解区域外边界参加求解。求解过程中激波是运动的，未知量增加了激波运动速度，因此在激波边界上除应满足激波间断条件的 5 个方程外，还需增加激波点上反映特征波传播特性的特征相容关系式。将上面的运动激波方程连同流场计算的 5 个守恒方程采用数值方法就可求得每一时间步的激波位置及整个流场特性，当计算收敛时，激波速度趋于零，就可得到定常激波位置及流场。第二，由于作为求解区域外边界的激波在求解过程中是运动的，导致计算网格也是运动的，因此激波装配法必须在动网格中完成。由于激波装配法将流场的外激波作为求解区域外边界，且满足激波间断条件，因此不仅能求出准确的激波位置，同时所得的流场精度也高于捕捉法（如图 9 - 7 所示），但因为增加了激波边界的求解，计算时间有所增加。

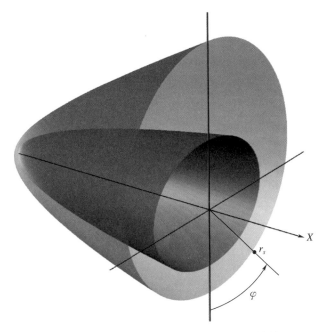

图 9 - 7　采用激波装配法的激波面外形结果

9.3　拟合流场设计乘波体

9.3.1　设计思想

　　在给定基准流场进行乘波体设计的方法中，楔形或锥导乘波体等是基于二维流场的，实现简单，但是激波形状相对固定[11]，限制了乘波体的设计空间；三维流场乘波体扩大了设计空间，但流场的生成计算耗时很多，极大地影响了生成效率。在扩大设计空间的基础上保持外形生成的高效率一直是研究人员努力的方向，在这种思路的指导下，拟合流场乘波体设计应运而生。乘波体设计中，激波外形对乘波体的性能具有根本性的影响，因此根据激波外形拟合三维流场进行乘波体设计是拟合流场乘波体设计的主要研究方向。相关学者提出过两种思路：给定激波曲面拟合流场以及给定激波出口形状拟合流场。给定激波曲面的设计方法中，需要从激波曲面开始，使用欧拉横向步进格式（cross - stream Euler marching scheme）向内推进求解，这一过程仍然需要大量的流场计算，效率提升有限，同时欧拉推进无法保证鲁棒性，因此这一思路应用不多，感兴趣的读者可以参考文献［12］。目前在工程应用中使用较广的是密切锥方法，根据激波出口形状拟合流场。

9.3.2　密切锥乘波体方法

　　1990 年，Sobieczky 等提出了密切锥乘波体设计方法。密切理论认为一般三维超声速流的运动方程都可以在二阶精度范围内用一系列相邻平面（也被称作密切平面）内的轴对称的运动方程来逼近，简单起见，Sobieczky 使用锥形流场进行拟合。轴对称流动也属于二维流动，此时三维流动就能够由局部的二维流动来描述，所以使用这种方法设计乘波体的效率很高。

　　根据密切锥理论，乘波体方法可由给定的激波出口形状拟合流场，进而确定外形。在设计时除了要给定 FCT，还需要给出激波出口形状，用进气捕获曲线（ICC，Inlet Capture Curve）表示。每个密切平面内流场的激波与指定的激波形状一致，所有的密切平面内使用相同的锥形流激波角，同时假定相邻密切平面内的横向流场足够小。沿 ICC 逐点做出一系列垂面，定义为密切平面，在密切平面内使用锥型流场（可求解 T－M 方程得到）即可近似三维流场，锥形流场的轴线位置由 ICC 的当地曲率半径和锥形流激波角确定。沿自由流方向延伸 FCT 得到与密切平面内激波的交线作为乘波体前缘线，并以前缘线上的点作为起始点在相应的密切平面内追踪流线，所有密切平面上的流线组成流面即乘波体的下表面。上表面一般是自由流面或者通过其他需求进行设计。楔形和锥形流场乘波体设计方法可以看做是密切锥方法的一种特例：楔形激波类似于曲率半径无穷大的情况，而锥形激波相当于密切锥方法中曲率半径为固定值的情况。

　　密切锥乘波体的设计方法如图 9－8 所示，图 9－8（a）为乘波体设计后视图，任取 ICC 上的一点 A 说明设计过程，过 A 点做 ICC 的垂面，也就是密切平面，O 为曲率中心，AO 的长度代表曲率半径。D 点为 AO 与 FCT 的交点，C 点为圆锥在密切平面上的子午线与乘波体出口平面的交点，B 点为通过流线追踪得到的乘波体下表面上的一点。在密切平面内使用锥形流场，锥形流场根据设计马赫数和激波角 β 计算得到，流线追踪方法与锥导乘波体设计方法一致。参考图 9－8（b），密切平面内锥形流场的位置和尺度这样确定：给定曲率半径 OA 和锥形流激波角 β，沿自由流方向延伸长度 OO'，当满足激波角 $\angle OO'A = \beta$ 时，O' 即圆锥顶点。此时 $O'A$ 为锥形流的激波，形状为直线。D' 为 D 点沿自由流方向的延伸线与激波 $O'A$ 的交点，$O'C$ 为圆锥壁面，从 D' 开始在锥形流场内追踪得到流线为 $D'B$，$D'B$ 就是乘波体下表面的一条组成曲线。沿 ICC 逐点建立密切平面，不断追踪得到流线，组合起来即可得到下表面。具体的设计步骤为：

　　1）给定设计马赫数和激波角 β，求解 T－M 方程得到锥形流场。

　　2）给出乘波体出口激波形状 ICC 和流动捕获管型线 FCT。

　　3）沿 ICC 逐点生成过每一点的垂面，即密切平面。在该点处计算曲率半径，根据曲率半径确定合适的锥形流场，并沿流线方向延伸 FCT 得到 FCT 与密切面内流场激波的交点。

　　4）以 3）得到的交点作为乘波体前缘线上的点，从此点出发在密切平面内采用流线追踪方法求得流线。

　　5）重复 3）～4）步，组合所有流线获得整个乘波体的下表面，上表面一般设计为自由流面。

　　如果将密切平面内的锥形流场替换为轴对称流场，可以进一步扩大设计空间，得到在纵向稳定性等方面具有更好性能的外形，这种方法可被称作密切流场乘波体设计方法。

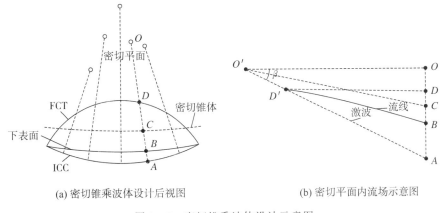

(a) 密切锥乘波体设计后视图　　　　(b) 密切平面内流场示意图

图 9 - 8　密切锥乘波体设计示意图

9.3.3　定平面形状乘波体设计

在传统的设计方法中，乘波体的外形根据设计方法中的设计曲线结合流场获得，不能事先指定。然而飞行器的外形，尤其是平面形状，对飞行器的气动性能和操纵特性有较大的影响，例如减小后掠角可以提高低速性能、增加边条翼会提高飞行器大迎角的高升力[8] 等。因此，通过对平面形状的定制设计乘波体外形是乘波体设计的重要方面，从 20 世纪 70 年代开始，Starley，Jones 等根据楔形/锥导乘波体开展了初步工作，洛马公司的 Rodi P. E[14,15] 则从密切锥方法出发，提出了定后掠角乘波体的概念，提供了新的思路，本书根据这些思想，进一步提出了定平面乘波体的概念。

下面首先分析密切锥乘波体中几个重要的几何关系，图 9 - 9 给出了密切锥乘波体几何设计关系示意图。

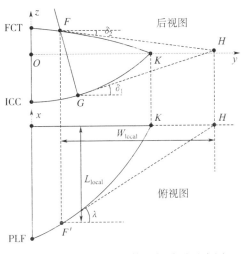

图 9 - 9　密切锥乘波体几何关系示意图

在 ICC 曲线上取一点做 ICC 的垂面 GF，即密切平面，F 点为密切平面与 FCT 曲线的交点。ICC 在 G 点切角为 δ_1，FCT 在 F 点处的切角为 δ_2，δ_1 和 δ_2 的正负号与 ICC 和 FCT 的当地斜率一致。假定以 ICC 在 G 点的切线 GH 作为一条激波出口型线，选择 FH 作为流线捕获管 FCT，那么可以生成对应的子乘波体外形，其长度为 L_{local}，宽度为 W_{local}。那么有以下的关系式

$$\tan\lambda = \frac{L_{local}}{W_{local}}$$

$$\overline{FH} = \frac{\overline{FG}}{\sin(\delta_1 - \delta_2)} = \frac{W_{local}}{\cos\delta_2} \qquad (9-23)$$

$$\overline{FG} = L_{local}\tan\beta$$

联立得到

$$\frac{\cos\delta_2}{\sin(\delta_1 - \delta_2)} = \frac{1}{\tan\lambda\,\tan\beta} \qquad (9-24)$$

式中　β——有效激波角；

　　　λ——俯视平面内的前缘后掠角。

一般使用时可将 FCT 设定为水平直线，此时 $\delta_2 = 0$，即文献[15]中提到的关系式

$$\sin\delta_1 = \tan\lambda\,\tan\beta \qquad (9-25)$$

根据式（9-25），可以控制乘波体的平面形状进行外形设计，图 9-10 给出了定后掠角乘波体的设计方法。

如图 9-10（a）所示，指定 FCT 为水平直线，ICC 曲线由圆弧和与圆弧相切的直线构成，密切平面内使用锥形流，直线部分曲率半径无穷大，使用二维楔形流场代替锥形流。r 为 FCT 偏移圆弧圆心的距离，当 $r=0$ 时，设计得到的是尖头乘波体，当 $r>0$ 时，设计得到的是弯头乘波体。给定前缘后掠角 λ 和锥形流激波角，可以根据式（9-25）确定 ICC 倾角 θ。在设计方法中要注意圆弧与直线的交接部分，交接点处曲率有突变，此时得到的乘波体下表面也会产生形状突变，为了解决这一问题，可以选取一小部分区域使曲率半径从圆弧段半径到直线的无穷大逐渐过渡。

图 9-10 设计得到了三角翼乘波体外形，而如果将与圆弧相切的直线改为不相切，则可以生成双后掠乘波体外形。如图 9-11 所示，ICC 直线段与圆弧不相切，一般取直线段倾角小于圆弧弧角，否则会导致乘波体下表面产生交叉重叠。圆弧与直线的交接点 B 处容易产生乘波体下曲面不连续的情况，本节通过设定此点附近区域的斜率和曲率由圆弧到直线部分逐渐过渡予以缓解，所生成乘波体的平面形状如图 9-11（b）所示。

图 9-11 所示的设计参数与乘波体平面形状控制参数之间存在对应的几何关系，假设 O 点为坐标原点，圆弧半径为 R，FCT 偏移距离为 r，圆弧圆心角为 θ_1，直线段倾角为 θ_2。几个重要点的 (y, z) 坐标：$O(0, 0)$，$A(0, -R)$，$B(R\sin\theta_1, -R\cos\theta_1)$，$D[R\sin\theta_1 + (R\cos\theta_1 - r)/\tan\theta_2, -r]$，$G(0, -r)$，$H(r\tan\theta_1, -r)$，$I[R\sin\theta_1 - \tan\theta_2(R\cos\theta_1 - r), -r]$，计算得到乘波体的长度 $l = (R-r)/\tan\beta$；宽度 $s = R\sin\theta_1 + (R\cos\theta_1 - r)/\tan\theta_2$，弯头区域宽度 $s_d = r\tan\theta_1$。

当 $r=0$ 时，所生成的外形为尖头乘波体，当 $r = R\cos\theta_1$ 时，此设计方法退化为 FCT

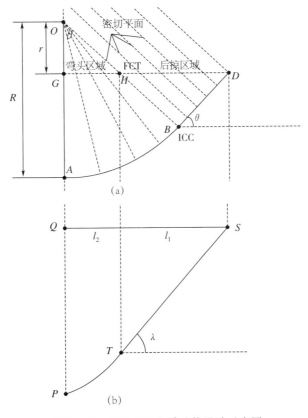

图 9 - 10　可控后掠角乘波体设计示意图

为水平直线的锥导乘波体。参数 r 控制弯头区域的大小；第一后掠区域宽度 $s_1 = (R\cos\theta_1 - r)(\tan\theta_1 - \tan\theta_2)$；第二后掠区域宽度 $s_2 = \dfrac{R\cos\theta_1 - r}{\tan\theta_2} + \tan\theta_2(R\cos\theta_1 - r)$。第一后掠前缘线不是严格意义的直线，可以近似取 $T_1 T_2$ 两点的斜率角作为后掠角，大小为

$$\lambda_1 = \arctan\left[\frac{\cos\theta_2 - \cos\theta_1}{\tan\beta\sin(\theta_1 - \theta_2)}\right] \tag{9-26}$$

第二后掠角根据式（9 - 25）计算

$$\lambda_2 = \arctan\left(\frac{\sin\theta_2}{\tan\beta}\right) \tag{9-27}$$

　　由式（9 - 26）和式（9 - 27）可以根据弯头区域、后掠角大小和后掠区域宽度求取 R、r、θ_1、θ_2，因此此方法具有给定乘波体的平面形状控制参数生成乘波体外形的能力。双后掠乘波体设计方法扩大了乘波体的设计空间，具有良好的灵活性。但图 9 - 11 所示方法生成的双后掠乘波体，其后掠区域的大小是固定的，无法控制；同时过渡点处斜率的不连续，难以保证乘波体下表面在相应位置的光滑连续性。

　　为了解决这个问题，引入非均匀有理 B 样条（NURBS，Non - Uniform Rational B - Spline）方法表达 ICC 曲线进行设计。NURBS 已经成为利用计算机处理几何信息时用于

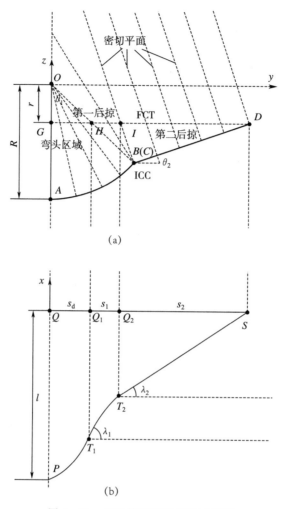

(a)

(b)

图 9 - 11　双后掠乘波体设计示意图

形状表示、设计和数据交换的工业标准，受到了人们的广泛关注。分析图 9 - 11 中 ICC 曲线的构成，主要包括圆弧和直线部分。NURBS 方法通过控制点生成曲线，具有非常好的局部特性，控制曲线性能容易，同时能够精确地表示包括圆在内的圆锥截线[16]。

　　p 次 NURBS 曲线的定义为

$$C(u) = \frac{\sum_{i=0}^{n} N_{i,p}(u) w_i P_i}{\sum_{i=0}^{n} N_{i,p}(u) w_i} \qquad (9-28)$$

式中　P_i——控制点；

　　　w_i——权因子；

　　　$N_{i,p}(u)$——定义在非周期非均匀节点矢量上的 p 次 B 样条基函数。

　　图 9 - 12 给出了使用二次 NURBS 表达包括圆和直线在内的曲线帮助乘波体设计的示

意图，为了控制第一后掠区域的范围，本节增加过渡段，同时使用重节点技术控制曲线保证圆和直线互不干扰。具体实施如下：点 A，E，B，F，C，D 为 NURBS 生成 ICC 曲线的控制点，其中 A，E，B 确定圆弧部分，圆心角为 θ_1，F，C，D 共线，产生斜率倾角为 θ_2 的直线，B，F，C 点控制圆弧与直线的过渡段。F 点的位置很重要，控制第一后掠区域的大小，也影响了乘波体的总宽度，F 点的选取方法如下：沿圆弧在 B 的切线向上延伸至 FCT 曲线，给定参数 $0 \leqslant \omega \leqslant 1$ 在切线段上从 B 点到 FCT 线控制 F 点的位置，当 $\omega = 0$ 时，F 与 B 重合，方法退化为图 9 - 11 所示的双后掠乘波体设计，当 $\omega = 1.0$ 时，F 点到达 FCT 曲线，方法退化为图 9 - 10 所示的三角翼乘波体设计。

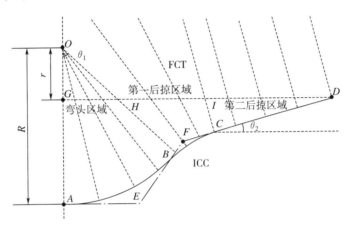

图 9 - 12　使用 NURBS 的双后掠乘波体设计方法

增加了控制参数 ω 之后，可以得到乘波体的平面外形控制参数。乘波体长度 $l = \dfrac{R - r}{\tan\beta}$，宽度 $s = R\sin\theta_1 + (R\cos\theta_1 - r)\left(\dfrac{\omega}{\tan\theta_1} + \dfrac{1 - \omega}{\tan\theta_2}\right)$，弯头区域宽度 $s_{\mathrm{d}} = R\sin\theta_1 - \tan\theta_1(R\cos\theta_1 - r)$。NURBS 曲线的节点矢量为 $\{0, 0, 0, a_1, a_1, a_2, 1, 1, 1\}$，$0.0 < a_1 \leqslant a_2 < 1.0$，其中 a_1 为重节点，a_1 根据圆弧占总长的比重得到，a_2 与 ω 相关，$a_2 = a_1 + \omega(1 - a_1)$，通过 a_1，a_2 的大小和 NURBS 曲线控制点坐标可以得到后掠区域的物理范围，数学形式比较复杂，一般通过计算机数值计算得到。第二后掠角根据式（9 - 25）确定，第一后掠段靠近 B 点处的斜率接近圆弧在 B 处的切线，因此第一后掠角也可以近似采用式（9 - 25）确定。

使用 NURBS 表达 ICC 曲线，保证了第一后掠段斜率和曲率的光滑过渡，使乘波体平面形状和表面曲面的过渡更加光顺，而且后掠段的宽度也可以控制。图 9 - 13 给出了改变 NURBS 控制点所得到的 ICC 曲线及其所对应的乘波体外形，包括尖头双后掠乘波体外形和弯头乘波体外形。

双后掠乘波体因为可以控制平面形状，在低速性能、纵向稳定性以及涡升力非线性增升方面具有良好的特性[17]，为宽速域高超声速乘波体的设计提供了新的途径。

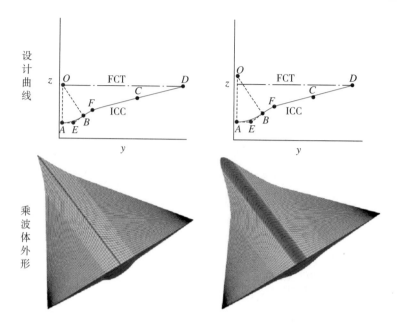

图 9-13　不同 ICC 曲线对应的双后掠乘波体

9.4　乘波体外形工程实用化处理

9.4.1　气动粘性效应修正

乘波体的设计没有考虑粘性的影响，有学者提出使用考虑粘性的优化设计修正外形。优化设计的思想很直接，实际操作中乘波体外形仍然在无粘流场中生成，设计变量提取为基准流场和设计曲线的控制变量，而在气动力估算中考虑粘性的影响[18]，在优化流程中不断调整设计参数，进而得到气动性能优异的外形。优化设计中对气动力评估的效率要求很高，乘波体的设计一般是从无粘流场出发通过流线追踪得到，所生成的外形中存储有无粘流场信息，因此可以通过流线积分法评估无粘气动力，而粘性力经常使用参考温度法[19]计算。这种流线积分结合参考温度法的工程估算具有很高的效率，满足了优化设计的要求。

当地表面层流摩擦阻力系数用平板层流摩擦阻力近似

$$c_f^* = \frac{0.664}{\sqrt{Re_x^*}} \tag{9-29}$$

式中，雷诺数定义为

$$Re_x^* = \frac{\rho^* u_\infty x}{\mu^*} \tag{9-30}$$

其中

$$\rho^* = \frac{P_\infty}{RT^*}$$

式中　u_∞，P_∞——来流速度和压强；

　　x——前缘线到当地的距离。

粘性系数 μ^* 由 Sutherland 公式计算，参考温度 T^* 由下式确定

$$\frac{T^*}{T_\infty} = 1 + 0.032 Ma_\infty^2 + 0.58 \left(\frac{T_w}{T_\infty} - 1 \right) \tag{9-31}$$

式中　T_w——壁面温度。

对于平板可压缩湍流，当地表面摩擦阻力系数为

$$c_f^* = \frac{0.074}{(Re_x^*)^{0.2}} \tag{9-32}$$

最后得到壁面剪切应力为

$$\tau_w = \frac{1}{2} \rho^* u_\infty^2 c_f^* \tag{9-33}$$

除了工程方法外，CFD 方法也可以作为粘性力的评估手段。但由于计算资源和效率的制约，CFD 方法在乘波体优化设计中的应用还比较少见，有待进一步发展。

9.4.2　前缘钝化防热设计

飞行器在高超声速来流中，由于存在强激波和粘性阻滞作用，在气流滞止区和近壁面区域流场动能将严重损耗，其中大部分动能损耗转化为热能而加热周围气体和飞行器结构，使流场特征发生明显有别于低速流场特征的变化，该现象即为高超声速气动加热。气动加热是高超声速飞行时存在的普遍现象，也是高超声速飞行器设计需要解决的关键问题之一。对飞行器结构进行热防护设计，采取必要的热防护措施是当前高超声速飞行器解决气动加热问题的主要手段。目前，应用在传统高超声速飞行器如返回式卫星、再入弹头、载人飞船和航天飞机上的热防护技术已相当成熟，并在实践应用中得到不断改进和完善，为高超声速飞行器的热防护设计提供了必要的技术储备和实践经验。

乘波体的技术特点对其热防护技术提出了苛刻的要求，其中前缘钝化是一种常见的防热措施，能够在一定程度上降低气动加热的强度。前缘钝化处理一般采用两种方法：钝化曲面补足和横截面切割。钝化曲面补足的处理方法为平移上表面，在上下表面中增加一个圆钝前缘，这样处理可以最大程度上保留乘波曲面。横截面切割法为在锐边缘上下表面夹角的平分线上取一点，以该点为圆心做上下表面的内切圆，根据截面形状对内切圆局部圆弧和乘波体截面锐边缘进行保留和割除形成钝化前缘。

这两种方法中钝化前缘的半径是防热修形的重要变量，为了确定钝化前缘半径，工程上一般采用以 Lees 热流密度修正公式为基础的快速估算方法。Lees 热流密度修正公式为

$$q_{ws} = \frac{2.373}{\sqrt{R_N}} \times 10^{-7} \left(\frac{\gamma_\infty - 1}{\gamma_\infty} \right)^{0.25} \left(\frac{\gamma + 1}{\gamma - 1} \right)^{0.25} \rho_\infty^{0.5} V_\infty^3 \tag{9-34}$$

式中，$\gamma_\infty = 1.4$，该公式适用于地面试验条件下的完全气体（$\gamma = 1.4$）和实际飞行下的高温气体（$\gamma < 1.4$）等。根据热流公式可以估算得到表面的热流分布，进而确定钝化半径。

前缘钝化可以降低前缘区的气动加热，但也在一定程度上破坏了乘波体的乘波性外形特点，直接导致的现象就是上表面激波的出现和下表面高压气体向上表面的泄漏，因此乘波体前缘钝化的尺寸和范围应合理控制，使其既能达到一定的降热效果，又不过度影响乘波体的气动性能。

9.4.3　有效装载容积设计

理想乘波体外形的背风面一般采用自由流追踪得到，前体往往过于扁平，因此有效装载容积并不理想。为了增加乘波体外形的有效容积，可以保持乘波体下表面形状不变，对上表面外形根据实际需求进行适应性修改设计。虽然上表面的自由流特征不再得到保证，但是对下表面的乘波流场特征影响是比较小的。图 9 - 14 给出了在某理想乘波体外形的基础上，根据给定的尺寸设计约束，通过前缘钝化和背风面外形修改获得的工程化乘波体外形。

图 9 - 14　乘波体扩充装载空间外形

背风面外形的修形对飞行器整体性能的影响是比较小的，数值分析结果表明，与理想乘波体相比，扩大了容积的乘波体与理想乘波体的升阻比曲线随攻角变化的特性基本一致。如图 9 - 14 所示的乘波体外形，容积扩充使升阻比的降低限定在 10% 以内。除了背风面修形，还可以通过增加后体的方法扩充飞行器的容积。后体修形方法除了可以增大容积，还可以降低底阻，提高气动性能。但后体的设计比较复杂，目前还只能根据设计经验进行补充修形，同时后体对飞行器稳定性有较大影响，在实际操作时要着重考虑。

9.4.4　舵面设计

乘波体气动布局的工程实用化设计除前缘钝化和有效装填空间设计以外，最为关键的是操控方式和气动操纵舵面的设计。乘波体布局的气动操纵舵面设计基本可归为以下 3 类（如图 9 - 15 所示）。

（1）全动舵设计

在乘波体两侧添加全动式水平控制舵面，可以实现俯仰方向和滚转方向的高效气动控制，同时还可以避免出现比较大的铰链力矩的情况。但是这类操纵设计对升阻比具有非常不利的影响，原因出在两个方面：一是全动舵在高超声速下产生的强激波以及与体激波的干扰将产生较大的阻力；二是在翼展尺寸限制下，采用全动舵设计使得升力面的面积大为减小，升力损失比较大。

（2）Flap 舵设计

Flap 舵设计避免了全动舵设计对升阻比影响的问题，同时其驱动方式可以承受较大的铰链力矩，但是也有非常明显的缺点：一是负舵偏效率极低；二是滚转控制效率比较低。

（3）后缘舵设计

后缘舵设计对升阻比的影响最小，基本可以在迎风面保留完整的乘波面，同时后缘舵的控制效率也优于 Flap 舵，但是后缘舵的缺点是铰链力矩比较大，对舵机能力的要求比较高。

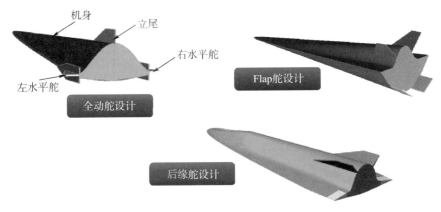

图 9 - 15　乘波体外形气动操纵舵面设计示意图

综合来说，如果要追求高升阻比设计，乘波体布局不宜采用全动舵设计，Flap 舵和后缘舵设计是较为合理的选择，为了弥补控制效率较低的问题，可以采用 V 尾辅助控制的方式。

9.5　乘波体布局设计实例

9.5.1　水平起降高超声速巡航飞行器

本节将设计一款具有乘波效应的水平起降高超声速临近空间飞行器的气动外形，飞行任务剖面如图 9 - 16 所示：首先在机场水平起飞，爬升到 30 km 高度后以 $Ma=5$ 巡航到指定地点，以 $Ma=7$ 爬升到 50 km 高空执行任务，之后降低到 30 km 巡航并返回机场降落。由飞行任务可知，飞行器历经低速到高超声速阶段。主要任务执行在高超声速状态，根据任务需求，设计外形时以高超声速状态为主，兼顾低速状态。本实例采用 9.3.3 节的双后掠角乘波体设计方法，并考虑发动机的安装、容积、防热等需求进行修形。

在 $Ma=5$、$H=30$ km 状态下设计乘波体外形，固定双后掠乘波体的第一个后掠角为 70°，改变第二后掠角分别为 70°、60°、45°，得到如图 9 - 17 所示的双后掠外形。

随着后掠角减小，低速性能逐步提高，高超声速阶段气动性能有所下降。考虑到实际的任务需求，选择图 9 - 17 中的第二个外形作为初始外形。为了增大装载容积，将上表面由自由流面改为凸曲面，为了减小底阻，增加后体曲面。动力部分采用了氢氧膨胀循环火箭发动机（ATREX，Air turbo ramjet engine with expander cycle）[20]，ATREX 发动机的有效推力可使飞行器从静止状态达到飞行马赫数为 6 的飞行状态，它以液态氢作为燃料和

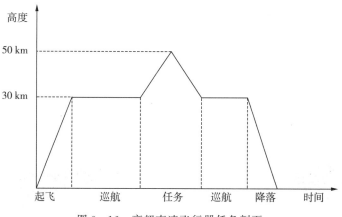

图 9-16　高超声速飞行器任务剖面

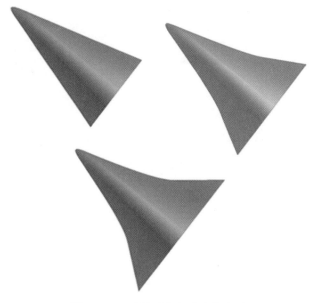

图 9-17　不同后掠角乘波体布局

冷却剂，用叶尖涡轮代替常规涡轮，采用可变几何进气道和塞式喷管，适用于执行宽速域大空域任务的高超声速飞行器。考虑到发动机的重复使用和安装，采用独立方式集成到飞行器的外形中，得到飞行器的外形如图 9-18 所示。

对图 9-18 外形进行气动性能评估，在 $Ma=5$，$H=30$ km 时最大升阻比为 4.5，在 $Ma=0.4$，$H=0$ km 时最大升阻比为 6.1。分析其流场，发动机舱放置于机体中间时对流场有很大的干扰，影响了对整体气动性能的提高。

为了进一步提高飞行器的气动性能，消除发动机对乘波性能的干扰，将 ATREX 发动机放置于机身端侧，得到如图 9-19 所示的高超声速外形。评估此外形的气动性能，在 $Ma=5$ 时的最大升阻比为 5.56，$Ma=0.4$ 时的最大升阻比为 6.66，比图 9-18 所示的外形有了较大提高。但发动机放置位置靠后，导致了重心靠后，对飞行器的稳定性能有不利影响。

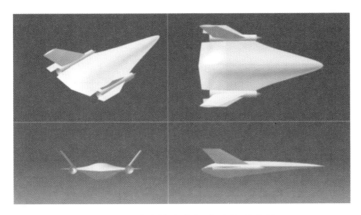

图 9 - 18　乘波效应高超声速气动布局 1

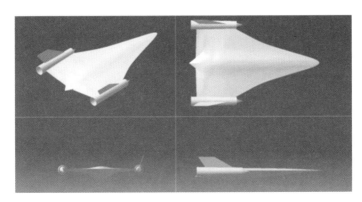

图 9 - 19　乘波效应高超声速气动布局 2

　　该飞行器的最高工作马赫数为 $Ma=7$，并且大部分时间都在高超声速巡航状态，因此要考虑防热的需求。采用前缘钝化的方式进行防热处理，飞行器总长为 30 m，根据热流得到在前缘驻点处半径为 150 mm，到机身外侧前缘为 30 mm（如图 9 - 20 所示）。钝化前缘半径主要在高超声速状态对升阻比有较大影响，其最大升阻比由 5.56 降低为 4.87。

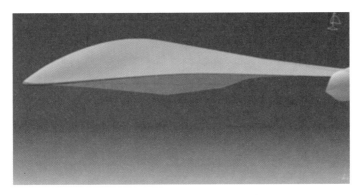

图 9 - 20　前缘半径钝化处理示意图

图 9-21 展示了不同状态下升阻比随攻角的变化，可以看到在高超声速状态下该乘波效应飞行器的升阻比很高，同时在低速状态下也具有不错的气动性能。该飞行器容积率为0.15，满足装载空间要求。

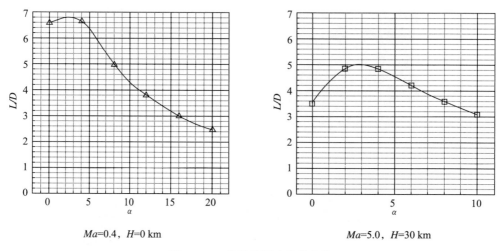

$Ma=0.4$，$H=0$ km　　　　　　　　　　　　$Ma=5.0$，$H=30$ km

图 9-21　升阻比随攻角的变化

对飞行器的纵向稳定性进行分析，低速状态下气动焦点在 52% 机身长度处，高超声速状态下为 61%。当重心选择为 59% 时，在高超声速情况下为小静稳定状态，而低速状态下则为静不稳定状态。为了满足低速状态下飞行器的控制能力，对于控制系统和舵面的设计要求很高。

9.5.2　助推-滑翔式高超声速飞行器

第二个案例是高超声速助推-滑翔式飞行器气动布局设计。助推-滑翔式高超声速飞行器的任务为采用火箭助推飞行器到大约 80 km 高度，之后通过既定弹道朝目标滑翔实施任务。分析设计背景和需求，临近空间飞行器的飞行空域跨度非常大，从稀薄的大气层边缘直到 20 km 高度的稠密大气中，甚至更低，因此其面临的大气环境远比传统飞行器复杂。另一方面，临近空间飞行器的飞行速域也非常宽，涵盖马赫数范围大。这些特点要求临近空间飞行器的气动外形需要在非常大的空域和非常宽的速域范围均保持良好的升阻特性、配平特性、稳定性以及操控性等气动性能，这对此类飞行器的气动布局设计提出了很大的挑战。

乘波体的设计采用密切锥设计方法，设定激波曲面出口型线，同时给定下表面的出口型线，逆流线方向追踪得到乘波体外形。图 9-22 给出了设计过程示意图，输入乘波体下表面出口型线和激波面出口型线，并给定来流马赫数 Ma、基本流场的圆锥半锥角 θ_C，通过从下表面出口型线向前进行流线追踪获得乘波体外形的下表面和前缘线，前缘线沿自由流向后延伸得到乘波体外形的上表面。

改变激波流场的激波角和激波面型线，生成多个乘波体外形进行评估，得到设计参数对乘波体外形的影响：圆锥角变化对升阻比的影响比较大，激波面型线变化对纵向压心的影响比较大；在给定马赫数、高度和下表面型线的设计条件下，乘波体设计存在升阻比最大的最优解，对于本设计案例而言，升阻比最大值应当在 5.3～5.4 之间；容积率参数为 0.2 附近的乘波体外形升阻比是比较高的，容积率参数小于 0.1 或者大于 0.3 时乘波体外形的升阻比显著下降。乘波体外形升阻比随容积率参数变化规律如图 9-23 所示。

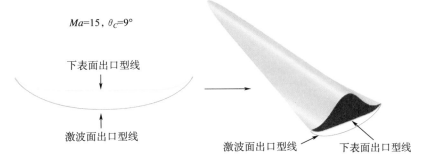

图 9-22　密切锥乘波体逆向设计方法

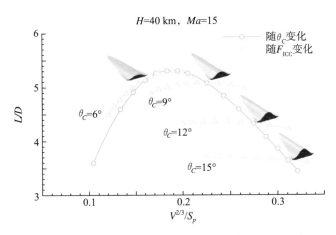

图 9-23　乘波体外形升阻比随容积率参数变化规律

保留理想乘波体的前缘线，在其基础上以给定的前缘半径生成钝化前缘，实现乘波体外形的前缘钝化设计。这样的设计能够保证乘波体迎风面外形不变，尽可能减小对迎风面流场特征的影响。为了增加乘波体外形的有效容积，可以在保持乘波体迎风面形状不变的前提下对其背风面外形根据实际需求进行适应性修改设计。这样虽然背风面的自由流特征不再得到保证，但是对迎风面的乘波流场特征影响是比较小的。图 9-24 给出了在图 9-22 所示理想乘波体外形的基础上通过前缘钝化和背风面外形修改获得的工程化乘波体外形。

通过数值模拟对图 9-24 所示的工程化乘波体外形在典型飞行条件下的基本气动特性进行了初步分析。图 9-25 给出了工程化乘波体外形的升阻比随攻角变化曲线与理想乘波体的比较。可以看到两个外形的升阻比曲线随攻角变化的特性基本一致，工程化乘波体的最大升阻比和理想乘波体相比虽然降低了 0.9，但仍然保持在较高的水平，最大升阻比超过 4，达到 4.12。

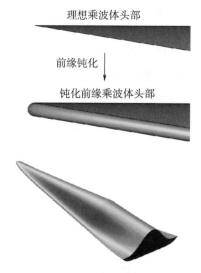

图 9 - 24　工程化处理

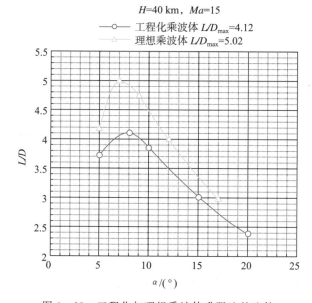

图 9 - 25　工程化与理想乘波体升阻比的比较

从典型工况（$H = 40\ \text{km}$，$Ma = 15$，$\alpha = 10°$）的流场特性来看（如图 9 - 26 所示），工程化乘波体由于前缘钝化的影响，迎风面下方的高压气流不能被完全限制在迎风面以下，部分高压气流在钝化的前缘处溢向背风面，因此造成了升阻比的降低。

图 9 - 27 给出了工程化乘波体外形在不同马赫数下的俯仰力矩系数随攻角的变化曲线。从图中不难看出，俯仰力矩系数对攻角的导数 $\dfrac{\partial C_{Mzg}}{\partial \alpha}$ 为正，说明该外形在俯仰方向是静不稳定的。需要说明的是，本数据是在质心系数 X_{cg} 取 62.5% 处获得的，这样选择可以

使飞行器在 $Ma=15$ 时纵向自配平攻角在 $10°$ 附近。

图 9 - 26　工程化乘波体典型工况的流场特性

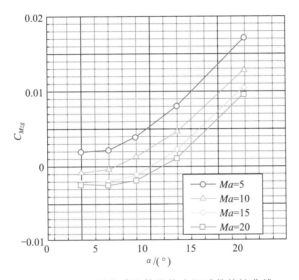

图 9 - 27　工程化乘波体俯仰力矩系数特性曲线

参 考 文 献

［1］ NONWEILER T R F. Aerodynamic Problem of Manned Space Vehicles ［J］. Journal of the Royal Aeronautical Society, 1959, 63: 521 - 530.

［2］ RASMUSSEN M L. Waverider Configurations Derived from Inclined Circular and Elliptic Cones ［J］. Journal of Spacecraft and Rockets, 1980, 17 (6): 537 - 545.

［3］ TAKASHIMA N, LEWIS M. Waverider Configurations Based on Non - Axisymmetric Flow Fields for Engine - Airframe Integration ［R］. AIAA 1994 - 380, 1994.

［4］ SOBIECZKY H C, DOUGHERTY F K. Hypersonic Waverider Design from Given Shock Wave ［R］. 1st International Waverider Symposium, 1990.

［5］ SOBIECZKY H, STROEVE J C. Generic Supersonic and Hypersonic Configurations ［R］. AIAA 1991 - 3301, 1991.

［6］ CENTER K, SOBIECZKY H, DOUGHERTY F. Interactive Design of Hypersonic Waverider Geometries ［R］. AIAA 1991 - 1697, 1991.

［7］ 李普曼 H W, 曼什柯 A. 气体动力学基础 ［M］. 北京: 机械工业出版社, 1982.

［8］ ANDERSON J D. Modern Compressible Flow ［M］. McGraw - Hill Publishing Company, Second Edition, 1999: 294 - 307.

［9］ 贾子安, 张陈安, 王柯穆, 等. 乘波布局高超声速飞行器纵向静稳定特性分析 ［J］. 中国科学: 技术科学, 2014, 44 (3): 1114 - 1122.

［10］ LOBBIA M, SUZUK K. Experimental Investigation of a Mach 3.5 Waverider Designed Using Computational Fluid Dynamics. AIAA Journal Vol. 35, No. 6, June 2015.

［11］ RODI PE. The osculating Flowfield Method of wave - rider Geometry Generation ［R］. AIAA Paper 2005 - 0511, 2005.

［12］ JONES K D, DOUGHERTY F C, SEEBASS A R. Waverider design for generalized shock geometries ［R］. AIAA 1993 - 0774, 1993.

［13］ MILLER DS, WOOD R M. Lee - side flow over delta wings at supersonic speed. NASA TP - 2430, 1985.

［14］ RODI P E. The osculating flowfield method of waverider geometry generation ［R］. AIAA 2005 - 0511, 2005.

［15］ RODI P E. Geometrical Relationships for Osculating Cones and Osculating Flowfield Waveriders ［C］. The 49th Aerospace Science Meeting, Orlando, Florida, January 4 - 7, 2011. AIAA 2011 - 1188.

［16］ PIEGL L, TILLER W. The NURBS Book (Second Edition) ［M］. Springer - Verlag Punlication, 1997: 202 - 227.

［17］ 刘传振, 白鹏, 陈冰雁. 双后掠乘波体设计及性能优势分析 ［J］. 航空学报, 2017, 38 (6): 120808 - 1 - 9.

［18］ BOWCUTT, ANDERSON J D. Viscous Optimized Hypersonic Waveriders. AIAA - 1987 - 0272, 1987.

[19]　ANDERSON Jr J D. Fundamentals of Aerodynamics ［M］，third edition. McGraw – hill Companies. 2001
[20]　商旭升，蔡元虎，肖洪 . 预冷却吸气式涡轮冲压膨胀循环法发动机发展简介 ［J］. 兵工学报，
　　　2006，27（3）：480 – 484.

第 10 章　飞行器操稳特性分析方法

高超声速飞行器飞行的速域更宽、高度范围也更广，对飞行器的气动特性提出了更高的要求，需要飞行器在各速度、高度下都能通过控制系统实现稳定的弹道飞行或机动飞行。操稳特性分析是气动分析的主要内容，也是控制系统设计的基础。线化的操稳特性分析方法仍在高超声速飞行器设计过程中起重要作用，对大部分的飞行状态是有效的。某些飞行状态下，高超声速飞行器具有高度非线性、高度耦合的气动和运动特性，线化假设下的操纵特性分析可能是不准确的。在深入考虑各种耦合、非线性问题下，发展了横向操纵偏离参数、偏航动态发散参数、纵侧向耦合判据等稳定性判据，这些判据在分析耦合、非线性问题时更加有效。基于非线性气动模型的六自由度仿真可以更直接观测飞行器的运动特性，验证控制系统的有效性，也是对线性小扰动操稳特性分析的有力补充。

本章首先介绍六自由度运动方程和小扰动运动方程；其次，基于线化假设分析飞行器的静态和动态操稳特性，重点给出了适用于高超声速飞行器的模态简化判据；再次，详细分析了高超声速飞行器的耦合特性，给出实用的偏离和耦合判据，并使用仿真手段分析耦合问题和判据有效应；最后，介绍高超声速飞行器的增稳策略，使用实例验证了增稳系统的有效性。

10.1　运动方程

飞行器的运动方程包括动力学方程和运动学方程，用数学模型的形式描述飞行器运动规律，是分析、计算和模拟飞行器运动的基础。本节简单介绍了一些常用坐标轴系，直接给出在刚体假设和其他假设下得到六自由度方程和在小扰动假设下的线化小扰动方程。

10.1.1　坐标轴系

本章的主要任务是分析操稳特性，只关注飞行器的快速运动特性，所以将飞行器运动简化为相对平面地球的运动也是合理的。

（1）地面坐标系 S_d——$O_d x_d y_d z_d$

地面坐标系简称地面系，坐标原点 O_d 在地面或海平面上适当选择的某一点（例如发射点），轴 $O_d z_d$ 沿铅垂方向指向下，轴 $O_d x_d$ 和 $O_d y_d$ 在水平面内，其方向按具体情况来规定。地面系可以看作是惯性坐标系。

若把原点放在飞行器质心，而坐标轴始终平行于地面坐标系各轴，则这样构成的坐标系 $O x_g y_g z_g$ 称为牵连的地面坐标系 S'_d，如图 10-1 所示。在不分析飞行器位移时，地面坐标系与牵连坐标系是一致的，所以牵连坐标系也常被称为地面系，用下标 g 表征。

（2）机体坐标系 S_b ——$Ox_by_bz_b$

机体坐标系简称机体系，原点 O 是飞行器质心，纵轴 Ox_b 平行于机身轴线或平行于机翼平均气动弦，指向前，竖轴 Oz_b 在飞行器纵向对称面内垂直 Ox_b 轴，指向飞行器下方，横轴 Oy_b 垂直于飞行器对称平面，方向由右手法则确定，如图 10-1 和图 10-2 所示。

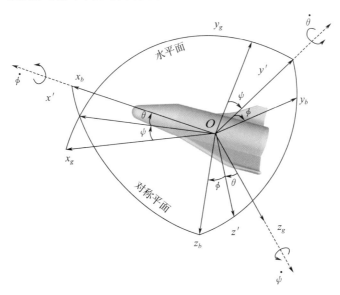

图 10-1　地面坐标系与机体坐标系的关系

（3）气流坐标系 S_a ——$Ox_ay_az_a$

原点 O 取飞行器的质心，轴 Ox_a 和速度方向重合，轴 Oz_a 位于飞行器纵向对称面内垂直于轴 Ox_a，指向下方；轴 Oy_a 垂直于 Ox_az_a 平面，方向由右手直角坐标系确定，如图 10-2 所示。

（4）航迹坐标系 S_k ——$Ox_ky_kz_k$

原点 O 取飞行器的质心，轴 Ox_k 方向和质心速度方向重合（与 Ox_a 一致）；轴 Oz_k 在包含速度方向的铅垂面内，垂直于轴 Ox_k，指向下，轴 Oy_k 垂直于铅垂平面 Ox_kz_k，指向右方。

（5）半机体坐标系 S_i ——$Ox_iy_iz_i$

原点 O 取飞行器的质心，轴 Ox_i 方向沿飞行速度矢量 V 在飞行器对称平面投影方向，轴 Oz_i 在对称平面内，垂直于轴 Ox_i，指向下（与轴 Oz_a 重合），轴 Oy_i 垂直于飞机对称平面，指向右（与轴 Oy_b 重合），如图 10-2 所示。

各坐标系之间的关系可以用它们之间的欧拉角和气流角来确定，通过沿坐标轴的旋转可以实现从一个坐标系变换到另一个坐标系。图 10-1 给出了地面坐标系和机体坐标系的关系。图 10-2 给出了气流坐标系、半机体坐标系和机体坐标系的关系。图 10-3 给出了各坐标系关系框图，图中"//"表示平移，$R_i(\delta)$ 表示绕 i 轴旋转 δ 角。航迹系和气流系之间的虚线表示，只在无风的条件下才满足航迹坐标系 S_k 绕 x 轴旋转角 ϕ_a 后的坐标系与气流坐标系 S_a 重合。

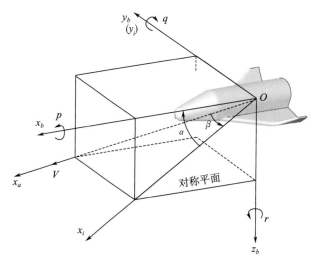

图 10 - 2　气流坐标系、半机体坐标系和机体坐标系的关系

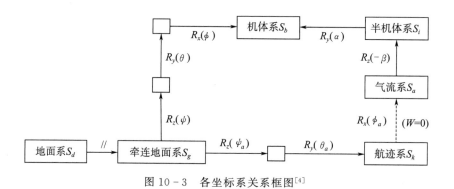

图 10 - 3　各坐标系关系框图[4]

10.1.2　六自由度运动方程

非线性六自由度方程是飞行器运动的基本方程，针对不同的研究目的可以采用不同形式的运动方程。在进行飞行器稳定性和操纵性运动方程推导时，使用如下假设：

1）假设飞行器是刚体，不考虑飞行器的弹性变形；

2）忽略地球自转和地面曲率的影响，将地球看成惯性平面系；

3）认为飞行器是对称的，即惯性积 $I_{xy} = I_{yz} = 0$；

4）空气相对地球静止，即不考虑风速的影响；

5）推力作用线沿机体纵轴，经过飞行器的重心，或者进行无动力飞行。

动力学方程组

$$
\begin{cases}
m\,\dfrac{\mathrm{d}V}{\mathrm{d}t}=R_{xa}\\[2mm]
\dot{\beta}=p\sin\alpha-r\cos\alpha+\dfrac{R_{ya}}{mV}\\[2mm]
\dot{\alpha}=q-(p\cos\alpha+r\sin\alpha)\tan\beta+\dfrac{R_{za}}{mV\cos\beta}\\[2mm]
I_x\dot{p}+(I_z-I_y)qr+I_{xz}(\dot{r}+pq)=L^R\\[2mm]
I_z\dot{q}-(I_z-I_x)pr+I_{xz}(r^2-p^2)=M^R\\[2mm]
I_y\dot{r}-(I_x-I_y)pq+I_{xz}(\dot{p}-qr)=N^R
\end{cases}
\tag{10-1}
$$

运动学方程组

$$
\begin{cases}
\dfrac{\mathrm{d}x}{\mathrm{d}t}=V\cos\theta_a\cos\psi_a\\[2mm]
\dfrac{\mathrm{d}y}{\mathrm{d}t}=V\sin\theta_a\\[2mm]
\dfrac{\mathrm{d}z}{\mathrm{d}t}=V\cos\theta_a\sin\psi_a\\[2mm]
\dot{\phi}=p+\tan\theta(q\sin\phi+r\cos\phi)\\[2mm]
\dot{\theta}=q\cos\phi-r\sin\phi\\[2mm]
\dot{\psi}=-(q\sin\phi+r\cos\phi)/\cos\theta
\end{cases}
\tag{10-2}
$$

式中　　V——飞行速度;

α, β——攻角, 侧滑角。如图 10-2 和图 10-3 所示;

p, q, r——飞行器的转动角速度在机体坐标系各轴上的分量, 如图 10-2 和图 10-3 所示;

ψ, θ, ϕ——飞行偏航角、俯仰角和滚转角, 如图 10-1 和图 10-3 所示;

ψ_a, θ_a, ϕ_a——气流偏航角、气流俯仰角和气流滚转角, 如图 10-3 所示;

R_{xa}, R_{ya}, R_{za}——飞行器所受合力在气流坐标系各轴上的分量;

L^R, M^R, N^R——飞行器所受合力矩在机体坐标系各轴上的分量;

x, y, z——飞行器位移在地面坐标系各轴上的分量。

另外

$$
R_{xa}=T\cos\alpha-D-mg\sin\theta_a
$$
$$
R_{ya}=L+T\sin\alpha-mg\cos\phi_a\cos\theta_a
$$
$$
R_{za}=C-T\cos\alpha\sin\beta+mg\sin\phi_a\cos\theta_a
$$

式中　　L, D, C——气动升力、气动阻力、气动侧力;

T——发动机推力。

　　求解运动方程还需要补充欧拉角与气流角之间的关系方程, 可通过坐标系之间的转换关系得到。按照上面坐标系的定义, 地面系到机体系的转换矩阵为

$$\boldsymbol{B}_g^b = R_x(\phi) R_y(\theta) R_z(\psi)$$

$$= \begin{bmatrix} \cos\theta\cos\psi & \sin\theta & \cos\theta\sin\psi \\ -\cos\phi\sin\theta\cos\psi - \sin\phi\sin\psi & \cos\phi\cos\theta & -\cos\phi\sin\theta\sin\psi + \sin\phi\cos\psi \\ \sin\phi\sin\theta\cos\psi - \cos\phi\sin\psi & -\sin\phi\cos\theta & \sin\phi\sin\theta\sin\psi + \cos\phi\cos\psi \end{bmatrix}$$

地面系到气流系的转换矩阵为

$$\boldsymbol{B}_g^a = \boldsymbol{B}_k^a \boldsymbol{B}_g^k$$

$$= \begin{bmatrix} \cos\theta_a\cos\psi_a & \sin\theta_a & \cos\theta_a\sin\psi_a \\ -\cos\phi_a\sin\theta_a\cos\psi_a - \sin\phi_a\sin\psi_s & \cos\phi_a\cos\theta_a & -\cos\phi_a\sin\theta_a\sin\psi_a + \sin\phi_a\cos\psi_a \\ \sin\phi_a\sin\theta_a\cos\psi_a - \cos\phi_a\sin\psi_s & -\sin\phi_a\cos\theta_a & \sin\phi_a\sin\theta_a\sin\psi_a + \cos\phi_a\cos\psi_a \end{bmatrix}$$

气流系到机体系的转换矩阵为

$$\boldsymbol{B}_a^b = R_y(\alpha) R_z(-\beta)$$

$$= \begin{bmatrix} \cos\alpha\cos\beta & \sin\alpha & \cos\alpha\sin\beta \\ -\sin\alpha\cos\beta & \cos\alpha & -\sin\alpha\sin\beta \\ -\sin\beta & 0 & \cos\beta \end{bmatrix}$$

地面系经 $\boldsymbol{B}_g^b$ 变换到机体系，与经 $\boldsymbol{B}_g^a$ 转换到气流系再经 $\boldsymbol{B}_a^b$ 转换到机体系是等价的，所以存在下面的角度关系式

$$\boldsymbol{B}_g^b = \boldsymbol{B}_a^b \boldsymbol{B}_g^a$$

10.1.3　小扰动运动方程

六自由度运动方程较为复杂，直接对其进行分析较为困难，常利用小扰动假设对运动方程线性化，得到线化的小扰动方程。当受到扰动较小时，这种小扰动分析的方法是方便且有效的。

飞行器在铅垂平面内做定常直线飞行时，线化的小扰动方程又可以分离为纵向小扰动方程和横侧向小扰动方程，这也是最常使用的线化运动方程形式，后面章节的操纵特性分析都是基于这些方程开展的。

纵向小扰动方程为

$$\begin{bmatrix} \Delta\dot{V} \\ \Delta\dot{\alpha} \\ \Delta\dot{q} \\ \Delta\dot{\theta} \end{bmatrix} = \begin{bmatrix} X_V & X_\alpha + g\cos\theta_a^* & 0 & -g\cos\theta_a^* \\ -Z_V & -Z_\alpha + \dfrac{g}{V_*}\sin\theta_a^* & 1 & -g\sin\theta_a^* / V_* \\ \overline{M}_V - \overline{M}_{\dot{\alpha}} Z_V & \overline{M}_\alpha - \overline{M}_{\dot{\alpha}}\left(Z_\alpha - \dfrac{g}{V_*}\sin\theta_a^*\right) & \overline{M}_q + \overline{M}_{\dot{\alpha}} & -\dfrac{\overline{M}_{\dot{\alpha}} g\sin\theta_a^*}{V_*} \\ 0 & 0 & 1 & 0 \end{bmatrix} \begin{bmatrix} \Delta V \\ \Delta\alpha \\ \Delta q \\ \Delta\theta \end{bmatrix} + \begin{bmatrix} X_{\delta e} \\ -Z_{\delta e} \\ \overline{M}_{\delta e} - \overline{M}_{\dot{\alpha}} Z_{\delta e} \\ 0 \end{bmatrix} \Delta\delta_e$$

$$(10-3)$$

其中

$$X_V = [T_V\cos\alpha_* - D_V]/m, \quad X_\alpha = [-T_*\sin\alpha_* - D_\alpha]/m, \quad X_{\delta e} = -D_{\delta e}/mC$$

$$Z_V = [T_V\sin\alpha_* + L_V]/mV_*, \quad Z_\alpha = [L_\alpha + T_*\cos\alpha_*]/mV_*, \quad Z_{\delta e} = L_{\delta e}/mV_*$$

$$\overline{M}_V = M_V/I_y, \overline{M}_a = M_a/I_y, \overline{M}_q = M_q/I_y, \overline{M}_{\dot{a}} = M_{\dot{a}}/I_y, \overline{M}_{\delta_e} = M_{\delta_e}/I_y$$

横侧向小扰动方程

$$
\begin{bmatrix} \dot{\beta} \\ \dot{p} \\ \dot{r} \\ \dot{\phi} \end{bmatrix} = \begin{bmatrix} \overline{Y}_\beta & \sin\alpha_* + \overline{Y}_p & \overline{Y}_r - \cos\alpha_* & g\cos\theta_*/V_* \\ \overline{L}_\beta & \overline{L}_p & \overline{L}_r & 0 \\ \overline{N}_\beta & \overline{N}_p & \overline{N}_r & 0 \\ 0 & 1 & \tan\theta_* & 0 \end{bmatrix} \begin{bmatrix} \beta \\ p \\ r \\ \phi \end{bmatrix} + \begin{bmatrix} 0 & \overline{Y}_{\delta_r} \\ \overline{L}_{\delta_a} & \overline{L}_{\delta_r} \\ \overline{N}_{\delta_a} & \overline{N}_{\delta_r} \\ 0 & 0 \end{bmatrix} \begin{bmatrix} \delta_a \\ \delta_r \end{bmatrix} \quad (10-4)
$$

其中

$$\overline{Y}_\beta = (C_\beta - D_*)/mV_*, \quad \overline{Y}_i = C_i/mV_* \qquad (i = p, r, \delta_r)$$

$$\overline{L}_i = \frac{L_i + (I_{zx}/I_z)N_i}{I_x - I_{zx}^2/I_z}, \quad \overline{N}_i = \frac{N_i + (I_{zx}/I_x)L_i}{I_z - I_{zx}^2/I_x} \qquad (i = \beta, p, r, \delta_a, \delta_r)$$

式中　δ_a，δ_r，δ_e——分别表示等效副翼、等效方向舵和等效升降舵；

上下标"$*$"——飞行器未受扰动之前的基准状态；

L——升力（纵向方程），滚转力矩（横侧向方程）。

10.2　飞行器操稳特性线化分析方法

任何飞行器飞行中都要保证其稳定性或可控性，所以飞行器的操稳特性分析是非常必要的。除常规的静稳定分析、动稳定判据和运动模态分析外，本节将重点介绍适用于高超声速飞行器大攻角飞行的模态简化判据，这些模态简化判据是将模态特性和气动参数建立直接联系的一种有效方法。

10.2.1　静稳定性与静操纵性

（1）静稳定性

受到扰动后会偏离原来的运动，扰动消失后，飞行器具有恢复到原来运动状态的趋势，则称飞行器是静稳定性的。飞行器的动稳定性也即运动稳定性会受静稳定性影响，所以早期飞机设计中要求三轴方向都是静稳定的，后来为追求更佳的机动能力出现了放宽静稳定性的飞行器。

飞行器的静稳定性一般用力矩系数随气流角的变化特性来表示，其对应的气动导数称为静稳定导数，包括俯仰静稳定导数 C_{ma}、横向静稳定导数 $C_{l\beta}$ 和偏航静稳定导数 $C_{n\beta}$。为保证飞行器的静稳定性，静稳定导数应满足

$$C_{ma} < 0, C_{l\beta} < 0, C_{n\beta} > 0$$

否则，称飞行器在对应方向上是静不稳定的。当静稳定导数约等于零时，称飞行器在对应方向是中立静稳定的，或者称为临界静稳定的。

高超声速飞行器的飞行攻角范围很大，在攻角范围内，俯仰力矩系数随攻角变化往往

不是线性的，甚至出现纵向静稳定性是变化的，飞行器纵向特性在不同攻角下可能是静稳定的、临界静稳定或者静不稳定的，如图 10 - 4 所示，图中显示了某高超声速融合体布局飞行器的俯仰力矩系数在不同俯仰舵偏下随攻角的变化情况。

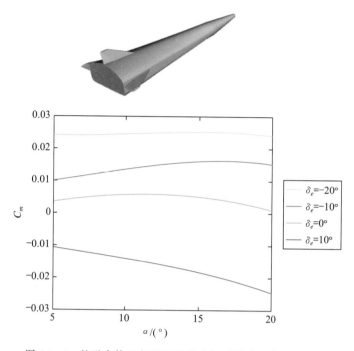

图 10 - 4　某融合体飞行器及俯仰力矩系数随攻角变化曲线

高超声速飞行器的横侧向静稳定性受纵向影响很大，例如横向静稳定性和偏航静稳定性受攻角和升降舵影响很大，甚至可能出现静稳定性极性的变化，如图 10 - 5 和图 10 - 6 所示，图中给出了高超声速融合体布局的横侧向力矩系数的特性。

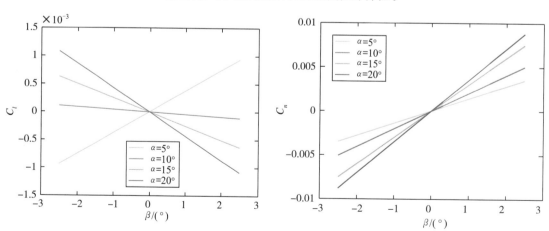

图 10 - 5　横侧向力矩系数在不同攻角下随侧滑角的变化曲线

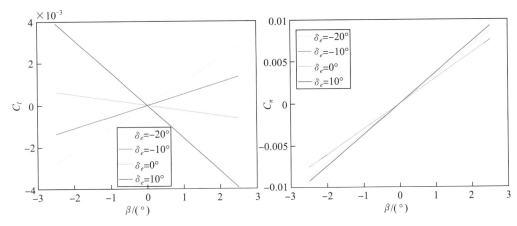

图 10 - 6　横侧向力矩系数在不同升降舵偏下随侧滑角的变化曲线

（2）静操纵性

操纵性分析是指飞行器偏转舵偏改变飞行状态（如攻角、侧滑角等）的能力，包括配平特性、舵偏效率和飞行状态动态响应特性等内容。其中，配平特性和舵偏效率与动态运动过程无关，也称为静操纵性，是气动性能评估的重要内容。

通过求解力矩方程可以很容易地获得在俯仰力矩平衡下，攻角随俯仰舵偏角的变化曲线，即纵向配平曲线。从配平曲线中可以看出配平条件下攻角的可变化范围；也可以直观地看出各攻角下飞行器的纵向调整比。与常规飞行器的近似直线的配平曲线不同，高超声速飞行器的配平曲线可能为强烈的非线性。图 10 - 7 显示某高超声速乘波体飞行器的配平曲线，可以看出飞行器可以实现 1°～20°攻角下的配平，在 10°攻角附近的调整比（α/δ_e）接近正无穷，在小舵偏时出现两个配平攻角，这些因素都对控制系统设计不利。

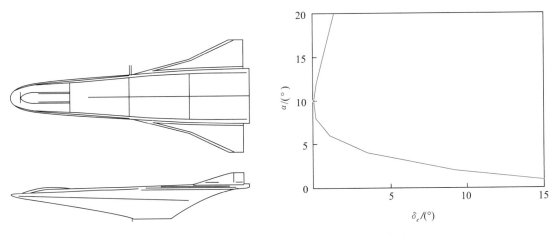

图 10 - 7　某乘波体飞行器及其俯仰力矩配平曲线

舵面效率表示舵面改变绕飞行器质心力矩的能力，常用操纵导数表示，包括 $C_{m\delta_e}$，$C_{l\delta_a}$，$C_{n\delta_r}$，$C_{l\delta_r}$，$C_{n\delta_a}$ 等。操纵导数越大，单位舵偏产生的操纵力矩越大，飞行姿态改变得越快。

常规飞行器的三轴控制舵面往往是分开的，而高超声速飞行器往往采用较少舵面的外形，在俯仰控制和滚转控制时使用相同的舵面，采用同向偏转控制俯仰运动，差动偏转控制滚转运动的策略；有的高超声速飞行器使用方向舵控制偏航运动，有的飞行器则使用差动舵控制滚转运动的同时也控制偏航运动。

图 10-8 显示了图 10-4 中的某高超声速融合体布局飞行器的横侧向舵效曲线，该飞行器使用差动舵偏同时控制横向滚转和航向运动，可以看出差动舵舵效受差动舵偏影响很小，但受俯仰舵偏影响很大，甚至于差动舵对偏航力矩的舵效出现反号，也可以看出在大的正升降舵偏存在时，横向和航向的舵面效率相当。

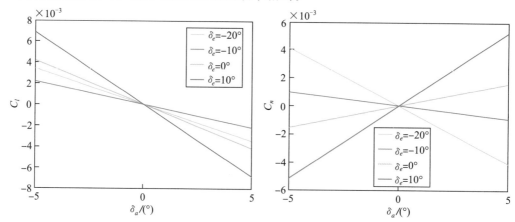

图 10-8 横侧向力矩系数在不同升降舵偏下随差动舵的变化曲线

10.2.2 动稳定性判据

飞行器运动中受到扰动作用时偏离了原来的飞行状态，干扰消失后，飞行器能恢复到原来的状态，则称飞行器的运动是稳定的，也称为具有动稳定性。如果干扰消失后，飞行并不恢复到原来的飞行状态，则称飞行器是动不稳定的。

飞行器分析中，常使用劳斯-霍尔维茨判据检验飞行器在设计点处的动稳定性，具体过程如下所示。

通过线性微分方程的状态矩阵可以得到特征方程

$$\Delta(\lambda) = a_0\lambda^n + a_1\lambda^{n-1} + \cdots + a_{n-1}\lambda + a_n = 0 \quad (a_0 > 0)$$

可以将特征方程的系数，按下列方式组成行列式

$$\Delta = \begin{vmatrix} a_1 & a_0 & 0 & 0 & 0 & \cdots & 0 & 0 \\ a_3 & a_2 & a_1 & a_0 & 0 & \cdots & 0 & 0 \\ a_5 & a_4 & a_3 & a_2 & a_1 & \cdots & 0 & 0 \\ \vdots & \vdots & \vdots & \vdots & \vdots & \ddots & \vdots & \vdots \\ 0 & 0 & 0 & 0 & 0 & \cdots & a_{n-1} & a_{n-2} \\ 0 & 0 & 0 & 0 & 0 & \cdots & 0 & a_n \end{vmatrix}_{n \times n}$$

行列式是按简单方式列出，先沿对角线把特征方程的系数从 a_1 起依次写出来，行列式各行从对角线起，依次写入系数，向左逐渐增加，向右渐减。其中下标大于方程系数或

下标小于零的所有系数都用零代替。建好行列式后，令

$$\Delta_1 = a_1$$

$$\Delta_2 = \begin{vmatrix} a_1 & a_0 \\ a_3 & a_2 \end{vmatrix}$$

$$\Delta_3 = \begin{vmatrix} a_1 & a_0 & 0 \\ a_3 & a_2 & a_1 \\ a_5 & a_4 & a_3 \end{vmatrix}$$

$$\Delta_n = \Delta = a_n \Delta_{n-1}$$

称之为 1 阶至 n 阶子行列式。劳斯-霍尔维茨证明，如上面形式的特征方程诸根有负实部的充要条件为：由 1 至 n 阶子行列式均大于零。且 $a_n = 0$ 和 $\Delta_{n-1} = 0$ 分别为实根和复根稳定的临界条件。

对于飞行力学中常用的特征方程中 $n = 4$ 的情况，此时判据可以具体表示为：

特征方程系数都大于零

$$a_0 \text{、} a_1 \text{、} a_2 \text{、} a_3 \text{、} a_4 > 0$$

$$\Delta_3 = R = a_1 a_2 a_3 - a_1^2 a_4 - a_0 a_3^2 > 0$$

式中　　$a_4 = 0$——实根稳定边界；

　　　　$R = 0$——复根稳定边界。

10.2.3　模态特性分析

使用动稳定判据仅能够分析运动最终的收敛性，不能反映具体的运动特性，包括运动是单调的还是振荡的，运动收敛速度是快还是慢等，这些特性也是需要关注的内容。根据控制理论的知识，除通过直接求解线性微分方程组的解，还可以通过求解其特征根来研究线性系统的动态特性。

特征方程的特征根常称为模态，不同的特征根对应不同的响应振型。特征根为正实数，对应的响应是单调发散；特征根为负实根，对应的响应是单调收敛；特征根为正实部的共轭复根，对应的响应是振荡发散；特征根为负实部的共轭复根时，对应的响应振荡收敛。如果所有模态都是收敛的，则线性系统是收敛的，否则，系统是发散的。

在飞行力学中，各模态除定性分析运动特性外，还常用一些指标来代表模态的定量特性。

对于实根形式的特征根 λ，对应模态特性指标包括：

时间常数

$$T = -\frac{1}{\lambda}$$

半衰时

$$T_{1/2} = -\frac{0.693}{\lambda} \text{（负实根）}$$

倍增时

$$T_2 = \frac{0.693}{\lambda} \text{（正实根）}$$

对于复数形式的特征根 $\lambda = n \pm \omega \mathrm{j}$，对应模态特性指标包括：

自然频率

$$\omega_n = |\lambda| = \sqrt{n^2 + \omega^2}$$

阻尼比

$$\xi = \cos\angle\lambda = \frac{-n}{\sqrt{n^2 + \omega^2}}$$

周期

$$T = \frac{2\pi}{\omega}$$

半衰时

$$T_{1/2} = -\frac{0.693}{n} \text{（负实部）}$$

倍增时

$$T_2 = \frac{0.693}{n} \text{（正实部）}$$

对于常见的纵向四阶小扰动方程，其特征根一般为两对共轭复根，其中模较大的共轭复根一般称为短周期模态，模较小的共轭复根一般称为长周期模态。当飞行器纵向静不稳定时，特征方程特征根可能为一个正实根、一个负实根和一对模较小的共轭复根，这对共轭复根对应的振荡模态称为第三模态。

对于四阶横侧小扰动方程，其特征根一般包括两个实根和一个共轭复根。共轭复根模较大，称为荷兰滚模态；有一个实根更靠近原点，称为螺旋模态；另一个为绝对值较大的负实根，称为滚转模态。当出现过小的横向阻尼 $|C_{lp}|$，过大的横向静稳定性 $|C_{l\beta}|$ 或者其他非常规的横侧向气动参数时，螺旋模态和滚转模态可能耦合为一对共轭复根，称为滚转-螺旋耦合模态，也称为横侧向长周期模态。

图 10-9 为某类 HTV-2 高超声速飞行器外形及在高度 60 km，$Ma = 20$ 下横侧向模态特征根随攻角的变化曲线。从图 10-9（b）中可以看出，荷兰滚模态在小攻角时靠近虚轴，甚至处于虚轴的右边，即处于不稳定状态；在较大攻角时荷兰滚模态随攻角增大向左运动，模态更加稳定。从图 10-9（c）中可以看出，螺旋模态随攻角增大变得更加稳定；滚转模态随攻角增大先稳定性增大再稳定性减小，在 7.5°时稳定性最大。

10.2.4　模态简化分析

通过求解特征方程的特征根或状态矩阵的特征值，可以很容易分析飞行器的模态特性，实践验证了这种方法在分析飞行运动特性时的可靠性，但这种方法不便于分析模态变化的内在气动原因，而这正是在飞行器外形设计过程中需要的。通过小扰动式（10-1）和式（10-2）推导可以得到特征根或一些模态参数的表达式，可以用来分析模态特性及

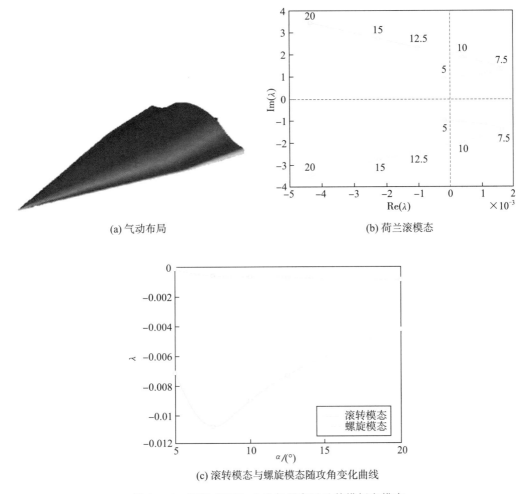

(a) 气动布局　　　　　　　　　(b) 荷兰滚模态

(c) 滚转模态与螺旋模态随攻角变化曲线

图 10 - 9　某类 HTV - 2 飞行器布局及其横侧向模态

其气动原因。

　　模态简化分析可以有效地建立气动参数与模态特性之间的联系，方便地分析模态特性和其气动原因。很多飞行力学教材都给出了忽略攻角等角度量情况下的模态参数表达式，这些表达式适用于常规飞行器，但并不都适合于大攻角飞行的高超声速飞行器，使用这些参数分析模态特性甚至可能带来稳定性的差异。本节给出了适用于高超声速飞行器大攻角飞行的各模态简化分析的方法，并简单分析高超飞行器的运动模态特点。

　　首先，从理论上给出各模态的简化形式。对于实根模态，运动方程可以简化为一阶微分方程，形如

$$\dot{x} - \lambda x = 0 \tag{10-5}$$

其中，λ 为由状态方程简化得到模态特征根。根据稳定性要求，需要保证 $\lambda < 0$。λ 越小，系统收敛越快；反之，系统收敛越慢甚至发散（即 $\lambda > 0$）。

　　对于复根模态，模态表示为振荡运动，运动方程可以简化为二阶微分方程，形如

$$\ddot{x} + a\dot{x} + bx = 0 \tag{10-6}$$

其中，参数 a、b 与模态特征根（$n \pm i\omega$）及自然频率 ω_n、阻尼比 ξ 之间的关系为

$$\begin{cases} a = -2n = 2\xi\omega_n \\ b = n^2 + \omega^2 = \omega_n^2 \end{cases} \tag{10-7}$$

根据稳定性要求，需保证 $a > 0$ 且 $b > 0$。参数 b 主要反应振荡模态的频率特性，b 越大，自然频率越大，模态振荡越快；参数 a 可以反映振荡模态的阻尼特性，a 越大，阻尼越大，收敛越快，甚至单调收敛（$\xi > 1$ 时）。如果 $b < 0$ 且 a 为任意实数，则特征根从共轭复根蜕变为一正一负两个实根，系统单调发散；如果 $a < 0$ 且 $b > 0$，特征根仍为一对共轭复根，但是实部大于零，表现为振荡发散；$a = 0$ 或 $b = 0$ 时，系统处于临界稳定。除进行定性分析，使用这些参数还能很容易得到模态的特征根和对应的模态特性。

对于滚转模态（下标 R）和螺旋模态（下标 S）两个实根模态，直接对模态特征根进行简化分析；对于长周期模态（下标 p）、短周期模态（下标 sp）、荷兰滚模态（下标 d）和横侧向长周期模态（下标 RS）4 个共轭复根模态，使用模态参数 a 和 b 的表达式进行模态简化分析。

（1）短周期模态简化分析

短周期为变化较为迅速的运动模态，主要受纵向方程组中的攻角方程和俯仰角速度方程影响，忽略两方程中的速度变化量，通过简化变换为攻角扰动量的二阶微分方程，对应的短周期模态参数为

$$\begin{cases} a_{sp} = 2\omega_{sp}\xi_{sp} = Z_\alpha - \overline{M}_q - \overline{M}_{\dot{\alpha}} \\ b_{sp} = \omega_{sp}^2 = -Z_\alpha\overline{M}_q - \overline{M}_\alpha \end{cases} \tag{10-8}$$

两个参数均大于零时，短周期模态稳定。此判据结合式（10-6）可以求得飞行器纵向快速响应模态的特征根，适用于短周期模态，也可以用来估算纵向静不稳定飞行器纵向模态中的正实根和负实根。

高超声速飞行器高空飞行时，a_{sp} 往往偏小，表示短周期模态阻尼比偏低，运动收敛较慢，增大纵向阻尼 $|C_{mq}|$ 可以改善阻尼特性；有的高超声速飞行器参数 $b_{sp} < 0$，表示飞行器纵向运动会迅速发散，一般是因为飞行器纵向静不稳定，即 $C_{m\alpha} > 0$。

（2）长周期模态简化分析

为分析变化较为缓慢的长周期模态，忽略变化迅速的俯仰角速度，并在速度扰动方程和攻角扰动方程中忽略有关攻角气动导数，纵向小扰动方程可以简化为速度扰动量的二阶微分方程，对应长周期模态参数为

$$\begin{cases} a_p = 2\omega_p\xi_p = -\left(X_V + \dfrac{g}{V_*}\sin\theta_a^* \right) \\ b_p = \omega_p^2 = X_V\dfrac{g}{V_*}\sin\theta_a^* + Z_V g\cos\theta_a^* \end{cases} \tag{10-9}$$

当两个参数均大于零时，长周期模态稳定。此判据也可以用来估算飞行器纵向静不稳定时出现的缓慢振荡的第三模态。

飞行器平飞，爬升角 $\theta_a^* = 0$，上面的等式可以简化

$$
\begin{cases}
a_p = 2\omega_p\xi_p = -X_V \\
b_p = \omega_p^2 = Z_V g
\end{cases}
\tag{10-10}
$$

（3）荷兰滚模态简化分析

荷兰滚运动模态表征的是滚转运动和偏航运动的耦合，与侧滑角、滚转和偏航的运动密切相关。考虑侧滑角运动时，两个转动角速度方程相除，如果阻尼不大，可以近似认为

$$
\dot{p}/\dot{r} \approx p/r \approx \overline{L}_\beta/\overline{N}_\beta
$$

由侧力方程近似

$$
\dot{\beta} \approx p\sin\alpha_* - r\cos\alpha_*
$$

可以近似得到

$$
p \approx \dot{\beta}/(\sin\alpha_* - \overline{N}_\beta/\overline{L}_\beta\cos\alpha_*)
$$

$$
r \approx \dot{\beta}/(\overline{L}_\beta/\overline{N}_\beta\sin\alpha_* - \cos\alpha_*)
$$

将侧力方程两边求导，并将对应的参数代入，可以得到侧滑角扰动量的二阶微分方程，对应的荷兰滚模态参数为

$$
\begin{cases}
a_d = 2\xi_d\omega_d = -\overline{Y}_\beta + \left[\left(-\overline{N}_{pc} + \dfrac{g}{V_*}\cos\theta_*\right)\overline{L}_\beta + \left(-\overline{N}_{rc} + \dfrac{g}{V_*}\sin\theta_*\right)\overline{N}_\beta\right]/(\overline{N}_\beta\cos\alpha_* - \overline{L}_\beta\sin\alpha_*) \\
b_d = \omega_d^2 = \overline{N}_\beta\cos\alpha_* - \overline{L}_\beta\sin\alpha_*
\end{cases}
$$

$$
\tag{10-11}
$$

其中

$$
\overline{N}_{pc} = \overline{N}_p\cos\alpha_* - \overline{L}_p\sin\alpha_*
$$

$$
\overline{N}_{rc} = \overline{N}_r\cos\alpha_* - \overline{L}_r\sin\alpha_*
$$

当两个参数均大于零时，荷兰滚模态稳定。高超声速飞行器高空飞行时，往往 a_d 较小，即荷兰滚模态阻尼比不足，甚至可能出现 $a_d < 0$ 的情况，此时表示荷兰滚模态振荡发散，对于满足横向静稳定和偏航静稳定要求的飞行器，阻尼导数和交叉导数取绝对值更大的负值，可以改善模态阻尼特性，增大气动导数 $|C_{C\beta}|$，也可以改善模态阻尼特性；荷兰滚模态频率受静稳定导数 $C_{l\beta}$ 和 $C_{n\beta}$ 控制，由于高超声速飞行器绕 x 轴的转动惯量很小，飞行器的滚摆比 $|\overline{L}_\beta/\overline{N}_\beta|$ 很大，且在大攻角飞行，横向静稳定导数 $C_{l\beta}$ 的影响可能超过偏航静稳定导数 $C_{n\beta}$，这是与常规飞行器不同的。

当攻角和俯仰角很小时，$\alpha_* \approx 0$，$\theta_* \approx 0$，则判据参数可以简化为

$$\begin{cases} a_d = 2\xi_d\omega_d \approx -\left(\overline{Y}_\beta + \overline{N}_r\right) - \dfrac{\overline{L}_\beta}{\overline{N}_\beta}\left(\overline{N}_p - \dfrac{g}{V_*}\right) \\[4mm] b_d = \omega_d^2 \approx \overline{N}_\beta \end{cases} \qquad (10-12)$$

（4）横侧向长周期模态简化分析

横侧向长周期模态常称为滚转-螺旋耦合模态，是一种横侧向缓慢的振荡运动，常规飞行器很少出现这类运动模态，但高超声速飞行器在大攻角飞行时可能出现这种模态，所以这里对这一运动模态进行了详细分析。

首先分析横侧向长周期模态存在的条件。横侧向长周期模态主要反映姿态角的运动特性，侧滑角方程中，忽略侧滑角的变化以及气动侧力项，则特征方程可以表示为行列式的形式

$$\begin{vmatrix} 0 & \sin\alpha_* & -\cos\alpha_* & g\cos\theta_*/V_* \\ \overline{L}_\beta & \overline{L}_p - \lambda & \overline{L}_r & 0 \\ \overline{N}_\beta & \overline{N}_p & \overline{N}_r - \lambda & 0 \\ 0 & 1 & \tan\theta_* & -\lambda \end{vmatrix} = 0$$

推导得到常规的多项式的形式

$$a_0\lambda^2 + a_1\lambda + a_2 = 0 \qquad (10-13)$$

其中

$$a_0 = \overline{N}_\beta\cos\alpha_* - \overline{L}_\beta\sin\alpha_*$$

$$a_1 = A\sin\alpha_* - B\cos\alpha_* - \frac{g}{V_*}(\overline{L}_\beta\cos\theta_* + \overline{N}_\beta\sin\theta_*)$$

$$a_2 = \frac{g}{V_*}(A\cos\theta_* + B\sin\theta_*)$$

$$A = \overline{L}_\beta\overline{N}_r - \overline{N}_\beta\overline{L}_r$$

$$B = -\overline{L}_\beta\overline{N}_p + \overline{N}_\beta\overline{L}_p$$

对于满足横向和偏航静稳定性要求的飞行器，都满足 $a_0 > 0$，根据二次多项式方程的特性，当 $a_1^2 - 4a_0a_2 \geqslant 0$ 时，特征方程的特征根为两个实根，分别对应滚转模态和螺旋模态；当 $a_1^2 - 4a_0a_2 < 0$ 时，特征方程的特征根为一对共轭复根，对应横侧向长周期模态。

表达式 $a_1^2 - 4a_0a_2$ 的展开式比较复杂，需要对其进行简化。当爬升角较小时，$\theta_* \approx \alpha_*$，$a_1^2 - 4a_0a_2 < 0$ 可以简化为

$$\left[\left(A - \frac{g}{V_*}\overline{N}_\beta\right)^2 + \frac{4g}{V_*}B\overline{L}_\beta\right]\tan^2\alpha_* + \left[2\left(A + \frac{g}{V_*}\overline{N}_\beta\right)\left(-B + \frac{g}{V_*}\overline{L}_\beta\right)\right]\tan\alpha_* +$$

$$\left(B + \frac{g}{V_*}\overline{L}_\beta\right)^2 - \frac{4g}{V_*}A\overline{N}_\beta < 0 \qquad (10-14)$$

上式为二次多项式形式，对于面对称飞行器常满足 $L_\beta < 0$，$\overline{N}_\beta > 0$ 和 $B \leqslant 0$，则二次项的系数往往是大于零的。利用二次多项式的性质，当满足下式时，式（10-14）不成立。

$$\frac{\overline{L}_\beta}{\overline{N}_\beta}\left(\frac{\overline{L}_\beta}{\overline{N}_\beta}\overline{N}_p - \overline{L}_p\right) + \left(\frac{\overline{L}_\beta}{\overline{N}_\beta}\overline{N}_r - \overline{L}_r\right) \leqslant 0 \qquad (10-15)$$

当满足式（10-15）时，不会出现横侧向长周期模态，可以作为横侧向长周期模态是否出现的判据。同时可以看出，若不考虑交叉导数，由于飞行器常满足 $|\overline{L}_p| > |\overline{N}_r|$，式（10-15）通常是成立的，即不考虑交叉导数时，往往不会出现横侧向长周期模态。

当攻角很小时，$\alpha_* \approx 0$，式（10-14）可进一步简化为式（10-16），此式也可以作为小攻角下分析横侧向长周期模态出现的条件

$$\left[\overline{L}_p + \frac{\overline{L}_\beta}{\overline{N}_\beta}\left(-\overline{N}_p + \frac{g}{V_*}\right)\right]^2 < \frac{4g}{V_*}\left(\frac{\overline{L}_\beta}{\overline{N}_\beta}\overline{N}_r - \overline{L}_r\right) \qquad (10-16)$$

下面分析当横侧向长周期模态存在时其模态的稳定性判据。通过上面式（10-14）、式（10-15）、式（10-16）多种判据，可以分析横侧向长周期模态是否出现。当横侧向长周期模态存在时，特征方程（10-13）可以改写为

$$\lambda^2 + a_{RS}\lambda + b_{RS} = 0$$

特征方程的两个系数可以作为横侧向长周期模态简化分析的参数

$$\begin{cases} a_{RS} = 2\xi_{RS}\omega_{RS} = \dfrac{a_1}{a_0} = \dfrac{A\sin\alpha_* - B\cos\alpha_* - g/V_*\,(\overline{L}_\beta\cos\theta_* + \overline{N}_\beta\sin\theta_*)}{\overline{N}_\beta\cos\alpha_* - \overline{L}_\beta\sin\alpha_*} \\[4mm] b_{RS} = \omega_{RS}^2 = \dfrac{a_2}{a_0} = \dfrac{g}{V_*}\,\dfrac{(A\cos\theta_* + B\sin\theta_*)}{\overline{N}_\beta\cos\alpha_* - \overline{L}_\beta\sin\alpha_*} \end{cases} \qquad (10-17)$$

当两个参数均大于零时，横侧向长周期模态稳定。

当攻角和俯仰角很小时，$\alpha_* \approx 0$，$\theta_* \approx 0$，则模态参数可以进一步简化为

$$\begin{cases} a_{RS} = 2\xi_{RS}\omega_{RS} = \dfrac{a_1}{a_0} = -\overline{L}_p + \dfrac{\overline{L}_\beta}{\overline{N}_\beta}(\overline{N}_p - g/V_*) \\[4mm] b_{RS} = \omega_{RS}^2 = \dfrac{a_2}{a_0} = \dfrac{g}{V_*}\left(\dfrac{\overline{L}_\beta}{\overline{N}_\beta}\overline{N}_r - \overline{L}_r\right) \end{cases} \qquad (10-18)$$

（5）滚转模态简化分析

滚转模态主要影响滚转运动。当不出现横侧向长周期模态时，运动特性表现为滚转模态和螺旋模态。如果两模态模相差较大，则滚转模态特征根可得到如下近似

$$\lambda_R \approx -\frac{a_1}{a_0} = -\frac{A\sin\alpha_* - B\cos\alpha_* - g/V_*\,(\overline{L}_\beta\cos\theta_* + \overline{N}_\beta\sin\theta_*)}{\overline{N}_\beta\cos\alpha_* - \overline{L}_\beta\sin\alpha_*} \qquad (10-19)$$

当参数小于零时，滚转模态稳定。常规飞行器的滚转运动中，滚转模态占主导地位，但高超声速飞行器的滚转模态特征值的绝对值往往小于荷兰滚模态，荷兰滚模态在滚转运动中占主导地位；增大滚转阻尼 $|C_{lp}|$ 和偏航阻尼 $|C_{nr}|$，可以改善滚转模态，交叉导数 C_{lr} 和 C_{np} 向更大的正值移动也可以改善滚转模态；由于高超声速飞行器的飞行攻角较大，且滚摆比 $|\bar{L}_\beta / \bar{N}_\beta|$ 很大，$|C_{nr}|$ 对滚转模态的影响可能大于 $|C_{lp}|$，这也与常规飞行器不同。另外，滚转模态的滚转时间常数比较大，这种典型的高超声速飞行器的低阻尼特性是由于飞行器的小尺寸机翼和长细机身造成的。

当攻角和俯仰角很小时，$\alpha_* \approx 0$，$\theta_* \approx 0$，则模态参数可以简化为

$$\lambda_R = \bar{L}_p - \frac{\bar{L}_\beta}{\bar{N}_\beta}\left(\bar{N}_p - \frac{g}{V_*}\right) \tag{10-20}$$

（6）螺旋模态简化分析

螺旋模态表现为重力作用下的滚转和偏航的缓慢运动。螺旋模态和滚转模态都是常见的运动模态，并且滚转模态特征根的绝对值远大于螺旋模态，可以将式（10-13）进行简化得到螺旋模态近似特征根

$$\lambda_S \approx -\frac{a_2}{a_1} = -\frac{g}{V_*}\frac{A\cos\theta_* + B\sin\theta_*}{A\sin\alpha_* - B\cos\alpha_* - \frac{g}{V_*}(\bar{L}_\beta\cos\theta_* + \bar{N}_\beta\sin\theta_*)} \tag{10-21}$$

当参数小于零时，滚转模态稳定。

当攻角和俯仰角很小时，$\alpha_* \approx 0$，$\theta_* \approx 0$，则模态参数可以简化为

$$\lambda_S \approx -\frac{a_2}{a_1} = \frac{g}{V_*}\frac{-\bar{L}_\beta\bar{N}_r + \bar{N}_\beta\bar{L}_r}{\bar{L}_\beta\bar{N}_p - \bar{N}_\beta\bar{L}_p - \frac{g}{V_*}\bar{L}_\beta} \tag{10-22}$$

为说明利用模态简化分析开展动态气动性能评估的有效性，我们以某高超声速组合体飞行器为例进行分析，如图 10-10 所示。

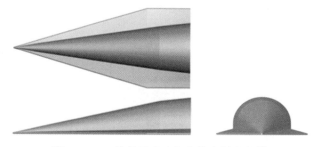

图 10-10　某高超声速组合体布局飞行器

飞行器在高度 $H_0 = 50\ \text{km}$，$Ma_0 = 20$，攻角 $\alpha_0 = 10°$ 的滑翔飞行状态下，线化小扰动方程获得的飞行器纵向特征矩阵和横侧向特征矩阵分别为

$$\boldsymbol{A}_{zx} = \begin{bmatrix} -7.903\mathrm{E}-4 & -20.67 & 0 & -9.654 \\ -4.210\mathrm{E}-7 & -1.399\mathrm{E}-2 & 1 & 0 \\ 0 & 3.470 & -1.521\mathrm{E}-2 & 0 \\ 0 & 0 & 1 & 0 \end{bmatrix}$$

$$\boldsymbol{A}_{hc} = \begin{bmatrix} -2.291\mathrm{E}-3 & 1.736\mathrm{E}-1 & -0.9848 & 1.441\mathrm{E}-3 \\ -9.516 & -2.065\mathrm{E}-2 & -5.106\mathrm{E}-4 & 0 \\ 3.641 & -2.910\mathrm{E}-4 & -2.080\mathrm{E}-3 & 0 \\ 0 & 1 & 0.1763 & 0 \end{bmatrix}$$

其对应的模态特征根及其模态参数见表 10 - 1。飞行器纵向运动不是常规的长短周期模态，而是由一正一负的两个实根模态和第三模态构成；横侧向运动由常规的荷兰滚模态、滚转模态和螺旋模态 3 个模态构成。飞行器运动主要问题是存在较大的正实根模态，纵向运动迅速发散；横侧向荷兰滚模态阻尼比不足，滚转模态时间常数过大，表现为滚转迟缓。通过模态的简化判据可以直观地分析这些运动模态背后的气动原因。

表 10 - 1　某飞行器运动模态与模态特性

名称	正实根模态	负实根模态	第三模态	荷兰滚模态	滚转模态	螺旋模态
模态	1.848	-1.877	$-3.952\mathrm{E}-4\pm1.977\mathrm{E}-3\mathrm{i}$	$-3.603\mathrm{E}-3\pm2.289\mathrm{i}$	$-1.769\mathrm{E}-2$	$-1.229\mathrm{E}-4$
自然频率	-	-	$2.016\mathrm{E}-3$	2.289		
阻尼比			0.196 0	$1.574\mathrm{E}-3$		
时间常数/s	-0.541 0	0.532 6	-	-	56.51	-
半衰时/s	-0.375 0	0.369 1	1 754	-		5 637

使用短周期模态参数式（10 - 8）分析飞行器的短周期运动特性

$$\begin{cases} a_{sp} = Z_a - \overline{M}_q - \overline{M}_{\dot{\alpha}} = 1.399\mathrm{E}-2 - (-1.521\mathrm{E}-2) = 2.920\mathrm{E}-2 > 0 \\ b_{sp} = -Z_a\overline{M}_q - \overline{M}_a = -1.399\mathrm{E}-2 \times (-1.521\mathrm{E}-2) - 3.470 = -3.47 < 0 \end{cases}$$

显然，$b_{sp} < 0$ 不满足稳定性要求，运动发散。使用判据参数结合式（10 - 7）可以获得运动对应的特征根：-1.877 5，1.848 3，与特征矩阵所得特征根近似相等，某飞行器运动模态与模态特性见表 10 - 1。通过分析 b_{sp} 的表达式，可以看出，造成 $b_{sp} < 0$ 的主要气动变量是 $\overline{M}_a$。此时 $\overline{M}_a > 0$，也就是 $C_{ma} > 0$，纵向是静不稳定的，这是造成纵向运动不稳定的主要原因。另外还可以看出，a_{sp} 数值较小，会造成潜在的短周期模态阻尼比不足，其主要受气动阻尼导数 C_{mq} 和升力线斜率 C_{La} 影响。因此，为改善该飞行器的纵向动态气动性能，一方面需要改善纵向静稳定性，即减小 C_{ma}；另一方面还需要增加短周期阻尼比，这可以通过增大 C_{La} 和 C_{mq} 来实现。

用荷兰滚模态参数式（10 - 11）分析荷兰滚运动的特性

$$
\begin{cases}
a_d = 2\xi_d\omega_d = -\overline{Y}_\beta + \left[\left(-\overline{N}_{pc}+\dfrac{g}{V_*}\cos\theta_*\right)\overline{L}_\beta + \left(-\overline{N}_{rc}+\dfrac{g}{V_*}\sin\theta_*\right)\overline{N}_\beta\right]/(\overline{N}_\beta\cos\alpha_* - \overline{L}_\beta\sin\alpha_*) \\[2mm]
\quad = 2.290E-3 + \dfrac{(-3.30E-3+0.001\,46\times\cos10°)\times(-9.52)+(1.96E-3+0.001\,46\times\sin10°)\times3.64}{3.64\times\cos10°+9.52\times\sin10°} \\[2mm]
\quad = 7.206E-3 > 0 \\[2mm]
b_d = \omega_d^2 = \overline{N}_\beta\cos\alpha_* - \overline{L}_\beta\sin\alpha_* \\[2mm]
\quad = 3.642\times\cos10° - (-9.516)\times\sin10° = 5.238 > 0
\end{cases}
$$

两个参数均大于零，满足稳定性要求，荷兰滚模态振荡收敛。使用判据参数获得的模态特征根为：$-0.003\,602\,8\pm2.288\,6i$，与特征矩阵所得特征根近似相等，见表 $10-1$。a_d 数值较小，反映了荷兰滚模态阻尼比不足，增大侧力线斜率 $C_{C\beta}$ 和阻尼导数 C_{lp}、C_{nr} 与 C_{np} 可以改善荷兰滚模态的阻尼特性。

使用式（$10-15$）分析是否会出现横侧向长周期模态

$$
\frac{\overline{L}_\beta}{\overline{N}_\beta}\left(\frac{\overline{L}_\beta}{\overline{N}_\beta}\overline{N}_p - \overline{L}_p\right) + \left(\frac{\overline{L}_\beta}{\overline{N}_\beta}\overline{N}_r - \overline{L}_r\right)
$$

$$
= \frac{-9.516}{3.641}\left[\frac{-9.516}{3.641}\times(-2.910E-4)-(-2.065E-2)\right] + \left[\frac{-9.516}{3.641}\times(-2.080E-3)+5.106E-4\right]
$$

$$
= -5.001E-2 < 0
$$

判据小于零，说明不会出现横侧向长周期模态，而是出现滚转和螺旋两个实根模态，与特征矩阵分析的结果一致。

使用滚转模态参数式（$10-19$）分析滚转模态的运动特性

$$
\lambda_R \approx -\frac{A\sin\alpha_* - B\cos\alpha_* - g/V_*(\overline{L}_\beta\cos\theta_* + \overline{N}_\beta\sin\theta_*)}{\overline{N}_\beta\cos\alpha_* - \overline{L}_\beta\sin\alpha_*}
$$

$$
= -\frac{2.165E-2\times\sin10° - (-7.796E-2)\times\cos10° - (1.464E-3)\times(-9.516\times\cos10°+3.641\times\sin10°)}{9.516\times\cos10°+3.641\times\sin10°}
$$

$$
= -1.782E-2 < 0
$$

判据参数小于零，满足稳定性要求，滚转模态稳定。模态特征根与特征矩阵所得特征根近似相等；模态特征根绝对值较小，运动中表现为收敛缓慢，不满足一般滚转运动要求。判据参数受阻尼导数和静稳定导数的影响，增大阻尼或减小滚转静稳定性都可以改善滚转模态运动特性，其中滚转阻尼导数影响最明显，通过增大 C_{lp} 的绝对值可以改善该飞行器的滚转模态特性。

10.3　高超声速飞行器耦合特性分析方法

相比于常规飞行器，高超声速飞行器飞行过程中，飞行器的高度、马赫数、攻角和动压变化很大，飞行器气动参数以及稳定特性和操纵特性变化较大；气动力和力矩以及气动导数随攻角、侧滑角等参数变化也显示明显的非线性特性；高超声速飞行器需要考虑稀薄气体效应、真实气体效应等复杂气动效应，这些飞行状态缺少飞行试验数据且很难地面模拟，试验或计算得到的气动数据有很大的不确定度。此外，高超声速飞行器在某些状态下会表现出荷兰滚不稳定、副翼操纵反效和滚转-螺旋耦合模态等强耦合特性。这些现象都增加了制导和控制系统的设计难度。本节主要研究高超声速飞行器的耦合特性，研究耦合的基本原理和分析方法，最后通过一些特殊偏离判据和耦合判据来研究高超声速飞行器的操稳特性。

10.3.1　高超声速飞行器耦合运动特点

高超声速飞行器攻角和马赫数范围大，存在荷兰滚不稳定、副翼操纵反效、滚转-螺旋耦合等强耦合现象，强耦合影响飞行器的稳定性能和模态特性，也会增加控制系统的设计难度，如果耦合问题不清楚，控制系统设计不合理，可能导致飞行器难以顺利完成飞行任务，严重时还会使得飞行器坠毁。为详细了解高超声速飞行器的耦合现象，本节从动力学方程出发分析耦合原理和强耦合现象的内在机理[7]。

动力学方程角度可以将耦合分为气动耦合、操纵耦合、运动耦合和惯性耦合，这些耦合项相互叠加激发，会形成不同的耦合运动。在下面的耦合分析中，为简化分析，仅仅考虑基于 α、β、p、q、r 五自由度的耦合动力学方程，如下式所示

$$\dot{\alpha} = q - (p\cos\alpha + r\sin\alpha)\tan\beta - \frac{L}{mV\cos\beta}$$

$$\dot{\beta} = p\sin\alpha - r\cos\alpha + \frac{C}{mV}$$

$$\dot{p} = \frac{(I_y - I_z)I_z - I_{xz}^2}{I_x I_z - I_{xz}^2}qr + \frac{(I_x - I_y + I_z)I_{xz}}{I_x I_z - I_{xz}^2}pq + \frac{I_z}{I_x I_z - I_{xz}^2}L^R + \frac{I_{xz}}{I_x I_z - I_{xz}^2}N^R$$

$$\dot{q} = \frac{(I_z - I_x)}{I_y}pr - \frac{I_{xz}}{I_y}(p^2 - r^2) + \frac{M^R}{I_y}$$

$$\dot{r} = \frac{(I_x - I_y)I_x + I_{xz}^2}{I_x I_z - I_{xz}^2}pq - \frac{(I_x - I_y + I_z)I_{xz}}{I_x I_z - I_{xz}^2}qr + \frac{I_{xz}}{I_x I_z - I_{xz}^2}L^R + \frac{I_x}{I_x I_z - I_{xz}^2}N^R$$

动力学方程可以分解为动力学主项和气动耦合、运动耦合、操纵耦合、惯性耦合各项。动力学主项定义为各通道状态变量只与该通道的状态量、状态导数项以及该通道操纵量的影响有关，与其他量无关。在五自由度方程中的表达式如下式

$$(\dot{\alpha})_m = q - \frac{L(\alpha, q, \delta_e)}{mV\cos\beta}$$

$$(\dot{\beta})_m = \frac{C(\beta, r, \delta_r)}{mV}$$

$$(\dot{p})_m = \frac{I_z}{I_x I_z - I_{xz}^2}L^R(\beta, p, \delta_a) + \frac{I_{xz}}{I_x I_z - I_{xz}^2}N^R(\beta, p, \delta_a)$$

$$(\dot{q})_m = \frac{M^R(\alpha, q, \delta_e)}{I_y}$$

$$(\dot{r})_m = \frac{I_{xz}}{I_x I_z - I_{xz}^2} L^R(\beta, r, \delta_r) + \frac{I_x}{I_x I_z - I_{xz}^2} N^R(\beta, r, \delta_r)$$

气动耦合定义为飞行器各通道的气动力和力矩的耦合，例如纵向的气动力和力矩受侧滑角影响，横侧向气动力和力矩受攻角影响。同时，角速率对其他通道所产生的阻尼项也属于气动耦合项。在五自由度方程中的表达式如下式

$$(\dot{\alpha})_a = -\frac{L(\beta)}{mV\cos\beta}$$

$$(\dot{\beta})_a = \frac{C(\alpha)}{mV}$$

$$(\dot{p})_a = \frac{I_z}{I_x I_z - I_{xz}^2} L^R(\alpha) + \frac{I_{xz}}{I_x I_z - I_{xz}^2} N^R(\alpha)$$

$$(\dot{q})_a = \frac{M^R(\beta)}{I_y}$$

$$(\dot{r})_a = \frac{I_{xz}}{I_x I_z - I_{xz}^2} L^R(\alpha) + \frac{I_x}{I_x I_z - I_{xz}^2} N^R(\alpha)$$

正如前面章节所述，气动耦合在高超声速飞行器上表现明显，特别是横侧向受纵向影响很大，如攻角越大，横侧向静稳定性越好，攻角越小，横侧向静稳定性越差，甚至出现静不稳定；横侧向模态特性随攻角变化很大，如图 10-5 和图 10-9 所示。另外，横侧向的交叉导数表示横向运动与侧向运动之间存在气动耦合项，交叉导数影响荷兰滚模态的阻尼特性，也对滚转-螺旋耦合模态有最重要影响，在不考虑交叉导数时，不会出现滚转-螺旋耦合模态，这在 10.2 节已经进行了详细说明。

操纵耦合指飞行器在操纵舵面时，不仅仅产生其主通道所期望的力和力矩，还会产生对其他通道的耦合力矩，进而改变其他通道的飞行状态特性。常规飞行器往往采用不同的舵面控制不同的通道，并且舵面之间相距较远，舵面之间耦合影响较小。高超声速飞行器由于自身飞行状态的要求，舵面往往与机体相距很近，并且舵面数目较少，滚转操纵和俯仰操纵往往采用相同的舵面，采用同向偏转（仍称为升降舵）控制俯仰和差动偏转（仍称为副翼）控制滚转的操纵，另外，在大攻角飞行时，由于机体的遮蔽作用方向舵的效率比较低甚至有些飞行器不使用方向舵，此时往往采用副翼偏转来实现偏航操纵。操纵耦合项在五自由度动力学方程的形式如下式

$$(\dot{\alpha})_c = -\frac{L(\delta_a, \delta_r)}{mV\cos\beta}$$

$$(\dot{\beta})_c = \frac{C(\delta_a, \delta_r)}{mV}$$

$$(\dot{p})_c = \frac{I_z}{I_x I_z - I_{xz}^2} L^R(\delta_e, \delta_r) + \frac{I_{xz}}{I_x I_z - I_{xz}^2} N^R(\delta_e, \delta_r)$$

$$(\dot{q})_c = \frac{M^R(\delta_a, \delta_r)}{I_y}$$

$$(\dot{r})_c = \frac{I_{xz}}{I_x I_z - I_{xz}^2} L^R(\delta_e, \delta_a) + \frac{I_x}{I_x I_z - I_{xz}^2} N^R(\delta_e, \delta_a)$$

当飞行器绕机体旋转时，由于气流角和姿态角之间的相互关系，旋转会带来攻角和侧滑角的变化，这种动力学作用项称为运动耦合。高超声速飞行器横向转动惯量较小，而纵向以及航向稳定性较差，尤其在大攻角下由于机身对方向舵的遮蔽，导致方向舵的效率大幅下降，航向稳定性受到很大的削弱。当飞行器滚转时，在较短的时间内容易达到较大的滚转角速度，飞行器的回复力矩较小而且作用过程较为缓慢，飞行器就容易绕机体轴滚转，发生攻角与侧滑角的周期性转化现象，运动耦合突出。运动耦合在五自由度动力学方程中的表现形式如下式

$$(\dot{\alpha})_k = q - (p\cos\alpha + r\sin\alpha)\tan\beta$$

$$(\dot{\beta})_k = p\sin\alpha - r\cos\alpha$$

$$(\dot{p})_k = 0$$

$$(\dot{q})_k = 0$$

$$(\dot{r})_k = 0$$

滚转机动中，当飞行器不绕惯性主轴旋转时，由于惯性离心力的存在，会产生惯性耦合力矩，惯性耦合力矩在飞行器做机动滚转时，会产生偏航角速度和俯仰角速度的变化，进而会导致其他攻角和侧滑角的变化，这种现象称为惯性耦合。高超声速飞行器气动布局导致 $I_x \ll I_y$，$I_x \ll I_z$，转动惯量差 $I_z - I_x$ 和 $I_y - I_x$ 较大，而惯性积相对较小，飞行器在急滚机动时，滚转角速度 p 不能忽略，并且高超声速飞行器所在高度较高且空气稀薄，飞行器受到的气动力矩较小，所以惯性耦合力矩 $(I_z - I_x)pr$、$(I_y - I_x)pq$ 就不能够忽略，在运动耦合的综合作用下，会引起攻角和侧滑角的剧烈变化。从飞行器五自由度动力学方程中可以看到惯性耦合对状态的影响

$$(\dot{\alpha})_i = 0$$

$$(\dot{\beta})_i = 0$$

$$(\dot{p})_i = \frac{(I_y - I_z)I_z - I_{xz}^2}{I_xI_z - I_{xz}^2}qr + \frac{(I_x - I_y + I_z)I_{xz}}{I_xI_z - I_{xz}^2}pq$$

$$(\dot{q})_i = \frac{(I_z - I_x)}{I_y}pr - \frac{I_{xz}}{I_y}(p^2 - r^2)$$

$$(\dot{r})_i = \frac{(I_x - I_y)I_x + I_{xz}^2}{I_xI_z - I_{xz}^2}pq - \frac{(I_x - I_y + I_z)I_{xz}}{I_xI_z - I_{xz}^2}qr$$

上述耦合项分析显示高超声速飞行器的耦合问题比较严重，特别是飞行器做滚转机动时，多种耦合项的叠加作用，会出现攻角和侧滑角的剧烈变化。荷兰滚模态是横向和航向通道耦合的运动模态，不同于常规偏航角速度反馈到方向舵来改善模态，高超声速飞行器采用滚转反馈到副翼可能获得更佳的效果，这在后面的章节将具体叙述。另外，滚转-螺旋耦合模态的出现明显受到交叉导数的影响，不考虑交叉导数条件下不会出现此耦合运动模态。

另外，通过仿真的手段也可以直观地研究通道之间的耦合现象，在后面的章节进行叙述。

10.3.2 偏离预测判据

在大攻角飞行等极限条件下,飞行器可能出现尾旋等不可控状态,从可控飞行到不可控飞行过渡过程,通常称为偏离。由于高超声速飞行器耦合严重,常规的静态操稳分析并不能完全满足偏离分析的要求,为延缓或避免偏离发散现象发生,在飞行器设计时需要使用一些偏离预测判据进行分析研究。这些判据是研究人员在大量数据和经验的基础上,结合理论推导获得的,对高超声速飞行器设计工作有很大的指导意义。

(1) 偏航动态发散参数 $C_{n\beta,dyn}$

该参数又称侧滑偏离参数,是目前偏离预测常用的判据之一。此判据是将横向静稳定导数和偏航静稳定导数综合到半机体坐标系的偏航方向 Oz_b 上得到耦合判据,其定义为

$$C_{n\beta,dyn} = C_{n\beta} \cdot \cos\alpha - \frac{I_z}{I_x} C_{l\beta} \cdot \sin\alpha \tag{10-23}$$

当 $C_{n\beta,dyn} > 0$ 时,认为飞行器没有偏离发散趋势。此参数也表征了荷兰滚模态的频率特性,对比荷兰滚模态简化参数 b_d,荷兰滚的自然频率与 $C_{n\beta,dyn}$ 的关系为

$$\omega_d^2 = \frac{qSL}{I_z} C_{n\beta,dyn}$$

考虑横航向惯性耦合,偏离动态发散参数可表示为

$$C_{n\beta,dyn} = \left(C_{n\beta} + \frac{I_{xz}}{I_x} C_{l\beta} \right)^b \cdot \cos\alpha - \frac{I_z}{I_x} \left(C_{l\beta} + \frac{I_{xz}}{I_z} C_{n\beta} \right)^b \cdot \sin\alpha$$

上标 b 表示括号内的导数都是基于机体坐标系的。根据式 (10-23) 的形式,上式可表示为

$$C_{n\beta,dyn} = \widetilde{C}_{n\beta} \cdot \cos\alpha - \frac{I_z}{I_x} \widetilde{C}_{l\beta} \cdot \sin\alpha$$

考虑舵偏角影响,偏航动态参数出现新的形式

$$C_{n\beta,app} = \left[\frac{\widetilde{C}_n(\beta) + \widetilde{C}_n(\delta_r)}{\beta} \right]^b \cdot \cos\alpha - \frac{I_z}{I_x} \left[\frac{\widetilde{C}_l(\beta) + \widetilde{C}_l(\delta_r)}{\beta} \right]^b \cdot \sin\alpha$$

式中 $\widetilde{C}_n(\beta)$,$\widetilde{C}_l(\beta)$ ——某侧滑角下的偏航力矩系数和滚转力矩系数;

$\widetilde{C}_n(\delta_r)$,$\widetilde{C}_l(\delta_r)$ ——某方向舵下的偏航力矩系数和滚转力矩系数。

(2) 横向操纵偏航发散参数 LCDP

该参数是滚转偏离预测常用的判据之一。此判据主要预测横向操纵滚转反效或不利偏航所产生的滚转力矩超过横向操纵力矩的情况下引起的偏离现象,实质上表征了考虑横向操纵下飞行器偏航力矩对侧滑角的导数。对于仅操纵副翼时,也称为副翼操纵偏航发散参数 AADP,其定义为

$$LCDP = AADP = C_{n\beta} - C_{l\beta} \frac{C_{n\delta_a}}{C_{l\delta_a}} \tag{10-24}$$

当 LCDP > 0 时,飞行器没有偏离发散趋势。

考虑惯性积的影响,上式应表示为如下形式

$$LCDP = \left(C_{n\beta} + \frac{I_{xz}}{I_x}C_{l\beta}\right)^b - \left(C_{l\beta} + \frac{I_{xz}}{I_y}C_{n\beta}\right)^b \left(\frac{C_{n\delta_a} + \frac{I_{xz}}{I_x}C_{l\delta_a}}{C_{l\delta_a} + \frac{I_{xz}}{I_z}C_{n\delta_a}}\right)^b$$

上标 b 表示括号内的导数都是基于机体坐标系的。根据式（10 - 24）的形式，上式可表示为

$$LCDP = (\widetilde{C}_{n\beta})^b - (\widetilde{C}_{l\beta})^b \frac{(\widetilde{C}_{n\delta_a})^b}{(\widetilde{C}_{l\delta_a})^b}$$

可以看出滚转偏离趋势受偏航静稳定导数、横向静稳定导数以及副翼操纵导数影响。上式可以用作闭环系统分析，各气动导数为等效系数。

（3）侧向操纵滚转发散参数 DCDP

DCDP 与 LCDP 相对应，主要预测侧向操纵时，不利滚转力矩超越滚转静稳定力矩而引起的滚转发散现象。其定义为

$$DCDP = C_{l\beta} - C_{n\beta}\frac{C_{l\delta_r}}{C_{n\delta_r}} \tag{10 - 25}$$

当 DCDP<0 时，飞行器没有偏离发散趋势。

（4）$\beta + \delta$ 轴稳定性指标

这是由 $C_{n\beta,dyn}$ 和 LCDP 组合的偏离判据，用来预测偏离攻角。β 轴表示侧滑引起的飞行器瞬态反应力矩 $L_\beta\beta$ 和 $N_\beta\beta$ 确定的合力矩方向，δ 轴表示横向操纵 δ_a 产生的飞行器瞬态反应力矩 $L_{\delta_a}\delta_a$ 和 $N_{\delta_a}\delta_a$ 确定的合力矩方向，将 β 轴和 δ 轴与半机体坐标系 Ox_b 之间的夹角定义为两个角度值

$$\begin{aligned} \alpha_{-\beta} &= \alpha - \arctan\left(\frac{C_{n\beta}I_x}{C_{l\beta}I_z}\right) \\ \alpha_\delta &= \alpha - \arctan\left(\frac{C_{n\delta_a}I_x}{C_{l\delta_a}I_z}\right) \end{aligned} \tag{10 - 26}$$

当 $\alpha_{-\beta} > 0$ 且 $\alpha_\delta < \alpha_{-\beta}$ 时，飞行器运动没有偏离发散的趋势。

其中，偏离稳定边界 $\alpha_{-\beta} = 0$ 对应于 $C_{n\beta,dyn} = 0$，$\alpha_\delta = \alpha_{-\beta}$ 对应于 LCDP$= 0$。

（5）Kalviste 耦合判据

通过攻角与侧滑角耦合方程可以分析考虑运动耦合和气动耦合情况下的耦合稳定特性，定义纵侧向耦合参数 M_{acop}，$N_{\beta cop}$ 以及 K。

$$M_{acop} = \frac{1}{2}\left[(M_{aD} - N_{\beta D}) + (M_{aD} + N_{\beta D})\sqrt{1 - \frac{4(M_{\beta D}N_{aD})}{(M_{aD} + N_{\beta D})^2}}\right] \tag{10 - 27}$$

$$N_{\beta cop} = \frac{1}{2}\left[(N_{\beta D} - M_{aD}) + (N_{\beta D} + M_{aD})\sqrt{1 - \frac{4(M_{\beta D}N_{aD})}{(M_{aD} + N_{\beta D})^2}}\right] \tag{10 - 28}$$

$$K = \frac{4(M_{\beta D}N_{aD})}{(M_{aD} + N_{\beta D})^2} \tag{10 - 29}$$

其中

$$M_{aD} = \overline{M}_a - (\overline{L}_a \cos\alpha + \overline{N}_a \sin\alpha)\tan\beta$$

$$M_{\beta D} = \overline{M}_\beta - (\overline{L}_\beta \cos\alpha + \overline{N}_\beta \sin\alpha)\tan\beta$$

$$N_{aD} = \overline{N}_a \cos\alpha - \overline{L}_a \sin\alpha$$

$$N_{\beta D} = \overline{N}_\beta \cos\alpha - \overline{L}_\beta \sin\alpha$$

为使飞行器具有耦合稳定性,需要同时满足 $M_{acop} \leqslant 0$,$N_{\beta cop} \geqslant 0$,且 $K < 1$。否则,$M_{acop} > 0$ 表示飞行器耦合俯仰发散,$N_{\beta cop} < 0$ 表示飞行器耦合偏航发散,而系数 $K > 1$ 则表示耦合攻角和侧滑角振荡不稳定。

当忽略交叉耦合项 $\overline{M}_\beta$,$\overline{L}_a$ 和 $\overline{N}_a$ 时,M_{acop} 退化为俯仰静稳定导数 C_{ma},$N_{\beta cop}$ 退化为偏航动态发散参数 $C_{n\beta.dyn}$。

（6）Chody 偏离判据

偏离判据 $C_{n\beta.dyn}$ 和 LCDP 仅考虑了静稳定导数和操纵导数,没有考虑阻尼导数的影响。Chody 在横航向线化小扰动方程的基础上,应用劳斯-霍尔维茨判据,将 $C_{n\beta.dyn}$ 和 LCDP 做了进一步拓展。为满足稳定性要求,参数 $C_{n\beta.dyn}$ 和 LCDP 需要满足

$$C_{n\beta.dyn} > (\overline{N}_p \overline{L}_r - \overline{L}_p \overline{N}_r)\frac{I_z}{qSL_{\text{ref}}}$$

$$\text{LCDP} > -\frac{\overline{Y}_\beta}{\cos\alpha}\left(\overline{N}_r - \overline{L}_r \frac{\overline{N}_{\delta_a}}{\overline{L}_{\delta_a}}\right)\frac{I_z}{qSL_{\text{ref}}}$$

或

$$C_{n\beta.dyn} > (C_{np}C_{lr} - C_{lp}C_{nr})\frac{qSL}{I_x}\left(\frac{L_{\text{ref}}}{2V}\right)^2$$

$$\text{LCDP} > -\frac{C_\beta - D_*}{\cos\alpha}\left(C_{nr} - C_{lr}\frac{C_{n\delta_a}}{C_{l\delta_a}}\right)\frac{qS}{mV}\left(\frac{L_{\text{ref}}}{2V}\right)$$

式中　q ——动压;

　　　S ——参考面积;

　　　L_{ref} ——参考长度。

Chody 判据考虑了阻尼导数的影响,对参数 $C_{n\beta.dyn}$ 和 LCDP 的稳定边界做了修正,但同时阻尼导数的使用增加了判据使用的难度。

（7）滚转耦合运动

高超声速飞行器在做滚转运动时,惯性耦合严重并且攻角和侧滑角交替变换相互转换,常规的静稳定性分析是不足够的,考虑稳态滚转的线化角运动方程,经过简化可以得到两个参数

$$\omega_a = \sqrt{\frac{-(\overline{M}_a + \overline{M}_q Z^a)I_y}{I_z - I_x}}$$

$$\omega_\beta = \sqrt{\frac{(\overline{N}_\beta + \overline{N}_r \overline{Y}_\beta) I_z}{I_y - I_x}}$$

当不考虑阻尼导数项时，上面两个参数退化为 Philips 急滚判据的两个参数

$$\omega_a = \sqrt{\frac{-\overline{M}_a + I_y}{I_z - I_x}} \qquad \omega_\beta = \sqrt{\frac{\overline{N}_\beta + I_z}{I_y - I_x}}$$

这两个参数常称为临界滚转角速度，ω_a 表示攻角发散的临界滚转角速度，ω_β 表示侧滑角发散的临界滚转角速度。在不同的滚转角速度 p 下，飞行器的运动特性是不同的：

1）当 $p < \omega_a$ 且 $p < \omega_\beta$ 时，惯性耦合很小，在俯仰和偏航回复力矩的作用下，飞行器的攻角和侧滑角逐渐收敛。

2）当 $\omega_\beta < p < \omega_a$ 时，飞行器俯仰回复力矩较大，俯仰运动稳定，偏航回复力矩较小，在惯性耦合力矩作用下，飞行器出现偏航发散运动。

3）当 $\omega_a < p < \omega_\beta$ 时，飞行器偏航回复力矩较大，偏航运动稳定，俯仰回复力矩较小，在惯性耦合力矩作用下，飞行器出现俯仰发散运动。

4）当 $p > \omega_a$ 且 $p > \omega_\beta$ 时，飞行器绕机体轴做高速旋转，惯性耦合力矩相对较大，飞行器近似绕主惯性轴旋转，滚转运动相当于陀螺稳定，迎角和侧滑角做周期性交替变化，但两者均不发散。

以美国兰利研究中心的概念飞行器 Winged – Cone 为例开展判据分析，如图 10 – 11 所示，选取 $H = 15 \ \text{km}$ 作为飞行高度。

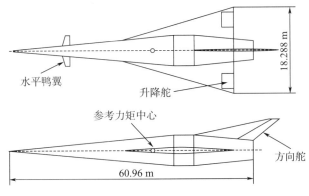

图 10 – 11　GHV 飞行器外观图

使用 $Ma = 8$ 的气动数据分析飞行器偏航稳定性，如图 10 – 12 所示。图中给出了偏航静稳定导数、偏航动态发散参数和 Chody 偏离判据的变化曲线，从图中可以看出在攻角范围内都有 $C_{n\beta} < 0$，都是偏航静不稳定的。偏离动态发散参数 $C_{n\beta, dyn}$ 在小攻角时是不稳定的，随着攻角增大，$C_{n\beta, dyn}$ 越来越大，在大攻角时 $C_{n\beta} > 0$，偏航稳定性较好。Chody 判据中的动态阻尼效应 $(\overline{N}_p \overline{L}_r - \overline{L}_p \overline{N}_r) \dfrac{I_z}{qSL_{ref}}$ 接近于零，对稳定性参数 $C_{n\beta, dyn}$ 的使用影响较小。

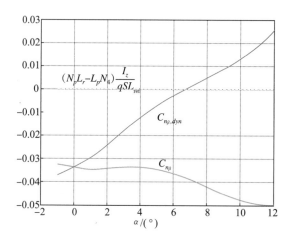

图 10 - 12　偏航运动稳定判据

图 10 - 13 给出了偏航动态发散参数 $C_{n\beta, dyn}$ 在不同马赫数下的曲线图，可以看出，马赫数越大，攻角越小，$C_{n\beta, dyn}$ 就会越小，飞行器偏航越不稳定。在 $Ma = 6$ 时，参数 $C_{n\beta, dyn}$ 均大于零，飞行器是偏航动态稳定的。在 $Ma = 8$ 时，参数 $C_{n\beta, dyn}$ 在小攻角是不稳定的，在大攻角时是稳定的。在 $Ma = 10$ 时，参数 $C_{n\beta, dyn}$ 在小攻角时是不稳定的，大攻角时为临近稳定的。

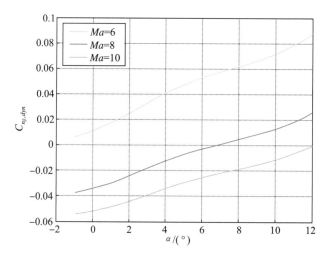

图 10 - 13　$C_{n\beta, dyn}$ 判据变化曲线

图 10 - 14 中给出了横向操纵偏航发散参数 LCDP 在 $Ma = 6$ 状态下的曲线。从图中可以看出，LCDP 参数在小攻角时为正值，副翼操纵不会导致飞行器航向失稳，在大攻角时 LCDP 为负值，副翼操控会导致飞行器航向失稳。同时，也可以看出 Chody 判据中的动态阻尼效应 $-\dfrac{\overline{Y}_\beta}{\cos\alpha}\left(\overline{N}_r - \overline{L}_r \dfrac{\overline{N}_{\delta_a}}{\overline{L}_{\delta_a}}\right)\dfrac{I_z}{qSL_{\text{ref}}}$ 接近于零，对稳定性参数 LCDP 的使用影响较小。

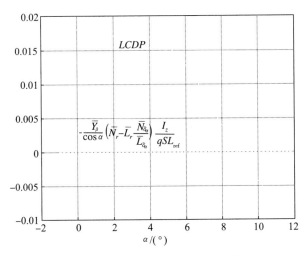

图 10 - 14　LCDP 判据及动态阻尼影响

图 10 - 15 中给出了 LCDP 在不同马赫数下的曲线。从图中可以看出，马赫数越大，攻角越大，参数 LCDP 越小，副翼操纵下偏航越易失稳。在状态 $Ma = 6$ 下，参数 LCDP 在小攻角时为正值，副翼操纵下飞行器偏航是稳定的，在大攻角时为负值，偏航有失稳的趋势。而在状态 $Ma = 8$ 和 $Ma = 10$ 下，参数 LCDP 始终为负值，即副翼操纵下飞行器偏航有失稳趋势。

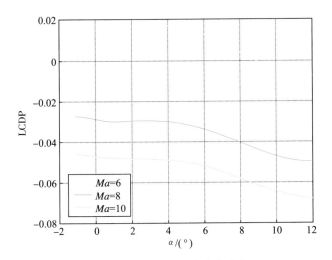

图 10 - 15　LCDP 判据变化曲线

图 10 - 16 给出了 $Ma = 6$ 下的 $\beta + \delta$ 轴稳定性分析，从图中可以看出，参数 $\alpha_{-\beta}$ 在各攻角下均为正值，说明飞行器在各攻角下为偏航稳定的。同时，在小攻角时，$\alpha_\delta < \alpha_{-\beta}$，说明横向操纵角度小于侧向稳定角度，横向操纵不会引起偏航发散，而在大攻角时，$\alpha_\delta < \alpha_{-\beta}$，说明横向操纵角度大于侧向稳定角度，横向操纵可能引起偏航发散。$\beta + \delta$ 轴稳定性分析所得的结果与 $C_{n\beta, dyn}$、LCDP 的结果相近。

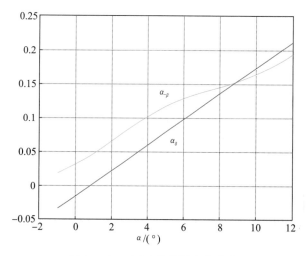

图 10 - 16　$\beta + \delta$ 轴判据变化曲线

　　高超声速飞行器在 $Ma = 6$ 下滚转耦合运动的两个参数随攻角的变化规律如图 10 - 17 所示。从图中可以看出在整个攻角范围内都有 ω_a 大于 ω_β，所以当滚转角速度 $p > \omega_a$ 时，滚转运动可以实现稳定高速旋转；而在攻角 $\alpha > 8.5°$ 时，$\omega_\beta = 0$，表明横侧运动发散，这主要是由于偏航静稳定参数为负 $(C_{n\beta} < 0)$ 造成的，此时以 $p < \omega_a$ 做滚转运动时，会出现偏航发散运动；在攻角 $\alpha < 8.5°$ 时，当以 $\omega_\beta < p < \omega_a$ 进行滚转时，飞行器出现偏航发散运动，而当以 $p < \omega_\beta$ 进行滚转时，飞行器俯仰和偏航运动均收敛。

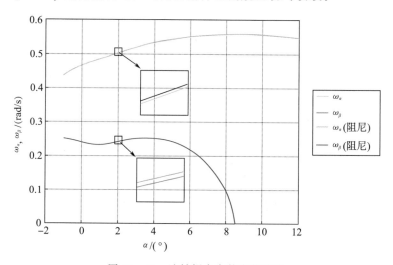

图 10 - 17　滚转耦合参数变化曲线

10.3.3　基于仿真的耦合特性分析方法

　　高超声速飞行器由于动压变化范围大，而引起系统参数变化范围大，俯仰通道、偏航通道和滚转通道之间耦合较严重，气动特性具有很大的随机性和不确定性，使得高超声速临近空间飞行器系统成为一个具有非线性、快时变性以及模型不确定性的复杂多变对象。线性小扰动分析在短时间的运动趋势预测方面是可靠的，但是对于较长时间的运动分析或快速机动过程分析，小扰动方程就很难胜任，必须借助完整的动力学方程进行分析，最常用和简单的方式是开展六自由度仿真。

　　仿真手段可以直观地反映飞行器的运动特性，包括稳定特性、振荡特性和响应特性等，通过简单的处理还可以分析飞行器配平特性，同样仿真手段也可以用于分析耦合特性。高超声速飞行器运动耦合严重，前面章节从动力学方程出发分析了耦合特性，本节使用仿真手段分析通道之间的耦合特性。

　　无控飞行的仿真模型结构如图 10 - 18 所示，主要包括动力学方程，运动学转换关系式和外力作用（包括气动力和力矩、重力、推力）三部分。动力学方程为飞行仿真关键，六自由度仿真需要动力学方程作为飞行器的六自由度运动方程组，仅关注飞行器的运动特性时，平面地球假设也是足够的，可以使用式（10 - 1）和式（10 - 2）中的动力学方程建立仿真模型，这里不再赘述。运动学转换关系是为了获得计算外力作用需要的状态变量，如马赫数、攻角、侧滑角等。

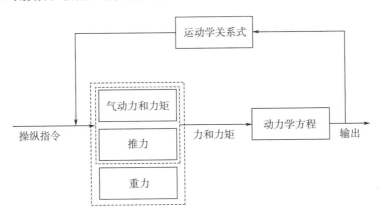

图 10 - 18　六自由度仿真示意图（无控）

　　气动力和力矩是外力作用的重要组成部分，与飞行器外形有密切关系，需要针对不同飞行器气动力数据建立不同的气动力模块。无论是风洞吹风还是 CFD 计算获得的气动数据，大多数是分为静态气动数据和动态数据两部分，所以气动力模型往往采用线性叠加的形式，各部分气动力采用插值方法进行计算，实践验证了这种形式的模型适合于绝大多数的飞行器和飞行状态。但是，对于大攻角飞行和大机动飞行的状态，常规的线性叠加模型不再适用，需要建立非线性和非定常的模型，在前面章节已经做了简要介绍。

　　Matlab 作为一种面向科学和工程计算的高级计算机语言，已被国际公认为最优秀的应用软件之一。Simulink 是 Matlab 提供的仿真工具，可以方便地进行动态系统建模、仿真以及分析等，Simulink 还提供了 Aerospace 工具箱和控制系统设计工具箱。Simulink 可视化的界面、模块化的建模方式和 Aerospace 工具箱中现成的模块组建了飞行动力学模型，以及 Matlab 强大的数据处理能力和绘图手段，可以减轻仿真建模的工作并减少建模的错误，使得使用人员从仿真建模中解放出来，更好地分析仿真的结果[14]。

飞行器角运动可以分为纵向、横向和侧向三个通道，并用俯仰角和俯仰角速度表示纵向运动，用滚转角和滚转角速度表示横向运动，用偏航角和偏航角速度表示侧向运动。为考察三通道之间的耦合关系，分别开展单自由度、双自由度和三自由度仿真，对比仿真结果可以分析通道之间的相互影响。图 10-19~图 10-21 为某高超声速飞行器在 2°侧滑角扰动下，采用单自由度、双自由度和三自由度仿真的结果，仿真中仅考察了力矩作用下的角度运动，仿真结果不影响通道之间的耦合关系。不同仿真方案下，俯仰角速度变化很大，纵向通道受横侧向通道影响很严重；偏航角速度曲线显示，侧向单通道仿真与侧纵向双通道仿真结果相近，横侧向双通道仿真与三通道仿真结果相近，说明是否存在纵向通道对仿真结果影响不大，滚转角速度的仿真结果也有相似的结论，故横侧向受纵向通道影响相对较小；对比滚转角速度的曲线和偏航角速度的曲线，可以看出横向受航向的影响大于对航向的影响。

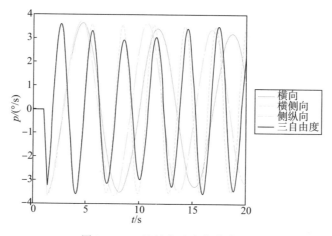

图 10-19　滚转角速度仿真曲线

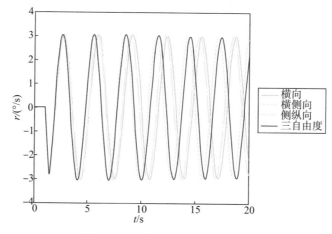

图 10-20　偏航角速度仿真曲线

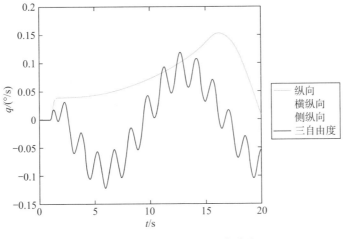

图 10 - 21　俯仰角速度仿真曲线

10.4　高超声速飞行器增稳系统设计方法

高超声速飞行器在高空飞行时，操稳特性往往不能同时满足要求，短周期模态可能存在发散的风险也可能存在阻尼不足的问题，荷兰滚模态可能是阻尼不足的，滚转模态有时也表现为运动迟缓。面对这样的问题就必须借助增稳系统改善其操稳特性，否则会对飞行安全带来严重威胁。下面分别针对快速响应的短周期模态、滚转模态和荷兰滚模态设计增稳策略改善模态运动特性，由于高超声速飞行器的气动原因，滚转模态和荷兰滚模态的增稳策略与常规飞行器略有不同。

10.4.1　高超声速飞行器增稳策略

（1）短周期模态增稳策略

高超声速飞行器的短周期模态通常表现为阻尼不足，也存在静不稳定飞行器表现为短周期模态发散的情况。短周期模态受气动参数 $\overline{Z}_\alpha$、$\overline{M}_q$ 和 $\overline{M}_\alpha$ 影响很大，通常采用攻角反馈补偿飞行器的静稳定性，改善短周期模态的频率特性；采用俯仰角速度反馈改善短周期模态的阻尼特性。攻角测量误差较大，有时也采用俯仰角反馈代替攻角反馈，对应的控制律与控制结构如图 10 - 22 所示。

$$\delta_e = K_{\delta_e}^\alpha \Delta\alpha + K_{\delta_e}^q q$$

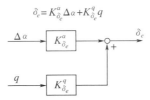

图 10 - 22　短周期模态增稳控制律与控制结构

（2）滚转模态增稳策略

高空飞行时，飞行器动压低，滚转运动收敛缓慢。对常规飞行器来说，$\overline{L}_p$ 是影响滚转模态的主要气动参数，通常采用滚转角速度反馈到副翼通道可以改善滚转运动模态，增加滚转角反馈可以实现滚转角控制，其控制律和控制结构如图 10-23 所示。高超声速飞行器通常大攻角飞行并且滚摆比 $|\overline{L}_\beta / \overline{N}_\beta|$ 很大时，$|C_{nr}|$ 对滚转模态的影响可能大于 $|C_{lp}|$，此时使用偏航角速度反馈到方向舵通道可以获得较好的效果，仍使用滚转角反馈到副翼通道来实现滚转角控制，控制律与控制结构如图 10-24 所示。

$$\delta_a = K_{\delta_a}^\phi \Delta\phi + K_{\delta_a}^q p$$

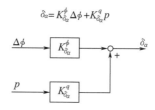

图 10-23　滚转模态增稳控制律与控制结构（常规）

$$\delta_a = K_{\delta_a}^\phi \Delta\phi$$
$$\delta_r = K_{\delta_a}^r r$$

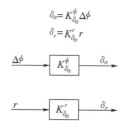

图 10-24　滚转模态增稳控制律与控制结构（非常规）

（3）荷兰滚模态增稳策略

高超声速飞行器高空飞行时，荷兰滚模态是横侧运动主导运动模态，一般阻尼特性较差，阻尼不足。对于常规飞行器，常采用侧滑角反馈到方向舵来调节荷兰滚模态频率，用偏航角速度反馈到方向舵来改善模态阻尼，如图 10-25 所示。高超声速飞行器飞行攻角较大，滚转运动在荷兰滚模态运动中的比重很大甚至会超过偏航运动，并且大攻角飞行时，方向舵效率较低，所以高超声速飞行器有时采用侧滑角反馈到副翼来改善荷兰滚模态频率，用滚转角速度反馈到副翼来改善荷兰滚阻尼，控制律与控制结构如图 10-26 所示。

$$\delta_r = K_{\delta_r}^\beta \Delta\beta + K_{\delta_r}^p r$$

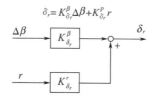

图 10-25　荷兰滚模态增稳控制律与控制结构（常规）

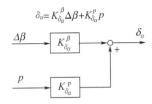

$$\delta_a = K_{\delta_a}^{\beta}\Delta\beta + K_{\delta_a}^{p}p$$

图 10 - 26　荷兰滚模态增稳控制律与控制结构（非常规）

10.4.2　增稳控制仿真验证

高超声速飞行器的模态特性一般不能满足要求，都需要添加增稳系统，添加增稳系统的闭环系统是姿态控制和制导控制的基础，但增稳系统设计是针对线化小扰动假设开展的，具体的增稳效果还需要经过六自由度的仿真检验，添加控制系统的六自由度仿真示意图如图 10 - 27 所示。

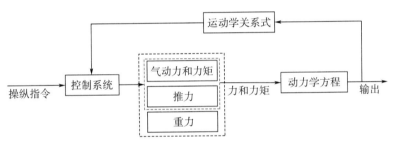

图 10 - 27　六自由度仿真示意图（控制增稳）

增稳系统是针对各快速响应模态进行设计的，这些运动模态都是角运动模态，进行仿真检验时，一般假设高度和速度不变并忽略气动力、重力等作用力的影响。在增稳系统之外添加控制指令就可以实现对应的姿态控制。下面以某飞行器纵向增稳控制为例进行说明。

某类 HTV - 2 高超声速飞行器在高度 30 km、$Ma = 6$、攻角 12°下飞行，在忽略外力作用下的短周期小扰动方程为

$$\begin{bmatrix} \Delta\dot{\alpha} \\ \dot{q} \end{bmatrix} \begin{bmatrix} 0 & 1 \\ \overline{M}_a & \overline{M}_q \end{bmatrix} \begin{bmatrix} \Delta\alpha \\ \Delta q \end{bmatrix} + \begin{bmatrix} 0 \\ \overline{M}_{\delta_e} \end{bmatrix} \Delta\delta_e$$

式中　δ_e——等效俯仰舵。

经分析在状态点处的短周期模态为两个实根：—1.801 7、1.739 4。可以看出短周期模态发散，这是由飞行器静不稳定性决定的。使用攻角反馈和俯仰角速度反馈可以实现短周期模态增稳，利用根轨迹方法可以设计各反馈增益，如图 10 - 28 所示，当 $K_{\delta_e}^{\alpha} = 2.5$、$K_{\delta_e}^{q} = 0.85$ 时，闭环系统特征根为—1.631 7±1.902 2i，对应短周期模态的频率为 2.506 2，阻尼为 0.651 1。

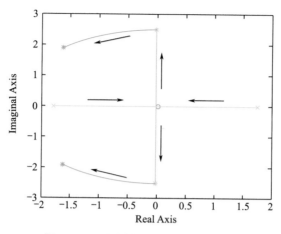

图 10 - 28　短周期增稳根轨迹示意图

基于短周期增稳反馈，可以建立闭环仿真模型，实现两次拉攻角的机动，具体的控制律和控制指令为 $\delta_e^*(t) = 2.5 \times [\alpha(t) - \alpha_0(t)] + 0.85 \times q(t) + \delta_{e,trim}(t)$

$$\delta_e = \begin{cases} \delta_e^* & \delta_e^* > 0 \\ 0 & \delta_e^* \leqslant 0 \end{cases} \text{（体襟翼限制舵偏只能下偏）}$$

其中攻角指令 $\alpha_0(t)$ 和配平舵偏指令 $\delta_{e,trim}$ 为

$$\alpha_0(t) = \begin{cases} 12.21 & 0\text{s} \leqslant t < 1\text{s} \\ 14.50 & 1\text{s} \leqslant t < 6.5\text{s} \\ 17.50 & 6.5\text{s} \leqslant t \leqslant 10\text{s} \end{cases}$$

$$\delta_{e,trim}(t) = \begin{cases} 1.001 & 0\text{s} \leqslant t < 1\text{s} \\ 2.599 & 1\text{s} \leqslant t < 6.5\text{s} \\ 3.592 & 6.5\text{s} \leqslant t \leqslant 10\text{s} \end{cases}$$

在理想舵面偏转情况下，Simulink 仿真 10 s 所得结果如图 10 - 29 所示，实现了两次拉攻角机动。当攻角从第一个平衡位置改变到第二个平衡位置，舵偏首先减小，飞行器抬头，攻角和俯仰角速度增大，到达某个位置舵偏角也开始逐渐增大，飞行器在控制系统作用下逐渐平衡；从第二个平衡状态到第三个平衡状态也有相同的变化过程。

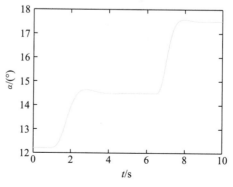

图 10 - 29　攻角控制仿真曲线图

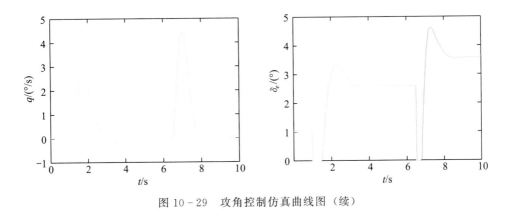

图 10 - 29　攻角控制仿真曲线图（续）

参 考 文 献

［1］ 方振平，陈万春．航空飞行器飞行动力学［M］．北京：北京航空航天大学出版社，2005．

［2］ 钱杏芳，林瑞雄．导弹飞行力学［M］．北京：北京理工大学出版社，2008．

［3］ Г·С·比施根斯．超声速飞机空气动力学和飞行力学［M］．上海：上海交通大学出版社，2009．

［4］ 肖业伦．飞行器运动方程［M］．北京：航空工业出版社，1987．

［5］ 胡寿松．自动控制原理［M］．北京：科学出版社，2013．

［6］ 肖文．高超声速飞行器横侧向耦合控制技术研究［D］．南京：南京航空航天大学，2014．

［7］ 吴建伟．重复使用运载器无动力着陆制导与控制技术研究［D］．南京：南京航空航天大学，2012．

［8］ 程剑峰．高超声速飞行器再入段横侧向控制律设计［D］．南京：南京航空航天大学，2013．

［9］ 祝立国，王永丰．高速高机动飞行器的横航向偏离预测判据分析［J］．宇航学报，2007，28（6）：1550 - 1553．

［10］ ROBERT M S. Investigation of Current and Proposed Aircraft Departure Susceptibility Criteria with Application to Future Fighter Aircraft［R］．1990，NADC - 90048 - 60．

［11］ 陈琛，王鑫，闫杰．升力体型高超声速飞行器模态稳定性分析［J］．西北工业大学学报，2010，128（3）：327 - 331．

［12］ TOMISLAV C，CHRISTIAN B. Unsteady and Coupling Aerodynamic Effects on the Lateral Motion in Hypersonic Flight［R］．1999，AIAA - 99 - 4832．

［13］ WILLIAM D G，FREDERICK L M. Simulator Study of Coupled Roll - Spiral Mode Effects on Lateral - Directional Handling Qualities［R］．1970，NASA TN D - 5466．

［14］ 唐斌，黄一敏．Matlab 的无人机全过程飞行仿真［J］．沈阳航空工业学院学报，2007，24（1）：13 -16．

第 11 章　数值虚拟飞行

追求卓越性能的现代飞行器设计面临着诸多挑战性的飞行稳定性与控制问题。数值虚拟飞行本质上是高精度多学科时域耦合分析，以非定常 CFD 为纽带将气动、飞行、结构、推进、控制等诸多学科耦合在一起，实现对复杂飞行过程的完整预示或逼真复现。以数值虚拟飞行为代表的多学科一体化耦合模拟不仅可与经典飞行仿真流程进行相互比对与验证，直观分析运动规律和控制效果，而且可以预先识别非指令行为和失控飞行模式，重现与分析飞行故障特征。由于天然的多学科耦合特性，最大程度计及非线性效应，数值虚拟飞行在复杂飞行包线的极限状态更具价值。

本章在概述数值虚拟飞行发展动态与趋势的基础上，介绍支撑数值虚拟飞行的运动网格技术，着重通过开环的数值自由飞行和闭环的数值虚拟飞行，展示了多学科一体化耦合模拟技术在飞行器稳定性与控制研究方面的独特优势。

11.1　数值虚拟飞行的发展

大规模 CFD 模拟已经在航空航天为代表的工业领域得到广泛应用。欧美等航空航天强国逐步摒弃依赖风洞试验的气动设计传统模式，正转向以 CFD 为主、风洞试验验证为辅的多学科耦合分析与优化（MDAO）。在 P 级计算向 E 级计算进军的大趋势下，"数值优化设计""数值虚拟飞行"将给航空航天飞行器设计带来革命性的变化[1]。

11.1.1　现代飞行器挑战性的动态问题

现代飞行器无论是先进战斗机还是临近空间高超声速飞行器，都在追求设计的极限性能，往往遇到一系列复杂的非定常流体动力学与非线性飞行动力学耦合问题。这些攸关飞行品质与飞行安全性的挑战性动态问题主要分为两类：一是本体稳定性问题；二是多系统交叉的耦合问题。鉴于当前的认识阶段，以气动研究为基础的延伸探索还集中于本体稳定性问题。

先进战斗机大攻角机动飞行，非定常、非对称旋涡运动在流场中起主导作用，气动力的非线性引发了严重的纵横向运动交感耦合和运动学关联效应问题，不但恶化飞行器的操纵性和稳定性，而且会发生许多危及飞行安全的非稳定运动形式，其往往与失速概念相关联，表现为多自由度的运动特征，因而成为现代高机动飞行器研制中最为关注的问题之一[2]。美国 AWS（Abrupt Wing Stall）研究计划是关于战斗机大攻角动态问题的具有代表性的最新研究[3-5]。1998—2003 年美国国防部以解决 F/A‐18E/F 的掉翼问题为背景，联合 NASA 兰利研究中心和海军等主要研究单位启动 AWS 研究计划，用以全面理解各类战斗机普遍存在的跨声速突然失速的气动力诱发因素。

临近空间高超声速高升阻比气动布局体现了航空航天融合的设计理念；但其独特的气动/推进构型和特殊的飞行环境会引起常规飞行器所没有的特殊飞行动力学效应，甚至带来某些颠覆性后果。高马赫数飞行的特殊性与内在稳定性及控制力不足密切相关，包括动力学不稳定、特殊的非定常与强耦合特性；这些效应特别关系到横向动力学特性，相关的运动模态间存在可观的耦合特性[6]。从空气动力学的角度看，临近空间高速飞行的流动的高度非线性，低密度环境小展弦比布局横航向弱气动阻尼与弱气动控制力特征显著，此为问题的内在根源。从飞行动力学的角度看，弱阻尼及较低的气动/惯性比，使得临近空间飞行模态运动的经典特征蜕化，易于发生模态耦合，此为问题的外在表现。Richard 的 NASA 报告[7]指出在航天飞机再入大气层的高超声速和超声速阶段遇到了滚转–螺旋耦合这类高马赫数飞行特有且难于控制的耦合动力学问题。2010 年 4 月和 2011 年 8 月美国先后进行了 2 次 HTV-2 飞行试验，亦均告失败。初步分析表明，试验失败的原因很大程度上是因为其横侧向尤其是侧向稳定性和操纵能力不够，飞行过程中出现了超出预期的侧滑角，引起机体翻滚超出可控范围。综合看来，复杂环境下空气动力学/飞行力学/控制是交叉耦合、密不可分的。因此，面对临近空间机动飞行，亟需开展气动、飞行力学及控制等跨学科综合的基础研究。

超声速弹头、弹箭也存在一些匪夷所思的运动动力学问题，有些甚至持续困扰着飞行器设计者。国外早在 20 世纪五六十年代就发现了高超声速钝锥再入外形存在姿态失稳运动[8-13]。国内外旋转火箭弹设计过程也屡见不鲜地出现锥形运动[14-17]，不可预知的锥形运动成为旋转弹箭设计的梦魇。由于失稳机理的认识不清，国内旋转火箭弹增程设计中无奈选择将卷弧翼改为直翼的规避设计。

总之，飞行器挑战性的动态问题是飞行器设计中的幽灵现象，一旦出现似乎有挥之不去的影响。追本溯源的驱动往往期待空气动力学研究揭示非线性流动结构作用下的运动动力学机制。

11.1.2　数值虚拟飞行的发展趋势

近年来，国内外对计算流体动力学与刚体动力学等其他学科耦合来研究分析飞行稳定性与控制（S&C）产生了广泛的兴趣。数值虚拟飞行和动稳定性导数计算是非定常 CFD 发展方兴未艾的两个主要方向[18]。CFD 技术的发展已使得多学科一体化耦合研究成为现实，飞行器动态研究中 CFD 作用也越来越突出，特别是多学科一体化技术将可能为飞行器动态研究提供接近实际的飞行运动轨迹、姿态以及实时丰富的流动信息，因而直观地反映飞行品质。

随着超级计算技术和多学科耦合分析技术的发展，数值虚拟飞行的外沿和内涵都在不断扩大。数值虚拟飞行的发展主要涵盖了无控数值自由飞行、结合操纵面响应的闭环控制飞行、耦合结构动力学的数值飞行及其他更高层次多学科耦合。多学科耦合的数值虚拟飞行（如图 11-1 所示）在改善飞行器设计、理解复杂流动物理的关键，特别是在飞行器详细设计阶段乃至首飞试验前，采用高精度方法结合先进物理模型的多学科耦合数值虚拟飞行分析得以实现精细化设计、预先评估飞行器性能[19]。正是由于认识到多学科耦合数值虚拟飞行在未来飞行器设计中的巨大潜力，政府计划和一些具有前瞻意识的研究团队都高度重视。

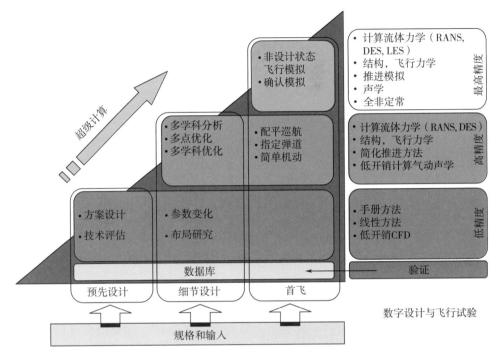

图 11-1　不同设计阶段对多学科耦合分析的需求

2003 年美国 AWS 研究计划认识到，需要发展包括 CFD 在内的预测 AWS 的方法和手段，以达到工程实用化的目标。AWS 研究计划也重点推荐了下一步研究的两个潜在方向[5]：1）开展附加研究来确定常规设计的指导方针；2）进行更富创造性的努力，开展最新技术的一体化耦合研究，在稳定性与控制（S&C）领域融合并凸现 CFD 方法的优势。2004—2007 年美国海军航空系统司令部（NAVAIR）就联合 NASA 兰利研究中心等单位在通用高性能计算软件主动支撑项目（CHSSI）支持下开展基于 CFD 方法的飞行器稳定性与控制（S&C）的评估过程及机体—进气道—引擎压缩机一体化的分析能力研究[20]。从 2007 年开始，美国国防部高性能计算现代化计划（DoD HPCMP）启动了 CREATE 项目（2007—2020 年）。其中 Kestrel 软件系统是针对固定翼飞行器而设计的，目的是建立耦合空气动力学、稳定性与控制、结构动力学、推进系统等跨学科一体化模拟平台[21]。通过一个良好定义、易于扩充维护的基础框架融合不同学科的高精度分析工具，其核心为 CFD 解算器（如图 11-2 所示），具备网格变形和自适应能力，可进行静动态气动特性、气动弹性、六自由度运动、发动机推进和耦合舵偏控制律等模块的计算功能，可进行接近物理实际情况的飞行过程数值模拟。显而易见，美国国防部从 AWS 研究计划开始分步骤持续推进多学科一体化的耦合分析技术研究，旨在实现虚拟的测试与评估（T&E）。

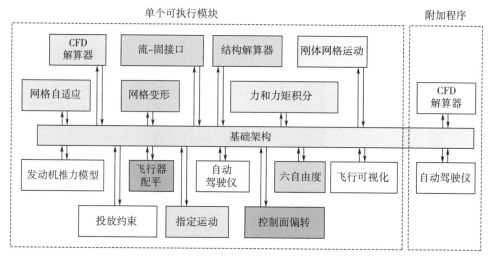

图 11-2　Kestrel 模块框架（2007—2020 年）

这十年以来，国外团队研究引领了数值虚拟飞行的发展潮流[22-30]。无控数值自由飞行分析复杂运动的稳定性及相应流动演化规律；耦合控制律的数值虚拟飞行验证复杂指令行为的控制响应、评估控制飞行能力。2005 年美国陆军试验室（ARL）Sahu 计划瞄准复杂精确制导武器系统的整个飞行弹道，开展时间精确的 CFD/RBD 耦合计算研究[22]，数值再现了弹箭弹道靶试验飞行历程（如图 11-3 所示）；2006 年 Sahu 明确提出"在超级计算机上开展基于物理的弹箭虚拟飞行"，核心是发展与应用多学科一体化耦合分析技术来计算弹箭飞行器飞行轨道和自由飞行的时变气动力，包含了控制舵面偏转后飞行器实时的姿态轨迹响应[23]。2005 年俄克拉荷马州立大学研究团队通过耦合结构、气动力、控制系统等构建高效的数值平台来有效补充、支持飞行试验，数值研究捕获在操纵面偏转下的飞行轨道特征[24]。德国 DLR 针对 X-31 战斗机外形采用非结构重叠网格实现舵面偏转运动，开展了配平机动过程的气动/飞行/控制一体化模拟（如图 11-4 所示）。2013 年《CFD 的2030 愿景》[31]也指出多学科一体化的耦合分析与优化是下一代需要重点攻关的技术方向。

国内张涵信院士和崔尔杰院士指导的研究团队在多学科耦合数值方法上也进行了持续的探索研究[32-44]。2000 年航天十一院周伟江[32]数值模拟分析了返回舱跨声速的自由俯仰自激振荡。中国空气动力研究与发展中心袁先旭[33]数值模拟了日本飞船返回舱自由俯仰极限环运动。国防科技大学刘伟[34]数值模拟分析了三角翼自由滚转特性。航天十一院杨云军[35-39]发展了全局亚迭代的 CFD/RBD 紧耦合高精度方法，先后定量准确地研究了机翼摇滚特性及多自由度耦合特性、超声速弹头的多自由度极限环运动特性，通过非线性理论建模与多重尺度法分析（MTS）研究失稳运动的动力学机制。2012 年航天十一院[40]初步实现了飞行器气动/控制/飞行力学一体化耦合的数值虚拟飞行。总之，非定常 CFD/RBD 的一体化多自由度耦合的虚拟现实技术将提供接近实际的运动轨迹、姿态与丰富的流动信息，从而直观地反映飞行品质，已经成为新型飞行器动态研究发展的新趋势。

国内外研究针对飞机、导弹、火箭、高超声速飞行器等外形的数值虚拟飞行成功地演

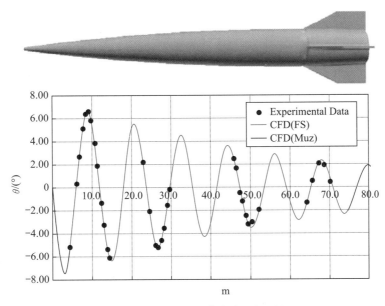

图 11-3 火箭弹数值自由飞行历程

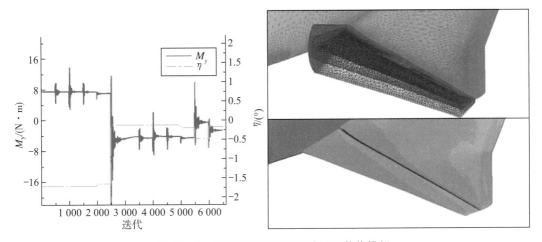

图 11-4 战斗机纵向配平机动过程数值模拟

示了在当前硬件资源下气动/飞行力学/控制/结构多学科一体化耦合模拟能力，可用于非线性条件下飞行器稳定性及控制律的校核，进而能在飞行器设计流程的早期就主动参与控制律设计，为飞行试验安全、弹道和控制系统设计提供技术支撑。随着计算硬件资源的提高，对飞行器多学科耦合分析和优化设计的需求会越来越大，而数值虚拟飞行必将成为重要的分析和研究手段，并将和传统的飞行仿真结合在一起，共同构成多层次的飞行器动态多学科综合研究体系。

11.2　数值虚拟飞行的基本流程

数值虚拟飞行的本质是高精度多学科时域耦合分析。对刚性体的无控数值自由飞行来说，涉及非定常流体力学和刚体六自由度（6DOF）飞行力学的耦合；对有控制飞行过程的模拟，还需要耦合飞行控制模型；当将飞行器作为弹性体时，结构弹性动力学分析也是不可或缺的。不同学科之间的联系和相互反馈通过网格的运动体现。本书当前暂不考虑结构变形，即将飞行器视作刚体。

本书的数值虚拟飞行的基本流程如图 11-5 所示。数值虚拟飞行的核心是流体力学和刚体动力学的高精度耦合求解（CFD/RBD），而实时、高效和鲁棒的网格调整则是支撑全流程运行的关键。内部虚线框是无控条件下的数值自由飞行流程；在数值自由飞行的基础上，通过进一步耦合飞行控制律实时调整控制面偏转，则实现了带控制的数值虚拟飞行。需要说明的是，数值虚拟飞行的各个学科组成部分在时域上可以通过不同的耦合形式相互关联，本节为清晰说明数值虚拟飞行的流程，图 11-5 采用的是松耦合的形式，不同学科组件同样也可以通过紧耦合的方式连接。

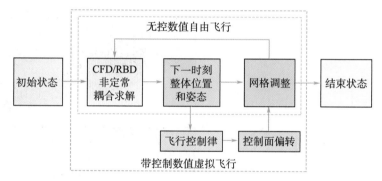

图 11-5　数值虚拟飞行基本流程示意图

必须明确指出的是，数值虚拟飞行不是对经典仿真手段的否定，两者应该是相辅相成的。针对典型过程的数值虚拟飞行不能孤立地存在，经典仿真分析是数值虚拟飞行的基础准备。以带控制的飞行过程为例，经典流程如下：

1）静态气动特性计算；

2）动态气动特性计算；

3）稳定性和操纵性分析；

4）控制律设计；

5）飞行仿真。

步骤 1）和 2）构建了飞行器气动数据库，静态气动特性计算采用第 2 章的数值方法，而动导数等动态气动数据计算则采用第 6 章的方法；在获得气动数据库的基础上，步骤 3）开展飞行稳定性和操纵性分析评估飞行器性能，这需要采用第 10 章的方法。步骤 4）针对飞行器性能，按照目标任务要求，开展飞行控制律的设计。最后步骤 5）基于气动数据库或气动模型、融合控制模型，实现飞行过程的仿真分析。从 1）～5）流程可见，气动［步骤 1）～3）］、控制［步骤 4）］和飞行力学［步骤 5）］不同学科之间的联系是串行的、解耦的，这是经典的设计流程，不同学科之间的耦合程度较低。

　　本章的数值虚拟飞行技术将不同学科通过非定常 CFD 为纽带耦合在一起，实现对目标飞行过程的高精度模拟。数值虚拟飞行不仅可与经典流程进行相互比对和验证，分析运动规律和控制效果，而且可以识别和预测非指令行为和失控飞行模态。由于多学科强耦合的特征，最大程度计及非线性效应，因此数值虚拟飞行在复杂飞行包线的极限状态更具价值。

11.3　网格运动技术

　　飞行过程中飞行器的位置和姿态时刻发生变化，因此根据飞行器的位置和姿态实时、高效和鲁棒地调整网格成为数值虚拟飞行的关键。对刚性体的无控数值自由飞行，最常用的方法是刚性动网格技术，飞行器的网格在模拟过程中随物体做刚性运动，网格节点之间的相对位置保持不变，其优点在于整个运动过程中不需要重新生成计算网格，计算量小，且能保持网格的分辨率和精度。但此方法仅适合于无控制的开环自由飞行，且由于网格跟随物体运动，其壁面和远场边界需要特殊处理，具体方法可参见第 2 章。

　　当采用耦合控制的数值虚拟飞行时，控制面的偏转使得求解过程必须具备处理局部网格运动或变形的能力。当前处理网格运动和变形的方法通常分为两大类，分别是重叠网格[45-49]和网格变形[50-53]。对刚性大位移运动，如果采用网格变形的方法，大位移时势必需要对网格进行重构，本书第 7 章对网格变形和网格重构技术进行了详细的介绍，这里不再赘述。重叠网格技术中各个独立网格的拓扑结构不会随着物体的相对运动而改变，因此基于重叠网格技术的数值模拟方法特别适合于处理刚性物体之间的相对运动。早期的重叠网格是基于结构网格的，目的是用于航天飞机之类复杂外形的网格生成。基于结构网格的重叠网格方法虽然部分改善了网格生成的难度，但仍然需要使用者大量的人工干预和较为丰富的使用经验，极大地限制和抵消了重叠网格所带来的优点。非结构重叠网格技术在最近 10 年得到快速的发展，它结合了非结构网格和重叠网格的优点，得到了越来越多研究者的重视。

11.3.1　非结构重叠网格技术

　　非结构重叠网格技术主要包括以下 4 个方面：1）洞边界的构造；2）边缘单元的确定；3）贡献单元的查找；4）网格之间的插值。洞边界的构造需要采用高效的数据结构，以保证过程的鲁棒性和效率；准一维的快速搜索方法得到贡献单元，二阶精度的插值计算以保证和流场解的空间精度相同。

11.3.1.1　洞边界的构造

　　重叠网格技术一个主要挑战是洞边界的构造。快速、鲁棒的洞边界搜索算法是重叠网格应用于实际的基础。传统的非结构重叠网格技术使用单元到不同网格的距离作为洞边界构造和贡献单元查找的准则。这种方法的优点是在查找贡献单元的同时就得到了洞边界。其缺点在于需要对所有的单元进行贡献单元的查找，而且在边缘单元和贡献单元的空间分布不规则时容易失败。本文发展了洞边界构造和贡献单元查找分开进行的重叠网格方法，提高了重叠网格构造过程的鲁棒性。

洞边界的构造方法简述如下：

1）构造交替二叉树数据结构（ADT）[54]，对每个独立的网格，将它的边界面插入到对应的 ADT 结构中。

2）对每个单元，在其他网格的 ADT 结构中查找是否有可能与之相交的壁面。如果有，则将该单元标记为切割单元。

3）对所有与切割单元相连的单元，采用射线法快速地判断单元是否位于流场中。

4）使用填充算法快速地标定流场单元[54]。

5）流场单元与切割单元相接的面形成洞边界（如图 11-6 所示）。

由于使用了高效的 ADT 数据结构，切割单元的查找非常快速。以两个重叠的 100 万量级的网格为例，搜索切割单元的时间少于 1 s。而且 ADT 数据结构仅对边界面构造，内存的增加很小，其增量约为不做重叠计算时所需内存的 2%。

边缘单元是不同网格之间的信息交流渠道。将与切割单元和交流边界相连的流场单元标记为边缘单元。为了与解算器的空间 2 阶精度相匹配，再将与这些边缘单元相邻的 2 层流场单元也标记为边缘单元[45]，如图 11-6 所示。

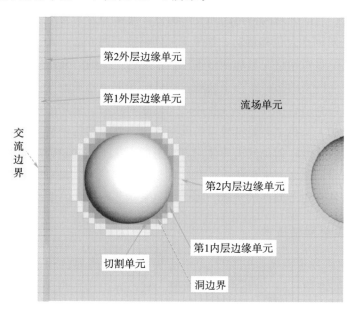

图 11-6　洞边界与边缘单元

11.3.1.2　贡献单元的查找

该步骤将查找为边缘单元提供插值信息的位于其他网格的流场单元。采用的算法是基于邻居到邻居的查找方法。这种方法将三维的搜索简化为准一维的搜索，极大地提高了搜索效率[54]。在一般的重叠网格方法中，这种搜索方法有可能遇到边界，需要对此类情况进行特别处理。本书采取的方法则完全避免了这种情况的出现，注意洞边界构造中的步骤 3)，在判断单元属性的同时就获得了距所判断单元最近的边界面，直接以与该边界面相连的单元为搜索起始单元，因此在搜索过程中不会遇到边界，以图 11 - 7 为例，对需要搜索贡献单元的点 A，通过射线法判断出在最近的边界面交点 B，实际的搜索路径为线段 BA。

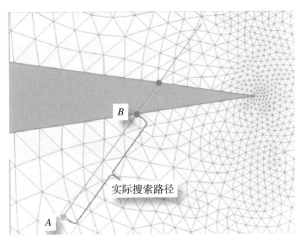

图 11 - 7　准一维搜索示意

在非定常运动计算中每时每刻的网格都处于空间不同位置，每一个物理时间都需要进行重叠网格的建立。在重叠网格构造中，以贡献单元的查找最为费时。即使采用准一维的搜索方法，查找贡献单元也占据了整个重叠网格计算时间的 60% 以上。如果每一个物理时间步都以上述方式进行贡献单元的搜索，总的计算时间是不可接受的。为了改进计算效率，在贡献单元搜索过程中，最好使得准一维搜索的路径最短，可以采用两种加速措施以提高搜索效率。

1) 如果该边缘单元的邻居已经获得了贡献单元，则使用邻居单元的贡献单元作为搜索起始位置。

2) 判断该边缘单元在上一时间步是否有贡献单元，如果有，则以上一时刻的贡献单元作为起始搜索位置。

通过同时使用上述两种加速措施，贡献单元的搜索效率极大提高，使得非结构重叠网格方法具备了处理大网格规模、非定常运动的实际工程能力。

11.3.1.3　网格插值过程

从贡献单元给边缘单元插值有多种方法。常用的方法是反距离权重平均和最小二乘法[47]。最小二乘法可以实现插值的 2 阶精度，反距离权重平均精度低于 2 阶，但速度较快。插值模板的选取是贡献单元和与该贡献单元相邻的流场单元。

边缘单元的值为

$$q = \Big(\sum_{i=1}^{N} w_{c,i} q_{c,i} \Big) \Big/ \sum_{i=1}^{N} w_{c,i}$$

式中 q_c——模板的值；

w_c——莫板的权重。

对反距离权重平均，每个插值模板的权重为

$$w_{c,i} = \sqrt{(x_{c,i}-x)^2 + (y_{c,i}-y)^2 + (z_{c,i}-z)^2}$$

式中 $(x_{c,i}, y_{c,i}, z_{c,i})$——模板单元的坐标；

(x, y, z)——需要插值的边缘单元的坐标。

对最小二乘法，每个插值模板的权重为

$$w_{c,i} = 1 + \Delta w_{c,i}, \Delta w_{c,i} = [\lambda_x(x_{x,i}-x) + \lambda_y(y_{c,i}-y) + \lambda_z(z_{c,i}-z)]/D$$

其中

$$\lambda_x = -R_x(I_{yy}I_{zz} - I_{yz}^2) + R_y(I_{xy}I_{zz} - I_{xz}I_{yz}) - R_z(I_{xy}I_{yz} - I_{yy}I_{xz})$$

$$\lambda_y = -R_x(I_{xy}I_{zz} - I_{xz}I_{yz}) - R_y(I_{xx}I_{zz} - I_{xz}^2) + R_z(I_{xx}I_{yz} - I_{xy}I_{xz})$$

$$\lambda_y = -R_x(I_{xy}I_{yz} - I_{yy}I_{zz}) + R_y(I_{xx}I_{yz} - I_{xy}I_{zz}) - R_z(I_{xx}I_{yy} - I_{xy}^2)$$

$$D = I_{xx}(I_{yy}I_{zz} - I_{yz}^2) - I_{xy}(I_{xy}I_{zz} - I_{xz}I_{yz}) + I_{xz}(I_{xy}I_{yz} - I_{yy}I_{xz})$$

$$R_x = \sum_{i=1}^{N}(x_{c,i}-x), R_y = \sum_{i=1}^{N}(y_{c,i}-y), R_z = \sum_{i=1}^{N}(z_{c,i}-z)$$

$$I_{xx} = \sum_{i=1}^{N}(x_{c,i}-x)^2, I_{yy} = \sum_{i=1}^{N}(y_{c,i}-y)^2, I_{zz} = \sum_{i=1}^{N}(z_{c,i}-z)^2$$

$$I_{xy} = \sum_{i=1}^{N}(x_{c,i}-x)(y_{c,i}-y), I_{xz} = \sum_{i=1}^{N}(x_{c,i}-x)(z_{c,i}-z), I_{yz} = \sum_{i=1}^{N}(y_{c,i}-y)(z_{c,i}-z)$$

由于不同网格之间的尺度分布不一致，导致部分边缘单元无法找到贡献单元，将这种单元称之为孤立单元，这种情况在两个物体非常靠近或非常远离时特别突出。当遇到孤立单元时，它的流场变量值采用离它最近流场单元的值以保证整个流场的求解能够继续进行。在实际操作中，最好通过合适的网格分布确保在整个计算过程中不会出现孤立单元。

11.3.1.4 重叠网格壁面距离计算

在 RANS 方法中普遍使用的湍流模型都需要计算最近壁面距离。在非结构重叠网格中，边缘单元以及相邻的流场单元的壁面距离需要正确地获得以保证湍流模型计算正确。如果采用遍历的方法，计算时间是不可接受的，严重限制了重叠网格的工程应用前景。为将湍流模型应用于重叠网格，在单块非结构网格壁面距离计算方法的基础上，发展了任意多块非结构重叠网格壁面距离计算方法，简要说明如下：

1) 对每个边缘单元，在它的所有贡献单元最近壁面对应的边界面索引中，找到最近壁面距离，并和边缘单元在自身网格中的最近壁面距离比较，如果距离值更小，则更新边缘单元的边界面索引。

2) 对网格系统中的所有流场单元和边缘单元进行壁面距离计算光顺，即这些单元与它们的邻居交换对应的边界面索引，并计算到这些边界面的距离，如果距离值更小，则更新单元的边界面索引。

3）重复步骤 2）直到所有流场单元和边缘单元对应的边界面索引都不再变化。

从上述的步骤可见，如果所有网格的边界面信息公开，非结构重叠网格的壁面距离计算都是在当地进行的，因此可以很方便地推广到并行计算，进一步提升了计算效率。在实际测试中发现，重叠网格壁面距离计算所用到的时间开销与 1 步伪时间迭代推进的时间开销相当，计算效率很高。

图 11-8 给出了机翼-挂架-带翼投放物重叠网格系统的壁面距离计算结果，机翼-挂架和带翼投放物分别在不同的网格中。从图中清晰可见网格的挖洞结果，壁面距离在洞边界边缘单元和流场单元都得到了正确的计算。

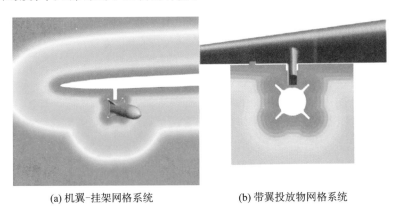

(a) 机翼-挂架网格系统　　　　　(b) 带翼投放物网格系统

图 11-8　非结构重叠网格最近壁面距离计算示意

11.3.2　非结构重叠网格静态气动特性验证

为了验证非结构重叠网格的精度，对高超声速通用飞行器外形分别计算了重叠网格和单块网格下飞行器的静态气动特性，并进行了比较。飞行器的网格采用的是第 2 章介绍的笛卡儿粘性贴体网格。

高超声速通用飞行器的重叠网格系统示意如图 11-9 所示，共有 3 套网格，分别对应于弹体网格、左舵网格和右舵网格。其中弹体网格单元总数为 300 万，每个控制舵的网格单元总数约为 150 万，3 套网格相加总网格单元数约为 600 万。

图 11-10 给出了使用非结构重叠网格方法后弹体网格在左舵上形成的洞边界，图11-11 给出了左舵网格在弹体上形成的洞边界。从图中可见，在舵缝位置处弹体网格和控制舵网格都进行了加密，避免了孤立单元的出现，同时保证边缘单元能够得到足够的插值模板。

计算来流条件为 $H = 30\text{ km}$，$Ma = 6.0$，俯仰舵偏 $\delta_m = 1°$，计算采用 S-A 湍流模型，因此需要计算壁面距离。图 11-12 给出了弹体网格在左舵挖洞后的最近壁面距离和左舵网格在弹体上挖洞后的最近壁面距离，从图中可见，重叠网格系统的壁面距离得到了正确的计算。

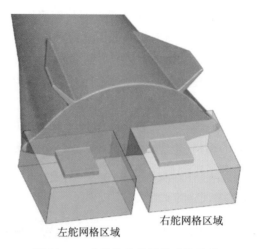

左舵网格区域　　　　　右舵网格区域

图 11 - 9　非结构重叠网格系统示意

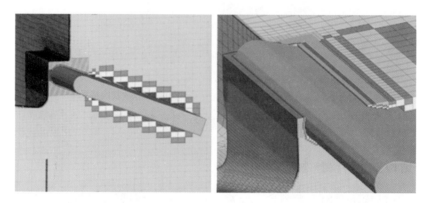

图 11 - 10　弹体网格在左舵上形成的洞边界

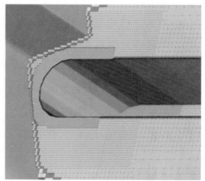

图 11 - 11　左舵网格在弹体上形成的洞边界

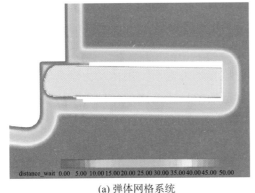
(a) 弹体网格系统

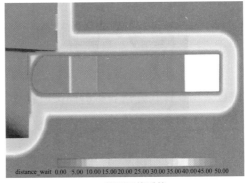
(b) 舵面网格系统

图 11-12　重叠网格的壁面距离计算结果

图 11-13 给出了采用重叠网格和单块网格计算气动特性随攻角变化的曲线；重叠网格获得的气动特性和单块网格的结果吻合得非常好。重叠网格和单块网格在静态计算的比较结果表明，当前所发展的重叠网格技术在精度上和单块网格的计算精度相当，可用作后续舵偏动态响应过程的计算。

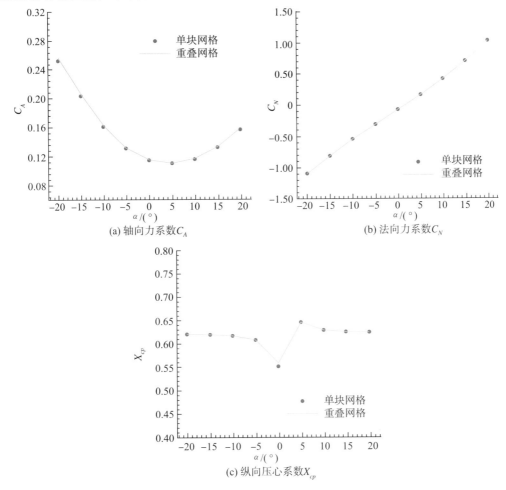
(a) 轴向力系数 C_A

(b) 法向力系数 C_N

(c) 纵向压心系数 X_{cp}

图 11-13　重叠网格和单块网格气动特性计算结果比较

11.4　流体动力学与刚体动力学耦合时间推进

为了便于构造包含刚体动力学和流体动力学的耦合推进方法，刚体动力学方程的推进求解也采用亚迭代方法获得时间高阶精度。飞行器运动的描述采用刚体动力学方程和运动学方程（下面统称刚体动力学方程），其组合形式为

$$y' = Y[t, y, F(t, y)] \qquad (11-1)$$

上式包含了刚体的质量分布特性参数，$F(t, y)$ 为通过流场积分获得的非定常气动力（矩）；y 是由点位置、点速度、姿态角、角速度组成的 12 维矢量，刚体的平动定义在惯性坐标轴系——地轴系下，刚体的转动定义在体轴系下。实际研究通常仅仅针对诸如俯仰、沉浮、滚转、侧滑等几个自由度，因此视具体约束条件将式（11-1）进行简化。

刚体运动的动力学方程组（11-1）也同时进行亚迭代处理，其离散形式为

$$\frac{\delta y^{p+1}}{\Delta \tau'} + \theta(-Y)^{p+1} = -(1-\theta)(-Y)^p - \frac{1}{\Delta t}\left[\frac{3y^p - 4y^n + y^{n-1}}{2}\right] \qquad (11-2)$$

其中

$$\Delta \tau' = \frac{2\Delta t}{3}$$

针对飞行器非定常运动的数值研究中较为普遍的方法是，刚体动力学方程与非定常流体动力学方程完全解耦，交替进行刚体动力学方程的求解（R-K 方法或插值方法）和非定常 N-S 方程的求解（亚迭代方法）（如图 11-14 所示），在每一物理时间步内子系统间没有信息交换。这种方法是解耦计算方法，流动控制方程为刚体运动方程提供的气动力（矩）源项有时间滞后，求解流体动力学方程时网格运动涉及的飞行器姿态与网格速度也有时间滞后，如此限制了过大的时间步长，耦合推进的时间精度低。

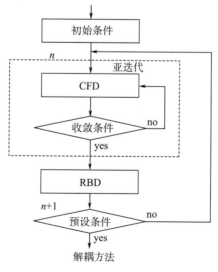

图 11-14　解耦方法的流程图

为了克服上述的解耦计算引起的时间精度亏损，本文推广应用了亚迭代思想，采用全局同步亚迭代的求解策略来获得高的耦合时间精度（如图 11 - 15 所示）。同步推进流体动力学方程（6 - 30）和刚体动力学方程（11 - 2），在每一子迭代的过程中，及时更新刚体动力学方程中的气动力（矩）源项且及时更新流体动力学方程中的网格运动速度与飞行姿态；在亚迭代过程中实现子系统间的信息互换；当 $\delta U^{p+1} \to 0$，$\delta y^{p+1} \to 0$ 时可以发现无论流体动力学方程还是刚体动力学方程都同步达到二阶精度，即耦合推进的时间精度为二阶；该方法避免了通常解耦计算的时间滞后。通过全局亚迭代策略可以获得真实时间精确的（real - time accurate）非定常 CFD/RBD 耦合方法。高精度的耦合时间推进方法可以采用更大的物理时间步长，从而显著提高效率[37]。

本质上讲，全局亚迭代耦合求解方法是将源于非定常流体力学计算的亚迭代思想推广应用到多系统动力学问题。

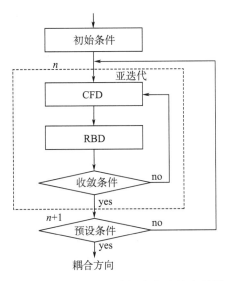

图 11 - 15　全局亚迭代耦合方法的流程图

11.5　数值自由飞行

基于非定常计算流体动力学/刚体动力学（UCFD/RBD）耦合方法，数值自由飞行可用以分析非线性气动力作用下的飞行器复杂自由运动，剖析飞行稳定性，探究非定常流动的演化规律和动力学机制。数值自由飞行也是数值虚拟飞行的最基础功能，可针对飞行器本体稳定性开展研究。本节在机翼摇滚验证高精度 CFD/RBD 耦合方法的基础上，针对高超声速再入弹头的失稳运动和类 HTV - 2 外形的多自由度动态特性开展模拟与分析。

11.5.1　细长三角翼自由摇滚

针对三角翼构型进行了单自由度滚转的基础性试验研究，获得了一些很有意义的测量数据和定性结论。大量的非定常数值模拟方法以及非定常涡格法也通过这些试验数据进行方法考核与验证[18]。此外，AWS 研究计划也推荐 FTR（free to roll）试验研究来揭示飞行中的非可控横向运动与丰富的流场信息。

本节开展细长三角翼自激摇滚研究，定量准确地分析了三角翼自由滚运动随攻角变化的分叉特性及摇滚形成后的极限环运动特性，同时也验证了高精度 CFD/RBD 耦合方法的可靠性。

计算外形为 $80°$ 细长尖前缘后掠三角翼，相对厚度为 0.006，前缘存在 $45°$ 切角。其网格如图 11 - 16 所示。选取的来流条件为：$Ma = 0.35$，$\alpha = 15° \sim 45°$，$Re_c = 2.5 \times 10^6$；涉及的无量纲转动惯量 $I_{xx} = 0.012\ 4$，$I_{xx} = 2\tilde{I}_{xx}/(\tilde{\rho}_\infty \tilde{s} \tilde{L}^3)$。三角翼的初始扰动为 $|\dot{\gamma}| = 0.02$。

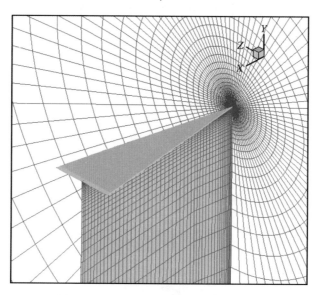

图 11 - 16　细长三角翼外形与计算网格

图 11 - 17 是名义攻角 $20°$ 时的三角翼自由摇滚的运动特性。系统的滚转运动历经一段时间形成振幅为 $2.7°$ 的微幅稳定极限环振荡，$\dot{\gamma} - \gamma$ 相平面图中极限环形状趋近于圆，滚转力矩曲线 $C_{mx_t} - \gamma$ 呈线性状态，无明显滞回特征。这表明该状态下自由摇滚气动阻尼几乎为零，系统趋近于线性系统，接近于临界稳定状态。图 11 - 17（c）虚线是周期性力矩发展趋势的放大示意曲线，$C_{mx_t} - \gamma$ 具有 4 个交叉点从而构成阻尼交替的"铰链式"稳定形态，显示在稳定的振动周期内空气与三角翼间存在多次的能量的微交换，从而维系三角翼自由摇滚这一非保守系统的极限环振荡。

图 11 - 18 是攻角为 $30°$ 时三角翼受扰动后自由摇滚运动特性。系统在受扰动后的滚转运动呈现发散趋势，历经一段时间的发展达到周期性定态振动，振幅达到 $46.7°$；相平面内的轨线渐进稳定为极限环闭轨形态，闭轨形状为"菱形化"的圆；周期性滚转力矩表现出显著的滞回特性。这是典型的失稳自激振荡的运动形式。图 11 - 18（c）中实线表示滚转力矩随自由滚转角度的变化曲线 $C_{mx_t} - \gamma$ 具有两个交叉点，从而构成典型的阻尼交替的"双 8"稳定形态，这种正负交替的阻尼形态构成了系统与外界的能量互换，而且正负阻尼

的面积相等，一个周期内系统与外界的能量交换是平衡的，维系着自由摇滚非保守系统的
极限环振荡。

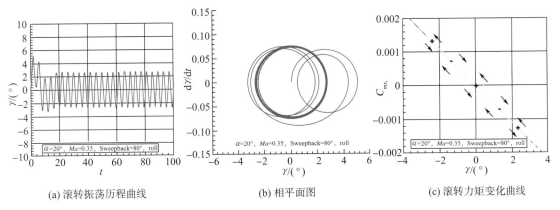

(a) 滚转振荡历程曲线　　　　　(b) 相平面图　　　　　(c) 滚转力矩变化曲线

图 11-17　$\alpha = 20°$ 自由摇滚运动特性

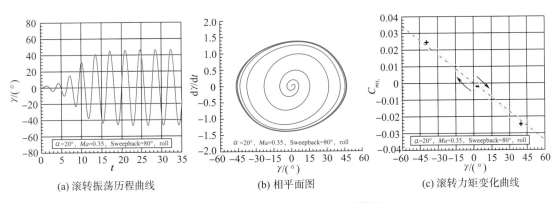

(a) 滚转振荡历程曲线　　　　　(b) 相平面图　　　　　(c) 滚转力矩变化曲线

图 11-18　$\alpha = 30°$ 自由摇滚运动特性

通过攻角由小变大，摇滚运动特性的变化可以归纳如下：1）80°后掠细长三角翼摇滚
运动的霍普夫分叉点接近于 20°；2）滚转力矩变化曲线的形态由"铰链式"过渡到"双
8"式；3）力矩滞回特性表明振动系统与外界的能量互换；4）随攻角变化，自激振动的
特征也规律性变化。

图 11-19 是极限环振荡幅度随攻角变化的规律曲线，其中带"·"实线为亚迭代耦
合数值模拟获得的各名义攻角下的振荡幅值。本文的数值模拟高度吻合了近年来几乎无轴
承摩擦的试验结果和离散涡方法的分析结果[55]，在 $\alpha > 30°$ 振幅也落在散布的试验结果中
间。图 11-19 还清晰地表明：80°后掠三角翼自激摇滚的触发攻角与诸多试验一致，大致
为 $\alpha_{onset} \approx 20°$；翼摇滚一旦触发后，$|\gamma|_{max}$—$\alpha$ 曲线出现"激波式"阶跃，攻角由 20°变到
25°，振荡幅度由 2.7°跃升为 39°；振幅在攻角 30°达到最大值 47°后，随着攻角的继续增加
而迅速减小，这是三角翼背风面旋涡破裂的缘故。上述一致性验证了高精度 CFD/RBD 耦
合方法的可靠性。

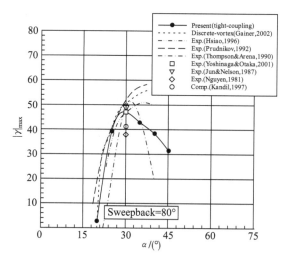

图 11 - 19　三角翼摇滚振幅和攻角的关系

11.5.2　高超声速再入弹头的失稳运动

　　关于外形相对细长的再入弹头失稳运动研究，文献资料体现的是 20 世纪五六十年代的零星工作。锥-柱-裙高超声速气动外形在跨声速和低超声速时出现失稳运动现象且发展为极限环形式；Dubose[8]推测在 $Ma = 4$ 的超声速流动情况下也可能出现动态失稳现象。弹道靶试验[9]研究揭示了再入外形的失稳运动现象，同时还发现可能存在复杂的组合空间振荡形式。纯粹的理论假设模型描述的姿态变化一定程度上体现了飞行器失稳运动形式：椭圆型极限运动和平面极限运动。国外文献关于再入弹头的动稳定性研究限于早期探索性现象研究，没有深入的流动机制的阐述与发掘，理论研究的先验性特点过于明显，缺乏流动现象与动力学机制的综合分析。

　　航天十一院高超声速风洞自由飞试验研究在高超声速流动中也发现了这一复杂的失稳运动现象（如图 11 - 20 所示）。试验观测的失稳运动振幅大约为 $5° \sim 6°$。事实上，在真实飞行过程中飞行器会出现诸如阵风等随机性的扰动形式，这些扰动也足以激发某些外形的失稳运动，势必强烈影响飞行器的轨道精度。因此研究非定常流动机理、揭示飞行动力学机制以及内在关联关系，对提高飞行器飞行性能而言是十分迫切的。

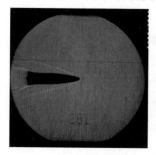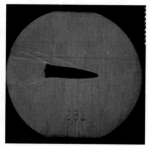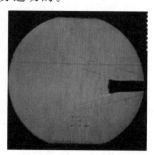

图 11 - 20　高超声速飞行器失稳运动（航天十一院）

　　本节采用时空高精度的数值自由飞行方法研究锥-柱-裙轴对称外形高超声速流动中自由俯仰运动、平面运动与空间自由运动。着重分析飞行器非稳定的运动特征、非定常激波/旋涡作用下的流动机理，并逐步深入地剖析飞行器多自由度耦合运动特性。

　　计算外形为参考文献［56］的锥-柱-裙轴对称外形，图 11 - 21 给出了计算网格示意图。

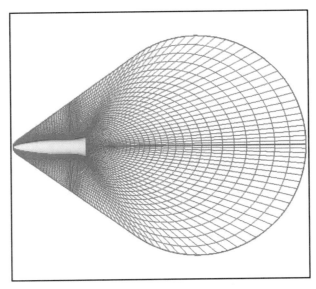

图 11 - 21　锥-柱-裙轴对称外形计算网格

　　数值研究对应于自由飞试验条件，来流马赫数为 5.0，来流总温 $T_0 = 362$ K，以总长为参考的雷诺数为 $Re_L = 2.87 \times 10^6$，层流计算；涉及的无量纲转动惯量和质量分别为：$I_{yy} = I_{zz} = 70.0$，$m = 1\,500$，这里 $I_{xx} = 2\widetilde{I}_{xx}/(\widetilde{\rho}_\infty \widetilde{s}\widetilde{L}^3)$、$m = 2\widetilde{m}/(\widetilde{\rho}_\infty \widetilde{s}\widetilde{L})$；重心位置为 $X_{cg}/L = 0.55$。

11.5.2.1　高超声速飞行器自激发俯仰失稳极限环运动

　　图 11 - 22 是飞行器自由俯仰的自激失稳运动特性。系统在初始攻角为 2°的扰动下俯仰运动呈现发散趋势，在历经一段时间（约 6 个周期）的发展达到周期性定态振动，单边振幅达到 8.2°。飞行器自由俯仰的运动相平面轨迹表明自由俯仰运动失稳，相轨线渐进稳定为极限环闭轨形态。周期性俯仰力矩表现为典型"双 8"形式的自激振荡。这种正负交替的阻尼形态构成了系统与外界的能量互换，而且正负阻尼的面积相等，表明一个周期内系统与外界的能量交换是平衡的，维系着飞行器俯仰自由运动这一非保守系统的极限环振荡。

　　图 11 - 22 俯仰力矩 $C_{mz} - \alpha$ 曲线中"$D \rightarrow B_U \rightarrow U$"表示飞行器上仰过程，"$U \rightarrow B_D \rightarrow D$"为飞行器下俯过程。"$D \rightarrow B_U$"为空气对飞行器做功的加速回复段（"复"阶段回复到平衡位置）；"$B_U \rightarrow U$"为飞行器能量消耗的减速上仰偏转段（"往"阶段远离平衡位置）。图 11 - 23 分别为平衡攻角上仰阶段和下俯阶段的流态结构，分别对应于图 11 - 22 的 B_U

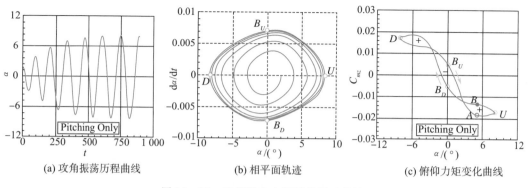

(a) 攻角振荡历程曲线　　　　　(b) 相平面轨迹　　　　　(c) 俯仰力矩变化曲线

图 11-22　飞行器自由俯仰的运动特性

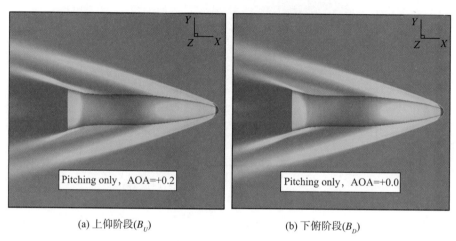

(a) 上仰阶段(B_U)　　　　　　　　　　(b) 下俯阶段(B_D)

图 11-23　平衡攻角的流态结构

和 B_D 位置。由于运动方向的不同，平衡攻角位置流态结构存在明显差异；其清晰地说明，流动存在迟滞。平衡位置的不平衡流动结构，分别导致了上仰阶段与下俯阶段的不稳定力矩；如此形成平衡位置负阻尼的构成要素。

　　图 11-24 是往、复过程中同一较大攻角下的流动结构对比。图(a)和图(b)分别对应图 11-22 俯仰力矩滞回曲线中的 A、B 点。围绕质心的单自由度运动，在抬头上仰过程中（"往"阶段）尾部是向下运动的，而低头下俯过程中（"复"阶段）尾部是向上运动的。迎、背风面的流动在往、复过程中就存在差异，"复"阶段在背风面存在更明显的尾裙压缩结构，而"往"阶段迎风面尾裙的压力更高，高压区更大。如此形成了"往"阶段的回复力矩（绝对值）大于"复"阶段的回复力矩（绝对值），这与图 11-22 的俯仰力矩滞回特性是吻合的。简言之，相对运动方向的不同造成了同一姿态角下尾裙流动的差异，形成了大偏转角位置正阻尼的构成要素。当然运动对飞行器前体压力的影响，削弱了正阻尼的规模。

　　从上述流动机理的分析来看，自激发俯仰极限环运动归结于静稳定构型的振动回复机制和尾裙流动的迟滞效应所构成的阻尼机制。

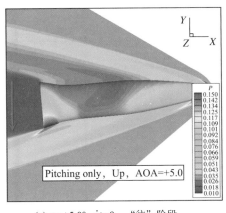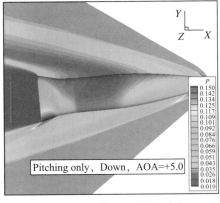

(a) $\alpha=+5.0°$，$\dot{\alpha}>0$，"往"阶段　　　　　　(b) $\alpha=+5.0°$，$\dot{\alpha}<0$，"复"阶段

图 11-24　往、复过程中同一攻角下的流动结构对比

11.5.2.2　高超声速飞行器自激发平面极限环运动

　　本节在单自由度俯仰自激发振动的基础上，研究俯仰与沉浮组合的平面运动，探索平面自由运动的耦合特征，分析空间位移运动对于俯仰角位移运动的影响，从而形成空间多自由度运动由简单到复杂层层递进的研究思路。

　　自激发平面运动的俯仰角位移运动与上节自由俯仰运动类似，表现为极限环周期运动。俯仰力矩随攻角的变化曲线 $C_{mz}-\alpha$ 在周期性的运动过程中呈现显著的滞回特点（如图 11-25 所示），正负交替的阻尼形态构成了系统与外界的能量互换机制。

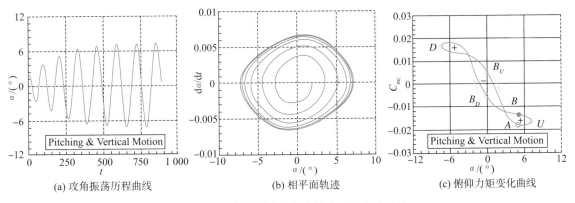

(a) 攻角振荡历程曲线　　　　　(b) 相平面轨迹　　　　　(c) 俯仰力矩变化曲线

图 11-25　飞行器平面自由运动中的运动特性

　　图 11-26 表明，由于沉浮自由度的存在，攻角振幅由单自由度俯仰的 8.2° 缩小为平面运动的 7.2°，振荡周期更短。总之，平面运动保持了自由俯仰基本运动特征，但同步自由沉浮使得极限环周期运动的振幅更小、频率更快。

　　图 11-27 给出了不同时刻飞行器的姿态包络线和弹体中轴线，可以发现：在同步的俯仰与沉浮组合运动中飞行器存在接近头部的不动点，飞行器围绕不动点进行极限环振荡。这是因为头部弓形激波是强熵增流动区域，若使得头部以一定速度发生位置的移动，必须消耗

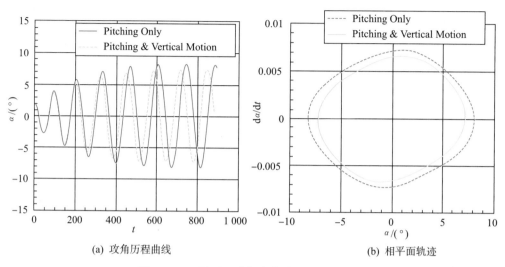

(a) 攻角历程曲线　　　　　　　　　　(b) 相平面轨迹

图 11 - 26　平面运动与自由俯仰运动的比较

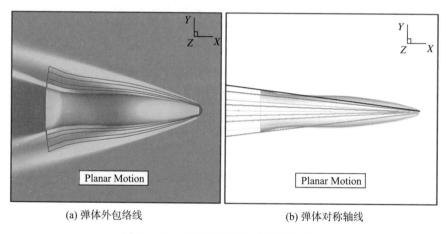

(a) 弹体外包络线　　　　　　　　　　(b) 弹体对称轴线

图 11 - 27　飞行器平面自由运动的姿态

可观的能量。在刚体与流体组成的大系统下，能耗最低化必然是系统选择方向；因此在平面自由运动中尽可能使弓形激波保持原有位置是客观的必然。针对该现象的形象描述如下：在头部弓形强激波钳制作用下，飞行器只能绕接近头部的某点进行有限振幅的摆动。

11.5.2.3　高超声速飞行器空间自由失稳运动

飞行器空间自由飞行应当不受自由度的约束，除了高速旋转的弹箭飞行器外，纵向平面和横向平面的空间自由运动可以表征飞行器的全局稳定特征。在前面研究的基础上，选择俯仰、偏航、沉浮、侧滑四个自由度下的空间自由运动来研究分析高超声速锥-柱-裙外形的自由运动动态特征。选取代表性的初始状态：$\alpha_0 = 4°$、$\beta_0 = 2°$。

图 11 - 28 是俯仰姿态角与偏航姿态角的振荡历程。初始攻角为 4°，初始侧滑角为 2°。在约束解除后，俯仰运动与偏航运动都经历了振幅加大的失稳发散过程。此后耦合运动过程表现为俯仰与偏航运动振幅交替地涨落：当俯仰运动达到最大振幅时，偏航运动达到最

小振幅；当俯仰运动达到最小振幅时，偏航运动达到最大振幅。耦合运动表现出强共振特性，相应能量在纵横向间往复传递。这是双振子拟周期运动典型行为。

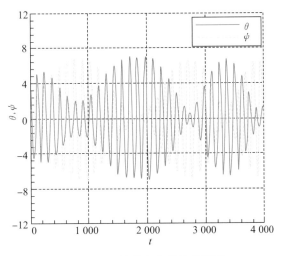

图 11 - 28　俯仰角与偏航角历程

图 11 - 29 是不同时刻攻角与侧滑角的对应状态。开始阶段组合运动近似为平面运动，但很快就出现耦合效应，并逐步发展为偏心度较大的"椭圆运动"——椭圆极限环运动（稳定）。数值自由飞行还可给出其他两种耦合运动形式：平面极限环运动（不稳定）和圆形极限环运动（稳定），相应的建模分析也自洽证实上述运动的存在；更详尽的模拟分析可参考文献 [18]。

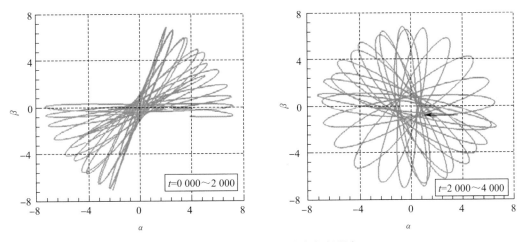

图 11 - 29　不同时段的攻角与侧滑角

本节利用高精度的耦合模拟技术，研究锥-柱-裙外形在高超声速流动中的失稳机制与非定常流动特征，逐步深入地分解研究失稳运动行为，获得如下研究结论：

1）单自由度俯仰失稳运动逐步发展为极限环周期运动，该自激振荡归因于静稳定构型的振动回复机制和尾裙激波流动迟滞效应所构成的阻尼机制。

2) 平面自由运动失稳发展为极限环振荡,但与单自由度俯仰相比幅值变小、频率变大。同步俯仰与沉浮组合运动中飞行器存在接近头部的不动点;头部弓形强激波钳制作用造成了这一有趣现象,该现象有待进一步解释。

3) 飞行器空间自由运动相伴流动结构的非定常变化;强共振是纵横向耦合运动的核心,拟周期是基本的运动形式。

4) 空间自由运动强共振耦合特性是通过相当长的时间序列发展所致,有限的数据信息不可能准确刻画这一复杂运动现象。

11.5.3　类 HTV-2 飞行器的多自由度动态数值模拟

临近空间高超声速飞行是当前航空航天发展的热点。为了适应未来战争强突防、机动作战和精确打击的要求,面对称高升阻比布局临近空间高超声速飞行器体现了航空航天融合的设计理念。临近空间飞行潜在的动力学不稳定、特殊的非定常与强耦合特性主要关系到横航向的动力学特性,可能存在横侧向的动态耦合问题。

本节针对类 HTV-2 外形的高超声速临近空间飞行器,选取典型状态开展了滚转/偏航两自由度耦合运动的模拟。图 11-30 给出了其外形和计算网格示意。飞行器全长 4.0 m,质心系数为 (0.6, 0.0, 0.0),假设转动惯量为 $I_{xx}=200\ \text{kg} \cdot \text{m}^2$,$I_{yy}=800\ \text{kg} \cdot \text{m}^2$。

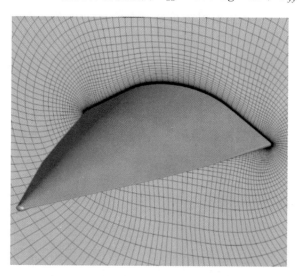

图 11-30　类 HTV-2 外形和计算网格示意

依据 HTV-2 飞行弹道的基本特征,选取 $Ma=20$,$H=60\ \text{km}$,$\alpha=7.5°$,$\beta=2°$ 开展耦合运动分析,其中 $\beta=2°$ 作为初始扰动。图 11-31 给出了滚转/偏航耦合运动时姿态角 γ 和 ψ、攻角 α 和侧滑角 β 随时间的变化。类 HTV-2 飞行器在该流动条件下表现出典型的横航向耦合运动:低频振动为偏航方向的振动,周期约为 55 s,振幅为 2°;高频振动为滚转方向的振动,周期 6 s、初始振幅10°以上;临近空间低动压条件下类 HTV-2 飞行器扰动运动保持长周期的振荡运动,气动阻尼偏弱,但整体是收敛的、动稳定的。横航向振荡运动也势必会引起纵横向的耦合运动。

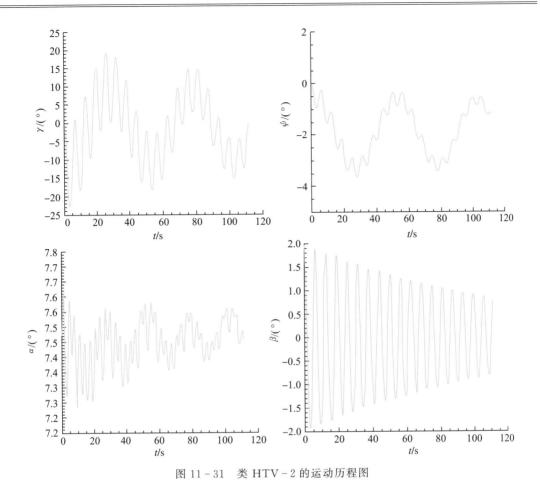

图 11 - 31　类 HTV - 2 的运动历程图

11.6　气动/控制/飞行一体化耦合的数值虚拟飞行

　　数值自由飞行已经展示了气动/飞行力学的高精度一体化耦合模拟（CFD/RBD），揭示了在激波、旋涡等非线性流动结构作用下飞行器本体动态稳定性的特征行为。本节针对临近空间具有代表性的大升力体复杂外形，通过 CFD 与飞行控制系统（FCS）耦合求解，针对设计的纵向机动和横向的滚摆机动，开展气动/控制/飞行力学一体化耦合数值虚拟飞行。传统飞行仿真和数值自由飞行是 CFD/RBD/FCS 的基础。

11.6.1　高超声速高升力体飞行器变攻角操纵与稳定控制飞行

　　高超声速高升力体飞行器的变攻角纵向机动过程仅涉及一个俯仰自由度，而且非线性程度较弱，因此可以很方便地比较经典仿真手段和数值虚拟飞行方法，同时也能充分演示数值虚拟飞行对飞行器复杂飞行力学行为和控制响应研究的能力。

　　高超声速动态标模为典型升力体外形机身附加 V 型垂尾与后缘体襟翼。飞行器参考长度为 4.0 m，参考面积为 1.75 m²。高超声速高升力体飞行器的模型如图 11 - 9 所示，计算网格如图 11 - 9~图 11 - 11 所示。飞行器转动惯量 $I_{zz} = 2\,300\ \mathrm{kg \cdot m^2}$，飞行马赫数 $Ma = 6$，飞行高度 $H = 30\ \mathrm{km}$，俯仰配平舵偏 $\delta_m = 1°$，飞行器在该平衡舵偏下的配平攻角为 12.21°。

在已有的通用飞行器数据库的基础上，通过稳定性和操纵性分析获得一个简单的纵向控制律，实现变攻角调姿的同时进行静不稳定控制。控制律设计的数据库包括定常静态气动数值计算结果和动导数计算结果，非计算点的结果通过线性插值得到。

经过稳定性分析，选择合适的反馈增益，考虑舵面限制和仿真任务，在理想舵面偏转情况下，设计仿真模型的控制律与控制指令为（各变量单位均为度）

$$\delta m_0(t) = 25 \times [\alpha(t) - \alpha_0(t)] + 0.85 \times \omega_z(t) + \delta m_{trim}(t)$$

$$\delta m = \begin{cases} \delta m_0 & \delta m_0 > 0 \\ 0 & \delta m_0 < 0 \end{cases}$$

其中指令变量

$$\alpha_0(t) = \begin{cases} 12.21 & 0\ \mathrm{s} \leqslant t < 1\ \mathrm{s} \\ 14.5 & 1\ \mathrm{s} \leqslant t < 6.5\ \mathrm{s} \\ 17.5 & 6.5\ \mathrm{s} \leqslant t < 10\ \mathrm{s} \end{cases}$$

$$\delta m_{trim}(t) = \begin{cases} 1.001 & 0\ \mathrm{s} \leqslant t < 1\ \mathrm{s} \\ 2.599 & 1\ \mathrm{s} \leqslant t < 6.5\ \mathrm{s} \\ 3.592 & 6.5\ \mathrm{s} \leqslant t < 10\ \mathrm{s} \end{cases}$$

上述的控制律的含义是：1~6.5 s，将飞行器从 12.21°攻角拉起并配平在 14.5°攻角；6.5~10 s，将飞行器从 14.5°攻角拉起并配平在 17.5°攻角。

针对高超声速高升力体飞行器，采用上述的简单控制律进行纵向闭环数值虚拟飞行模拟。图 11 - 32 是飞行器在带控制飞行过程中攻角、俯仰角速度、俯仰舵偏角等随时间的变化情况，并与飞行仿真结果进行比较。带控制闭环数值虚拟飞行过程与飞行仿真过程，整体趋势吻合良好。在 CFD/RBD 模拟过程中耦合了预先设计的控制律，正确模拟了飞行器从较低攻角拉起然后在新攻角配平的全过程。

由于飞行器是纵向静不稳定的，为了拉起飞行器，俯仰舵偏从初始的 1°回到 0°，维持一段时间后再打正舵偏。减小俯仰舵偏，使静不稳定飞行器抬头；而且在获得足够的向上速度和攻角后再增加俯仰舵偏角，最终使得飞行器在新的攻角配平。

数值虚拟飞行仿真的结果与飞行仿真结果相比，攻角几乎完全吻合，但第一段拉起配平过程中的最大舵偏角和最终配平舵偏角稍大。造成两者对应的配平舵偏差异的主要原因可能有：

1）飞行仿真时用到的气动力数据较稀，非计算点的数据采用线性插值得到，而数值虚拟飞行时的气动力实时计算连续获得；

2）用于飞行仿真分析的气动力数据计算时采用的模型和计算网格与数值虚拟飞行时有差别，从而导致同一个状态的气动力数据略有偏差；

3）当前的舵面控制律是无舵机函数的控制律，舵偏减小的过程是阶跃性的，在数值模拟中可能会引入计算偏差。

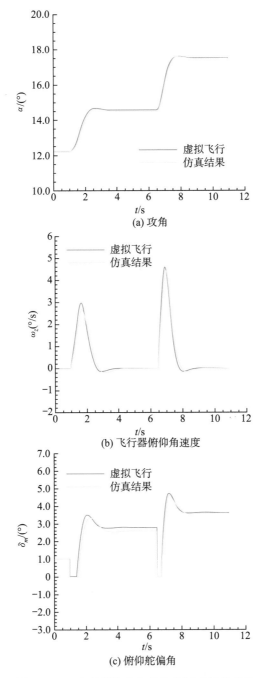

(a) 攻角

(b) 飞行器俯仰角速度

(c) 俯仰舵偏角

图 11 - 32　飞行器姿态和舵偏角随时间的变化

　　图 11 - 33 是弹道和舵偏典型点的飞行器姿态和舵偏位置。流场显示表明拉起变攻角过程，下表面压力屡次增加；气动舵先收回再打到 14.5°攻角配平所需的 2.8°正舵偏；气动舵第二次收回再打到 17.5°攻角配平所需的 3.6°正舵偏；每一次配平的过程，舵偏都会控制超调，实现附加的气动阻尼来补偿这一高超声速状态欠阻尼系统。上述流动和舵偏运动与纵向变攻角操纵的简单控制系统设计仿真历程吻合。

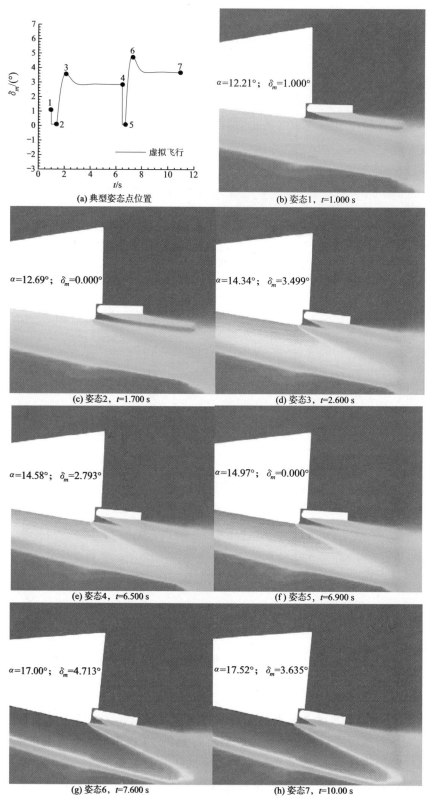

(a) 典型姿态点位置

(b) 姿态1，t=1.000 s

(c) 姿态2，t=1.700 s

(d) 姿态3，t=2.600 s

(e) 姿态4，t=6.500 s

(f) 姿态5，t=6.900 s

(g) 姿态6，t=7.600 s

(h) 姿态7，t=10.00 s

图 11-33　典型时刻飞行器姿态和舵偏位置

11.6.2　高超声速高升力体飞行器六自由度滚摆机动

在单自由度纵向控制机动的基础上，本节针对高超声速升力体飞行器六自由度滚摆机动开展气动/控制/飞行力学一体化耦合模拟。飞行器的机动动作为六自由度滚摆机动，机动过程中要保持攻角不变。初始飞行高度 $H = 30$ km，初始飞行马赫数 $Ma = 6.0$，初始飞行攻角 $\alpha = 15°$，此时的配平舵偏 $\delta_m = 2.96°$。飞行器全长 4.0 m，在以飞行器头部为原点的弹体坐标系中，质心位置为 $(2.75,\ 0.0,\ 0.0)$ m。飞行器质量为 $2\,000$ kg，转动惯量分别为 $I_{xx} = 200$ kg·m^2、$I_{yy} = 2\,400$ kg·m^2、$I_{zz} = 2\,300$ kg·m^2。

在已有的通用飞行器数据库的基础上，通过稳定性和操纵性分析设计出六自由度机动控制律如下：

纵向操纵的控制律为

$$\delta_m = -K_\alpha(\alpha - \alpha_0) - K_{\omega z}\omega_z$$

横侧向操纵的控制律为

$$\delta_l = -K_\beta\beta - K_{\omega x}\omega_x - K_{\omega y}\omega_y - K_\gamma\gamma - K_w w - K_z(z - u_z)$$

u_z 为控制指令

$$u_z = A\sin(2\pi f t)$$

其中

$$A = 30 \text{ m}, f = 0.1 \text{ Hz}$$

控制律中的各个参数见表 11-1。

表 11-1　控制律参数

参数	K_α	$K_{\omega z}$	K_β	$K_{\omega x}$	$K_{\omega y}$	K_γ	K_w	K_z
数值	-3	-1	-5	-0.4	-6	0.6	$0.023\,9$	$0.003\,5$

由于飞行器几何限制，以上控制律还需考虑以下舵偏的限制

$$-\delta_m \leqslant \delta_l \leqslant \delta_m,\ 0° \leqslant \delta_m \leqslant 15°$$

其中

$$\delta_m = 0.5(\delta E_R + \delta E_L),\ \delta_l = 0.5(\delta E_R - \delta E_L)$$

式中　　δE_R，δE_L——右舵和左舵的舵偏角。

图 11-34 给出了使用上述控制律进行飞行仿真的部分典型结果。通过左右舵面的交替作用，成功地实现了飞行器在 15°攻角附近的长周期滚摆机动。从图中还可见，在当前的控制律下，攻角和侧滑角都呈现很轻微的发散趋势，使得左右舵偏的幅度也逐渐增大，在最后到达极限位置。

利用设计得到的控制律开展背景飞行器 CFD/RBD/FCS 多学科一体化耦合模拟。图 11-35 是滚摆机动过程多学科耦合数值模拟获得的典型姿态和舵偏结果与飞行仿真结果的

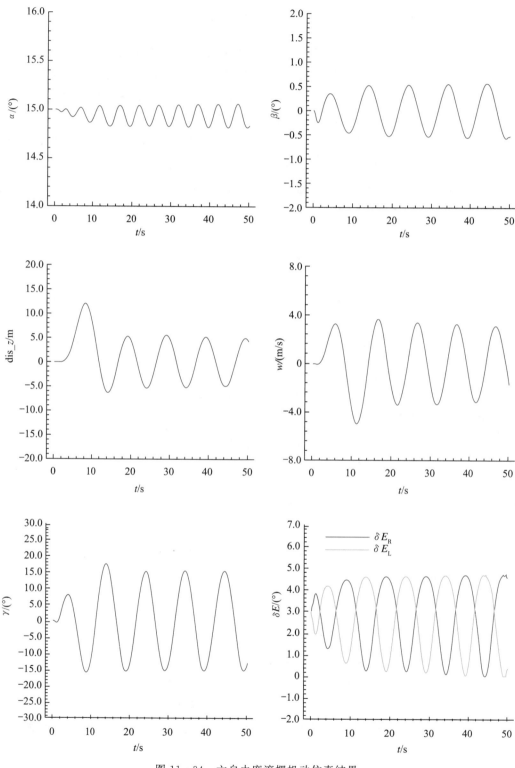

图 11 - 34 六自由度滚摆机动仿真结果

比较。多学科一体化耦合模拟的趋势和仿真是一致的，也获得了滚摆机动动作，但舵偏的幅值和仿真差异明显，很快抵达极限位置。攻角也逐渐偏离平衡位置。注意到 CFD/RBD/FCS 耦合模拟的舵偏在极限位置有较长时间滞留，这表明当前控制律已经不能很好地控制飞行器的机动，这使得侧滑角在最大位置处有持续的小振荡，而且侧向速度和滚动角呈现快速振荡发散的趋势。

　　上述分析表明，造成两者差异的主要原因是设计得到的控制律不能满足实际飞行的要求；其根源在于控制律设计时采用的数据库很稀。为确认判断，根据仿真的结果，补充了多个攻角、侧滑角和舵偏下的气动数据，对数据库进行了加密。表 11-2 给出了加密前后原始气动数据和补充气动数据的状态表比较。所有计算都是在 $H = 30$ km，$Ma = 6$，$\alpha = 10°$、$15°$、$20°$ 下进行的。

表 11-2　飞行仿真气动计算状态

	$(\delta E_{\mathrm{L}}, \delta E_{\mathrm{R}})/(°)$	$\beta/(°)$
原始静态气动数据库	$(0,0)$，$(1,1)$，$(2,2)$，$(4,4)$，$(8,8)$，$(8,0)$，$(0,8)$	0
	$(0,0)$，$(8,0)$，$(0,8)$	5
加密静态气动数据库	$(0,0)$，$(2,2)$，$(4,4)$，$(8,8)$，$(2,0)$，$(4,0)$，$(8,0)$，$(0,2)$，$(0,4)$，$(0,8)$	0
		1

　　气动数据库加密主要补充了侧滑角 $\beta = 1°$ 和左右舵面更多组合偏转角下的气动数据。这是因为从图 11-34 飞行仿真结果来看，侧滑角没有超过 $1°$，原始数据库只有 $0°$ 和 $5°$ 侧滑角的数据，不能保证插值精度；而且左右舵面不同组合偏转角的数据太少，只有最大舵偏角的数据，中间舵偏角的数据也需要补充。

　　图 11-36 是气动数据库补充后经典飞行仿真的结果和多学科耦合数值虚拟飞行模拟结果的比较。在仿真气动数据库获得补充后，经典飞行仿真结果和 CFD/RBD/FCS 多学科耦合数值模拟结果的吻合程度大幅度改善，特别是在 10 s 的范围内，两者几乎完全重合，表明气动数据库加密经典飞行仿真与多学科耦合数值模拟虚拟飞行的结果是自洽的。

　　注意到在 10 s 之后，经典仿真和多学科耦合数值模拟之间的差异逐渐增大。其主要原因可能仍然同仿真数据库的稀密相关。当前左右舵面组合偏转角度可能仍然不够；此外数值虚拟飞行时由于阻力作用飞行速度实际是逐渐减小的，因此力和力矩系数也是变化的，而经典仿真时始终使用的是 $Ma = 6$ 时的气动系数。

　　图 11-37 给出了机动过程中典型时刻飞行器的空间姿态变化情况。

　　本节对高超声速通用飞行器六自由度滚摆机动过程开展了控制律的设计，并利用设计得到的控制律开展了经典飞行仿真和多学科耦合数值虚拟飞行研究。数值虚拟飞行模拟对飞行控制系统设计与检验具有现实意义：

　　1）多学科耦合数值虚拟飞行和经典飞行仿真的滚摆机动过程趋势是相同的；

　　2）用于控制律设计和飞行仿真的气动数据库稀密直接影响设计仿真结果，需要足够的气动数据来支撑控制律设计；

　　3）基于多学科耦合模拟的数值虚拟飞行可以检验控制律的设计，并可与经典飞行仿

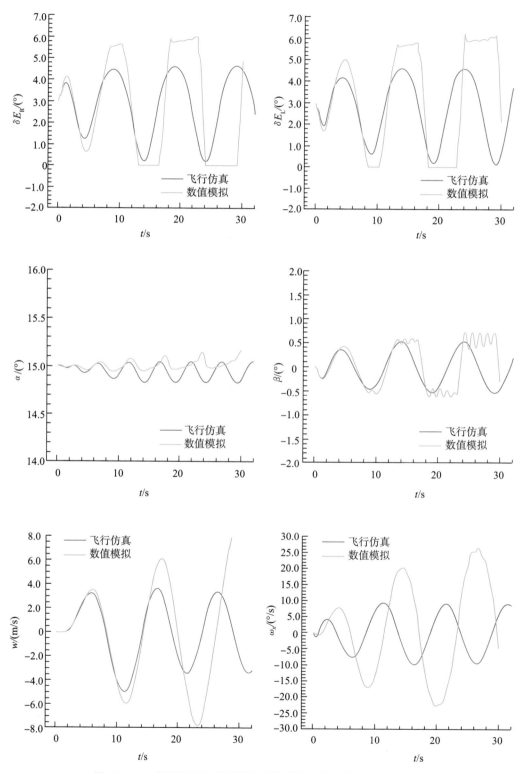

图 11 - 35　滚摆机动多学科耦合数值模拟结果和仿真结果的比较

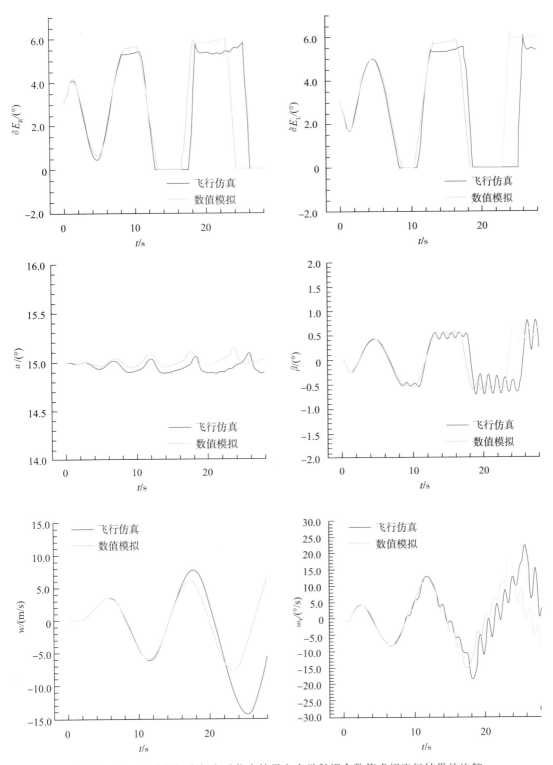

图 11-36 气动数据库加密后仿真结果和多学科耦合数值虚拟飞行结果的比较

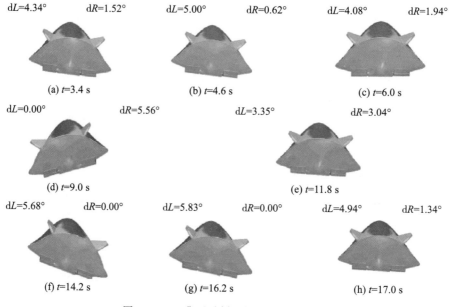

dL=4.34°　　dR=1.52°　　　dL=5.00°　　dR=0.62°　　　dL=4.08°　　dR=1.94°

(a) t=3.4 s　　　　　　　(b) t=4.6 s　　　　　　　(c) t=6.0 s

dL=0.00°　　　　dR=5.56°　　　　　　dL=3.35°　　　dR=3.04°

(d) t=9.0 s　　　　　　　　　　(e) t=11.8 s

dL=5.68°　　dR=0.00°　　　dL=5.83°　　dR=0.00°　　　dL=4.94°　　dR=1.34°

(f) t=14.2 s　　　　　　　(g) t=16.2 s　　　　　　　(h) t=17.0 s

图 11-37　典型时刻飞行器的空间姿态

真的结果相互对比验证，确保控制飞行的正确和安全。

11.7　数值虚拟飞行未来发展的思考

近十年来，数值虚拟飞行仿真已经取得令人振奋的进步，但仍然面临着一系列重大挑战性问题[31,57]。物理模型、计算方法与网格等 CFD 基础技术进展进入瓶颈期，复杂飞行器复杂工况复杂机动过程的高精度模拟、气动/控制及其他多学科一体化耦合、超大规模耦合与并行计算，距离成熟的工程应用还需要持续深入的研究。

11.7.1　高保真的物理模型

数值虚拟飞行往往会涉及飞行器旋涡、激波主导的气动非线性状态，不可避免地将会出现大范围流动分离、旋涡与激波/边界层干扰等现象。目前阶段主流的雷诺平均模拟方法（RANS）对于大分离流动的模拟精度有限，藉此输入飞行力学方程或飞行控制律的气动力数据难以满足精度要求从而带来较大的误差，伴随着时间累积效应，误差将进一步传播或放大而带来严重的误判。鉴于直接数值模拟（DNS）和大涡模拟（LES）短期内无法实现成熟的工程应用，RANS/LES 混合方法虽然理论上尚有诸多完善空间，但对于非定常流动分离问题混合方法令人振奋的有效性，将在相当一段时间内成为工程应用的现实选择。尽管混合方法计算量较 RANS 方法高出一个量级，但是随着超大规模高性能计算的来临，混合方法将有望获得广泛的应用。

当前各种 CFD 方法用于描述转捩，从纯粹的经验公式到求解稳定性方程的耦合偏微分方程解，均包含大量的经验性且不能反映全部的转捩机制。广泛应用的 CFD 方法普遍没有成熟的转捩预测能力，默认采用"全湍流"形式。这种对转捩的忽视或者无能为力，可能严重轻视了转捩效应对飞行稳定性的潜在影响。湍流模拟研究一直进展缓慢，合适的湍流、转捩物理模型是实现真正的数值虚拟飞行的首要挑战性问题。

此外，其他诸多物理（化学）模型，如高超声速流动中涉及热化学非平衡反应模型、壁面催化/烧蚀模型等，发动机内流燃烧问题中的湍流燃烧模型、两相流雾化模型、火焰面模型等，稀薄流和过渡流区的统一计算模型等，都是提高计算结果精准度的关键问题所在。高保真度的物理模型正是多学科耦合分析与数值虚拟飞行深入发展的重要支撑。

11.7.2　一体化耦合计算策略

多学科一体化耦合中 CFD 和其他学科解算器之间必要的信息交换需要确保精度和稳定性，并密切关注各种守恒律。在非线性、非定常流动的情况下，CFD 和其他学科代码之间接口设计需要大量的工作，这需要充分考虑网格拓扑和特征网格尺度，实现高可信度、高效稳定耦合；当 CFD 与其他解算器耦合时，应该确保相关解算器的精度能够保持，这样耦合过程不会带来额外的数值误差而使得求解过程稳定。

数值虚拟飞行涉及对整个飞行扰动响应过程或机动操控过程的数值模拟，不仅追求高的时空离散精度，而且对计算效率也有很高的要求，需要发展高效高精度的流体动力学方程、飞行力学方程、结构动力学方程等的耦合求解技术。CFD 在时间离散和加速收敛技术方面进展仍然比较缓慢。目前常用的仍然是双时间步方法，子迭代中一般采用隐式计算格式。在加速收敛技术方面，主要采用多重网格法、局部时间步长等技术。上述方法仍然停留在 20 世纪末的水平，不能满足数值虚拟飞行模拟对于计算效率的需求。

此外，数值虚拟飞行是一个多尺度过程问题，飞行器飞行控制、结构、姿态响应等在时间尺度上存在量级差异，如果引入燃烧问题时间尺度的量级差异将更大；事实上机动飞行飞行器流动本身也是多尺度的。因此在时空多尺度流动中实现多学科一体化耦合，需要在有效把握学科交叉耦合物理特征的前提下，选择目标问题对应的时间和空间尺度，遴选出恰当层级的物理模型来实现多学科耦合的数值虚拟飞行模拟。总之，高精度的一体化耦合计算还有待持续的探索与研究。

11.7.3　动态网格生成技术及自适应

真实飞行器的数值虚拟飞行，大范围机动飞行往往伴随控制舵面的偏转，同时机体及部件还存在不同程度的弹性变形。未来新概念的可变形飞行器，主动变形与机动过程共存。毫无疑问，复杂外形的网格生成，尤其是动态网格的自动生成，是数值虚拟飞行的关键技术之一。

目前，就静态计算而言，用于复杂外形 CFD 模拟的恰当网格生成成为模拟流程中的主要瓶颈。通常网格生成过程构成了人工干预的主要开销。给定恰当的几何描述和求解精度要求，全自动的网格生成能力应该构造一个合适的网格，并在求解过程中以最小的人工干预对网格进行自适应加密直到满足最终的精度水平。全自动网格生成能力的实现需要跨越许多重要的障碍，当前来说还有相当多的工作有待开展。

然而数值虚拟飞行是一个过程描述与研究，自动化网格生成技术是其门槛技术。数值虚拟飞行过程某些瞬时不恰当的网格会诱发不易察觉的扰动与误差，这一时间累积误差在非线性条件下可能会造成误判。因此亟需发展自动化的高质量网格生成技术、鲁棒的动态网格生成技术。从国内外的发展情况来看，混合网格技术无疑代表了未来网格技术的发展趋势。

数值虚拟飞行模拟过程中动态网格需要实时生成，因此动态网格生成的效率也是需要重点考虑的问题。发展并行化的动态网格生成方法是必然的趋势，但这方面的研究工作比较少见。此外，在数值虚拟飞行动态计算资源精细化配置的要求下，网格自适应技术是一种有效提高网格离散效率的手段；实时动态进行计算网格的自适应，尤其是各向异性的网格自适应技术，亦将是未来发展的趋势。

11.7.4 超大规模高性能计算

数值虚拟飞行每个动作时序过程中的每个物理时间间隔，都需要一次全新的时间相关计算。该方法对单个解算器和多学科耦合计算的计算效率提出了严酷的要求，因为非定常时序过程模拟极大地增大了计算量。据了解，飞行器 15 s 飞行时间的模拟大约需要 512 个 CPU 运行 10 天（网格规模为 5 百万，时间分辨率为 10^{-3} s）。如果增加空间分辨率或提高时间分辨率，或者考虑更多物理效应，计算时间很容易成量级增长。显然现有的 P 级计算机难以在 1 h 之内满足复杂外形飞行器复杂机动飞行多学科耦合效应的工程分析需求。

虽然有迹象表明 E 级计算机有望在 2020 年前后投入使用，数值虚拟飞行的发展将拥有良好的硬件基础。但是软件研制水平仍严重滞后，超大规模并行计算技术，尤其是针对以 CPU/GPU、MIC 等为代表的异构体系结构的并行计算技术，仍是一个需要突破的重点问题。但是大规模分区并行计算时交界面边界条件的处理难以实现隐式，因此隐式算法的分区并行如何保证与串行计算的一致性一直是研究的难点问题。同时，超大规模并行计算大量的计算分区且每一分区与相邻区域过多的信息交换，导致并行效率严重降低。

与此同时，由于涉及多学科的耦合计算，规范各学科间耦合计算的数据结构，在灵活软件体系结构下进行各学科计算模块的有机集成，实现与未来 E 级计算机硬件体系结构的匹配，充分发挥超级计算机的效能，这些都是成为一体化软件系统开发面临的重大挑战。

11.7.5 与其他交叉学科耦合问题

流固耦合问题对于确定飞行器的飞行性能至关重要，而颤振和抖振问题将危及飞行器的飞行安全；尤其是当前飞行器制造中广泛采用新型复合材料，飞行器的气动弹性变形量可能更大，气动弹性问题更应得到高度重视。目前在工程上仍然普遍采用工程近似方法来获得气动载荷，如面元法或超声速升力面理论等，显然这些计算方法的精度较低。基于 RANS 方程的 CFD/CSD 耦合计算方法已在气动弹性领域得到较大的发展，目前已能进行全机外形的气动弹性数值模拟。但是对于机动飞行过程中的气动弹性问题，利用高保真度的 CFD/CSD 耦合方法进行数值模拟的研究工作还比较少见，尤其是针对颤振、抖振等气动弹性问题的研究工作更少。在高超声速领域，考虑热环境和热传导等现象和过程的气动热弹性问题难度更大，目前还处于研究探索过程之中，远未达到工程应用的成熟度。考虑"气动力（热）/运动/热气弹/控制"等多物理现象和过程的耦合计算难度很大且计算量惊人。

　　本章多学科耦合的数值虚拟飞行初步显示了良好的应用前景，但是在物理模型、耦合策略、动态网格技术、超大规模计算、满足工程要求的多学科交叉基础研究等方面，还有很长的探索之路，需要专业人士持续地潜心研究。

参 考 文 献

［1］ 张来平，邓小刚，何磊等．E 级计算给 CFD 带来的机遇与挑战［J］．空气动力学学报，2016，34
（4）：405－417．

［2］ GOMAN M G, ZAGAINOV G I, KHRAMTSOVSKY A V. Application of Bifurcation Methods to
Nonlinear Fight Dynamic Problems. Progress Aerospace Science, 1997, Vol. 33：539－586.

［3］ HALL, WOODSON R M, S H. Introduction to the Abrupt Wing Stall Program. Journal of
Aircraft, 2004, 41（3）：425－435.

［4］ CHAMBERS J R, HALL R M. Historical Review of Uncommanded Lateral－Directional Motions at
Transonic Conditions. AIAA Paper 2003－5090.

［5］ HALL R M, WOODSON S H, CHAMBERS J R. Accomplishments of the Abrupt Wing Stall
（AWS）Program and Future Research Requirements. AIAA 2003－927.

［6］ CVRLJE T, BREITSAMTERT C, Laschka B, HEHERS M, SACHSN G. Unsteady and Coupling
Aerodynamic Effects on the Lateral Motion in Hypersonic Flight. AIAA99－4832.

［7］ RICHARDE D. Coupling Dynamics in Aircraft：A Historical Perspective［R］. NASA SP－
532, 1997.

［8］ DUBOSE H C. Static and Dynamic Stability of Blunt Bodies［R］. 1961, AD－446169.

［9］ MACALLISTER L C. Some Instability Problems with Reentry Shapes［R］. AD377344, 1959.

［10］ TOBAK M, PEARSON W. A Study of Nonlinear Longitudinal Dynamic Stability［R］. NASA－
TR－R－209.

［11］ MURPHY C H. Angular Motion of Re－entering Symmetric Missile［R］. AIAA64－643.

［12］ MAURICE L R, DONN B K. A Study of Damping in Nonlinear Oscillations［R］. NASA－TR－R－249.

［13］ MURPHY C H. Symmetric Missile Dynamic Instabilities－A Survey. AIAA80－0320.

［14］ NICOLAIDES J D, INGRAM C W, CLARE T A. An investigation of the nonlinear flight dynamics
of ordnance weapons［R］. AIAA 69－135, 1969.

［15］ MOROTE J, LIANO G. Stability analysis and flight trials of a clipped wrap around fin configuration
［R］. AIAA 2004－5055, 2004.

［16］ 毛雪瑞．卷弧翼火箭圆锥运动研究［D］．北京：北京理工大学，2006．

［17］ 杨云军，石磊，豆国辉，等．卷弧型翼身组合弹箭锥形运动数值模拟研究［C］．第九届全国流体
力学学术会议，CSTAM2016－A56－B9084，2016．

［18］ 杨云军．飞行器非稳定运动的流动物理与动力学机制［D］．北京：中国航天空气动力技术研究
院，2008．

［19］ KROLL N, ROSSOW C. Digital－X：DLR's Way Towards the Virtual Aircraft. NIA CFD Research
，Hampton Virginia，August 6－8, 2012.

［20］ JAMES J C, BRADFORD E G, MOHAGNA P, et al. Development and Assessment of CFD
Methods for Integrated Simulation of Air Vehicle Stability and Control. AIAA 2007－6573

[21] DEAN J P, CLIFTON J D, BODKIN D J, et al. High Resolution CFD Simulations of Maneuvering Aircraft Using the CREATE – AV/Kestrel Solver. AIAA 2011 – 1109.

[22] SAHU J. Time – accurate Numerical Prediction of Free Flight Aerodynamics of a Finned Projectile [R], 2005, AIAA 2005 – 5817.

[23] SAHU J. Physics – Based Virtual Fly – Outs of Projectiles on Supercomputers [R]. 2006, ADA480924.

[24] CHARLES R O' Neilland, ARENA A S. Aircraft Flight Dynamics with a Non – Inertial CFD Code. AIAA 2005 – 230

[25] FRINK N T. Stability and Control CFD Investigations of a Generic 53° Swept UCAV Configuration [R]. 2014, AIAA 2014 – 2133.

[26] RONCH A D, VALLESPIN D, GHOREYSHI M, et al. Evaluation of Dynamic Derivatives Using Computational Fluid Dynamics [J]. AIAA Journal, 2012, 50 (2): 470 – 484.

[27] BADCOCK K J, WOODGATE M A, ALLAN M R, et al. Wing – Rock Limit Cycle Oscillation Prediction Based on Computational Fluid Dynamics [J]. Journal of Aircraft, 2008, 45 (3): 954 – 961.

[28] FORSYTHE J R, STRANG W Z, SQUIRES K D. Six Degree of Freedom Computation of the F – 15E Entering a Spin. 2006, AIAA 2006 – 0858.

[29] CLIFTON J D, RATCLIFF C J, BODKIN D J, et al. Determining the Stability and Control Characteristics of High – Performance Maneuvering Aircraft Using High – Resolution CFD Simulation with and without Moving Control Surfaces [R]. 2013, AIAA 2013 – 0972.

[30] SCHÜTTE A, EINARSSON G, RAICHLE A, et al. Numerical Simulation of Maneuvering Aircraft by Aerodynamic, Flight – Mechanics, and Structural – Mechanics Coupling [J]. Journal of Aircraft, 2009, 46 (1): 54 – 64.

[31] ALONSO J, DARMOFAL D, GROPP W, et al. CFD Vision 2030 Study: A Path to Revolutionary Computational Aero – sciences [R]. NASA/CR – 2014 – 218178.

[32] 周伟江. 返回舱自由振动跨声速非定常流场数值模拟 [J]. 空气动力学学报, 2000, 18 (1): 46 – 51.

[33] 袁先旭. 非定常流动数值模拟及飞行器动态特性分析研究 [D]. 北京: 中国空气动力研究与发展中心, 2002.

[34] 刘伟, 张涵信. 细长机翼摇滚的数值模拟及物理特性分析 [J]. 力学学报, 2005, 37 (4): 385 – 392.

[35] 杨云军, 崔尔杰, 周伟江. 细长三角翼摇滚运动数值研究 [J]. 空气动力学学报, 2007, 25 (1): 34 – 44.

[36] 杨云军, 崔尔杰, 周伟江. 细长三角翼滚转/侧滑耦合运动的数值研究 [J]. 航空学报, 2007, 28 (1): 14 – 19.

[37] 杨云军, 周伟江, 崔尔杰. 耦合时间精度对模拟飞行器自由运动特性的影响 [J]. 计算物理, 2007, 24 (1): 42 – 49

[38] 杨云军, 崔尔杰, 周伟江. 飞行器失稳平面振荡运动的物理机制 [J]. 航空学报, 2010, 31 (3): 444 – 452.

[39] 李锋, 杨云军, 崔尔杰, 等. 飞行器自激振荡的流动物理与动力学机制 [J]. 空气动力学学报, 2009, 27 (增刊): 106 – 113.

[40] 李锋, 杨云军, 刘周, 等. 飞行器气动/飞行/控制一体化耦合模拟技术 [J]. 空气动力学学报,

2015，33（2）：156 – 161.

[41]　陶洋，范召林，吴继飞. 基于 CFD 的方形截面导弹纵向虚拟飞行模拟 [J]. 力学学报，2010，42
　　　（2）：169 – 176.

[42]　陈琦，郭勇颜，谢昱飞，等. PID 控制器与 CFD 的耦合模拟技术研究及应用 [J]. 航空学报，
　　　2016，37（8）：2507 – 2516

[43]　席柯，袁武，阎超，等. 基于闭环控制的带翼导弹虚拟飞行数值模拟 [J]. 航空学报，2014，35
　　　（3）：634 – 642.

[44]　YE Y D，ZHAO Z L，TIAN H，et al. The stability analysis of rolling motion of hypersonic vehicles
　　　and its validations [J]. Sci China Phys Mech Astron，2014，57：2194 – 2204.

[45]　NOACK R W，BOGER D A，KUNZ R F，er al. Suggar ＋＋：An Improved General Overset Grid
　　　Assembly Capability [R]. 2009，AIAA 2009 – 3992.

[46]　BIEDRON R T，THOMAS J L. Recent Enhancements to the FUN3D Flow Solver for Moving –
　　　Mesh Applications [R]. 2009，AIAA 2009 – 1360.

[47]　ZHANG S J，ZHAO X. Computational Studies of Stage Separation with an Unstructured Chimera
　　　Grid Method [R]. 2007，AIAA 2007 – 5409.

[48]　NOACK R W. A Direct Cut Approach for Overset Hole Cutting [R]. 2007，AIAA 2007 – 3835.

[49]　田书玲，伍贻兆，夏健. 用动态非结构重叠网格法模拟三维多体相对运动绕流 [J]. 航空学报，
　　　2007，28（1）：46 – 51.

[50]　王巍，刘君，郭正. 子母弹抛壳过程非定常流动的数值模拟 [J]. 空气动力学学报，2006，24
　　　（3）：285 – 288.

[51]　BIEDRON R T，VATSA V N，ATKINS H L. Simulation of Unsteady Flows Using an Unstructured
　　　Navier – Stokes Solver on Moving and Stationary Grids [R]. 2005，AIAA 2005 – 5093.

[52]　王军利，白俊强，詹浩. 非结构动网格在三维可动边界问题中的应用研究 [J]. 航空计算技术，
　　　2005，35（3）：12 – 16.

[53]　刘君，白晓征，张涵信，等. 关于变形网格"几何守恒律"概念的讨论 [J]. 航空计算技术，
　　　2009，39（4）：1 – 5

[54]　AFTOSMIS M J. Solution Adaptive Cartesian Grid Methods for Aerodynamic Flows with Complex
　　　Geome – tries [R]. Lecture Series 1997 – 02，Belgium.

[55]　THOMAS G. Gainer A Discrete – Vortex Method for Studying the Wing Rock of Delta Wings [R]
　　　NASA/TP – 2002 – 21196.

[56]　FRANK K L，DAN E M. Advanced hypersonic test facilities [M]. Progress in Astronautics and
　　　Aeronautics，Virginia：American Institute of Aeronautics and Astronautics，Inc. ，2002，198：100 – 101.

[57]　张来平，马戎，常兴华，等. 虚拟飞行中气动、运动和控制耦合的数值模拟技术 [J]. 力学进展，
　　　2014，44：376 – 417.